LEHRBUCH DER PFLANZENPHYSIOLOGIE
ERSTER BAND ∫ ZWEITER TEIL

BIOCHEMIE UND PHYSIOLOGIE DER SEKUNDÄREN PFLANZENSTOFFE

VON

Dr. KARL PAECH
PROFESSOR AN DER UNIVERSITÄT TÜBINGEN

MIT 18 ABBILDUNGEN

SPRINGER-VERLAG BERLIN HEIDELBERG GMBH

ALLE RECHTE, INSBESONDERE DAS DER ÜBERSETZUNG
IN FREMDE SPRACHEN, VORBEHALTEN.
COPYRIGHT 1950 BY SPRINGER-VERLAG BERLIN HEIDELBERG
URSPRÜNGLICH ERSCHIENEN BEI SPRINGER-VERLAG, BERLIN, GÖTTINGEN AND HEIDELBERG 1950
Softcover reprint of the hardcover 1st edition 1950

ISBN 978-3-642-87327-0   ISBN 978-3-642-87326-3 (eBook)
DOI 10.1007/978-3-642-87326-3

DRUCK DER UNIVERSITÄTSDRUCKEREI H. STÜRTZ AG., WÜRZBURG.

MEINEM LEHRER

PROFESSOR DR. WILHELM RUHLAND

ZU SEINEM 70. GEBURTSTAG

IN AUFRICHTIGER VEREHRUNG UND DANKBARKEIT

Vorwort.

Die meisten Pflanzen riechen oder schmecken eigenartig, viele enthalten giftige, heilende oder technisch nutzbare Stoffe. Die Pflanzen sind durch ihre Inhaltsstoffe wahrscheinlich ebenso eindeutig zu charakterisieren wie durch ihre Gestalt und Anatomie. Keinem einzelnen von uns ist es aber heute mehr möglich, die Literatur über Pflanzenstoffe vollständig zu sammeln oder gar zu verarbeiten, um etwa das Werk von CZAPEK in einem ähnlichen Umfang fortzusetzen. Das hier gewagte Unternehmen, die Überschau zu behalten, die für ein tieferes Verständnis der sog. sekundären Pflanzenstoffe unerläßlich ist, und dazu doch nur eine sehr knappe Auswahl von ihnen heranzuziehen, hat noch keinen Vorgänger in der Literatur. Es ist daher fast selbstverständlich, daß sich subjektive Bevorzugungen, einseitige Blickrichtungen, Fehlgriffe und andere Unzulänglichkeiten eingeschlichen haben. Die Ungunst der äußeren Bedingungen, die sich vor allem in der schwierigen Beschaffung der ausländischen Literatur des letzten Jahrzehnts bemerkbar machten, trug weiter dazu bei, daß dieser erste Versuch mit einer Reihe erkannter und unerkannter Mängel behaftet ist.

Ich halte aber die Zeit für gekommen, die Aufmerksamkeit einmal von einem zentralen Standpunkt aus auf dieses ungeheuer weite und mannigfaltige Gebiet des pflanzlichen Stoffwechsels zu lenken, dessen verständnisvolles Studium eine ähnliche Fülle großartiger Zusammenhänge und Gesetzmäßigkeiten zu enthüllen verspricht, wie sie die vergleichende Morphologie für die Formbildung der Pflanzen aufgedeckt hat. Einer vergleichenden Biochemie und Physiologie der Pflanzen soll also der Weg geebnet werden. Die Ausgangspunkte sind so ungleichwertig und zufällig, wie sie bei dem meist zu rein praktischen Zwecken gesammelten Material sein müssen. Das sinnlich Auffallende oder das technisch Brauchbare ist sicher nicht immer auch das physiologisch Aufschlußreiche. Die Absicht der vorliegenden Arbeit ist also, nicht nur ein Lehrbuch über unsere Kenntnisse zu bieten, sondern auch anzuregen, dieses weite Feld pflanzlicher Lebenstätigkeit mit biologischen Blicken zu mustern. Es ist keine Frage, daß die dabei zu erwartenden Einsichten und Ergebnisse sich rückwirkend für die Gewinnung pflanzlicher Rohstoffe als vorteilhaft erweisen werden. Nicht nur dem Biologen, sondern auch dem Pharmazeuten und Chemiker und jedem, der an dem Reichtum der Pflanzenprodukte teilhat, wollen die hier zusammengestellten Tatsachen und Gedanken dienen. Mit diesem Wunsch und in dieser Hoffnung übergebe ich das zunächst freilich fragmentarische Werk, bei dem einiges zutreffend sein mag, anderes revidiert und manches vielleicht ganz verworfen werden muß, der Öffentlichkeit, nachdem ich bereits vor einigen Semestern an der Technischen Hochschule Stuttgart und an der Universität Tübingen über dieses Thema gelesen habe. Die Einfügung in das „Lehrbuch der Pflanzenphysiologie", die zunächst nicht beabsichtigt war, kann nur sehr locker sein, da die Bearbeitung des allgemeinen Stoffwechsels, der die Grundlage für die hier behandelten Vorgänge abgibt, noch aussteht.

Einige botanische Leser muß ich vielleicht wegen der zahlreichen Formeln im Text beschwichtigen. Da die Naturstoffe nur einen eng begrenzten Ausschnitt der organischen Chemie einnehmen, schließen die hier gebrauchten Formeln längst nicht alle Komplikationen ein, denen man bei der Struktur organischer Verbindungen begegnen kann. Die geringe Mühe, die es kostet, sich mit der Formelschrift vertraut zu machen, wird meist sehr bald durch eine klarere Übersicht über die Gestalt und eine tiefere Einsicht in die Zusammenhänge der Naturstoffe belohnt.

Bei der Auswahl der Literaturzitate ließ ich mich davon leiten, neben den wichtigsten grundlegenden Untersuchungen auf den einzelnen Teilgebieten möglichst viele neueste Arbeiten nachzuweisen, auch wenn es sich dabei nur um ganz spezielle Probleme handelt, weil man von da aus sich leicht zu früheren Untersuchungen zurücktasten kann.

Bei der Umgestaltung der Vorlesungsniederschrift zum Buch habe ich mich mancher Hilfe erfreuen dürfen. Einen hervorragenden Anteil daran hat Herr Professor Dr. W. RUHLAND, der sich der Mühe unterzog, das ganze Manuskript zu lesen, das er mit wertvollen Anmerkungen versah. Herr Dr. phil. habil. J. WOLF hat den Abschnitt über die niederen Carbonsäuren ebenfalls kritisch durchgesehen, und Herr Studienreferendar W. HEILIGMANN hat mich beim Lesen der Korrekturen unterstützt. Herr Professor Dr. E. BÜNNING nahm mich, nachdem ich 5 Jahre ganz der Botanik entfremdet war, mit großem Entgegenkommen in sein Institut auf. Ihnen allen möchte ich auch an dieser Stelle meinen herzlichen Dank zum Ausdruck bringen. Dem Verlag, der auf die technische Ausgestaltung des Buches große Mühe und Sorgfalt verwendet hat, bin ich ebenfalls zu Dank verbunden.

Tübingen, Januar 1950.

K. PAECH.

Inhaltsverzeichnis.

	Seite
I. Einleitung	1
II. Allgemeine Formen des Stoffwechsels	5
A. Einheitlichkeit und Mannigfaltigkeit	5
B. Kettenprozesse	6
C. Ausscheidung aus dem Stoffwechsel	9
D. Die Gruppenübertragung	15
1. Übersicht	15
2. Glykosidbildung	17
a) Allgemeines	17
b) Glykosidasen	20
c) Senfölglykoside und Nucleinsäuren	23
d) Transglykosidierung	24
e) Entgiftung	27
f) Glykosidhaushalt	29
E. Die Häufigkeitsregel	29
III. Die niederen Carbonsäuren	31
A. Überblick	31
B. Der diurnale Säurerhythmus	33
C. Chemische Zusammenhänge der pflanzlichen Säurebildung	40
1. Die C_4-Dicarbonsäuren	41
2. Die Tricarbonsäuren	44
a) Der Citronensäureabbau	44
b) Der Tricarbonsäurekreislauf	47
c) Die Anwendung auf den diurnalen Säurerhythmus	51
3. Die Essigsäure	52
4. Die Itakonsäure	54
5. Die C_6-Monocarbonsäuren	55
6. Die Oxalsäure	60
7. Weinsäure, Milchsäure und einige weitere Säuren	62
D. Fruchtreifung und Säureumsatz	64
E. Die physiologische Bedeutung der Säuren für die Pflanzen	66
IV. Der Fettstoffwechsel der Pflanzen	71
A. Allgemeine Eigenschaften der Fette	71
B. Die Bedeutung des Fettes für die Pflanzen	74
C. Fettbildung in reifenden Samen	75
D. Die Mobilisierung des Fettes in keimenden Samen	76
E. Fette in anderen Organen und in Mikroorganismen	80
F. Der Chemismus der pflanzlichen Fettsynthese	83
G. Die pflanzlichen Wachse	85
H. Cutin und Suberin	87
V. Die Terpenverbindungen	88
A. Allgemeiner Überblick	88
B. Der chemische Aufbau der Terpene	91
1. Die offenen Terpene	91
a) Mono- und Sesquiterpene	91
b) Diterpene	95
c) Tri- und Tetraterpene	97
d) Kautschuk, Guttapercha usw.	99

		Seite

  2. Die cyclischen Terpene 100
    a) Monoterpene 100
    b) Bicyclische Monoterpene 105
    c) Sesqui- und Diterpene 107
    d) Triterpene 110
    e) Tetraterpene 117
 C. Der Anschluß der Terpenbildung an den allgemeinen Stoffwechsel 124
  1. Die Isoprenhypothese 124
  2. Andere Vorstellungen über die Genese der Terpene 126
 D. Die Entstehung der Terpenverbindungen in der Einzelpflanze 128
  1. Allgemeines 128
  2. Ätherische Öle und Harze 130
  3. Der Exkretionsvorgang 133
  4. Die Physiologie der Polyterpene (Kautschukbildung) 137
 E. Die Bedeutung der Terpenverbindungen für die Pflanze 141
  1. Allgemeines 141
  2. Die Äthylenwirkung 143
  3. Die Wirkung ätherischer Öle und Harze 145
  4. Die Saponine, Digitalisglykoside u. ä. 147

VI. Die stickstofffreien aromatischen Verbindungen 148

 A. Allgemeines 148

 B. Die hydroaromatischen Verbindungen 150
  1. Inosit 150
  2. Chinasäure 153

 C. Die Phenole 154
  1. Phloroglucin 155
  2. Die Gerbstoffe 156
  3. Zweiwertige Phenole 160
  4. Polyphenolasen 162
  5. Phenol und andere einfache Benzolderivate 164

 D. Die Phenyl-Propan-Abkömmlinge 164
  1. Die Zimtsäure und ihre Verwandten 165
  2. Ligninbildung 169
    a) Der chemische Bau des Lignins 169
    b) Der Vorgang der Verholzung 171
  3. Vanillin und ähnliche natürliche Benzolderivate 173

 E. Verbindungen mit kondensierten Benzolkernen 173
  1. Naphthalinderivate 173
  2. Anthrachinonderivate 174

 F. Die Flavanabkömmlinge (Flavone, Anthocyane, Katechingerbstoffe) 176
  1. Das Hesperitin und andere Flavanone 176
  2. Die Chemie der Anthocyane 178
  3. Die Chemie der Flavone und Flavonole 182
  4. Die Chemie der Katechine 185
  5. Die natürlichen Farbtönungen 186
  6. Synthese und Umsatz der Flavanderivate in Pflanzen 189
  7. Die Verankerung der Flavanderivate an Genen 199
  8. Die Bedeutung der Anthocyane und Flavone für die Pflanze 201

VII. Die stickstoffhaltigen sekundären Pflanzenstoffe. (Die Verwandten der Aminosäuren) 203

 A. Allgemeiner Überblick 203

Inhaltsverzeichnis. IX

Seite

   B. Die biogenen Amine und die Betaine 204
      1. Allgemeines 204
      2. Betaine 206
      3. Einige aromatische Amine 207
   C. Die heterocyclischen N-haltigen Verbindungen. 209
      1. Allgemeines 209
      2. Die Entstehung und Verbreitung der Alkaloide 211
         a) Die Verbreitung im Pflanzenreich 211
         b) Die Bildung von Alkaloiden in den Wurzeln 212
      3. Die Hauptgruppen von Alkaloiden 216
         a) Übersicht 216
         b) Die Purinderivate 217
         c) Pyrrolidin-Abkömmlinge 220
         d) Piperidin- und Pyridin-Abkömmlinge 220
         e) Einige Alkaloide mit dem Tropangerüst 223
         f) Einige Alkaloide mit Chinolin- und Isochinolinringen 227
         g) Die Steroidalkaloide 231
         h) Die Alkaloide des Mutterkorns und einige Pilzgifte 232
      4. Die Vergesellschaftung von Haupt- und Nebenalkaloiden am Beispiel der Tabakalkaloide 233
      5. Die Verwandten des Tryptophans 238
      6. Versuche zur Biogenese der Alkaloide 245
      7. Einige einzelnstehende N-haltige sekundäre Stoffe 248
   D. Die Blausäureverbindungen 250
   E. Die Senföle 252

VIII. Rückblick 254

Literatur 258

Sachverzeichnis 264

I. Einleitung.

Der allgemeine Stoffwechsel (Kohlenhydratabbau, Eiweißumsatz) verläuft im tierischen und im pflanzlichen Organismus in ganz ähnlichen Bahnen, auf weite Strecken hin sogar völlig identisch. Die Differenzierung setzt erst im Anschluß an diese primären Vorgänge ein. Das Tier bringt neue chemische Verbindungen meist nur in winzigen Mengen, in erster Linie zur Steuerung seiner Lebensvorgänge, hervor und ist dabei oft noch auf die Zulieferung ziemlich komplizierter Bausteine aus dem Pflanzenreich angewiesen. Die Pflanzen hingegen, vor allem die autotrophen, schaffen vermöge von Fähigkeiten und Eigenheiten, die wir noch nicht ganz durchschauen, eine üppige Fülle verschiedenartiger chemischer Verbindungen zum Teil in so großen Mengen, daß sie noch bis in unsere technisch hochentwickelte Zeit als wohlfeile Rohstoffe für bedeutende Industrien genutzt werden, wie Kautschuk, Harze, ätherische Öle, Gerbstoffe, Farbstoffe, Kork, Holz, Alkaloide, Vitamine usw.

Bisher stand der Nutzen für das menschliche Leben bei allen diesen Pflanzenstoffen so stark im Vordergrund, daß deren Einteilung und nähere Untersuchung meist mit solchen praktisch-technischen, pharmakologischen oder kommerziellen Absichten und seltener mit Rücksicht auf ihre Funktion in den Pflanzen vorgenommen wurden. Dieses technische Interesse führte zu einer hemmenden Verengung der Gesichtswinkel und ist sicher zu einem großen Teil schuld daran, daß uns diese Stoffe trotz der schon sehr weit getriebenen Aufklärung ihrer chemischen Konstitution doch bisher noch recht rätselhaft in ihrer Rolle im pflanzlichen Stoffumsatz geblieben sind. Das mangelhafte Wissen über Herkunft und Umsetzung dieser bunten Schar von Verbindungen hat gewiß auch andere weniger willkürliche Gründe. Solange primäre Stoffwechselvorgänge wie die Kohlensäureassimilation in der grünen Pflanze noch ungeklärt sind, oder der Abbau der Kohlenhydrate im Zuge der Atmung erst auf langwierigen Umwegen hat aufgehellt werden müssen, solange mußten diese abgeleiteten Stoffe naturgemäß zurückstehen.

Da sich viele von ihnen durch Geruch, Farbe oder andere Reizwirkungen als physiologisch besonders aktiv bekunden, haben die Biologen mit Vorliebe ihre Aufmerksamkeit auf *Zweck* und *Nutzen* dieser Stoffe im pflanzlichen Leben gelenkt und deren tatsächliche oder vermeintliche ökologische Bedeutung gewürdigt. Ihre Entstehung hingegen ist meist noch in Dunkelheit gehüllt. Sie stellen ein weites Gebiet vernachlässigter Stoffwechselbeziehungen dar, und selbst wenn es zuträfe, daß viele von ihnen nur Abfallprodukte, „Hobelspäne", beim Aufbau des Organismus sind, so würden sie kein geringeres physiologisches Interesse verdienen, denn auch dann könnte die Kenntnis ihrer Entstehung Einblicke in das komplizierte Getriebe der wesentlichen Stoffumwandlungen vermitteln. Der große Reichtum an Naturstoffen ist ein Charakteristikum der pflanzlichen Organismen, und erst die Aufdeckung der Genese all dieser Verbindungen und ihre Einordnung in das Spiel des Stoffwechsels kann die ganze Weite der synthetischen Fähigkeiten zeigen, über die die Pflanzenzelle verfügt. Wenn auch nicht alle Pflanzen in gleichem Ausmaß daran teilhaben, so sind diese mannigfaltigen Wege zum Aufbau neuer Verbindungen doch in irgendeiner Weise an den typisch pflanzlichen Stoffumsatz gebunden. Ausschließlichkeit herrscht auch hier, wie überall in der Natur, nicht. Überschneidungen mit dem tierischen Stoffwechsel kommen als Ausnahmen vor, so z. B. die Bildung der den pflanzlichen Alkaloiden ähnlichen Krötengifte. Andere den Pflanzen und Tieren gemeinsame sekundäre Verbindungen, wie die Sterine und Purinderivate, leiten sich wohl von den Urahnen aller Organismen her, aus einem Stoffwechsel also, der bestand, ehe pflanzliche und tierische Lebewesen sich getrennt hatten.

Ein Überblick über das Pflanzenreich lehrt, daß mit fortschreitender phylogenetischer Entwicklung solche sekundären Stoffe sowohl qualitativ als auch quantitativ zunehmen. An einigen wohlbekannten Beispielen springt das besonders in die Augen. Alkaloide sind in niederen Pflanzen mit Ausnahme weniger Pilze nicht vertreten, sogar bei Pteridophyten und Gymnospermen fehlen sie noch fast vollständig; bei den Monokotylen sind sie selten, und nur in vielen Familien der Dikotylen kommen sie gehäuft vor. Anthocyane, die universellen Farbstoffe der Blütenpflanzen, treten erst recht spät in der Entwicklungsgeschichte hervor. Von einzelnen Leber- und Laubmoosen werden sie gebildet. Den Pilzen, Algen und Flechten sind sie noch fast ganz unbekannt, wenn auch die Fähigkeit zum Aufbau des für diese Pigmente charakteristischen komplizierten Molekülskeletes mindestens einigen Grünalgen gegeben ist (s. S. 190). Die für die morphologische Weiterentwicklung des Pflanzenreiches entscheidende Ligninbildung, also die Verholzung der Zellwände, die ja erst mit den Pteridophyten auftritt, könnte ein Hauptproblem einer solchen „Phylogenie der biochemischen Vorgänge" abgeben, zu der gerade die sekundären Pflanzenstoffe viele verlockende Anregungen bieten. Ihnen soll hier aber höchstens beiläufig nachgegangen werden. Eine ausführliche Untersuchung solcher Fragen, bei der andere Gesichtspunkte als bei dem jetzigen Vorhaben maßgebend sein müssen, mag einer besonderen Darstellung vorbehalten bleiben.

Die hier gewählte Bezeichnung „sekundäre Pflanzenstoffe" geht, soweit wir sehen, auf CZAPEK zurück, der damit andeuten will, „daß es sich bei der Bildung solcher Stoffe um Prozesse handelt, die nicht jedem Zellplasma eigen sind, sondern mehr sekundären Charakter haben. Doch ist Vorsicht bei solchen Schlüssen geboten" (CZAPEK Bd. III, S. 220). Der gesamte Stoffumsatz der Pflanzen müßte sich somit in einen Haupt- und einen Nebenstoffwechsel gliedern lassen. Man kann „sekundäre Stoffe" auch von einer anderen Seite her motivieren, indem man in Kohlenhydraten, Aminosäuren und Eiweißen das primäre Bau- und Betriebsmaterial der Zellen sieht, das in den autotrophen Pflanzen aus anorganischen Verbindungen zunächst entsteht und das erst sekundär in alle übrigen Pflanzenstoffe umgewandelt wird (vgl. KOSTYTSCHEW S. 390), wobei allerdings eine genauere Kenntnis des primären Stoffwechsels Ausnahmen nötig machen wird. Sicher lassen sich keine scharfen Grenzen zwischen „primären" und „sekundären" Verbindungen ziehen. Mindestens eine große Gruppe der sekundär erscheinenden Stoffe, die wohl nicht zufällig mit vielen ihrer Vertreter auch im Tierreich weit verbreitet ist, stellt ein ausgesprochenes Übergangsgebiet zwischen den Stoffwechselsphären dar: das sind die niederen aliphatischen Säuren, die deshalb am Anfang dieser Betrachtungen stehen sollen.

Wichtiger, als nach genauen Abgrenzungen zu suchen, die doch immer einer gewissen Willkür unterliegen, erscheint es uns jetzt, über das bisher übliche, nach praktisch-technischen Kategorien geordnete, also künstliche System der sekundären Pflanzenstoffe hinaus ein natürliches anzustreben, das auf ihrer genetischen Verwandtschaft fußt. Die einzelnen Pflanzenstoffe verdanken ihre Entstehung ja nicht einer unmittelbaren Synthese etwa aus anorganischem Material, sondern sie sind durch stufenweise Umwandlung aus den primären Assimilaten hervorgegangen. Gewisse Verbindungen sind die Muttersubstanzen anderer, und die Ahnenreihen der Pflanzenbestandteile laufen sicher auf einige wenige Ausgangsstoffe zurück.

Zunächst dürfen wir annehmen, daß einer nahen chemischen Verwandtschaft auch ein ähnlicher physiologischer Ursprung entspricht, wenn wir uns auch hüten sollten, bestechende chemische Zusammenhänge und Kombinationen auf dem Papier der oftmals ganz anders gearteten physiologischen Wirklichkeit als Wunschbild aufzuzwingen. „Die bestechend einfache Beziehung von Strukturformeln zueinander verliert ihre scheinbare Beweiskraft sofort, wenn man die experimentellen Ergebnisse, die sich an der Pflanze gewinnen lassen, kritisch heranzieht" (CZAPEK, Bd. III, S. 75). Manche Versuche, die Pflanzenstoffe innerlich zu verknüpfen, haben sich bisher in allzu schematischen Formelkombinationen erschöpft und deshalb kaum einen heuristischen Wert gehabt (z. B. EMDE 1932, FREY-WYSSLING 1938, SÜSSENGUTH 1940). Andere leisten zunächst den Dienst einer Arbeitshypothese (DANGSCHAT; RUZICKA 1938; für den Stoffwechsel der Mikroorganismen: TATUM 1944; FOSTER). Den experimentellen Zugang zu diesem Gebiet ebnen heute vor allem die restlose Klärung des Kohlenhydratumsatzes, die Isolierung von Fermenten, welche spezifisch auf solche sekundären Stoffe eingestellt sind, das fortschreitende Eindringen in den submikroskopischen Bau des Plasmas und in die Reaktionsketten zwischen Genen und Merkmalsausbildung, sowie Fütterungsversuche in Verbindung mit Gewebekulturen, die allerdings dieser Absicht erst in Tastversuchen dienstbar gemacht worden sind.

Wenn die Vorstellungen von der Biogenese der Naturstoffe zu eng an den Arbeitsmethoden der chemischen Technik oder den gängigen Reaktionen der Laboratoriumssynthese orientiert werden, so führen sie nicht selten in die Irre. „Die Phantasie der Natur läuft beim Bau ihrer Stoffe oft auf ganz anderen Bahnen als die Phantasie des Chemikers im Laboratorium" (FREUNDLICH 1930). Aber auch diese oft phantastisch erscheinenden Wege sind natürlich gebunden an die Notwendigkeiten und Gesetze der Physik und Chemie, die aber auf Grund der Reaktionsverhältnisse im Plasma, die noch in keinem Falle auch nur annähernd haben nachgeahmt werden können, in ganz spezifischen Kombinationen erscheinen. Die erstaunliche Tatsache, daß die Zelle unter den im Vergleich zu chemischen Synthesen im Laboratorium oder in der Fabrik so milden Bedingungen tiefgreifende Umsetzungen offenbar spielend leicht vollbringt, wird eben erst einigermaßen verständlich, wenn man sich bewußt bleibt, daß eine einzige Zelle mit der uns vorläufig noch unvorstellbar diffizilen Feinstruktur des lebenden Plasmas nicht *einem* Reagensglas oder *einem* Kolben, sondern einem ganzen wohlausgestatteten Laboratorium gleicht, in welchem auf kleinsten, unserer direkten Einsicht wahrscheinlich auf immer verschlossenen Räumen mit Phasengrenzen, adsorbierenden Oberflächen und allen möglichen anderen heterogenen Verhältnissen lange Ketten gekoppelter Prozesse harmonisch nebeneinander ablaufen können. Solange und soweit der tatsächliche Verlauf des Stoffwechselgeschehens dem Organismus noch nicht abgelauscht werden konnte, müssen wir bei der Gruppierung der Pflanzenstoffe freilich die uns geläufige chemische Wahrscheinlichkeit walten lassen, wie es unten bei der Zusammenfassung der aromatischen N-freien Verbindungen geschieht.

Das Ziel bleibt jedoch, ein System zusammenhängender Reaktionen in den Zellen aufzufinden und aus ihnen eine Art Stammbaum der Stoffumwandlungen zu errichten, an dessen Ästen die in den Pflanzen vorgefundenen Substanzen als Früchte der chemischen Fähigkeiten hängen. Es darf dabei allerdings nicht wundernehmen, den Farbstoff Indigo, den Wuchsstoff β-Indolylessigsäure mit bestimmten Riechstoffen und einer ganzen Schar von Alkaloiden eng vereint zu sehen, während andere Pflanzenstoffe von technisch ähnlicher Bedeutung an entfernten Punkten dieses Systems auftauchen. Das Bild eines Stamm*baumes* trifft die vermuteten Beziehungen nur bis zu einem gewissen Grade; genau genommen ist es vielleicht falsch, denn die chemischen Prozesse streben nicht nur von einigen wenigen Wurzeln ausgehend und sich verästelnd immer weiter auseinander. Die Kanäle, in denen die Umsetzungen verlaufen, sind vielfältig miteinander verquickt, da Zwischenprodukte der verschiedenen Reaktionsketten untereinander reagieren.

Die hier aufgenommene Betrachtungsweise, die natürlich in der Literatur manche Vorläufer hat (für die pharmakologisch genutzten Produkte z. B. MORITZ), zielt in erster Linie nicht auf eine bequemere Übersicht über die Fülle sekundärer Pflanzenstoffe ab, sondern sie dient allein der Absicht, den Aufbau dieser charakteristischen Produkte des Stoffwechsels gewissermaßen von der Zelle her gesehen aufzuzeichnen und sie damit in ein System einzuordnen, das ihrer natürlichen Verwandtschaft entspricht. Die Schwierigkeiten, die diesem Vorhaben entgegenstehen, sind sicher ebenso groß und unabschätzbar wie beim Übergang von LINNÉS leicht faßlicher aber durchaus schematischer Anordnung der Familien zu einem durch mühsame, langwierige Arbeit errichteten natürlichen System der Pflanzenarten. Der wesentliche Vorteil bei der genetischen Ordnung der Pflanzenstoffe gegenüber der Artsystematik liegt natürlich darin, daß jene täglich vor unseren Augen entstehen und deshalb dem Experiment zugänglich sind. Es mag nochmals ausdrücklich betont werden, daß mit der hier angestrebten Ordnung keine phylogenetische Erscheinung erfaßt, sondern einfach der ontogenetischen Entfaltung der chemischen Fähigkeiten in den rezenten Pflanzen nachgespürt werden soll, die aus primären Assimilaten die Vielfalt der Inhaltsstoffe hervorbringen.

Als ein erster Ansatz eines unabhängig von Nützlichkeitsgesichtspunkten errichteten natürlichen Systems der sekundären Pflanzenstoffe sollen folgende Klassen gebildet werden, die aber später bei einer genaueren Kenntnis des Stoffwechsels vielleicht noch an entscheidenden Punkten umgegliedert werden müssen. Es ist möglich, daß Inosit zunächst an einer falschen Stelle steht, daß die Benzolderivate nicht einheitlichen Ursprungs sind, daß die Carbonsäuren in mehrere wesentlich unterschiedene Stämme getrennt werden müssen usw., aber das kann erst entschieden werden, wenn die Herkunft der Pflanzenstoffe nach den hier aufgezeigten Gesichtspunkten genauer durchforscht ist.

1. Die niederen aliphatischen Säuren.
2. Die fetten Öle (Der pflanzliche Fettstoffwechsel).
3. Die Terpene und ihre nächsten Abkömmlinge.
4. Die stickstofffreien aromatischen Verbindungen.
5. Stickstoffhaltige sekundäre Pflanzenstoffe (Die Verwandten der Aminosäuren).

II. Allgemeine Formen des Stoffwechsels.

Bevor wir uns mit den Pflanzenstoffen im einzelnen befassen, dürfte es von Nutzen sein, sich einige Regeln und Gesetzmäßigkeiten zu vergegenwärtigen, die im Stoffwechsel ganz allgemein Gültigkeit haben und die sich oft gerade an den sekundären Verbindungen besonders deutlich offenbaren. Belegstücke für diese Erscheinungen werden zwar erst beim tieferen Eindringen in das vor uns liegende Gebiet zahlreicher zur Hand sein, aber wenn wir den Blick von vornherein für solche Eigenheiten alles Stoffwechselgeschehens geschärft haben, sind in der verwirrenden Vielfalt chemischer Verbindungen und in ihrer scheinbar willkürlichen Verteilung in der Einzelpflanze oder im Pflanzenreich leichter zusammenhängende Konturen zu erkennen.

A. Einheitlichkeit und Mannigfaltigkeit.

Einheitlichkeit und Vielgestaltigkeit, zwei Begriffe, die man gewöhnlich einander ausschließend gegenüberstellt, vereinen sich in den Organismen zu einem wesentlichen Zug alles Lebendigen. Stets entfaltet sich nach einheitlichen Gesetzmäßigkeiten durch Abwandlung mehr sekundärer Faktoren eine bunte Mannigfaltigkeit von Individuen. Im Aufbau der Kormophyten aus den drei Grundorganen ist uns das ebenso geläufig wie in der Anatomie der einzelnen Organe, und auch bei einer vergleichenden Betrachtung des Stoffwechsels zeigt sich dasselbe Zusammenspiel. Im allgemeinen hängt es nur von der Blickrichtung ab, ob man von der Vielgestaltigkeit der Naturstoffe verwirrt oder von der Einheitlichkeit ihres grundsätzlichen Verhaltens überrascht wird. Die ganze Serie biogener Kohlenhydrate oder der prinzipiell einheitliche Aufbau der Eiweiße bei unendlich variierter Anordnung einer kleinen Zahl von Aminosäuren sind Beispiele aus den primären Bestandteilen der Zellen. Es wäre verwunderlich, wenn sich ähnliche Gesetzmäßigkeiten nicht auch im Bereich der sekundären Stoffe verbärgen. Das soll nicht besagen, daß alle Substanzen dieser Art nach einem einzigen Prinzip abzuleiten wären, wie es gelegentlich versucht worden ist (FREY-WYSSLING 1938). Aber es ist sehr wahrscheinlich, daß hinter diesen bunten Kulissen die Fäden doch in einigen wenigen Punkten zusammenlaufen.

An verschiedenen Stellen des Systems der Pflanzenstoffe erscheinen ganze Serien nahe verwandter Verbindungen, deren Glieder sich nur im Grad der Wasserstoffbeladung unterscheiden, die also als mehr oder weniger hoch hydrierte Varianten ein und desselben Grundkörpers aufgefaßt werden müssen (Beispiele bei den Fettsäuren und den Terpenen). Da der Betriebsstoffwechsel der Zellen stets an einen regen Umschlag von Wasserstoff geknüpft ist, werden wahrscheinlich leicht alle möglichen geeigneten chemischen Körper, die in den Reaktionsbereich der wasserstoffübertragenden Enzyme geraten, hydrierend oder dehydrierend umgewandelt. Da die Dehydrasen als streng substratspezifisch bekannt sind, während ihre Acceptorspezifität nicht immer so deutlich ausgeprägt ist, könnte vermutet werden, daß in einer Reihe von Verbindungen die stärker hydrierte Form stets die abgeleitete sein muß. Manches spricht jedoch dafür, daß neben den bisher genauer bekannten, auf die allgemeinen Nährstoffe und deren Derivate eingestellten Dehydrasen auch solche verbreitet sind, die auf andere Substrate einwirken. Von einer hochhydrierten Form kann sich demnach eine Reihe ungesättigter Körper ableiten, wie offenbar einige cyclische Terpene zu aromatischen Verbindungen dehydriert werden (s. S. 102). Zwiebelwurzeln bilden ein Enzym, das Cyclohexan zu Benzol dehydriert (PACAULT und CARPENTIER). Sowohl hydrierende als auch dehydrierende Abwandlungen finden sicher bei den höheren Fettsäuren statt.

Ein im Stoffwechsel ebenfalls weit verbreiteter Mechanismus zur Variation eines Grundkörpers besteht in der Anfügung einfacher Substituenten, z. B. Hydroxyl- oder Methylgruppen. So einfach die Einführung einer Hydroxylgruppe an Stelle eines H-Atoms erscheint, so rätselhaft ist bisher noch der Weg, den die Pflanze dabei einschlägt. Ebenso harren die Quellen, aus denen die Pflanzenzelle ihre so freigebig verwendeten Methylgruppen schöpft, noch der Entdeckung (s. S. 15). Die in der präparativen Chemie gebräuchlichen Methoden zur Einführung von Hydroxylgruppen, besonders in aromatische Körper, kann für die phytochemische Bereitung von Phenylhydroxylen kaum einen Fingerzeig geben. Eine Oxydation von Benzolkohlenwasserstoffen zu Phenolen ist im Tierkörper beobachtet worden. Im pflanzlichen Organismus bieten vor allem die Anthocyanidine, Catechine und Flavone eine reiche Auswahl von solchen Hydroxylderivaten aromatischer Grundkörper.

Neben der Äther- und Esterbildung, die das ihre zur Vielgestaltigkeit der Pflanzenstoffe beitragen, sei schließlich noch der zu C-C-Bindungen führenden Kondensationsreaktionen gedacht, die von der lebenden Zelle in unübertrefflicher Weise gehandhabt werden (vgl. Terpene, Lignin usw.).

B. Kettenprozesse.

Kettenprozesse, d. h. gekoppelte Vorgänge, die so ablaufen, daß jeder folgende ein Reaktionsprodukt des voraufgehenden verarbeitet, sind eine hervorragende Eigentümlichkeit des Stoffwechsels. Sie setzen für ein harmonisches Zusammenspiel im allgemeinen den unversehrten Feinbau des Plasmas voraus, wenn auch mehrgliedrige Ketten losgelöst von der Zelle erhalten bleiben können, wie z. B. die alkoholische Gärung im Macerationssaft von Hefe.

In vielen Fällen erweisen sich die gekoppelten Vorgänge so aufeinander abgestimmt, daß die Geschwindigkeit bzw. Ergiebigkeit des folgenden stets die des jeweils voraufgehenden etwas übertrifft, so daß niemals Zwischenprodukte liegen bleiben. So erscheint uns der Stoffwechsel am rationellsten, und diese Kombinationen werden sich durch Selektion erhalten haben, soweit die Pflanzen gezwungen sind, mit knappen Zugängen an Nährstoffen auszukommen. Bei reichlicheren Einkünften an Assimilaten können sich aber auch Formen durchsetzen, in deren Stoffumsatz Zwischenprodukte unverwertet liegen bleiben.

Viele Intermediärprodukte treten unter den normalen Zellbestandteilen nie in bemerkenswerten Mengen in Erscheinung, nicht nur weil sie zu reaktionsfähig sind, sondern eben weil sie in ein solches System aufeinander abgestimmter Vorgänge eingeschaltet sind. Brenztraubensäure, eine fast universelle Zwischenstufe bei der Kohlenhydratvergärung, findet sich kaum bei der Analyse von frischem Pflanzenmaterial. Wird jedoch in anomalen Fällen der an die Brenztraubensäure sich anschließende Folgeprozeß unterdrückt, wie z. B. bei einem bestimmten Stamm von *Fusarium lini*, dessen Cocarboxylase zerstört ist, so häuft sich auch die aktive Brenztraubensäure an (WIRTH und NORD). Die Weiterverarbeitung muß nicht völlig ausgeschaltet sein. Es genügt eine Veränderung der Geschwindigkeit einzelner Glieder der Reaktionskette, die Beschleunigung oder Verzögerung eines Teilprozesses, um das davon betroffene Zwischenprodukt anzustauen und als neuen Inhaltsstoff der Zelle auftreten zu lassen. Ein einfaches Schema soll dies veranschaulichen (Abb. 1). Ein bestimmter Ausgangsstoff X wird durch drei aneinander anschließende Prozesse (I.—II.—III.), deren Kapazität durch die Weite der Kanäle dargestellt ist, über die Zwischenkörper A und B in das Endprodukt C übergeführt. Im einen Fall (a) eröffnet sich den verwandelten Stoffen eine immer weitere (oder wenigstens gleichbleibende) Bahn. Bei der Analyse der Zelle werden weder A noch B vorgefunden. Lediglich die umringten Substanzen sind ohne weiteres faßbar. Bei einer anderen Kombination der gleichen Vorgänge und Zwischensubstanzen, die sich lediglich durch eine Verengung des Schrittes II unterscheidet, sammelt sich A als Inhaltsstoff der Zelle an. Besteht die Verzögerung der II. Phase der Reaktionskette nur vorübergehend, so verschwindet der angehäufte Körper später wieder (z. B. bei

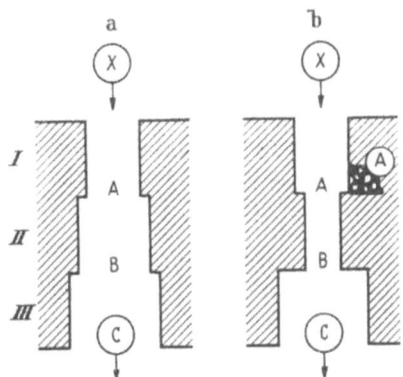

Abb. 1. Schematische Darstellung der Leistungsfähigkeit einzelner Teilreaktionen in einem Kettenprozeß. (Nähere Erläuterung im Text.)

gekühlten Kartoffeln der Zucker, s. unten). Eine Erweiterung des I. Schrittes bei gleichbleibendem II. hätte natürlich den gleichen Effekt auf die Ansammlung von A. Nach Verbrauch des Ausgangsstoffes X, z.B. beim Hungern, wird oft das zunächst überschüssige Produkt A wieder in den Stoffumsatz einbezogen (s. S. 69). Quantitative Verhältnisse sollen in dem Schema nicht angedeutet sein.

Eine Variante der in Abb. 1b dargestellten Möglichkeit besteht darin, daß die volle Kapazität des Schrittes I bei normaler Versorgung mit Ausgangsmaterial gar nicht ausgenutzt wird. Dann wirkt II nicht begrenzend, die Zwischenprodukte werden vollständig weitergeschleust und das wahre Verhältnis der Teilprozesse zueinander tritt erst zutage, sobald die Zelle in den Genuß von reichlich Nährstoffen gelangt. Solche Verhältnisse hat FOSTER jüngst für Pilze beschrieben.

Sind die von der Weiterverarbeitung dauernd oder vorübergehend ausgeschlossenen Intermediärkörper reaktionsträge, so bleiben sie als solche liegen. Wenn sie aber chemisch aktiv sind, was meist zutrifft, so werden sie sich mit anderen erreichbaren anorganischen oder organischen Bestandteilen in der Zelle weiter umsetzen, oder sie werden sich zu stabilen Verbindungen umlagern. Was wir bei der Analyse der Zelle vorfinden, sind normalerweise nicht echte Zwischenprodukte, die unmittelbar am Stoff*wechsel* teilnehmen, sondern sehr oft stabilisierte Varianten davon.

Vorhandene oder durch Mutationen neu entstehende Fermente können aus solchen abgezweigten Körpern einen ganzen neuen Stamm des chemischen Geschehens in den betreffenden Zellen entstehen lassen. Der in einer Pflanzenart gehäuft anfallende Stoff kann in einer anderen durchaus auch als Zwischenprodukt vorkommen, aber er wird dann noch anderen Verwandlungen unterzogen und bleibt schließlich in ganz anderer Gestalt liegen. In einzelnen Fällen ist es schon möglich, eine solche fortschreitende Umformung des gleichen Ausgangsmaterials durch verschiedene Arten bzw. Rassen wahrscheinlich zu machen (s. S. 103). Durch künstlich erzeugte Mutanten von Bakterien und Schimmelpilzen sind derartige Stufenreaktionen an verschiedenen aufeinander folgenden Schritten angehalten worden; die normalerweise nicht nachweisbaren Zwischenkörper fallen dann in greifbaren Mengen an. Eine solche schrittweise Abwandlung muß nicht notwendigerweise in nahe verwandten Pflanzenarten auftreten, vor allem dann nicht, wenn sich das Rohmaterial allgemein in den Zellen findet. Die Möglichkeit der fermentativen Adaptation sei nur angedeutet. Auch durch Wanderung des anfallenden Zwischenproduktes in andere Stoffwechselsphären kann es neuartigen Umwandlungen unterworfen werden.

Schon der scheinbar einheitliche Prozeß, den ein einzelnes Enzym katalysiert, vollzieht sich oft in mehreren Stufen (Reaktionsstufenregel der Katalyse), und es ist für den Stoffwechsel von Bedeutung, daß der Reaktionsverlauf nicht immer sogleich zu den thermodynamisch beständigsten Verbindungen führt, sondern daß über dahinhuschende Zustände mehr oder minder greifbare Zwischengebilde entstehen, die lange erhalten bleiben können (MITTASCH 1941). Eine weitere wichtige Eigentümlichkeit bestimmter Katalysatoren ist, daß sie unter passenden Bedingungen den Reaktionsverlauf nicht zu Ende führen, sondern auf einem bestimmten Punkte der Bahn anhalten. ,,Diese Erscheinung des Anhaltens ist von allergrößter Bedeutung für die Physiologie der Lebewesen. Wohl mehr als 90% aller Katalysen im sauerstoffdurchfluteten Organismus[1] sind von der Art, daß sie zu thermodynamisch unbeständigen oder metastabilen Verbindungen führen, und nur ein kleiner Teil ergibt jeweils wirklich Schlußakte: CO_2, H_2O, N_2, Harnstoff u. dgl."(MITTASCH).

In verschiedenen Zellen können sich also *unter gleichen stofflichen Voraussetzungen und bei qualitativ gleichen chemischen Fähigkeiten* verschiedenartige Inhaltsstoffe ansammeln, je nachdem wie die Bedingungen für die verschiedenen Phasen eines vielgliedrigen Vorganges liegen. Solche Differenzierungen können hervorgerufen werden durch Überschuß oder Mangel der beteiligten Enzyme oder Coenzyme, aber auch durch physikalische Faktoren, durch Permeabilitäts- und Diffusionsverschiedenheiten, durch konkurrierende Adsorption an entscheidenden Oberflächen u. a. m. Kleine Unterschiede können bei entsprechender Kombination zu bedeutenden Auswirkungen führen, vor allem wenn der Zeitfaktor in Rechnung gestellt wird.

Durch äußere Eingriffe lassen sich bei verschiedenen Organismen die gekoppelten Vorgänge leicht so abwandeln, daß entweder ungewöhnliche Produkte auftauchen oder die Entstehung gewohnter verhindert wird. Oft genügt einfach eine Temperaturverschiebung, die nicht im gleichen Maß alle miteinander verknüpften Prozesse betrifft. Das bekannte Süßwerden der Kartoffeln nach längerer Aufbewahrung unterhalb $+4^0$ C ist die Folge einer gedrosselten Veratmung des Zuckers bei gleichbleibender oder sogar gesteigerter Hydrolyse der Stärke. Die Farbstoffbildung bei Tomaten bleibt oberhalb von ungefähr 30^0 C aus; sie setzt jedoch sofort ein, wenn die Früchte bei Zimmertemperatur weiter gelagert werden (EULER, KARRER und Mitarbeiter 1931).

---

[1] Ob die pflanzliche Zelle wirklich als ,,sauerstoffdurchflutet" anzusehen ist, mag hier dahingestellt bleiben.

Nach unseren jetzigen Kenntnissen ist es im höchsten Grade wahrscheinlich, daß in erster Linie durch solche in den einzelnen Arten fixierte Variationen der Reaktionsgeschwindigkeit gekoppelter Vorgänge die Art und Menge der meisten in den Pflanzen sich anhäufenden mehrbasischen Carbonsäuren bestimmt wird (s. S. 50).

C. Ausscheidung aus dem Stoffwechsel.

Viele sekundäre Pflanzenstoffe zeichnen sich dadurch aus, daß sie nicht nur vorübergehend, sondern für gewöhnlich endgültig aus dem Stoffumsatz der Organismen ausscheiden, in denen sie gebildet und abgelagert werden. Das hat oft zu dem summarischen Urteil verführt, daß sie samt und sonders Schlacken, Abfallstoffe oder ähnliches seien. Manche dieser „Abfälle" stechen jedoch durch einen ganz enorm hohen Energiegehalt

Tabelle 1. *Verbrennungswärme je 1 g Substanz in cal.*

Terpentinöl	10 850	Benzoesäure	6 327
d-Limonen	10 807	Hydrochinon	6 220
Stearinsäure	9 430	Phloroglucin	4 902
Palmitinsäure	9 225	Stärke	4 120
Olivenöl	9 330	Rohrzucker	3 950
Zimtaldehyd	8 424	Glucose	3 690

(s. Tabelle 1) oder durch bestimmte kostbare Bestandteile hervor, die der Pflanze wenigstens unter Hungerbedingungen wertvolle Dienste leisten könnten (z. B. Stickstoff in den Alkaloiden). Im Tabakblatt wird aber der Nicotin-Stickstoff, der bis zu 15% des Gesamt-N ausmachen kann, auch bei schärfstem N-Mangel nicht wieder einbezogen. Es wird eher das lebensnotwendige Eiweiß abgebaut.

Die irreversible Ablagerung solcher gehaltvollen Stoffe wäre also auf alle Fälle „unzweckmäßig", wenn man der Pflanze eine bis ins Letzte rationelle „Steuerung" ihres Stoffwechsels unterschieben wollte, zumal gerade die Terpene den für die Energiegewinnung der Zelle bedeutungsvollen Wasserstoff in scheinbar leicht mobilisierbarer Form enthalten.

Sowohl die Ausgliederung aus dem Stoffumsatz als auch der hohe Energie- oder Baustoffgehalt vereint diese sekundären Körper mit den eigentlichen Reservestoffen, so daß in diesem Zusammenhang auch ein vergleichender Blick auf die beiden Begriffe Exkret und Rerservestoff geworfen werden muß. Die teleologische Betrachtung der Stoffausscheidungen soll im übrigen ganz zurücktreten. Wir wollen uns in erster Linie über ihre Entstehung Rechenschaft geben getreu dem weitschauenden GOETHE-Wort: „Für den zukünftigen Naturforscher ist die Frage nicht mehr, wozu das Rind die Hörner hat, sondern wie es zu seinen Hörnern gekommen sei".

1. Wege der Ausscheidung. Manche Stoffwechselprodukte entgleiten dem weiteren Umsatz dadurch, daß der letzte Schritt bei ihrer Entstehung eine spontane (nichtenzymatische) Reaktion ist, die unter den obwaltenden Bedingungen völlig einseitig verläuft. Solche Produkte können auch dann, wenn die Pflanze sie lebensnotwendig für den Stoffwechsel braucht, nicht wieder in ihn eingeführt werden, weil sie durch einen von der Zelle nicht beherrschten Vorgang ihrem Zugriff entzogen wurden. Selbstverständlich gibt es immer Organismen, die sich auf die Verwertung solcher „unangreifbaren" Substanzen verstehen (z. B. cellulosevergärende oder naphthalinoxydierende Bakterien), aber dann handelt es sich stets um spezielle Anpassungen und Fähigkeiten, über welche die „normale" Pflanze nicht verfügt. Auch die Ausfällung von Calciumoxalat ist natürlich ein solcher spontaner Vorgang, aber das Salz bleibt wegen seiner relativ hohen Löslichkeit der Zelle zugänglich, und beim Verbrauch wenigstens der einen Komponente des Salzes wird es dem Löslichkeitsprodukt entsprechend stets weiter aus dem Niederschlag nachgeliefert.

Noch andere Mechanismen sind am Werk, durch welche sekundäre Verbindungen für immer aus dem Stoffumsatz ausgeschlossen werden. Von einigen Alkaloiden ist in jüngster Zeit bekannt geworden, daß sie in den Wurzeln synthetisiert, dann durch den Transpirationsstrom passiv in die oberirdischen Teile der Pflanze geschwemmt und dort abgelagert werden (s. S. 215). Vorausgesetzt, daß diese Alkaloide ihre Entstehung nicht einer der eben beschriebenen spontanen Reaktionen, sondern einem enzymatischen Prozeß verdanken, so wäre es trotzdem nicht verwunderlich, daß sie an ihren Lagerstätten nicht oder nur sehr schwerfällig wieder zerlegt werden. Nach allgemeinen chemischen Gesetzen ist die Mithilfe der am Aufbau tätigen Enzyme auch beim Abbau anzunehmen, und diese Enzyme nehmen an der Translokation offenbar nicht teil. Demgegenüber finden Kohlenhydrate, niedere Fettsäuren, Aminosäuren und Amide trotz der Verfrachtung von einem Organ in ein anderes wieder Eingang in den Stoffwechsel, weil die ihrer Verarbeitung dienenden Enzyme omnicellulär vorhanden sind.

Eine räumliche Trennung von Enzym und dem zugehörigen Substrat ist schon seit langem für die Senfölglykoside bei Cruciferen, Resedaceen, Tropaeolaceen und einigen anderen Familien bekannt (vgl. HABERLANDT S. 491). Die Glykoside sind diffus im Gewebe verteilt. Das Enzym (Myrosin) tritt in besonderen anatomisch differenzierten Zellen auf, die bei manchen Arten in fast allen Organen und Geweben, bei anderen jedoch lokalisiert, z. B. in der Wurzel- und Stengelrinde, vorkommen. In den Samen von *Lunaria biennis* enthalten die Kotyledonen das Enzym, die Integumente bzw. die Testa hingegen das Glykosid. Eine Spaltung der Glykoside, die an dem charakteristischen Senfölgeruch bemerkbar ist, findet im intakten Gewebe nicht statt, erst nach mechanischer Verletzung beim Zerschneiden oder Zerreiben, aber auch schon bei schonender, nicht tödlicher Narkose findet das Substrat Zugang zum Ferment. Ob die Pflanze in ihrem normalen Lebensablauf jemals von diesem Umsatz Gebrauch macht, ist unbekannt. Sicher kann der scharfe Geschmack, der nur den freien Senfölen eigen ist, auf manche Tiere beim Anbeißen abschreckend wirken. Völlig ungeklärt ist noch, auf welche Weise diese Trennung überhaupt zustande kommt, da doch die Synthese der Glykoside an den Fermenten stattgefunden haben muß (PRZYLECKI). Emulsin, das Amygdalin spaltende Enzym, findet sich ebenfalls zuweilen in eigens ausgebildeten Fermentbehältern, z. B. bei *Prunus laurocerasus*.

Es bedarf aber sicher gar nicht der Trennung in verschiedene Zellen oder Gewebe, sondern schon der Übergang eines Stoffwechselproduktes aus dem Plasma in die Vacuole kann es dem Zugriff des Fermentes entziehen, zumal wenn sich im Zellsaft unter den veränderten Reaktionsbedingungen oder mit den dort vorhandenen Stoffen weitere Umwandlungen abspielen. Die Gerbstoffspeicherung in Vacuolen durch Adsorption an Kolloide gehört hierher (s. S. 158). Glykoside sind oft wesentlich leichter wasserlöslich als ihre Aglykone und werden dadurch in der Vacuole angehäuft. Der Ausscheidung in die Vacuole steht der Übergang in die Zellwand gleich, z. B. Flavonole in „Gelbhölzern".

Ja, noch weniger weit als vom Plasma in die Vacuole braucht die Absonderung zu gehen. Es genügt schon eine intraplasmatische Trennung, d. h. ein Übergang des gebildeten Stoffes in eine andere Phase desselben Protoplasten, um eine rückläufige Umwandlung auszuschalten oder wenigstens zu erschweren. Solche Übergänge sind immer zu erwarten, wenn die Reaktionsprodukte eine geringere Löslichkeit bzw. Affinität zu den Strukturen des Reaktionsraumes haben als das Substrat, wenn an den Enzymen aus wasserlöslichen Bausteinen lipoidlösliche Verbindungen zusammengefügt werden oder umgekehrt durch Oxydationen oder hydrolytische Spaltungen aus fettlöslichen hydrophile Substanzen entstehen. Die Tröpfchen „fetter" oder „ätherischer Öle" im Plasma entspringen solchen Umsetzungen. Welche besonderen Eigenschaften die ätherischen Öle weiter in die Exkretbehälter treiben (s. S. 133), ist nicht bekannt. Die fetten Öle bleiben im allgemeinen in mehr oder weniger ausgedehnten Vacuolen vom Plasma umschlossen. Ob das ein wesentlicher Unterschied zu den ätherischen Ölen ist und die einzige Voraussetzung, die ihre Spaltbarkeit und Wiedereinbeziehung in den Stoffwechsel bedingt, ist noch zu klären.

Ein weiterer Anlaß zu einer vorübergehenden Ausschaltung bestimmter Stoffe aus dem Umsatz scheint sich aus einer Eigentümlichkeit der Fermenttätigkeit in der Zelle zu ergeben. Wenn die Anschauungen, die vor allen Dingen von russischen Forschern entwickelt worden sind (OPARIN; KURSSANOW), zutreffen, so wirkt das gleiche Ferment hydrolytisch, sobald es vom Plasma gelöst oder leicht lösbar vorliegt, und kondensierend, wenn es an Plasmastrukturen adsorbiert ist. Es findet keine Umsetzung statt, wenn Enzym oder Substrat durch zu starke Adsorption nicht reaktionsfähig sind. Eine Blockierung des abbauenden Umsatzes, die reversibel ist, liegt sicher der Ansammlung von Reservestoffen in Samen zugrunde. Wodurch die hohe Adsorptionsbindung der Enzyme in den reifenden Samen zustande kommen kann, soll hier nicht untersucht werden. Offensichtlich geht das Plasma mit zunehmendem Wasserverlust bei der Reife immer mehr in einen gelartigen Zustand über, der Adsorption bedingt. Wieweit daran kausal der Reichtum an Wuchsstoffen, die in kondensierende Vorgänge eingreifen können, beteiligt ist, bleibt noch zu klären.

Gewiß sind mit diesen Andeutungen nicht alle Möglichkeiten und Gründe für die oft noch unerklärte Stabilität vieler sekundärer Stoffe erschöpft. Wir müssen aber mit solchen und ähnlichen Absonderungen von den Stätten der günstigsten Umsatzbedingungen rechnen, wenn wir auch nur in wenigen Fällen die Ursachen einsehen, die eine solche Trennung veranlassen.

2. Exkrete und Reservestoffe. Die fetten Öle (s. S. 73) stehen insofern an der Grenze zwischen Ausscheidungsprodukten und echten Reservestoffen, als sie zwar häufig wieder mobilisiert werden, wie in den Samen oder in Holz und Rinde mancher Bäume, aber doch oft auch endgültig aus dem Stoffumsatz ausgeschlossen bleiben, z. B. das sog. Degenerationsfett bei manchen Pilzen, aber auch in den Früchten der Olive. Bestimmte Bakterien von *Phleum pratense* speichern bei reichlicher Zuckerernährung zunächst Fett, das sie dann zur Atmung wieder aufbrauchen, wenn der Zucker zu Ende ist (STEPHENSON und WHETHAM).

Außer dem *Fett* kommen noch andere bekannte Stoffe, zum Teil sogar in größeren Mengen vor, die das eine Mal als Reservestoff und das andere

Mal als Exkret aufzufassen sind, wenn man sie nach ihrer Mobilisierbarkeit beurteilt. *Hemicellulose* ist im Nährgewebe vieler Samen, z. B. bei *Lupinus*, *Asparagus* und *Phytelephas*, die wichtigste Kohlenhydratreserve, obgleich sie als Wandverdickung abgelagert ist. Auch im Mark der Bananen werden im Laufe der Reifung Hemicellulosen hydrolysiert und in den Stoffumsatz einbezogen. Diese Speicherfunktion erfüllen sie jedoch in vegetativen Organen nicht. In den Weinreben *(Vitis vinifera)* wird die im Stengel einmal gebildete Hemicellulose selbst bei weitgetriebenen Hungerzuständen, z. B. nach öfterem Entblättern, nicht mehr in den Stoffwechsel einbezogen. Sie spielt deshalb nicht einmal die Rolle eines „Reservestoffes letzter Ordnung" (WINKLER und WILLIAMS).

Größere Mengen von *Calciumoxalat* werden sicher zu Recht als Ausscheidungsform für das überschüssig aufgenommene schädliche Calcium-Ion angesehen; und doch kann ein Teil davon bei Calciummangel wieder nutzbar gemacht werden. Die Entstehungsweise eines solchen „Reservestoff-Exkretes" läßt sich gerade für das Calciumoxalat recht einfach so verstehen, daß zunächst Oxalsäure irgendwo im Stoffwechsel bis zu einem Gleichgewicht entsteht. Werden die Oxalationen beständig durch Ca·· weggefangen, so kann sich Oxalsäure bis zu dem Gleichgewicht immer wieder regenerieren, wodurch die Calciumoxalatausscheidung proportional der Ca··-Aufnahme fortschreitet, z. B. bei *Fagus silvatica*, *Primula elatior*, *Dianthus barbatus* u. a. (OLSEN; dazu auch STAHL 1920). Das ausgefällte Salz als Exkret stellt also in erster Linie das Reaktionsprodukt zweier Ionen dar, die einander in der Pflanze begegnen, und zwar ist das passiv von außen hereingeschwemmte Ca·· dasjenige, das die Gleichgewichtsstörung unterhält und damit die Oxalatbildung bewirkt (FREY-WYSSLING 1935). Die Verhältnisse entsprechen also ganz der üblichen Abfangtechnik bei der Gewinnung von Stoffwechselprodukten bei Mikroorganismen (s. unten). STAHL (1920, S. 87) versuchte das Fehlen von baumartigen Holzgewächsen in verschiedenen Familien (z. B. bei *Cruciferen*, *Papavaraceen*, *Campanulaceen*, *Primulaceen*) damit zu verstehen, daß diesen Pflanzen die Fähigkeit abginge, das überschüssig aufgenommene Ca·· durch Oxalsäure zu neutralisieren. Bei langlebigen Gewächsen müßte dies „nachteilige Folgen haben". Wenigstens für *Primulaceen* gründet sich diese Vermutung also nicht auf Tatsachen.

Andere *organische Säuren*, vor allem die mehrbasischen (Äpfel- und Citronensäure) fallen sowohl in höheren Pflanzen (unreife Früchte) als auch bei Pilzen als intermediäre Reservestoffe an, die unter veränderten Stoffwechselbedingungen, bei den Mikroorganismen nachweislich nach Versiegen der Kohlenhydratquellen, wieder in den Stoffwechsel einbezogen werden. In anderen Objekten hingegen verharren sie auch in den letzten Lebensstadien als bleibende Exkrete, z. B. beim Reifen mancher Früchte (vgl. CZAPEK III., S. 106).

Die Feststellung, ob es sich um ein Exkret oder um einen Reservestoff handelt, kann oft nur von Fall zu Fall getroffen und häufig nicht an bestimmte chemische Substanzen gewissermaßen als Kenngröße gebunden werden. Aus diesem Grunde muß auch die so überzeugend anmutende Einteilung der pflanzlichen Ausscheidungsstoffe in Exkrete (= ausgeschiedene Dissimilationsprodukte), Sekrete (= ausgeschiedene Assimilationsprodukte) und Rekrete (= unverändert ausgeschiedene anorganische Verbindungen) als eine unvorteilhafte Schematisierung angesehen werden. Der Schöpfer dieses Systems selbst (FREY-WYSSLING 1935) gerät an einigen Beispielen in Zweifel, ob er von Exkreten sprechen soll oder nicht (und wovon dann?). Bei bestimmten Tetraterpenen (s. S. 117) „scheint es nicht angängig, die in geringen Mengen auftretenden Terpene als Exkrete zu werten. So wird man das Carotin schwerlich unter die Exkrete einreihen, trotzdem es als Kohlenwasserstoff den eigentlichen Assimilaten sehr unähnlich ist. Aber es kommt ihm sicher eine besondere Funktion zusammen mit den übrigen Blattpigmenten zu" (FREY-WYSSLING 1945, S. 257). Beim Carotin in der Karottenwurzel „hat man eher den Eindruck, daß es endgültig aus dem Stoffwechsel ausgeschieden ist". Die ursprüngliche Definition, die sich lediglich auf den Chemismus bezieht, soll also einer Zweckdeutung angepaßt werden, womit aber nicht nur der Willkür Tür und Tor geöffnet, sondern auch die Unterscheidung Exkret-Sekret hinfällig wird. In der Tat ist es schwer einzusehen, wieso die Cellulose, die zu den Sekreten gehören würde, und das Lignin als Exkret sowohl im Hinblick auf die Art ihrer Ausscheidung oder Ausstoßung) aus dem Stoffwechsel als auch auf ihre zweckmäßige Verwendung verschieden bewertet werden sollten, zumal Cellulose nicht einmal das vorherrschende Baumaterial der primären Wand ist, in der wachsartige Substanzen und Pektine eher auftreten. Viele ausgesprochene Exkrete erfüllen lebenswichtige Zwecke in der Pflanze, von dem Lignin und Suberin angefangen über Anthocyane und andere Blütenfarbstoffe bis zum Calciumoxalat in Raphidenform (STAHL 1888).

Zu welcher Verwirrung das Vermengen von Zwecksuche und ursächlicher Erklärung der Genese von Naturstoffen führen kann, zeigt ein anderes Beispiel aus jüngster Zeit (FREY-WYSSLING 1945, S. 253). „Die Balsame (das sind Mischungen aus Harzen + ätherischen Ölen) darf man wohl als Exkrete auffassen. Sie entstehen während des Gewebewachstums ... und man erhält den Eindruck, daß die Harzgänge geschaffen worden sind, weil die Ausscheidung an der äußeren Oberfläche ... erschwert ist, besonders bei Bäumen, die durch eine Borke hermetisch gegen die Umwelt abgeschlossen sind. Die Harzterpene entstehen wahrscheinlich aus Kohlenhydraten. Hierfür spricht die Regeneration des Balsams, wenn man die Bäume anzapft. Diese Verluste des Harzkanalsystems müssen aus den Stärkereserven des Baumes ersetzt werden." Also: Harze sind Exkrete, die eigentlich nach außen abgegeben werden müßten. Notgedrungen bleiben sie in speziellen Behältern im Pflanzenkörper liegen. Wenn sie nun aber wirklich nach außen abfließen können, bedeutet das für die Pflanze einen „Verlust", und die „Exkrete" werden unter Verbrauch der kostbaren Stärkereserven zu ersetzen versucht! Zu gleichen Schlüssen käme man natürlich auch beim Kautschuk (s. S. 137), der als „Exkret" ebenfalls nach dem Abzapfen auf Kosten der Reservestärke neu gebildet wird.

Andere Versuche, den Begriff Exkret eindeutig zu fassen, lehnen sich an die in der Tierphysiologie üblichen Definitionen an, und es wäre vielleicht tatsächlich zweckmäßig, worauf LINSBAUER schon vor langem hingewiesen hat, einer einheitlichen Terminologie wegen die Ausdrücke Exkret und Sekret auch bei Pflanzen tunlichst im Sinne der Tierphysiologie zu gebrauchen, soweit die andersgeartete Konstitution der höheren Pflanze (Fehlen eines zentralen Exkretionssystems) nicht eine Erweiterung oder Verengung der Definition erforderlich macht. Exkrete wären sonach echte Stoffwechselendprodukte, ganz gleich wo und wie sie ausgeschieden werden und ob sie noch sekundäre Funktionen übernehmen. Sekrete hingegen sind Ausscheidungsprodukte, die im Dienste der Ernährung direkt oder indirekt in das Stoffwechselgetriebe eingreifen (vgl. dazu KISSER). Die Zuteilung eines Stoffes zu den Exkreten oder Sekreten ist nach dieser Auffassung vorerst oft noch schwierig, solange weder der Chemismus, nach dem er aufgebaut wird, noch die Rolle, die er im Stoffwechsel weiter zu spielen hat, geklärt sind. „Auch bezüglich der Zuteilung gewisser Zellen und Zellkomplexe zum Exkretions- oder Speichersystem werden sich manchmal Unklarheiten ergeben können, doch kann hier immerhin durch das physiologische Experiment weitgehend Klarheit geschaffen werden" (KISSER).

Mit den Reservestoffen, vor allem in vegetativen Organen, haben die meisten sekundären Stoffe weiterhin gemeinsam, daß sie in um so größeren Mengen ausgeschieden werden, je reichlicher die Assimilatversorgung sich gestaltet. Sekundäre Stoffe sind deshalb dort selten, wo Pflanzen unter kärglichen Ernährungsbedingungen leben müssen. Schimmelpilze bilden unter normalen Bodenverhältnissen keine bemerkenswerten Mengen anderer Stoffwechselprodukte als CO_2 und Wasser. Erst bei überreicher Ernährung in Kulturen treten die uns geläufigen mannigfachen Exkrete bzw. Reservestoffe bei ihnen hervor (FOSTER). In saprophytischen und parasitischen Blütenpflanzen treten sekundäre Stoffe immer zurück. Submerse und Schattenpflanzen, die mit eingeschränkter Photosynthese auskommen müssen, enthalten stets wenig sekundäre Produkte, und tropische Pflanzen auf der anderen Seite zeichnen sich durch eine außergewöhnliche quantitative und qualitative Fülle solcher Stoffe aus. Ausnahmen von diesen Regeln sind selten. Das alles spricht auf alle Fälle dafür, daß solche endgültig aus dem Stoffwechsel ausgeschiedenen Produkte nicht notwendige Stoffwechselschlacken sind, weil man sie sonst wohl bei jedem pflanzlichen Stoffumsatz erwarten müßte. Die sekundären Stoffe stellen eher die Erzeugnisse eines luxurierenden Stoffumsatzes dar, zu dem die Pflanzen entsprechend ihrer Versorgung mit Assimilaten in der Lage sind. Unter Anknüpfung an das oben bei den gekoppelten Reaktionen bereits Ausgeführte wird man sich vorstellen, daß nebensächliche Fermentgarnituren, die bei unzureichender Ernährung kein Substrat finden, bei reichlichem einleitenden Umsatz an solchen primären Spaltprodukten ansetzen und dann zu unvollständig abgebauten Produkten auf Bahnen führen, an deren Ende sonst höchstens spurenweise Stoffe auftauchen. Vielleicht genügt auch der Mangel an irgendeinem für das Wachstum notwendigen Faktor, z. B. an Mineralsalzen (s. unten bei *Endomyces*), um dann die nicht auf dem vorgesehenen Wege verbrauchten Zwischenprodukte in Kanäle fließen zu lassen, die bei raschem Wachstum leer bleiben. Dieser Nebenschluß (shunt)-Stoffwechsel (FOSTER) stellt eine „nutzlose" Stoffverschwendung dar und hat sich eben nur dort erhalten können, wo die Pflanze aus dem Vollen ihrer Assimilate schöpfen kann. Bei den auf gesteigerte Produktion irgendeines Stoffwechselkörpers ausgewählten Mutanten von Schimmelpilzen treten solche Nebenschlußumsätze besonders in den Vordergrund. Vielleicht würden wir Überraschungen in Art und Menge der produzierten Stoffe erleben, wenn es uns gelänge, einmal andere Heterotrophe, z. B. unter den höheren Pflanzen, zu überfüttern. Die Potenzen sind sicher weiter und mannigfaltiger als die realisierten Fähigkeiten. Wenn die Pflanze wirklich, wie ihr manchmal untergeschoben wird, auf einen bis ins Letzte rationellen Haushalt eingestellt, oder von einer wahren Steuerungssucht beherrscht wäre, so würde sie uns nur wenige der sekundären Stoffe bieten (vielleicht Lignin, Carotinoide und einige andere Farbstoffe), und sie wäre in ihrer chemischen Zusammensetzung viel langweiliger. Die mit einem sehr produktiven Assimilationsapparat ausgestatteten höheren grünen Pflanzen sind im Überfluß gespeiste Systeme, die einen luxurierenden Stoffumsatz ertragen und ihn entsprechend der Ausstattung mit Enzymen und anderen Reaktionsmitteln in eine spielerische Mannigfaltigkeit von Endprodukten ausklingen lassen. Soweit Stickstoff in diesen Luxusumsatz einbezogen wird, gilt natürlich dasselbe wie für die C-Bausteine. Der Entzug darf nicht so weit gehen, daß die Konkurrenzfähigkeit der Pflanze lebensgefährdend beschnitten wird. Die entbehrlichen Stickstoffmengen können recht hoch sein, beim Tabak scheiden bis zu 15% des Gesamtstickstoffs als Nicotin aus.

Die weitaus meisten sekundären Pflanzenstoffe sind Exkrete, d. h. endgültig aus dem Umsatz ausgeschieden, aber nicht deshalb, weil sie stoffwechsel*notwendige* Abfallprodukte wären, sondern weil sie durch die eingangs angedeuteten Mechanismen, denen die Pflanze ausgeliefert ist, dem Stoffumsatz entzogen werden. Sie können für sie nicht mehr als

Reservestoffe fungieren, weil sie unzugänglich bleiben. Die typischen Reservestoffe zeichnen sich vor jenen dadurch aus, daß der Organismus stets und überall, wo sie anfallen, über Mittel und Wege verfügt, sie sich wieder dienstbar zu machen.

D. Die Gruppenübertragung.

1. Übersicht.

Im tierischen wie im pflanzlichen Organismus ist erst in jüngster Zeit ein Mechanismus aufgedeckt worden, der in einem ganz besonderen Sinne einem Stoff*wechsel* dient und der offenbar ein Grundphänomen im biogenen Stoffumsatz darstellt: die Gruppenübertragung. Wir verstehen darunter den Vorgang, daß gewisse einfache Gruppen bzw. Radikale, z. B. $-NH_2$, $-CH_3$, in einer echten chemischen Bindung (also nicht etwa adsorptiv) an geeignete Trägersubstanzen angefügt, von ihnen wieder abgelöst und auf andere weitergegeben werden können.

Unter den primären Verbindungen spielt die *Umaminierung* beim Aufbau von Aminosäuren eine bedeutsame Rolle. Glutamin- und Asparaginsäure sowie Alanin nehmen ihre Aminogruppe unmittelbar aus anorganischen Salzen auf und vermögen sie dann leicht unter Mitwirkung bestimmter Enzyme, der Transaminasen oder Aminopherasen, auf andere α-Ketosäuren zu übertragen. Wenn auf diesem Wege auch nicht, wie man anfangs glaubte, alle anderen natürlich vorgefundenen Aminosäuren aus ihren entsprechenden Ketosäuren unmittelbar aufgebaut werden, denn die Übertragung auf aromatische Ketosäuren ist bisher noch nicht beobachtet worden (vgl. RAUTANEN; VIRTANEN und LAINE), so muß man doch damit rechnen, daß der Aminogruppe eine außerordentlich große Beweglichkeit und leichte Übertragbarkeit eigen ist. Beim Eiweißabbau landet sie gewöhnlich im Asparagin und Glutamin, von denen sie mit Leichtigkeit wieder zur Synthese neuer Aminosäuren entnommen werden kann.

Eine andere für den Haushalt jeder Zelle unerläßliche Übertragung betrifft die Phosphorsäure. Die *Umphosphorylierung* steht in erster Linie im Dienst der Energiegewinnung und -verteilung (vgl. LIPMANN 1941).

Im Stoffwechsel der sekundären Verbindungen verdient die ebenfalls im tierischen wie im pflanzlichen Organismus weit verbreitete Fähigkeit zur *Übertragung der Methylgruppe* größere Aufmerksamkeit. Vor allem unter den stickstoffhaltigen Verbindungen gibt es ganze Serien, deren Glieder in erster Linie durch die Zahl der Methylgruppen differieren (vgl. Xanthinderivate S.218, Betaine S.206). Die Alkaloide des Tabaks unterscheiden sich paarweise nur durch die Methylgruppe am Stickstoff. Methylierte oder methylfreie Verbindungen treten nebeneinander oder vikariierend auf (z. B. Arbutin und Methylarbutin). Obwohl sich eine genauere Kenntnis der Ummethylierung vorläufig auf den tierischen Stoffwechsel beschränkt, soll hier etwas näher darauf eingegangen werden, da ein Analogon auch im pflanzlichen Umsatz zu vermuten ist.

Der Vorgang der Ummethylierung in tierischen Zellen wurde von DU VIGNEAUD und Mitarbeitern entdeckt und durch andere weiter aufgehellt (BORSOOK). Der höhere tierische Organismus verfügt nicht über die Fähigkeit, CH_3-Gruppen selbst zu bilden. Er ist auf dauernde Zufuhr durch die Nahrung angewiesen. Als Quelle für Methylgruppen kommt in erster Linie die unerläßliche Aminosäure Methionin oder Homocystein zusammen mit einem Methylspender (Cholin und Betain) in Betracht. In diesem Falle wird die CH_3-Gruppe durch eine Ummethylierung in der tierischen Zelle auf Homocystein unter Bildung von Methionin übertragen. An einer bestimmten Stelle des Methionin-Umsatzes übernimmt Guanidinessigsäure die Methylgruppe irreversibel. Es entsteht Kreatin, das nach einer einfachen Umlagerung zu Kreatinin im Harn ausgeschieden wird. Vom Kreatin ist die Methylgruppe mit den Mitteln der Zelle nicht mehr ablösbar und nicht zur erneuten Transmethylierung zu verwenden.

Die Kreatinbildung als Beispiel für eine Ummethylierung.

$$H_2N-\underset{\underset{\underset{COOH}{|}}{\underset{CH_2}{|}}}{\overset{\overset{NH}{\|}}{C}}-NH + R \cdot CH_3 \rightarrow H_2N-\underset{\underset{\underset{COOH}{|}}{\underset{CH_2}{|}}}{\overset{\overset{NH}{\|}}{C}}-N-CH_3 + RH$$

Guanidinessigsäure Methyldonator   Kreatin

Kreatin ist auch in Pflanezn (Weizen, Roggen, Klee, Luzerne, Kartoffeln) gefunden worden und wird hier in einem enzymatischen, obligat aeroben Prozeß aus Guanidinessigsäure ohne Zugabe eines besonderen Methyldonators synthetisiert (BARRENSCHEEN und PANY). Glykolsäure, etwa nach Anlagerung und Decarboxylierung, kommt dabei als zelleigene Quelle für CH_3-Gruppen offenbar nicht in Betracht. Der Mechanismus der Transmethylierung in Pflanzen ist noch nicht klargelegt (BARRENSCHEEN und VALYI-NAGY). Auch die Quellen, aus denen die Pflanze Methylgruppen schöpft, sind noch ganz unbekannt. Methylalkohol ist ein allgemeiner Bestandteil der Pflanzen. Er liegt nicht nur verestert im Chlorophyll und in den Pektinen vor, seine Ester sind auch sonst ungemein verbreitet, z. B. in ätherischen Ölen (vgl. CZAPEK Bd. III, S. 603). Obwohl bei der eben genannten Kreatinbildung Glykolsäure nicht als Methyldonator fungierte, ist zu berücksichtigen, daß diese außerordentlich weit verbreitete Säure unter Lichteinwirkung in CO_2 und Methylalkohol zerfällt. Als Muttersubstanz für Methylgruppen wurde Formaldehyd vermutet, jedoch sind die zur Stützung angeführten Versuche unter ganz unphysiologischen Bedingungen angestellt worden. Mit den Methylpentosen Fucose, Rhamnose und Apiose neben dem Methionin reicht die Methylierung bis in die primären Stoffwechselprodukte hinüber, wenn die Pentosen nicht selbst schon sekundäre Stoffe sind.

Da durch die N-Methylierung die Wasserlöslichkeit der Basen meist stark erhöht wird, ist es verständlich, daß solche Methylderivate (z. B. die Alkaloide der Xanthingruppe oder Trigonellin und andere Betaine) leicht vom Ort ihrer Entstehung wegdiffundieren oder weggeschwemmt werden und sich in den Vacuolen ansammeln. Eigenartig ist das Verhalten des Nicotins, das in den Wurzeln der Tabakpflanze gebildet, mit dem Transpirationswasser passiv in die Blätter weggetragen und dort zum Teil zum Nornicotin entmethyliert wird. Über diese Umwandlung, die in irgendeiner Weise eine Transmethylierung darstellen muß, ist zur Zeit noch nichts Genaueres bekannt (s. S. 235). Hier ist die methylhaltige Verbindung die zuerst auftauchende, und es ist bis heute noch kein Organ in nicotinhaltigen Pflanzen gefunden worden, das primär das methylfreie Nornicotin herstellt.

Im tierischen Körper läßt sich folgender Vorgang experimentell durchführen, der vielleicht für den pflanzlichen Stoffumsatz nicht bedeutungslos ist, wenn man ins Auge faßt, daß die Pflanze kein zentrales Ausscheidungssystem hat und daß die Stoffwechselprodukte deshalb zu weiteren Umsetzungen geradezu gezwungen werden. Bei Fütterung von soviel Methionin, wie zum Wachstum der Tiere ausreichen würde, zusammen mit großen Mengen Guanidinessigsäure, bleiben die Tiere doch alsbald im Wachstum zurück, und sie verlieren an Gewicht als Zeichen dafür, daß die lebensnotwendigen Methylgruppen nicht ihren normalen Lauf gehen, sondern vorzeitig von Guanidinessigsäure abgefangen und irreversibel festgelegt werden (DU VIGNEAUD 1940). Auch Nicotinsäureamid im Überschuß gefüttert reißt die Methylgruppen unter Trigonellin (s. S. 206) an sich und verursacht dadurch Methionin- bzw. Cholinmangel (HANDER und DAM 1942).

Diese zwangsweise Verlagerung der Methylgruppen, die Beobachtung, daß der Körper die Ummethylierung nicht immer nach seinen Zwecken steuern kann, sondern chemischen Gesetzmäßigkeiten einfach ausgeliefert ist, wird verständlich gemacht durch den Begriff des *Gruppenpotentials*. Die Anheftung der einfachen Gruppen ($-NH_2$, $-CH_3$ usw.) ist je nach dem Trägerkörper verschieden fest. Wenn bei der Abspaltung der Gruppe eine große Energiemenge frei wird, liegt eine lockere Bindung vor. Die Tendenz, sie aufzulösen, ist groß. Umgekehrt, wenn bei der Ablösung der Gruppe wenig Energie frei wird oder sogar Energie zur Sprengung zugeführt werden muß, besteht eine starke Bindung, eine hohe Affinität der Gruppe zum Träger. Die Menge der Energie, die bei der Spaltung frei wird, bestimmt das Gruppenpotential. (Die Änderung der freien Energie $\triangle F^0$ ist zwar nicht notwendigerweise ein Maß für das Gruppenpotential selbst, aber empirisch besteht im allgemeinen eine Parallele zwischen beiden Größen. Vgl. LIPMANN 1941.) Die Gruppenübertragung ist nun vom höheren zum niederen Potential, von der labilen zur stabileren Bindung vorgezeichnet.

Im Stoffwechsel gibt es Donatoren und Acceptoren für die verschiedenen Gruppen, und das Verhältnis beider zueinander ist durch das Energiepotential bestimmt, unter dem die fragliche Gruppe mit dem Träger jeweils steht. Die vom Acceptor aufgenommene Gruppe ist häufig nur intermediär gebunden, sie wird weitergegeben, sobald sich ihre „Gruppenenergie" mit einem anderen Acceptor senkt. Eine solche stufenweise Wanderung ist im Organismus nicht selten. Die Gruppe landet am Ende in einer für den betreffenden Stoffwechselbereich irreversiblen Bindung. Energiereiche lockere Bindungen hingegen sind stets zur Übertragung bereit. In der präparativen Chemie macht man von dieser Gesetzmäßigkeit Gebrauch, indem man die anzulagernden Gruppen in solchen lockeren Bindungen anbietet, z. B. Acetylchlorid, Dimethylsulfat und ähnliches. Die aus dem biogenen Kohlenhydratabbau vertraute Wasserstoffübertragung von den Nährstoffen über die Dehydrasen an die endgültigen Acceptoren folgt den gleichen Gesetzen. Der Wasserstoff in der energiereichen Bindung der Kohlenhydrate kommt erst in der energiearmen Form des Wassers zur Ruhe. Die Bewegung des Wasserstoffs stellt also den Grenzfall einer „Gruppen"übertragung dar.

Unter solchen Gesichtspunkten betrachtet wird die Existenz vieler Pflanzenstoffe verständlicher, als wenn sie nur deskriptiv auf ihre Konstitution hin untersucht und damit aus der Dynamik des Stoff*wechsels* herausgelöst würden.

2. Glykosidbildung.

a) **Allgemeines.** Als einen besonderen Fall der Gruppenübertragung darf man die Glykosidbildung auffassen. Daß sie bisher noch nicht als solche gewertet worden ist, muß man wohl der charakteristischen „Gruppe", dem allgegenwärtigen Zucker, zuschreiben, der das Augenmerk immer nach anderen Richtungen lenkte.

Glykoside sind Verbindungen eines Zuckers mit einem anderen an die Carbonylgruppe anlagerungsfähigen Partner, dem sog. Aglykon oder Genin. Die beteiligten Zucker können Monosen (Glucose, Galaktose, Mannose, Fructose, Arabinose, Ribose, Rhamnose) oder zusammengesetzte Saccharide sein. Der jetzt eingebürgerten Terminologie entsprechend sollen *Glykoside* ohne Rücksicht auf den anwesenden Zucker und *Glucoside* nur diejenigen benannt werden, bei denen speziell Glucose beteiligt ist (bei den übrigen Zuckern entsprechend Fructoside, Rhamnoside usw.). In bezug auf die Aglykone herrscht eine nicht zu überbietende Vielgestaltigkeit. Von den recht mannigfaltigen „eigentlichen" Glykosiden (Amygdalin, Arbutin, Äsculin) über Senfölglykoside, Digitalisglykoside, Saponine, Gerbstoffe, Anthocyane bis zu den Nucleinsäuren, um nur die hauptsächlichen Gruppen zu nennen, reicht das weite, heterogene Gebiet. Es war bisher weder chemisch noch physiologisch möglich, sie in irgendeinem einheitlichen Schema unterzubringen, noch viel weniger irgendeinen einheitlichen Richtpunkt bei ihrer Entstehung aufzuzeigen oder gar für ihre Existenz einen einheitlichen Zweck nachzuweisen, soviel auch gerade biologisch an ihnen herumgerätselt wurde.

Man hielt sie für Zuckerreserven oder für Speicherformen der betreffenden Aglykone, obwohl sie von der lebenden Zelle oft gar nicht mehr mobilisiert werden können. Mit Vorliebe suchte man in ihnen die „Entgiftungsform" der giftigen, d. h. aktiven Aglykone, womit sicher in manchen Fällen das rechte getroffen wurde; aber viele Aglykone sind gar nicht giftig, sie kommen auch zuckerfrei in der Zelle vor. Unbeständige, z. B. leicht oxydierbare Substanzen sollten in Form der Glykoside sauerstoffbeständig aufgespeichert und damit als Reservematerial, meist allerdings für unbekannte Zwecke, erhalten bleiben, obwohl andere mindestens ebenso leicht oxydierbare Stoffe, z. B. die Ascorbinsäure, in den gleichen Zellen auch ohne Glykosidbindung in reduzierter Form beständig sind. Dort, wo sich kaum ein plausibler Grund gerade für Glykosidbindung finden ließ, z. B. bei Saponinen, ging man stillschweigend darüber hin.

PFEFFER, den man gern dafür verantwortlich macht, daß den Glykosiden so hartnäckig die Rolle einer speziellen Zuckerreserve zugeschrieben wird, kennzeichnet seine dahin zielenden Bemerkungen selbst nur als Vermutung (2. Aufl. Bd. 1, S. 492). Andererseits ist er allerdings davon überzeugt, daß „sicherlich Gerbstoffe, Glykoside usw. nicht als Nebenprodukte, sondern für bestimmte Zwecke und Ziele formiert werden" (vgl. S. 27). Auf keinem anderen Gebiet des Stoffwechsels hat sich die auf ihre kausale Betrachtungsweise so stolze Physiologie durch überbetonte teleologische Gesichtspunkte so in die Irre führen lassen wie immer wieder bei den Glykosiden. In jüngster Zeit „erscheint doch sicher, daß mindestens in einer Zahl derFälle der biochemisch wertvollere Teil des Glykosids im Aglykon zu suchen ist. Die Physiologie der Glykoside wandelt sich damit vorwiegend zur Physiologie der Aglykone" (HIEKE). Hier soll, wie bei den übrigen sekundären Pflanzenstoffen, zunächst ohne Rücksicht auf Wert und Zweck den Gesetzmäßigkeiten nachgegangen werden, die sich bei der phytochemischen Entstehung dieser komplexen Zuckerverbindungen geltend machen.

Den Zucker als eine angehängte Gruppe zu betrachten, mag deshalb befremdlich erscheinen, weil man unbewußt die Vorstellung hegt, der

Zucker sei der umfangreichere Anteil dieser zusammengesetzten Verbindungen. Das stimmt jedoch nur für wenige. Bei einfachen Benzolderivaten, z. B. im Salicin, und einer Monose ist das Aglykon bereits um ein C-Atom überlegen. Bei den Anthrachinonglykosiden oder in vielen Anthocyanen mit einer Monose tritt der Zuckeranteil stark zurück.

Die Möglichkeit der Glykosidbildung entspringt der chemischen Natur der Zucker, die als Aldosen oder Ketosen die sehr reaktionsfähige Carbonylgruppe $>C=O$ tragen. Die große Anlagerungsfähigkeit gerade der Carbonylgruppe ist auch an anderen Stellen für biochemische Synthesen bedeutungsvoll. Die biogenen Aminosäuren werden bekanntlich über Ketosäuren aufgebaut. Die Oxydation von Acetaldehyd ist eine Dehydrierung des durch Anlagerung von Wasser an die Carbonylgruppe entstandenen Aldehydhydrates, usw.

Über die Chemie der Zucker muß hier kurz das folgende in Erinnerung gebracht werden. Bei verschiedenen Monosen, z. B. bei der verbreiteten Glucose (Traubenzucker), lassen sich zwei nach der Löslichkeit, dem optischen Verhalten und dem Kristallwassergehalt verschiedene Formen, die sog. α- und β-Glucose unterscheiden. Man mußte daraus schließen, daß die Carbonyl-Kettenformel (I), die γ-Glucose, das wahre Verhalten des Zuckers nicht wiedergibt, sondern daß eine neue Isomerie durch Ringschluß bedingt ist (Oxycyclo-Tautomerie, bzw. eine Art von cis-trans-Isomerie). Das erste C-Atom der Kette wird durch die Ringbildung asymmetrisch. Das H-Atom an diesem C kann, wenn der Ring (II) in der Blattebene liegend gedacht wird, entweder vor oder hinter dieser Ebene stehen und entgegengesetzt liegt dann die am gleichen C sitzende OH-Gruppe. In Lösungen stellt sich im allgemeinen ein Gleichgewicht zwischen den drei möglichen Formen, der Kettenform und den beiden Ringen, her, so daß je nach dem Reagens über jede der Formen der gesamte Zucker durch dauernde Nachlieferung aus dem Gleichgewicht verbraucht werden kann.

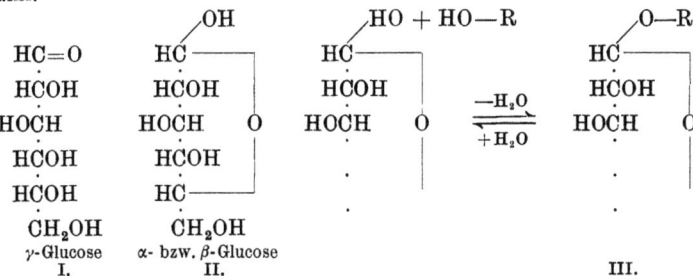

An die Hydroxylgruppe des ersten C-Atoms, die zum Unterschied gegen die anderen Hydroxyle des Moleküls wesentlich reaktionsfähiger bleibt, können unter Wasseraustritt Verbindungen von der allgemeinen Formel R · OH über eine ätherartige Sauerstoffbrücke zur Glykosidstruktur (III) angeknüpft werden. Glykoside sind also Halbacetale der Carbonylgruppe der Zucker. Da die Konfiguration des ersten C-Atoms die Ursache für die α-β-Isomerie ist, sind auch zwei stereoisomere Formen, die aber nicht optische Antipoden sind, jedes sonst gleich zusammengesetzten Glykosides möglich. Beide Formen können in der Natur vorkommen. Sie verhalten sich im allgemeinen gleich. Durch Säuren werden sie indessen verschieden leicht in Zucker und Aglykon zerlegt, und vor allem werden sie nur durch die jeweils auf die spezielle Konfiguration eingestellten Enzyme gespalten bzw. synthetisiert. Es gibt also zweierlei Glykosidasen. Das Emulsin aus Mandeln stellt ein Gemisch vor allem von β-Glykosidasen dar, während das Invertin (die Saccharase) eine α-Glykosidase ist.

Als *Aglykone* können alle Verbindungen mit alkoholischem oder phenolischem Hydroxyl fungieren. Im einfachsten Falle lassen sich, und zwar mit Hilfe natürlicher Fermente, aus Methyl- und Äthylalkohol die entsprechenden Glykoside herstellen, die allerdings in der Natur noch nicht gefunden wurden. Die natürlichen Aglykone sind meist komplizierter gebaut und enthalten häufig einen oder mehrere Benzolringe im Molekül (vgl. Anthrachinonglykoside, Anthocyane usw.).

Da die Zucker selbst alkoholische Hydroxyle in ihrem Molekül tragen und zudem in Ringstruktur vorliegen, die, wie es scheint, die Glykosidierung begünstigt, so bestehen die einfachsten und universell verbreiteten Glykoside aus zwei oder mehreren Zuckermolekülen. Die Di-, Tri- und Polysaccharide sind chemisch den Glykosiden im eigentlichen Sinne völlig analog gebaut. Man pflegt sie als Holoside den aus Zucker + Nichtzucker aufgebauten Heterosiden gegenüberzustellen. Die volle Übereinstimmung der „Glykoside" mit den zusammengesetzten, also spaltbaren Zuckern drückt sich auch darin aus, daß die gleichen Fermente sowohl Holoside als auch Heteroside zerlegen, soweit diese der spezifischen Konfiguration des Fermentes entsprechen. Alle Disaccharide mit β-glucosidischer oder β-galaktosidischer Bindung werden von Mandelemulsin, das man zunächst für spezifisch auf Amygdalin eingestellt hielt, hydrolysiert. Die natürlich vorkommenden Heteroside sind stets β-Glykoside, ebenso die Cellobiose, der Grundbaustein der Cellulose, und dementsprechend ist das Enzym Cellobiase mit anderen β-Glykosidasen, z. B. dem aus Emulsin, identisch. Saccherose und Maltose hingegen gehören zu den α-Glykosiden. Es besteht also die auffallende Tatsache, daß die typischen Reservezucker (Rohrzucker, Maltose) der einen und die Glykoside im eigentlichen Sinne neben dem Baustein der Zellwand der anderen isomeren Form der Glykosid-Konfiguration zugehören.

b) **Glykosidasen.** Eine strenge Spezifität der Glykosidasen herrscht nur in bezug auf die α- oder β-Bindung. Die entgegengesetzte Konfiguration ist dem jeweiligen Enzym völlig unzugänglich, während die Art des Zuckers (ob Glucose, Galaktose oder Disaccharid) im allgemeinen nur eine Verschiebung in der Spaltungsgeschwindigkeit bedingt. Das gleiche Ferment spaltet sogar Pentoside, Hexoside und Heptoside (das sind Glykoside mit 5 bzw. 6 oder 7 C-Atomen im Zuckermolekül), sofern die Ringstruktur der Zucker identisch ist. Ein abschließendes Urteil über die Spezifität, die Klassifikation und den genauen Wirkungsmechanismus der Glykosidasen läßt sich noch nicht fällen (vgl. HELFERICH 1943; PIGMAN 1946). Am wenigsten zu erklären ist bisher die Erscheinung, daß Fermente verschiedener Herkunft sich in bezug auf die Spaltungsgeschwindigkeit gegenüber den gleichen Substraten verschieden verhalten. Mit Mandelemulsin werden β-Glucoside rascher zerlegt als β-Galaktoside, während die Fermente aus Hagebutten und Mandarinen sich diesen beiden Substraten gegenüber umgekehrt verhalten. Im Mandelemulsin ist es vermutlich das gleiche Enzym, das beide Sorten von β-Glykosiden angreift, jedoch werden bis in die neueste Zeit auch immer wieder Unterschiede zwischen den auf verschiedene Zuckeranteile eingestellten β-Enzymen herausgestellt (VEIBEL; ÖSTRUP). Im Emulsin werden im übrigen auch noch α-Glykosidasen (z. B. α-Galaktosidase und α-Mannosidase) vermutet. Es ist bisher kaum jemals eine einheitliche Wirksamkeit eines Fermentes beobachtet worden, stets besteht eine mehr oder weniger starke Einwirkung auch auf andere Glykoside; z. B. ist neben den überwiegenden α-Glucosidasen der Hefe auch ein wenig β-glucosidatische Wirksamkeit bemerkbar, die im übrigen identisch ist mit derjenigen der β-Glucosidase des Emulsins. Besonders interessant ist, daß eine Hefe, die der Maltase, also des α-Enzyms, ganz entbehrte, reichlich β-Glucosidase lieferte (WILLSTÄTTER, KUHN und SOBOTKA). Alle diese Tatsachen deuten doch darauf hin, daß die beiden glykosidatischen Enzymgruppen in sich höchstens graduelle Abstufungen aufweisen und einander durch tiefere Verwandtschaft genähert sind. Daß α- und β-Enzyme stets unter den in der Zelle vorhandenen Monosen ihr Substrat finden, wurde oben schon erwähnt, da die Isomeren eines Zuckers stets im Gleichgewicht in Lösung vorliegen und ineinander übergehen.

Stark abhängig ist die Spaltungsgeschwindigkeit von der Struktur der Aglykone. Die Anheftung des zweiten Glucosemoleküls am sechsten C-Atom (= Gentiobiose) statt am vierten (= Cellobiose) setzt die Hydrolysegeschwindigkeit mit dem nämlichen Enzym auf ungefähr die Hälfte herab. Eine Aminogruppe im Aglykon setzt die Spaltung ebenfalls herab. Große Unterschiede in der Umsatzgeschwindigkeit von β-Glucosiden werden durch Substituierung des phenolischen Aglucons verursacht (vgl. Tabelle 2, nach NORD-WEIDENHAGEN Bd. 1).

Tabelle 2. *Wertigkeit verschiedener künstlicher und natürlicher Glucoside gegen Süßmandelemulsin.*

Aglucon	Formel	Spaltungsgeschwindigkeit
Methanol	$CH_3 \cdot OH$	0,034
Phenol	⌬—OH	0,33
Saligenin = Salicylalkohol	⌬(CH$_2$OH)—OH	1,7
o-Kresol	⌬(CH$_3$)—OH	4,3
m-Kresol	H$_3$C—⌬—OH	0,55
p-Kresol	H$_3$C—⌬—OH	0,12
o-Oxybenzaldehyd = Salicylaldehyd (Helicin)	⌬(CHO)—OH	8,6
Kaffeesäure	HOCC·CH=CH—⌬—OH, OH	8,4
Protokatechualdehyd	OHC—⌬—OH, OH	10,0
Vanillin	OHC—⌬—OH, OCH$_3$	13

Die Beeinträchtigung der Spaltungsgeschwindigkeit durch Substitution am Aglykon ist heute noch schwer erklärlich. Wenn der Einfluß struktureller Veränderungen des Aglykons sich direkt auf die glykosidische Bindung erstreckte, so müßte auch die Geschwindigkeit der Säurehydrolyse ähnlich variieren wie beim enzymatischen Abbau. Das ist aber für viele abgeänderte Aglykone nicht der Fall. Die Zugänglichkeit für Säurehydrolyse kann als Maß für die Stärke der Glykosidbindung selbst angenommen werden.

Über den vermutlichen Mechanismus der Glykosidasewirkung kann man sich folgende Vorstellung bilden. Nach einer zunächst von v. EULER (1925) entwickelten Auffassung hat man bei solchen Enzymen mit zwei speziellen Bezirken auf der Oberfläche des Enzymträgers zu rechnen, die an der Bildung eines Ferment-Substratkomplexes beteiligt sind (s. Abb. 2). Dementsprechend ist genau genommen auch mit zwei verschiedenen MICHAELIS-Konstanten für die Dissoziation des Komplexes zu rechnen. Der Ort I übt eine streng spezifische Adsorption aus, während der Ort II mehr allgemein adsorbierend wirkt. Die Bindung des Substrates an das Ferment findet also nicht an der Stelle statt, an der später die Aufspaltung erfolgt. Bei den Glykosiden würde nach der Herstellung eines solchen Enzym-Substratkomplexes ein Molekül Wasser an die Glykosidbindung angelagert unter Bildung aktivierter Intermediärprodukte. Nach dem sich daran anschließenden Aufbrechen der Glykosidbrücke dissoziieren schließlich die Endprodukte von der Enzymoberfläche ab. Das Wesentliche der enzymatischen Spaltung gegenüber der Säurehydrolyse besteht darin, daß das Ferment eine gewisse Aktivierung des Moleküls zustande bringt. Die Aktivierungs-

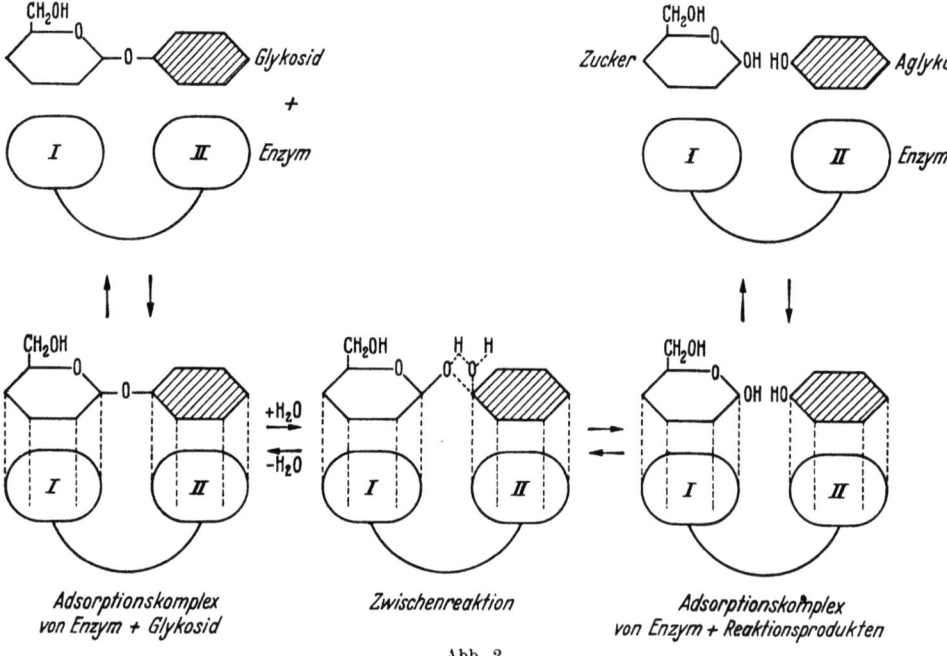

Abb. 2.

energie bei der eigentlichen Umsetzung wird nämlich im enzymatischen Prozeß stets geringer befunden als beim säurehydrolytischen. Ein Teil dieser Aktivierungsenergie kann etwa durch eine Spannung der Glykosidbindung auf der Enzymoberfläche geliefert werden (PIGMAN). Die strenge Spezifität auf die Konfiguration des Zuckers, die jedoch dem Ferment den Angriff auf eine ganze Reihe in anderer Beziehung recht differenter Zucker erlaubt (s. oben Pentosen, Hexosen, Heptosen), erscheint dadurch plausibel, daß der Bezirk I stets auf eine bestimmte Gestalt des Heterozyklus im Zuckermolekül vor allem in bezug auf die Anheftung der H- und OH-Gruppen eingestellt ist, eine Gestalt, die auch bei Zuckern verschiedener Kettenlänge identisch ausgebildet sein kann. Enzyme des gleichen Glykosidtyps, aber verschiedener Herkunft, unterscheiden sich möglicherweise einfach in der Struktur des Bezirkes II, der das Aglykon adsorbiert, womit wenigstens eine unterschiedliche Spaltungsgeschwindigkeit solcher an sich identischer Fermente einigermaßen zu erklären wäre.

Für die Di- und Polysaccharide verfügt die Pflanze nachweislich neben den hydrolytischen Enzymen noch über eine Gruppe von Phosphorylasen, die die glykosidische Bindung nicht durch Einlagerung eines Moleküls Wasser, sondern durch ein Molekül Phosphorsäure sprengen, bzw. die in einer analogen Bindungsform an Stelle des zweiten Zuckermoleküls eben die Phosphorsäure an die Glucose anhängen. Als Spaltstück fällt dementsprechend der Glucose-1-Phosphorsäure-Ester an, wie das aus dem Schema für die Phosphorolyse des Rohrzuckers hervorgeht.

Rohrzucker + Phosphorsäure   Glucose-1-Phosphat + Fructose

Diese Phosphorolyse ist reversibel: aus Glucose-1-Phosphat lassen sich auch in vitro mit Hilfe der entsprechenden Enzyme Rohrzucker und Stärke aufbauen (HANES; HASSID und Mitarbeiter).

Für die Beurteilung der Glykosidentstehung ist dabei wichtig, daß vom Glucosephosphat aus die Kondensation fast ohne Energieverbrauch verläuft; der wesentlich endergonische Vorgang ist die Verknüpfung der Glucose mit Phosphorsäure. Wenn die Esterbindung, die, wie das Schema auch zeigt, einer glykosidischen analog ist, erst einmal vorhanden ist, kann die Glucose auf andere Ketosen übertragen werden. Auf den Glucoseanteil ist das Enzym streng spezifisch eingestellt, er kann durch keinen anderen Zucker ersetzt werden, während als Partner der Glucose sowohl Phosphorsäure als auch verschiedene Ketosen oder sogar Aldopentosen aufgenommen werden (DOUDOROFF und Mitarbeiter). Die Glucose-1-Bindung, die Carbonylbindung, ist also in der Pflanze durch ein Enzym bzw. durch eine Gruppe von Enzymen, die als Transglucosidasen charakterisiert werden müssen, übertragbar auf eine ganze Reihe von Verbindungen, die die Stelle der Aglykone einnehmen. Durch radioaktiven Phosphor wurde gezeigt, daß tatsächlich die Übertragung der Glucose das Wesentliche ist, denn es bildet sich dabei ein Adsorptionskomplex zwischen Enzym und Glucose und nicht etwa zwischen Enzym und Phosphorsäure (HASSID und Mitarbeiter, vgl. auch MEYERHOF 1948). Die Vorstellung von der Phosphorolyse und der Transglucosidierung ist bis jetzt erst für die α-glykosidisch verknüpften Holoside entwickelt und sichergestellt worden. Ob sie auch für die β-glykosidischen Bindungen Anwendung finden kann, wird die nächste Zukunft lehren.

<small>Bisher konnte noch nicht mit Sicherheit nachgewiesen werden, daß die Glykosidasen analog den übrigen Fermenten in einen Eiweißträger und ein niedermolekulares Coferment dissoziierbar sind. Jedoch hat sich auf eine indirekte Weise wahrscheinlich machen lassen, daß diese Fermente trotzdem auch dem dualistischen Bauprinzip folgen. Gewisse Heferassen, z. B. die von WILDIERS ursprünglich zu seinen Bios-Untersuchungen benutzten, gedeihen in Nährlösungen auf Rohrzucker gar nicht, in solchen mit Hexose aber sehr gut. Nach Zusatz von Biosterin (Vitamin D_2) wachsen sie jedoch auch auf Rohrzucker. Die durch Kochen inaktivierte Saccharase (Invertin) liefert der Hefe ebenfalls die für die Aufschließung des Disaccharides nötigen Ergänzungsstoffe, die also direkt oder indirekt als ein Coferment für die Saccharase angesprochen werden dürfen (STOCQ).</small>

c) Senfölglykoside und Nucleinsäuren. Neben den bisher erwähnten über eine Sauerstoffbrücke angeknüpften Aglykonen kommen in der Natur auch solche vor, deren Verbindung mit dem Zucker durch ein Stickstoff- oder Schwefelatom hergestellt wird. Die ersten umfassen vor allem die Nucleinsäuren, die charakteristischen Bestandteile der Zellkerne, bei denen eine

Glykosidbindung zwischen der N-haltigen Base (z. B. Adenin) und der Ribose, einer Pentose, besteht. Spezifische Enzyme, die Nucleosidasen, die von den übrigen Glykosidasen wesentlich verschieden sind, spalten diese Bindung wahrscheinlich nicht hydrolytisch, sondern phosphorolytisch auf. Die Existenz der Nucleinsäuren in den kernlosen Bakterien und Cyanophyceen besagt, daß die Fähigkeit zur Glykosidbildung dieser Art eine urtümliche Eigenschaft aller Organismen ist.

Die Senföle, z. B. Allylsenföl $CH_2=CH-CH_2-N=C=S$, sind über eine Schwefelbrücke an das Zuckermolekül angefügt (s. auch S. 252). An Stelle der Hydroxylverbindung tritt also ein Körper der allgemeinen Struktur $R=C=S$. Das Sinigrin, ein Senfölglykosid, im schwarzen Senf und Meerrettich enthält im Molekül neben Allylsenföl und Zucker noch Kaliumsulfat. Die Spaltung erfolgt nicht durch ein einheitliches Ferment, sondern es ist eine Sulfatase daran beteiligt, die für sich allein keine glykosidatische Wirksamkeit entfaltet (NEUBERG und v. SCHÖNEBECK). Das auf die glykosidische Schwefelbrücke eingestellte Ferment, die Myrosinase, greift andere Glykoside nicht an.

d) Transglykosidierung. Die natürlichen Aglykone, auch schon der Glykoside im engeren Sinne, stellen eine so bunte Schar von verschiedenartigen Verbindungen dar, daß es kaum einen Verwandtschaftskreis unter den sekundären Pflanzenstoffen gibt, ausgenommen nur die niederen und höheren Fettsäuren, von dem sich nicht wenigstens einige Vertreter auch glykosidiert in der Natur fänden. Es wäre unzweckmäßig und überhaupt durch keinen tieferen Grund gerechtfertigt, sie in diesem Zusammenhang in extenso aufzuführen. Spezielle Werke über die Glykoside (z. B. VAN RIJN-DIETERLE) ordnen sie rein schematisch nach ihrem Vorkommen in den Familien des Pflanzenreiches. Hier sollen die Aglykone ihrer chemischen Verwandtschaft und damit wohl ihrer Genese entsprechend bei den übrigen sekundären Stoffen eingereiht werden.

Die Verknüpfung mit den Zuckern ist als ein zusätzlicher, allerdings chemisch einheitlicher Vorgang aufzufassen, eben als eine spezielle Art der Gruppenübertragung. Die Einheitlichkeit der glykosidischen Fermente, welche Zucker an die verschiedensten chemischen Individuen anheften, spricht schon dafür, daß es sich dabei um eine ganz ähnliche Operation wie bei der Übertragung der Aminogruppe durch die Transaminasen handeln dürfte. Daß andere Aldehyde oder Ketone, die im Stoffwechsel ja verschiedentlich auftreten, niemals den Zucker vertreten können, während andererseits auch zellfremde Verbindungen, sofern sie die geeignete Struktur haben, ohne weiteres glykosidiert werden, rückt die Zucker ebenfalls an die Stelle vielseitig übertragbarer „Gruppen". Wenn Pflanzen mit verschiedenen physiologisch recht aktiven Verbindungen, z. B. Äthylenchlorhydrin (CH_2OH-CH_2Cl), o-Chlorphenol, Chloralhydrat und ähnlichem, behandelt werden, so bilden sich daraus in der lebenden Zelle β-Glykoside, und zwar, was sehr überraschend ist, auch in solchen Pflanzen, in denen normalerweise gar keine Glykoside zu finden sind. Äthylenchlorhydrin, eine gasförmige Verbindung, die häufig zur Abkürzung der Ruheperiode von Kartoffel- und Gladiolenknollen Verwendung findet, wird in allen möglichen Pflanzenorganen zu β-2-Chloräthyl-Glucosid umgesetzt. Oft wird das gleiche künstlich zugeführte Aglykon mit verschiedenartigen Zuckern in der gleichen Pflanze verknüpft. Meist dient zwar d-Glucose als Zuckerpaarling, aber in allen untersuchten Solanaceen wird auch Gentiobiose verwendet. Oft werden ganz außerordentlich große Mengen des künstlich gebotenen Aglykons absorbiert und als Glykosid deponiert. In Tabakblättern sammelten sich bis zu 12% des Trockengewichtes an β-2-Trichloräthyl-Glucosid bzw. Gentiobiosid an, wenn Tabakpflanzen mit Chloralhydrat behandelt wurden (MILLER). Diese organfremden Körper entstehen also offenbar deshalb, weil in der Zelle ein Mechanismus vorgebildet ist, der das β-Isomere des Zuckers auch auf fremde Verbindungen geeigneter chemischer Konstitution in der gleichen Weise wie auf die genuinen Aglykone überträgt. Die Cellulose, aufgebaut aus der β-glykosidischen Cellobiose, bezeugt, daß einer jeden behäuteten Zelle die β-Verknüpfung ein geläufiger Prozeß sein muß. Wenn in vielen Pflanzen normalerweise keine β-Heteroside auftreten, beruht das wohl darauf, daß im Stoffwechsel keine Aglykone anfallen. Der Mechanismus der Glykosidierung (Transglykosidasen?) liegt vor, wie die oben erwähnten Beispiele bei Zufuhr künstlicher Aglykone beweisen. Ebenso kann man sich leicht vorstellen, daß ein durch Mutation abgewandelter Stoffwechsel zu geeigneten hydroxylhaltigen Verbindungen führt, die dann in Form der Glykoside als neue Pflanzenstoffe in Erscheinung treten. Vorbedingung für diese Kombination ist natürlich das örtliche Zusammentreffen des angehenden Aglykons mit dem Enzym. Vielleicht ist es kein Zufall, daß ausgerechnet die Gentiobiose als β-Glucosido-Glucose, die durch β-Glucosidasen gespalten und auch in vitro durch solche aufgebaut wird, sehr oft als Zuckerpaarling der natürlichen β-Heteroside auftaucht. Die β-Glykosidasen dienen der Zelle neben ihrer allgemeinen Funktion des Zellwandaufbaues und vielleicht in Konkurrenz damit ebenfalls zur Glykosidierung aller möglichen anderen im Stoffwechsel anfallenden Verbindungen, soweit diese in ihre Reichweite geraten; oder, anders ausgedrückt, dem Mechanismus der β-Glykosidierung fallen eine Vielzahl von Stoffwechselprodukten anheim. Zunächst noch nicht erklärlich ist die Eigentümlichkeit, daß die β-Heteroside nur selten wieder in den Stoffwechsel einbezogen werden. Da die Glykosidierung im allgemeinen eine höhere Wasserlöslichkeit der oft sehr schwer löslichen Aglykone mit sich bringt, mag der Übergang der Glykoside aus einer lipoiden in eine hydrophile Phase sie dem Zugriff der Glykosidasen entziehen. In einzelnen Fällen wird jedoch auch ein Umsatz der Glykoside beobachtet (s. unten).

Glykoside entstehen also immer dann, wenn geeignete Stoffwechselprodukte der allgemeinen Konstitution R—OH [oder R=NH oder R=C=S bzw. R=C(OH)—SH] mit den universell vorhandenen Zuckern bei Anwesenheit der ebenfalls weitverbreiteten, weil urtümlichen Glykosidasen zusammentreffen. Die Glykosidasen sind dabei offenbar sehr einfach gebaute Enzyme, deren Spezifität im allgemeinen nicht sehr hoch ist, sondern in erster Linie auf die Struktur des Ringes im Zuckermolekül und scharf auf deren sterische Konfiguration abgestellt ist. Eine Verkettung der α- mit den β-Glykosiden ist enzymatisch zwar nicht möglich, aber da gelöste Zucker stets im Gleichgewicht ihrer Isomeren vorliegen, können die beiden Formen der Glykosidasen aus der gleichen Quelle schöpfen und die in der einen isomeren Form freigesetzten Zucker können nach Durchgang durch die Lösung in die andere aufgenommen werden.

Die Voraussetzungen für das Entstehen von Glykosiden sind also einerseits chemischer Art, nämlich die geeignete Beschaffenheit der Aglykone, und andererseits eine Frage der Lokalisation, da nämlich diese Partner mit den Zuckern und den Enzymen auch wirklich in den Zellen zusammentreffen, also in der gleichen Phase des Plasmas vorhanden sein müssen.

Eine solche räumliche Vorbedingung fehlt offenbar bei vielen alkoholischen Derivaten der Terpene, die in Exkreträumen, in den Blasen von Ölzellen, in Drüsen, Harzgängen oder unter der Cuticula von Haaren ausgeschieden werden und dort sowohl von Zuckern als auch von glykosidischen Enzymen getrennt sind. Glykoside mit Terpenalkoholen treten deshalb genuin sehr selten auf (z. B. Geranylglucosid in *Pelargonium odoratissimum*), obwohl sie synthetisch leicht darstellbar sind (vgl. HÄMALAINEN).

Durch Glykosidierung steigt häufig die Wasserlöslichkeit gegenüber dem freien Aglykon, wodurch eine Ansammlung der Glykoside im Zellsaft begünstigt ist. Da aber gleichzeitig das Molekül größer (und weniger lipoidlöslich) wird, sinkt die Adsorbierbarkeit in den Grenzschichten des Plasmas, so daß Glykoside im allgemeinen keine Wanderung von Zelle zu Zelle ausführen. Der Schluß allerdings, daß ,,Aglykone aus dem unmittelbaren Stoffumsatz ausgeschaltete Stoffwechselprodukte sind, die zum Zwecke der Ausscheidung in die wäßrige Phase der Vacuolenflüssigkeit glykosidiert werden" (FREY-WYSSLING 1942), scheint recht gewagt; es klärt die Ursachen der Glykosidbildung jedenfalls nicht auf. Im übrigen gibt es unter den natürlichen Glykosiden alle Abstufungen von leichter Wasserlöslichkeit bis zu fast völliger Unlöslichkeit. Auch sehr schwer wasserlösliche kommen gehäuft vor, z. B. Hesperidin, Phlorrhizin u. a.

Auffällig bleibt jedenfalls, daß β-Heteroside in den meisten Fällen schwer oder gar nicht mehr mobilisierbar sind, während die α-glykosidischen Disaccharide Maltose und Rohrzucker jederzeit wieder in den Stoffumsatz übernommen werden können. Zur kausalen Klärung dieser Erscheinung müßten aber noch viel mehr Erfahrungen über die Lokalisation bzw. die Umgebung der Glykosidasen im Plasma, über die Festigkeit und den Energiegehalt der Glykosidbindung u. a. gesammelt werden.

Wieweit neben der erhöhten Wasserlöslichkeit nach Glykosidierung, die unter anderem eine der Ursachen sein könnte, die zur Trennung des Substrates vom Enzym führen, auch der oben erörterte Energiegehalt der Gruppenbindung eine Rolle bei der Stabilität der Glykoside und für die Richtung der Zuckerübertragung spielt, ist noch nicht zu entscheiden. Unter sonst gleichen Bedingungen wird der Zucker sicher an das Aglykon getrieben, mit welchem er seine energieärmste Bindung eingeht. *Das* Glykosid wird sich in Anwesenheit der Enzyme am stabilsten verhalten, dessen Spaltung die geringste Menge Energie freisetzt bzw. die meiste verbraucht. Ob diejenigen Glykoside, die auch bei schärfsten Hungerbedingungen von den Zellen nicht mehr in den Stoffwechsel einbezogen werden, aus energetischen oder anderen Gründen irreversibel bleiben, steht noch dahin. Viele Glykoside werden jedenfalls erst dann wieder mobilisiert, wenn die eigentlichen Reservestoffe aufgebraucht sind (s. unten).

Angaben über den Wert der Gruppenenergie (Gruppenpotential) für Glykoside liegen nur spärlich und bloß ganz summarisch vor. Die überbetont zwecksuchende physiologische Behandlung der Glykoside stand der Herbeischaffung exakter Unterlagen für die Klärung der Genese und des dynamischen Verhaltens der Glykoside im Stoffwechsel hinderlich im Wege. Die Änderung der freien Energie bei der Spaltung eines Glucose-Galaktose-Disaccharides wird mit 3000 cal/Mol angegeben, ebensoviel wie für die glykosidähnliche Bindung Phospho-1-Glucose (LIPMANN 1941). Für andere Glykoside wird von geringeren Werten gesprochen. Daß verschiedene Glykoside sich im Energiegehalt der Zuckerbindung erheblich unterscheiden müssen, geht aus Messungen der Spaltungskonstanten hervor (VEIBEL). Die in Tabelle 2 wiedergegebenen Differenzen der enzymatischen Spaltbarkeit geben jedoch kein Maß für den Energiegehalt der Glykosidbindungen ab. Solche Werte illustrieren aber von einer anderen Seite her die Leichtigkeit oder Schwerfälligkeit der Mobilisierung natürlicher Glykoside.

Die Fähigkeit zur Glykosidsynthese ist eine typisch pflanzliche Eigenschaft. Glykoside im engeren Sinne werden im tierischen Körper nicht aufgebaut. Seltener kommen als Analoga ähnliche Kombinationen vor, in denen Glucuronsäure den Zuckerpaarling abgibt. Vor allem nach Fütterung von körperfremden Alkoholen (Menthol, Borneol) oder Phenolen scheidet das höhere Tier diese in ätherartiger Bindung an Glucuronsäure aus.

e) **Entgiftung.** Sehr häufig wird im Zusammenhang mit der Glykosidbildung in Pflanzen auch die sog. Entgiftung in den Vordergrund gerückt. Im tierischen Organismus erstreckt sich dieser Begriff sowohl auf zelleigene Stoffwechselprodukte, z. B. Entgiftung des beim Eiweißabbau entstehenden Ammoniaks, als auch auf synthetische von außen zugeführte Substanzen, mit denen primär ein therapeutischer Effekt angestrebt wird. Der teleologische Inhalt dieses Begriffes und sein oft anthropomorpher Unterton haben ihn in jüngster Zeit bei der Aufklärung der Stoffwechselmechanismen in einen ziemlich schlechten Ruf gebracht (vgl. HANDLER und PERLZWEIG). Bei der Entgiftung körperfremder Verbindungen fahndet man heute nicht mehr nach Enzymen, die der Organismus gerade für diese Produkte der organischen Chemie bereithält, sondern man findet es vernünftiger, die Sache so aufzufassen, daß solche exogenen Substanzen eben nur dann einer physiologischen Umwandlung unterzogen werden, wenn sie durch bestimmte Gruppen oder Strukturen Ähnlichkeit mit normalen zelleigenen Stoffwechselzwischenprodukten aufweisen. Diese Konstitution macht sie den Enzymgarnituren der Zelle zugänglich, und die „Entgiftung" wird nebenher oder nur deshalb erreicht, weil ein neuer Körper sich in ein vorgebildetes System einfügt. Die Harmonie des Stoffwechsels bleibt dann trotz des giftigen Stoffes erhalten. Findet der Fremdkörper kein solches System vor, so wirkt er (bei entsprechender Konzentration) letal. Wenn man dem Organismus ein Eingehen auf zellfremde Verbindungen durch die Abwehrmaßnahme einer zielgerichteten Entgiftung über eine zufällig mögliche hinaus unterschieben will, so wäre es schwer verständlich, warum ihm in dem einen Fall dieses Vorhaben gelingt und in anderen Fällen, trotz hoher Reaktionsbereitschaft der zugeführten Substanzen, die chemischen Künste der lebenden Zelle versagen. Diese Argumente, die der experimentell hervorgerufenen Situation in der Tierphysiologie entspringen, sind sehr wohl geeignet, uns die phylogenetische Entstehung der natürlichen Entgiftung in Pflanzen plausibler zu machen. Fällt bei der mutativen Differenzierung des Stoffwechsels ein neuer „giftiger" Körper an, der durch ein vorhandenes System in einen indifferenten weiterverwandelt wird, so bleibt der bereicherte Stoffwechsel harmonisch, die Mutante ist lebensfähig, das intermediär erzeugte aktive Glied des Stoffumsatzes erscheint „entgiftet". Findet sich in einer Mutante, die auf die Produktion eines aggressiven Körpers hinausläuft, kein enzymatisches System, das zu einer Neutralisierung beiträgt, so bedeutet dies eine Letalmutante. Was wir als lebende Wesen vorfinden, sind ja nur die aus einer Unzahl möglicher physikalisch-chemischer Kombinationen ausgelesenen, die wegen ihrer Harmonie existenzfähig sind, die wir aber erst richtig beurteilen, wenn wir sie auf dem Hintergrund der nichtexistierenden betrachten. Ein recht instruktives Beispiel, allerdings aus der Tierphysiologie, soll das noch illustrieren.

Nicotinsäureamid, das ein ganz normales Zwischenprodukt, ja sogar ein unerläßlicher Baustein für die Codehydrasen ist, verursacht in hohen Konzentrationen gefüttert im allgemeinen Methionin- bzw. Cholinmangel im Organismus, weil es durch Methylierung „entgiftet" ausgeschieden wird. Nicotinsäureamid ist aber gar nicht giftig, wie man an Kaninchen und Meerschweinchen nachweisen kann, die beide das Amid nicht methylieren. Bei ihnen hat das im Überschuß gefütterte Nicotinsäureamid keinen nachteiligen Einfluß auf das Wachstum. Dort, wo es schädigt, nimmt es dem Körper die für andere Zwecke nötigen Methylgruppen weg und die in manchen Tieren normale Methylierung ist also keine notwendige Entgiftung, sondern eher eine „negative Entgiftung"! Eine offensichtlich harmlose Verbindung wird einem klassischen „Entgiftungs"prozeß unterzogen und erzeugt dadurch erst eine Schädigung.

Wir werden immer die Möglichkeit ins Auge fassen müssen, daß gewisse Substanzen innerhalb des Stoffwechsels lediglich als zufällige und zunächst wertlose Nebenprodukte entstehen, deren Bildung dem Organismus unter bestimmten Lebensbedingungen jedoch von Vorteil ist und die deshalb irgendeine ökologische Funktion in ihm übernehmen. In vielen Fällen bemächtigen sich dann die Faktoren, welche die Zweckmäßigkeit der organischen Funktionen bedingen — mag es sich dabei um Selektion oder um etwas anderes handeln — der Fähigkeit zur Bildung gerade dieser Stoffe, um sie an solchen Stellen entstehen zu lassen, an denen sie für das Leben der Pflanze von Bedeutung sind (vgl. NATHANSOHN S. 260). Als ursprünglich zufällig entstandene Verbindungen fassen wir sie deshalb auf, weil sie nicht aus dem allgemeinen Stoffwechsel in seiner urtümlichen Form anfallen müssen und weil tatsächlich viele andere Pflanzen ihr Leben fristen, ohne solche Produkte jemals hervorzubringen. Auch biochemisch ist der Organismus ja kein nach einem überlegten Plan in einem Zuge geschaffenes Gebilde, sondern das Ergebnis einer langen Evolution, die mit einem Grundbestand von notwendigen Funktionen begann und entsprechend den im Rahmen der lebenden Substanz, besonders ihrer submikroskopischen Strukturen, liegenden Gesetzmäßigkeiten zu einer immer weiter greifenden Differenzierung des Stoffwechsels führte.

Wegen des labilen Aufbaus des Plasmas, der spezifischen Ausstattung mit Enzymen usw. ist eine Zelle nur lebensfähig, wenn gewisse im Stoffwechsel entstehende Verbindungen, die wegen ihrer physikalischen oder chemischen Aktivität die lebensnotwendige Struktur stören würden, unmittelbar weiter verwandelt werden. Das kann in Form des Abbaues zu CO_2, H_2O und anderen indifferenten Endprodukten geschehen oder in Form weiterer Umwandlungsschritte, die sich aber in ihrem Wesen nicht von den Vorgängen, die zur Bildung des aktiven Körpers führten, unterscheiden. Die Produktion von „Giften" und ihre „Entgiftung" sind also als gleichwertige Vorgänge anzusehen. Ein solcher in der Zelle vorgegebener Mechanismus ist die Anknüpfung von Zuckern an Körper, die OH-Gruppen tragen. Viele Gifte, d. h. Stoffe, die auf irgendeine Weise den normalen Zustand oder das harmonische Geschehen der Zelle lebensgefährdend beeinträchtigen, gehören zu diesen als Paarlinge für die Zucker geeigneten Substanzen. Sie werden deshalb „automatisch" abgefangen, unschädlich gemacht und meist wegen der veränderten Löslichkeitseigenschaften in die wäßrige Phase entfernt, ein höchst zweckmäßiger Vorgang, dessen zunehmende Verbreitung bei den höheren Pflanzen uns deshalb nicht wundernimmt. Die Voraussetzungen sind, wie oben angedeutet, eben auch dort vorhanden, wo solche Gifte im Stoffwechsel gar nicht anfallen. Andere nicht zufällig in den vorgebildeten Mechanismus eingepaßte Gifte, z. B. Chloroform, Äther, kann die Zelle nicht entgiften. Auf der anderen Seite fallen der entgiftenden Glykosidbildung aber Verbindungen anheim, einfach weil sie hydroxylhaltig sind, ohne deshalb giftig zu wirken, wie etwa die Anthocyanidine und viele Flavonole, die auch frei ohne Zucker in den gleichen Zellen neben den Glykosiden vorkommen. Die Ansammlung von Glykosiden verträgt die Pflanze natürlich nur so lange, als der Stoffverbrauch durch Entzug von Kohlenhydraten nicht lebensgefährlichen Umfang annimmt. Grüne Pflanzen beherbergen deshalb einen größeren Reichtum als heterotrophe.

Ein weiterer Nutzen dieser „Entgiftung" von Phenolen und anderen Aglykonen, die antiseptisch oder bactericid wirken, erwächst der Pflanze vielleicht auch noch dort, wo die nach Verletzung der Zellen durch Vereinigung von Ferment und Glykosid einsetzende Hydrolyse, z. B. bei Senföl- oder HCN-Glykosiden, auch bei Arbutin, durch die freigemachten Aglykone eine desinfizierende Behandlung von Wunden garantiert. Unter diesem Gesichtspunkt wäre die häufig periphere Lokalisation der Glykoside, z. B. in der Rinde, einleuchtend (ARMSTRONG).

f) Glykosidhaushalt. Über den Glykosidhaushalt der Pflanzen gehen die Meinungen noch in ganz wesentlichen Punkten auseinander. Auf der einen Seite wird ihnen irgendeine Speicherfunktion zugeschrieben, die ja nur erfüllbar ist, wenn die Glykoside wieder in den Stoffwechsel einbezogen werden können. Das ist in bestimmten Fällen möglich. Arbutin in Ericaceen, Salicin in *Salix*-Arten verschwindet wenigstens teilweise beim Austreiben der Knospen (vgl. WEEVERS 1910). *Taxus*-Blätter sind während der kalten Jahreszeit besonders reich an Taxicatin ($C_7H_{12}O_2$ + Glucose). Zur Zeit des Sprossens der jungen Blätter enthalten sie hingegen nur wenig Glucosid. In *Raphanus*-Samen soll während der Keimung das Senfölglykosid völlig gespalten werden. Bald setzt aber eine Neubildung ein. Bei *Rhinanthus minor* und bei *Brassica* wird jeweils nur ein Teil der Glykoside bei der Keimung verbraucht. Eine Glykosidmobilisierung findet auch in alternden Blütenblättern statt, wie für das Rutin, ein Glykosid des Quercetins (s. S. 183), bei *Forsythia*-Blüten nachgewiesen wurde (NAGHSKI und Mitarbeiter). Andererseits wird der Glykosidzucker in der Rinde der Roßkastanie beim Austreiben der Knospen trotz enormer Beanspruchung aller übrigen Kohlenhydratfraktionen gar nicht in Mitleidenschaft gezogen. Er bildet nicht einmal eine Reserve letzter Ordnung, denn das Äsculin wird auch nach Verbrauch aller übrigen Zuckervorräte nicht angegriffen (KERSTAN 1934). Anthrachinonglykoside in Rhabarberblättern tauchen gerade in jungen, erst schwach assimilierenden Blättern oder im Dunklen auf, also unter Bedingungen, die eher eine Mobilisierung eines Reservestoffes erwarten lassen (HIEKE). In Blättern bewegt sich der Äsculinspiegel in gleicher Richtung wie die übrigen Kohlenhydrate: tags Zunahme, nachts Abnahme. Im Zuge der Photosynthese müßte also auch das Aglykon anfallen. In Birnenblättern zeigt sich ein ähnliches Auf und Ab des Arbutingehaltes, wobei allerdings am Morgen wenigstens ein Teil des Aglykons (Hydrochinon) zurückbleibt, das wieder mit Zucker gekoppelt werden kann. Das bedeutet nebenbei, daß das freie, also nicht entgiftete Hydrochinon ohne Zellschädigung gespeichert werden kann. Freies Hydrochinon soll in Birnenblätter stets in gewisser Menge vorhanden sein.

E. Die Häufigkeitsregel.

Zum Abschluß der Betrachtungen allgemeiner Prinzipien des Stoffwechsels muß noch ein Gesichtspunkt hervorgehoben werden, der manchmal hilft, etwas Licht in das schier undurchdringliche Dunkel zu bringen, das über der Genese der meisten sekundären Pflanzenstoffe liegt. Viele von ihnen tauchen in recht weiter Verbreitung an den verschiedensten Stellen des Pflanzenreiches auf (Coffein, Saponine, Indican), während andere oft in engster Beschränkung an eine einzige Familie, Gattung oder sogar Art gebunden sind (gewisse Alkaloide). Das führte immer wieder zu divergenten

Spekulationen über ihre Entstehung bzw. Bedeutung. Alle sekundären Stoffe entstehen durch schrittweise Verwandlung aus Kohlenhydraten oder deren primären Abbauprodukten, manchmal wohl auch angeschlossen an den Auf- oder Abbau bestimmter Aminosäuren. Jeder Teilprozeß einer solchen Umwandlung bedarf meistens der Mitwirkung eines Fermentes oder anderer spezieller Bedingungen. Je mehr Schritte in bestimmter Reihenfolge getan werden müssen, um einen sekundären Stoff hervorzubringen, um so weniger wahrscheinlich wird es, daß sich diese Kette in mehreren phylogenetisch getrennt entstandenen Arten in genau der gleichen Weise entwickelt hat. Eine Verbindung, deren Ahnenreihe vielgliedrig ist, wird sich also durch einmaliges Vorkommen auszeichnen. Auf der anderen Seite werden Stoffe, die sich nur durch einen oder wenige Schritte vom Ausgangsmaterial entfernt haben, mit großer Wahrscheinlichkeit in systematisch nicht näher verwandten Einheiten des Pflanzenreiches auftauchen. Die nächsten Abkömmlinge der Zucker, z. B. Ascorbinsäure oder die verschiedenen Zuckeralkohole Mannit, Sorbit, Inosit usw., finden sich demgemäß in weitester Verbreitung. Die Wahrscheinlichkeit, daß an den häufigen Zuckern solche einfache oxydoreduktive oder kondensierende Eingriffe geschehen, ist in allen Zellen sehr groß. Greift die Umwandlung jedoch tiefer und sind zu ihrer Vollendung vor allem mehrere sukzessive Schritte erforderlich, so ergeben sich mannigfache Varianten, die in der einen Pflanze zu diesem, in der anderen zu jenem Endprodukt führen. Die weit abgewandelten Stoffe, sei es durch Hinzufügen neuer Bauelemente, sei es durch Abtrennen wesentlicher Bestandteile des Ausgangskörpers, oder sei es durch weit getriebene Zusammenfügung einfacher Bausteine zu komplizierteren Einheiten, treten mehr sporadisch, ja oft nur einmalig auf. Beispiele für die Gültigkeit einer solchen „Häufigkeitsregel" werden vor allen bei den Verwandten des Tryptophans (s. S. 238) beigebracht, an anderen Stellen (vgl. Terpene) wird sie uns wertvolle Fingerzeige für die mögliche Genese bestimmter sekundärer Verbindungen geben. Herausfallende oder scheinbar widersprechende Beobachtungen fehlen natürlich auch hier nicht (vgl. die Alkaloide Quebrachin, Yohimbin usw.).

Die Nutzanwendung der kurz geschilderten Regel bei der Entflechtung des Gewirrs sekundärer Pflanzenstoffe kann darin bestehen, daß wir bei weit verbreiteten oder an verschiedenen Punkten des Systems der Arten auftretenden Verbindungen damit rechnen dürfen, der Muttersubstanz dieses Körpers nahe zu sein, jedenfalls nur sehr geläufige Prozesse der Transformation zu vermuten brauchen. Wir können chemische Entwicklungsreihen aufstellen und von selten auftretenden über die häufiger vorkommenden Verbindungen hinaus extrapolieren und dürfen dabei erwarten, der gemeinsamen Ausgangssubstanz näher zu kommen. Bei einer solchen vergleichenden Biochemie wird man allerdings im Auge behalten müssen, daß analog zu morphologischen Merkmalen auch im Stoffwechsel manche Verbindungen und Prozesse polyphyletischen Ursprungs sein können. Der Übergang von den kettenförmigen Kohlenhydraten zu den ringförmigen und weiter zu aromatischen Kohlenstoffverbindungen ist wahrscheinlich ein Prozeß, der auf verschiedenen Bahnen abgewickelt wird. Auch gewisse „Konvergenzerscheinungen", seien sie nun durch Außeneinflüsse erzwungen oder durch innere Bedingungen verursacht, werden im Stoffwechsel nicht fehlen. Unterschiedlich gebaute Verbindungen heterogenen Ursprungs können unter ähnlichen Reaktionsbedingungen einander schließlich völlig angeglichen werden.

III. Die niederen Carbonsäuren.

A. Überblick.

Viele der einfachen organischen Säuren führen Trivialnamen nach Pflanzen (Äpfel-, Citronen-, Wein-, Oxalsäure) und deuten damit schon auf ihr gehäuftes Vorkommen im Pflanzenreich hin. Die genauere Kenntnis des tierischen Stoffwechsels, vor allem des Kohlenhydratabbaues, lehrt jedoch, daß auch dabei neben der Milchsäure eine ganze Reihe jener „Pflanzensäuren" regelmäßig auftreten und wichtige Funktionen erfüllen. Die Entstehung vieler niederer Fettsäuren erweist sich so eng mit dem primären Kohlenhydratumsatz der Zelle verknüpft, daß es schwer fällt, hier eine Abgrenzung der sekundären Stoffe zu finden. Der Säurestoffwechsel ist als ausgesprochenes Übergangsgebiet zu betrachten und zudem als eine Art „Rangierbahnhof", von dem aus bekannte Gleise mindestens zum Eiweißumsatz, wahrscheinlich aber noch zu anderen Stoffwechselsphären führen.

In Tabelle 3 sind diejenigen niederen Carbonsäuren zusammengestellt, die in Pflanzen am häufigsten gefunden oder regelmäßig als Zwischenstufen

Tabelle 3. *Die häufigsten niederen aliphatischen Säuren in Pflanzen.*

Ameisensäure	$HCOOH$
Essigsäure	$CH_3 \cdot COOH$
Glykolsäure	$CH_2OH \cdot COOH$
Glyoxylsäure	$CHO \cdot COOH$
Propionsäure	$CH_3 \cdot CH_2 \cdot COOH$
Milchsäure	$CH_3 \cdot CHOH \cdot COOH$
Brenztraubensäure	$CH_3 \cdot CO \cdot COOH$
norm. Buttersäure	$CH_3 \cdot CH_2 \cdot CH_2 \cdot COOH$
Oxalsäure	$HOOC \cdot COOH$
Bernsteinsäure	$HOOC \cdot CH_2 \cdot CH_2 \cdot COOH$
Fumarsäure	$HOOC \cdot CH = CH \cdot COOH$
Äpfelsäure	$HOOC \cdot CH_2 \cdot CHOH \cdot COOH$
Oxalessigsäure	$HOOC \cdot CH_2 \cdot CO \cdot COOH$
Weinsäure	$HOOC \cdot CHOH \cdot CHOH \cdot COOH$
Citronensäure	$HOOC \cdot CH_2 \cdot \underset{\underset{COOH}{\mid}}{C}HOH \cdot CH_2 \cdot COOH$
Isocitronensäure	$HOOC \cdot CH_2 \cdot \underset{\underset{COOH}{\mid}}{C}H \cdot CHOH \cdot COOH$
cis-Aconitsäure	$HOOC \cdot CH_2 \cdot \underset{\underset{COOH}{\mid}}{C} = CH \cdot COOH$
Gluconsäure	$CH_2OH(CHOH)_4 \cdot COOH$
Glucuronsäure Galakturonsäure	$COOH(CHOH)_4 \cdot CHO$
Ascorbinsäure	$CH_2OH \cdot CHOH \cdot \underset{\underset{O}{\mid_____}}{CH} \cdot COH = COH \cdot CO$
Parasorbinsäure	$CH_3 \cdot CH \cdot CH_2 \cdot CH = CH - CO$ (Ring über O)
Kojisäure	$CH_2OH \cdot C = CH - CO - COH = CH$ (Ring über O)

durchlaufen werden. Die Grenze nach oben ist etwas willkürlich in Anlehnung an die Hexosen bei den C_6-Säuren gezogen worden. Mindestens einige von ihnen finden sich in jedem pflanzlichen Gewebe und verschiedene werden in technisch verwertbaren Mengen von Pflanzen gebildet (Essig-, Wein-, Citronensäure).

Einige seltenere (z. B. Itaconsäure) oder als Zwischenkörper durchlaufene (Oxalbernsteinsäure) werden später noch hinzugefügt. (Über das Vorkommen weiterer niederer Carbonsäuren in Pflanzen ist CZAPEK Bd. III zu vergleichen.) Es ist auffallend, daß die Malonsäure, eine zweiwertige C_3-Säure, bisher nur als Endprodukt der Zucker- und Citronensäurevergärung bei Pilzen, noch nicht aber in höheren Pflanzen gefunden wurde. Von der ungesättigten C_4-Dicarbonsäure sind 2 Isomere möglich, von denen nur die trans-Form, die Fumarsäure, natürlich vorkommt, während die Maleinsäure als cis-Form nicht im Stoffwechsel auftritt. Die Säuren mit asymmetrischen Kohlenstoffatomen (Weinsäure, Äpfelsäure usw.) sind in beiden Antipoden in der Natur möglich, allerdings dominiert meist nur eine der beiden Formen, z. B. die l(-)Äpfelsäure, aber auch racemische Gemische werden gefunden.

Genetisch besteht sicher kein enger Zusammenhang zwischen allen genannten Vertretern der Säuregruppe. Einige enger zusammengeschlossene Serien lassen sich herausschälen (Tricarbonsäurekreislauf), wenige nehmen die Verbindung zu den später zu besprechenden höheren Fettsäuren auf (z. B. die Buttersäure), andere gruppieren sich wahrscheinlich als direkte Abkömmlinge um die Hexosen, einige der einfachsten Fettsäuren leiten sich wahrscheinlich aus dem Umsatz N-haltiger Verbindungen her, z. B. Ameisensäure, Glyoxylsäure (s. S. 205, 218), und bei einzelnen schließlich ist Entstehung und Verwandtschaft noch ziemlich unbestimmt, z. B. bei der so weit verbreiteten Oxalsäure und der Weinsäure.

Die flüchtigen einbasischen Säuren (Ameisen-, Essig-, Propion- und Buttersäure) ebenso wie die Milchsäure sind in erster Linie als Stoffwechselendprodukte von Bakterien — und seltener von Pilzen — bekannt. In höheren Pflanzen kommen sie nie angehäuft vor, obwohl sie auch bei diesen weit verbreitet und normale Stoffwechselglieder sein können. Mehrere von ihnen (Essig-, Propion-, Valerian-, Buttersäure) trifft man mit aromatischen oder Terpenalkoholen verestert in ätherischen Ölen an. Die Glykolsäure, bisher vor allem im Zuckerrohr, in manchen Früchten und im Rübensaft gefunden, wurde in neuer Zeit recht vernachlässigt. „Man könnte wohl an ein verbreitetes, aber größtenteils übersehenes Vorkommen denken" (CZAPEK III, S. 93).

Den Hauptteil der in höheren Pflanzen, vor allem in Blättern und Früchten, aber auch in Rhizomen, Knollen und saftigen Stengeln oft in bedeutender Konzentration vorhandenen Säuren stellen die Di- und Tricarbonsäuren (Oxal-, Äpfel-, Wein-, Citronensäure), die frei oder als Salze anorganischer und organischer Basen (Alkaloide) vorliegen. Als saure Salze und als freie Säuren bestimmen sie entsprechend ihrem Dissoziationsgrad die aktuelle Acidität (das p_H) des Vacuolensaftes. Pflanzliche Gewebe, in denen das p_H des Zellsaftes 5,5 übersteigt, sind sehr selten. Oft sind die niederen Fettsäuren mit den Salzen aromatischer Säuren (Zimt- und Kaffeesäure, seltener Benzoesäure) oder mit Chinasäure vergesellschaftet.

Obwohl die niederen zwei- und dreibasischen Säuren alle sehr gut wasserlöslich sind, lassen sie sich ebenso leicht mit Äther extrahieren und auf diese Weise bequem abtrennen. Eine kritische Zusammenstellung methodischer Hinweise für die Säurebestimmung in Pflanzen findet sich bei VICKERY und PUCHER (1940). Die Unzuverlässigkeit der Methoden und die Vernachlässigung der nötigen eindeutigen Nachweise haben noch bis in die jüngste Zeit die Angaben und Untersuchungen über den Säureumsatz großenteils entwertet.

Die Dissoziationskonstante der Carbonsäuren (vgl. Tabelle 4) ist zwar im allgemeinen sehr viel niedriger als bei den Mineralsäuren, aber einige unter den häufigen Pflanzensäuren sind doch so stark dissoziiert, z. B. die Oxalsäure, daß die Wasserstoffionenkonzentration im Zellsaft bis zu einem p_H von ungefähr 1,3 steigen kann.

Tabelle 4. *Dissoziations-Konstanten einiger organischer Säuren*
(Nach LANDOLT-BÖRNSTEIN und KARRER.)

Oxalsäure	25°	$6,5 \cdot 10^{-2}$	Weinsäure	25°	$9,7 \cdot 10^{-4}$
l-Äpfelsäure	25°	$4 \cdot 10^{-4}$	Citronensäure	25°	$8,7 \cdot 10^{-4}$
Bernsteinsäure	25°	$6 \cdot 10^{-5}$	,, 2. Stufe	18°	$1,77 \cdot 10^{-5}$
,, 2. Stufe		$5,9 \cdot 10^{-6}$	,, 3. Stufe	18°	$3,9 \cdot 10^{-6}$
Essigsäure	25°	$1,8 \cdot 10^{-5}$	Zimtsäure	25°	$3,7 \cdot 10^{-5}$
Zum Vergleich:					
Kohlensäure	18°	$3 \cdot 10^{-7}$	Phenol	25°	$1,3 \cdot 10^{-10}$
,, 2. Stufe		$1,3 \cdot 10^{-11}$	Schwefelsäure		$4,5 \cdot 10^{-1}$

Das Studium des Säurestoffwechsels in höheren und niederen Pflanzen hat sich bis in die jüngste Zeit meist nach der extensiv beschreibenden Seite gewandt, so daß die innere Verknüpfung und die Genese dieser für den ganzen Stoffwechsel der Pflanzen zentralen Gruppe von Verbindungen erst an wenigen Punkten sicher geklärt ist, und zwar dort, wo isolierte Reaktionen und die daran beteiligten Fermente untersucht wurden. Welch unvorhergesehene Bedeutung dadurch einzelne Säuren als Mittler zwischen großen Stoffwechselgebieten gewinnen können, zeigt die Enthüllung des physiologischen Citronensäureabbaues (MARTIUS und KNOOP) in Verbindung mit der Aufdeckung der Glutaminsäuresynthese in den Zellen (EULER und Mitarbeiter 1938), oder die Einsicht in die universelle Fähigkeit der Zellen zur reversiblen Kombination von Brenztraubensäure und Kohlendioxyd zu Oxalessigsäure (WOOD und WERKMAN 1936 und später).

Daß bestimmte dieser einfachen Carbonsäuren regelmäßig beim Zuckerabbau als Zwischenglieder erscheinen und eine Schlüsselstellung zwischen Kohlenhydrat- und Eiweißumsatz einnehmen, ist nicht mehr zu bezweifeln. Sie sind deshalb nur sehr bedingt als sekundäre Stoffe anzusprechen, in erster Linie wohl dann, wenn sie in größeren Mengen angehäuft oder in andere Stoffwechselsphären hinübergezogen werden. Im tierischen Körper treten die gleichen Säuren als Durchgangsstufen auf. Dort werden sie im Gegensatz zu den pflanzlichen Geweben mit Ausnahme von Milchsäure doch nie in Mengen aufgespeichert, die ins Gewicht fallen.

B. Der diurnale Säurerhythmus.

Besonders zwei Phänomene, die ohne chemische Analyse wahrzunehmen sind, haben schon sehr früh die Aufmerksamkeit auf den pflanzlichen Säureumsatz gelenkt. Auf der einen Seite häufen sich in gewissen Pflanzen oder in bestimmten Organen Säuren zu recht hohen Konzentrationen an,

z. B. in Citronen, Rhabarberstielen usw., und auf der anderen Seite heben sich Pflanzen heraus, die periodische Veränderungen ihres Säuregehaltes erfahren, und zwar so, daß nachts eine Zunahme und tagsüber ein Rückgang erfolgt. Ein solcher „diurnaler" Rhythmus im Entstehen und Vergehen der Säuren wurde zunächst als charakteristisch für Succulente angesehen.

Durch einen „merkwürdigen Zufall", wie er in einem Brief berichtet, bemerkte HEYNE schon 1813, daß die Blätter von *Cotyledon calycina (Bryophyllum calycinum)* morgens sauer wie Sauerampfer schmecken, im Laufe des Tages ihren sauren Geschmack verlieren, nachmittags fast geschmacklos sind und gegen Abend etwas bitter werden. Später ergab die Bestimmung der Wasserstoffionenkonzentration im Saft solcher Blätter

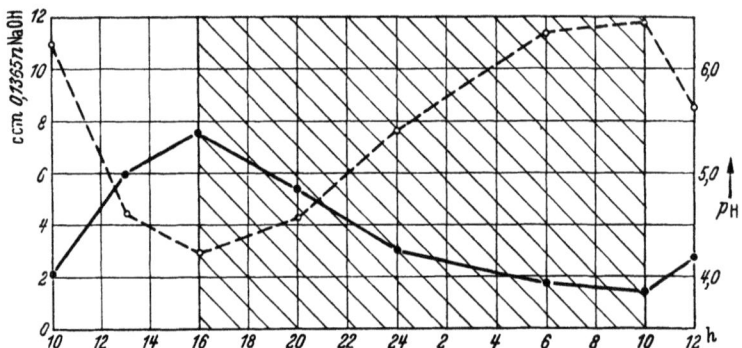

Abb. 3. Diurnale Säureschwankungen in *Bryophyllum calycinum*. ●—●p_H. o---o Titrationsacidität (10 cm³ Preßsaft). Pflanzen an einem sonnigen Wintertag im „Warmhaus" — Sonnenuntergang 17 Uhr. Ab 16 Uhr erhielten die Pflanzen keine direkte Sonne mehr. (Nach GUSTAFSON 1925.)

ein tägliches Pendeln zwischen p_H 3,75 und 5,1 bzw. zwischen p_H 3,9 und 5,7 (GUSTAFSON 1925; HEMPEL).

Inzwischen war erkannt worden, daß diesen Veränderungen ein entsprechender Gang der Titrationsacidität, also der *Säuremenge* zugrunde liegt (s. Abb. 3) und daß solche periodische Schwankungen des Säuregehaltes nicht auf Succulente beschränkt, sondern bei Blättern recht allgemein verbreitet sind (KRAUS; WARBURG 1888; A. MAYER). Eine ausführliche historische Übersicht über die älteste Literatur zur Frage der Säurebildung in Pflanzen findet sich bei WARBURG, später besonders für Succulente bei BENNET-CLARK (1933) und für die neueste Zeit bei PUCHER und Mitarbeitern (1947).

Die Titration von Blattbrei, Preßsaft oder wäßrigem Extrakt erfaßt jedoch nur freie Säuren und saure Salze. Gestützt auf die Titrationsacidität lassen sich also nur sehr ungenaue Angaben über den wahren Säureumsatz von Carbonsäuren machen, denn neugebildete Säureanionen können nicht nur durch mineralische Kationen, sondern auch durch den im Zuge des Aminosäureabbaues anfallenden Ammoniak neutralisiert und der Titration entzogen werden. Für jede Bilanzberechnung muß sowohl die Gesamtmenge der Säureanionen, etwa durch Zerlegung der Salze mit einer Mineralsäure, ermittelt als auch die Art und Menge der einzelnen Säuren vor allem mit Rücksicht auf ihren Kohlenstoffgehalt durch spezifische Methoden bestimmt werden. Lange Zeit begnügte man sich damit, die Drehung des polarisierten Lichtes durch Säureextrakte auf l-Äpfelsäure umzurechnen, weil man sie für die einzige optisch aktive Säure hielt, die

z. B. in Crassulaceen vorkommt. Auch diese Annahme hat sich mit der Auffindung der Isocitronensäure als unhaltbar erwiesen.

Von dem ausgeprägt diurnalen, d. h. durch Tag-Nacht-Schwankungen charakterisierten Säureumsatz der Succulenten, zu denen Mitglieder aus den Familien der *Cactaceae, Euphorbiaceae, Asclepiadaceae, Begoniaceae, Compositae, Aizoaceae* und den klassischen *Crassulaceae* gehören, läßt sich heute folgendes Bild entwerfen. Im typischen Fall bei Crassulaceen mit Ansäuerung nachts und Absäuerung am Tage ist die Säuremenge vor Einsetzen der Dunkelheit am geringsten. Über Nacht, besonders bei niederen Temperaturen, steigt der Säuregehalt bis auf das Mehrfache des Abendwertes an, während bei Belichtung oder bei hinreichend hohen Temperaturen auch im Dunkeln die angesammelte Säure allmählich wieder verschwindet (s. Abb. 4). Dabei wird höchstens ein Teil zu CO_2 und H_2O abgebaut, der größere Teil wird auch im Dunkeln zu Kohlenhydraten „resynthetisiert", denn die CO_2-Abgabe deckt den Säurerückgang nur zu einem geringen Teil. In einem typischen Fall stand dem Schwund von 16 mg Kohlenstoff in Form von Äpfelsäure (je Std und 100 g Frischgewicht) nur eine Kohlenstoffabgabe von 2,3 mg in Form von CO_2 gegenüber (BENNET-CLARK 1937). Bei hohen Lichtintensitäten spielt die

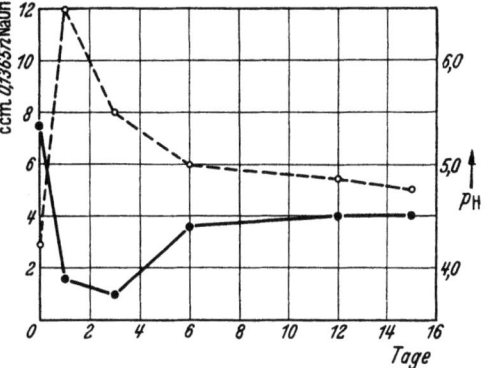

Abb. 4. Veränderungen des Säuregehaltes in *Bryophyllum calycinum* bei anhaltender Verdunkelung bei 18—20° C. ●—● p_H. ○---○ Titrationsacidität (in 10 cm³ Preßsaft). (Nach GUSTAFSON 1925.)

Temperatur bei der Absäuerung nur eine geringe Rolle, und andererseits findet bei hohen Temperaturen auch unabhängig von der Belichtung Säureabbau statt. Es ist also unwahrscheinlich, daß eine direkte photolytische Zersetzung der Carbonsäuren dabei ins Gewicht fällt, obwohl bei starker Insolation auch auf diesem von der lebenden Zelle unabhängigen Wege organische Säuren unter Abgabe von Kohlendioxyd merklich zerlegt werden können (SPOEHR). Fortgesetzte Verdunkelung bei niederen Temperaturen führt nach anfänglich rascher Säurezunahme zu einem vorübergehenden Nachlassen der Säurebildung, dem später wieder ein besonders rascher Anstieg des Säuregehaltes, allerdings von veränderter Qualität, folgt, wie am gleichzeitig bestimmten Atmungsquotienten (RQ) abzulesen ist. Ob einer so weit getriebenen Ansäuerung noch biologische Bedeutung zukommt, ist sehr fraglich. Die Blätter werden dabei am Ende schlaff und sterben schließlich ab (WOLF 1939).

Der Gasstoffwechsel beim Ansäuern läßt im Extremfall jede CO_2-Abgabe vermissen, der RQ ($CO_2:O_2$) beträgt also Null. Der aufgenommene Sauerstoff wird summarisch gerechnet zum Aufbau der im Vergleich mit Kohlenhydraten sauerstoffreicheren Carbonsäuren verwendet. Beim Absäuern wird erwartungsgemäß mehr Kohlendioxyd abgegeben als Sauerstoff aufgenommen, der RQ kann Werte von 1,35 bis 1,70 erreichen. Zwischen den beiden Phasen der An- und Absäuerung wird ein Zustand durchlaufen, in dem einer „normalen" Atmung entsprechend der RQ ungefähr 1 ist. Da das Verhältnis verbrauchter Sauerstoff zu gebildetem Kohlendioxyd bei einer totalen Verbrennung von Äpfel- und Citronensäure 1,33 beträgt, könnte man aus dem beim Absäuern beobachteten RQ auf eine reine Veratmung (oxydativen Endabbau) dieser Säuren in den Crassulaceen schließen, dem aber die oben angeführte Kohlenstoffbilanz widerspricht. Solange der größte Teil der verschwindenden Säuren jedoch noch nicht identifiziert war, besagte der RQ allein wenig über das Schicksal der abgebauten Säuren; vor allem läßt sich nach dem Gasstoffwechsel nicht entscheiden, in welchem Umfang ein oxydativer Endabbau oder eine reduktive Resynthese zu Kohlenhydraten vor sich geht.

Von inneren Faktoren, die für den Säureumsatz von Einfluß sein könnten, ist der Entwicklungszustand, also das Blattalter, berücksichtigt worden. Die Gesamtsäuremenge am Abend zeigt im allgemeinen eine steigende Tendenz von den jungen zu den alten Blättern. In den eben ausgewachsenen Blättern bleibt der Säuregehalt etwas zurück, um erst in älteren seinen Höchstwert zu erreichen. In den ältesten sinkt dann vor dem Absterben durch Abbau oder Ableitung die Säuremenge stark ab. Dies gilt für *Bryophyllum* und *Sempervivum glaucum*, andere Succulente können sich abweichend, zum Teil sogar entgegengesetzt verhalten, so daß jüngere Blätter eine höhere Acidität aufweisen als ältere, z. B. *Mesembryanthemum cordifolium*. Die nächtliche Säurezunahme ist absolut und relativ bei den jungen Blättern geringer als bei ausgewachsenen. Die ältesten Blätter treten dabei wieder etwas zurück, vermutlich weil aus ihnen nachts Ableitung erfolgt.

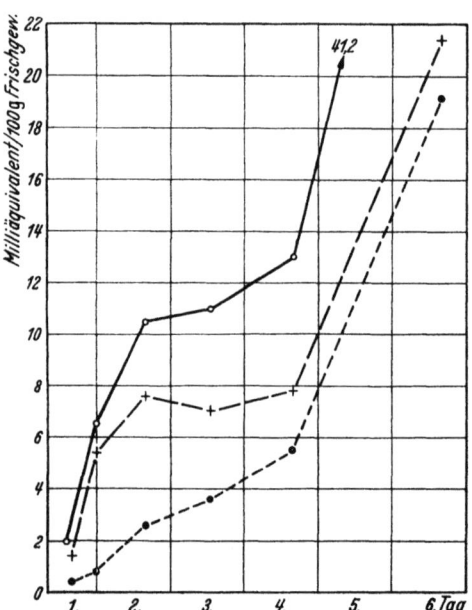

Abb. 5. Säurezunahme in Blättern von *Bryophyllum calycinum* bei +7° bis 8° im Dunkeln. (Nach WOLF 1939.)
o———o Gesamtsäuren; +————+ unbekannte Säuren;
●------● Äpfel- und Citronensäure.

Die chemisch identifizierten Säuren, unter denen der Äpfelsäure immer der Vorrang eingeräumt wurde, machten meist nur 20—30% der Gesamtsäuremenge aus. Dieser hohe Anteil noch nicht bekannter Säuren war an den Tag- und Nachtschwankungen ebenso stark wie die Äpfel- und Citronensäure beteiligt (s. Abb. 5 und 6). Oxalsäure ist in den Crassulaceen nicht in bemerkenswerten Mengen vertreten, Bernsteinsäure kommt wenig vor und „die übrigen zweibasischen Säuren sind in Succulenten in ganz geringen Mengen vorhanden" (KOSTYTSCHEW). Die Einbeziehung der Milchsäure, die in *Bryophyllum* ebenfalls nachgewiesen wurde, füllt nur einen kleinen Raum in der Lücke der unbekannten Säuren aus. Einen wesentlich umfangreicheren Teil nimmt wahrscheinlich in vielen Fällen die Isocitronensäure ein, die gerade in *Bryophyllum calycinum* die beherrschende Säure überhaupt darstellt und in jungen Blättern bis zu 18% der organischen Trockensubstanz ausmachen kann. *Bryophyllum* bietet damit ein lohnendes Ausgangsmaterial für die technische Gewinnung dieser kostbaren Säure (PUCHER und VICKERY 1942), die im Säureumsatz sowohl der Tiere als auch der Pflanzen eine sehr wichtige Durchgangsstellung einnimmt (s. unten). Die Isocitronensäure ist im Gegensatz zur Citronensäure optisch aktiv und hat wohl lange Zeit, als man nur die l-Äpfelsäure als optisch aktive Säure in Crassulaceen vermutete, das Bild von der Qualität der entstehenden Säure gefälscht.

Die qualitative Zusammensetzung des Säuregemisches bleibt während des Tag-Nacht-Wechsels nicht immer dieselbe. Schon beim Vergleich der Wasserstoffionenkonzentration mit der Titrationsacidität zeigt sich manchmal im Gegensatz zu dem in Abb. 3 dargestellten Verhalten, daß eine Änderung des p_H ohne merkliche Zu- oder Abnahme der Säuremenge eintritt. An einem wolkigen Tag scheinen in *Bryophyllum* Säuren, die weniger stark dissoziiert sind, gebildet zu werden, an sonnigen Tagen hingegen herrschen die stärker ionisierten vor. In beschattet gewachsenen Pflanzen nahm die Citronensäure an der nächtlichen Anhäufung nur mit ungefähr 40% teil, während in vergleichbaren im freien Licht aufgewachsenen Pflanzen mehr als 80% auf Citronensäure entfielen. Citronensäure soll namentlich in Pflanzen südlicher Gegenden verbreitet sein, während in nördlicheren Gegenden die Äpfelsäure in den Vordergrund tritt.

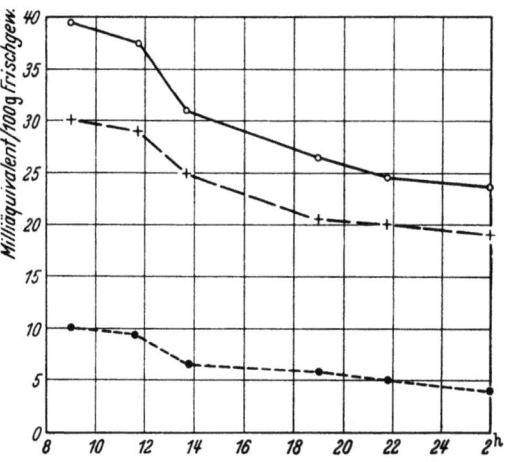

Abb. 6. Säureabnahme in Blättern von *Bryophyllum calycinum* bei 32° im Dunklen. (Nach WOLF 1939.) o———o Gesamtsäuren; +———+ unbekannte Säuren; •-----• Äpfel- und Citronensäure.

Citronensäure ist jedoch in recht verschiedenartigen Pflanzen mit Sicherheit nachgewiesen worden (vgl. FRANZEN und HELWERT).

Die Frage nach dem Ursprung der Säuren, nach dem Stoffwechselgeschehen also, dem sie ihre Entstehung verdanken, ist noch bis in die jüngste Zeit umstritten gewesen. Die Argumente, welche die älteren Vorstellungen stützten, erwiesen sich aus den oben genannten technischen Mängeln zum größten Teil als nicht stichhaltig. Es erübrigt sich deshalb, sie hier im einzelnen anzuführen. Erst wenige genaue Bilanzberechnungen Hand in Hand mit der Aufklärung des enzymatischen Mechanismus der Säureumwandlungen brachten etwas Licht in die Genese der Pflanzensäuren. Im Hinblick auf das enorme Ausmaß, das der Säureumsatz gerade in Succulenten annimmt, war zu vermuten, daß er mit dem Kohlenhydratumsatz direkt verknüpft sein müßte, denn der Auf- und Abbau von Eiweiß erreicht in diesen Organen in so kurzen Zeiten niemals den Umfang, den der Säurerhythmus voraussetzen würde.

Bei Bilanzaufstellungen in der Phase der Ansäuerung, wobei auf der einen Seite die Menge der gebildeten Säuren und das ausgeschiedene Kohlendioxyd gegen den Rückgang der gärfähigen Kohlenhydrate auf der anderen Seite ausgewogen werden, macht sich eine so deutliche direkte Beziehung zwischen diesen beiden Größen geltend, daß die Gesamtmenge der an dem Tag-Nacht-Rhythmus beteiligten Säuren bei Crassulaceen nur aus den abbaufähigen Kohlenhydraten, also aus dem Atmungsmaterial hervorgehen kann. Nicht nur im natürlichen diurnalen Verlauf, sondern mit besonderer Deutlichkeit auch während des experimentell verlängerten Hungerstoffwechsels verhalten sich Säuregehalt und Stärkemenge streng gegensätzlich. Im „Gleichgewichtsstadium", d. h. zu dem Zeitpunkt, in welchem der RQ gleich 1 geworden und deshalb mit einer normalen Atmung zu rechnen ist, findet man in 100 g Blattgewebe von *Bryophyllum calycinum* folgende Mengen von Stärke und Säuren (WOLF 1938).

Bei 22°: 12 mMol zweibasische Säure und 10 mMol Stärke
„ 16—17°: 19 mMol „ „ „ 4—5 mMol „
„ 7— 8°: 25 mMol „ „ „ 0,5 mMol „
(mMol = 0,001 Mol.)

Zweibasische Säure bedeutet dabei, ohne Bestimmung der Säuren im einzelnen, eine Berechnung auf die gebildeten Carboxylgruppen. Diese Art der Kalkulation ist eindeutig, soweit es sich um Äpfelsäure und die anderen zweibasischen C_4-Säuren und um Citronen-, Isocitronen- und Aconitsäure von den häufigeren Pflanzensäuren handelt, die alle je Carboxylgruppe 2 C-Atome besitzen. Jede Säuregruppe zählt also für ein Drittel eines Hexosemoleküls.

Bei 22° beginnt nach ungefähr 48 Std die Säure zurückzugehen und der Stärkegehalt weiter zuzunehmen, während bei den niederen Temperaturen der Säuregehalt vorübergehend einer der ursprünglichen Stärkemenge entsprechenden Höhe zustrebt (vgl. Abb. 5). Auf Grund dieser Tatsachen darf geschlossen werden, daß „in diesem stoffwechselphysiologisch so ausgezeichneten Pflanzentyp ... die beim Kohlenhydratabbau in normalen pflanzlichen Geweben bestehende Ausgeglichenheit im Ablauf der Einzelreaktionen zweifellos an einer bestimmten Stelle gestört ist" (WOLF 1939).

Als mögliche Muttersubstanz für die in Crassulaceen anfallenden Säuren, speziell die Äpfelsäure, wurde eine in *Sedum spectabile* schon vor längerer Zeit entdeckte Heptose, die sog. Sedoheptose, der einzige bisher natürlich gefundene Zucker mit 7 C-Atomen in der Molekülkette, ins Auge gefaßt. Die Sedoheptose findet sich tatsächlich in recht vielen Crassulaceen, wenn durchaus auch nicht in allen Arten (neben weiteren *Sedum*-Arten in *Sempervivum glaucum* und *Bryophyllum calycinum*). Der Gehalt an diesem ungewöhnlichen Zucker schwankt in den betreffenden Pflanzen jedoch nur sehr wenig, und ein genetischer Zusammenhang der Äpfelsäurebildung mit der Sedoheptose ist nicht nachzuweisen (WOLF 1937).

Organische Säuren kommen in erheblichen Mengen auch in nichtsucculenten Pflanzen in Laubblättern, Blattstielen, aber auch in Blütenblättern und natürlich in Früchten vor (Tabelle 5). Auf das Trockengewicht bezogen enthalten die dickblättrigen zwar durchschnittlich mehr Säuren als Pflanzen mit normal gebauten Blättern, aber die Konzentration der Säuren, d. h. die Menge Säure auf den Wassergehalt bezogen, bewegt sich bei Succulenten und Nichtsucculenten ungefähr in den gleichen Grenzen zwischen 5 und 20 cm³ molare zweibasische Säure je 100 cm³ Wasser (SCHWARZE). Regelmäßig werden dabei Oxal- und Äpfelsäure festgestellt. Das Verhältnis der beiden Komponenten zueinander kann in den einzelnen Pflanzenarten sehr verschieden sein. Ausgesprochenen Oxalsäurepflanzen *(Oxalis, Begonia)* stehen solche gegenüber, bei denen die Äpfelsäure dominiert *(Nicotiana, Rubus)*. Vermittelnd reihen sich diejenigen ein, bei denen sich beide Säuren ungefähr die Waage halten *(Pelargonium zonale)*. Die Angaben über Citronensäure in Blättern, der bisher in einheimischen Arten keine Bedeutung zugemessen wurde, und die selbst in den Blättern der Pflanzen, die sie in den Früchten reichlich enthalten, nicht vorkommen soll, müssen auf Grund der neuen Befunde über die Isocitronensäure erst nachgeprüft werden, ehe über den Anteil dieser beiden Tricarbonsäuren am Säureumsatz etwas gesagt werden darf.

Tabelle 5. *Säuregehalt in succulenten und nichtsucculenten Blättern.*
(Nach SCHWARZE, ergänzt.)

Laubblätter von	Kubikzentimeter molare zweibasische Säure je 100 g Trockengewicht		
	Gesamtsäure	Oxalsäure	Äpfelsäure
Bryophyllum calyc., abgesäuert	0,6—1,2	Spur	0,1—0,3
Bryophyllum calyc., angesäuert	1,4—2,4	—	—
Sempervivum glaucum	1,9—2,6	—	—
Pelargonium peltatum	1,95(—3,5)	0,24	1,35
Oxalis Deppei (Blattspreiten)	1,63	1,15	Spur
Sambucus nigra	0,75	0,36	0,21
Nicotiana tabacum	(0,54—)0,73	0,08	0,59
Pelargonium zonale	0,66(—0,79)	0,25	0,28
Rubus idaeus	0,54	0,15	0,28
Syringa vulgaris	0,24	Spur	+

Diurnale Schwankungen sind auch unter den nichtsucculenten Pflanzen weit verbreitet. Ihr Ausmaß ist allerdings dem niederen Säuregehalt entsprechend geringer (WARBURG; BENDRAT; SCHWARZE; PUCHER und Mitarbeiter 1939). Meist pendelt der Säuregehalt im gleichen Rhythmus wie bei den Crassulaceen. In eigentümlichem Gegensatz dazu findet aber z. B. in älteren Blattstielen von *Oxalis Deppei* tagsüber eine Säurezunahme und nachts ein Rückgang statt. Auch verschiedene nichtsucculente Orchideen säuern nachts ab und sogar *Mesembryanthemum cordifolium* zeigt diesen den übrigen dickblättrigen entgegengesetzten Rhythmus. In einigen dieser abweichenden Objekte mag die Natur der Säure dafür verantwortlich sein, denn bei *Oxalis* und *Mesembryanthemum* herrscht Oxalsäure vor, und ihre Entstehung hängt nicht so eng mit dem Kohlenhydratumsatz zusammen, sondern es bestehen Anzeichen, daß sie, jedenfalls bei *Oxalis Deppei*, der Desaminierung von Aminosäuren entspringt. Die Säureanhäufung am Tag und die nächtliche Absäuerung ist dabei wahrscheinlich gar nicht durch die Lichtverhältnisse bedingt, sondern eine direkte Folge der verschiedenen Tag- und Nachttemperaturen. Parallel zur Oxalsäureproduktion geht nämlich eine erhöhte CO_2-Abgabe einher. Auch dadurch steht dieser Typ des Säureumsatzes im Gegensatz zu den „normalen" Crassulaceen. Beim Buchweizen, der ebenfalls hauptsächlich Oxalsäure enthält und bei dem die bekannten Säuren 70—90% ausmachen, beteiligen sich in erster Linie die unbekannten Säuren an einem solchen inversen Rhythmus.

Diurnale Säureschwankungen als ein Charakteristikum der Succulenten anzusehen, ist also nicht berechtigt. Eine kausale Erklärung für diesen Rhythmus darf sich nicht allein auf die besonderen morphologischen Eigenschaften dieser Pflanzen stützen, wenn vielleicht auch das enorme Ausmaß des Umsatzes an Säuren durch den fleischigen Bau begünstigt wird. Die Absäuerung im Licht darf als allgemeine Erscheinung bei Succulenten betrachtet werden, entgegengesetzte Fälle sind als Ausnahme anzusehen, für die spezielle Ursachen vorliegen. Die Lichtabsäuerung ist keineswegs auf Succulente beschränkt; wo sie sonst vorkommt, ist sie aber streng an die Anwesenheit von Chlorophyll gebunden. Blütenblätter, Knollen, Wurzeln, auch Früchte, bei denen der Chlorophyllgehalt gegenüber der Menge des Gewebes zurücktritt, säuern am Lichte niemals ab. Besonders eindrucksvoll zeigt sich das z. B. bei den roten Schaublättern von *Nidularia*, die ebenso gebaut sind wie die grünen und auch oft Übergänge von roten nach grünen aufweisen, so daß die obere Hälfte eines Blattes grün, die untere rot ist. Diese roten Teile vermindern ihren Säuregehalt im Licht viel weniger als die grünen, und der geringe Rückgang kann zudem auf Ableitung beruhen. In grünen Blatteilen von *Ananas comosus* läuft ein normaler Säurerhythmus ab, während die nichtgrünen Blattbasen keinen solchen diurnalen Schwankungen unterworfen sind (SIDERIS und YOUNG). Kirschgroße, intensiv grüne Früchte von *Citrus*-Arten säuern im Gegensatz zu anderen größeren oder nichtgrünen Früchten ebenfalls im Licht noch ab. Da eine sich täglich wiederholende Abnahme der Säure am Licht ohne nächtliche Zunahme ein Unding wäre, muß für alle diese Pflanzen eine Ansäuerung im Dunkeln als selbstverständlich angenommen werden. Dazu gehören Vertreter der Farne, Cycadeen, Gymnospermen, Monokotylen und Dicotylen. In bezug auf die Quantität der umgesetzten Säuren übertreffen verschiedene Bromeliaceen und Orchideen sogar noch die Succulenten.

WARBURG glaubte bei allen Blättern bzw. Stengelteilen, in denen regelmäßige Tag-Nacht-Schwankungen des Säuregehaltes vorkommen, als gemeinsames Merkmal festzustellen, daß sie mit speziellem Schutz gegen zu starke Transpiration ausgestattet seien, sei es mit dicker Cuticula, einer verstärkten Epidermis oder durch succulenten Bau, den er jedoch nur bedingt als Transpirationsschutz wertet. Diese für eine ganze Reihe der hierher gehörigen Pflanzen wirklich zutreffende Beobachtung, denn auch in den Nadeln von *Pinus silvestris* ist Absäuerung im Licht bemerkt worden, kann jedoch nicht ausnahmslos verallgemeinert werden, da ausgesprochen mesomorphe Pflanzen *(Fagopyrum esculentum)* auch dem Säurerhythmus unterworfen sind. Gleichwohl ist es sehr wahrscheinlich, daß sich die allgemeine Erscheinung des Säurerhythmus gerade bei denjenigen Pflanzen, die einen sparsamen Wasserhaushalt führen müssen und deshalb auch nur einen eingeschränkten Gasaustausch unterhalten können, als zweckmäßige Anpassung besonders ausgeprägt hat. Diejenigen unter ihnen, die das CO_2 der nächtlichen Atmung nicht nach außen abgeben, von wo sie seiner nur schwer wieder habhaft werden könnten, sondern es erst in dem Augenblick freisetzen, wenn es wieder reduziert werden kann, ziehen daraus sicher einen Vorteil. Wir hätten hier einen der in der Morphologie und Physiologie nicht seltenen Fälle vor uns, wo allgemeine Merkmale in gesteigerter Ausformung als spezielle Anpassungen dienen, ohne daß der Faktor, der die Auslese veranlaßt, etwas mit der Ursache für die Entstehung des Merkmals selbst zu tun hätte.

Ehe die im Säureumsatz der Succulenten sich offenbarenden Eigentümlichkeiten weiter verfolgt werden können, sollen erst unsere Kenntnisse über die biochemische Ableitung niederer Carbonsäuren von den Kohlenhydraten zusammengefaßt werden.

C. Chemische Zusammenhänge der pflanzlichen Säurebildung.

Man hat lange Zeit an dem Mechanismus herumgerätselt, der die Überführung der aus dem Kohlenhydratabbau bekannten C_3-Säuren (Brenztraubensäure, Milchsäure) in C_4-Säuren (Bernstein- und Äpfelsäure) im Organismus bewirkt. Dieser Vorgang interessiert Tier- und Pflanzenphysiologen in gleicher Weise, deshalb konnte ein wichtiger Teil der aufklärenden Arbeit an tierischen Objekten ausgeführt werden. Man war sich klar, daß als Zwischenreaktionen nur einfache Oxydoreduktionen oder

Wasserumlagerungen in Frage kamen. Von der einen Seite wurde als der entscheidende Zwischenkörper die aus zwei Molekülen Brenztraubensäure durch Dehydrierung entstehende Diketoadipinsäure vermutet, die dann weiter auf eine nicht ganz plausible Weise in Bernsteinsäure und Ameisensäure hätte zerlegt werden müssen (TOENNIESSEN und BRINKMANN). Diketoadipinsäure wurde aber bisher weder im Pflanzen- noch im Tierreich gefunden. Eine andere Arbeitshypothese ging von der häufigen Essigsäure aus, von der zwei Moleküle dehydrierend zur Bernsteinsäure zusammengefügt werden sollten (THUNBERG 1920). Diese Schemata ließen sich experimentell jedoch nie recht bestätigen. Erst in jüngster Zeit ist durch „markierten" C^{13} bei *Aerobacter indologenes* die Überführung von Acetat in Succinat tatsächlich nachgewiesen worden (SLADE und WERKMAN).

1. Die C_4-Dicarbonsäuren.

Ein entscheidender Schritt in das unwegsame Gelände des Säureumsatzes der Tiere und Pflanzen gelang WOOD und WERKMAN (1936, 1938), als sie entdeckten, daß Propionsäurebakterien bei Glycerinvergärung Kohlendioxyd aufnehmen und eine der absorbierten CO_2-Menge äquimolare Portion Bernsteinsäure bilden. Die Assimilation von Kohlendioxyd durch heterotrophe Bakterien erschien außerordentlich verwunderlich, denn das CO_2 hatte man bis dahin bei Gärungen als unverwertbares Endprodukt betrachtet, und eine Rolle im synthetischen Stoffwechsel wurde ihm nur bei der Photo- und Chemosynthese autotropher Organismen zugestanden. Die meisten Bakterien produzieren tatsächlich so viel CO_2 bei Gärungen, daß ein gleichzeitiger Verbrauch völlig maskiert wird. In Propionsäurebakterien ist auch bei Glycerinvergärung die CO_2-Bildung zwar nicht völlig ausgefallen, aber sie hält sich in mäßigen Grenzen, und so waren gerade diese Organismen für die wichtigen Beobachtungen besonders prädestiniert. Diese überraschenden Erkenntnisse gaben den Anstoß zu einer Kette rasch aufeinanderfolgender Entdeckungen im tierischen und pflanzlichen Stoffwechsel, die nicht nur das Bild vom Säureumsatz sicherer gezeichnet haben, sondern die sich auch auf andere Gebiete tiefgreifend auswirken werden. Wir stehen mitten in ihrer sprunghaft raschen Entfaltung.

Dieser „heterotrophen CO_2-Fixierung" liegt die Addition an einen C_3-Körper zugrunde und als solcher kam nach den Begleitumständen der Versuche nur die Brenztraubensäure in Betracht (WOOD und WERKMAN 1940; KREBS und EGGLESTON). Summarisch gilt also folgende Gleichung.

$$CH_3 \cdot CO \cdot COOH + CO_2 \rightleftharpoons COOH \cdot CH_2 \cdot CO \cdot COOH \qquad (1)$$
Brenztraubensäure   Oxalessigsäure

Es ist sehr wohl möglich, daß bei der CO_2-Anheftung an Brenztraubensäure phosphorylierte Bausteine verwendet werden und daß der Prozeß nicht so einfach verläuft, wie er durch die Gleichung formuliert ist. Die Umsetzung wird enzymatisch katalysiert und ist reversibel (WERKMAN und WOOD 1941). Der rückläufige Vorgang zerlegt also Oxalessigsäure durch Decarboxylierung. Das Enzym ist sehr spezifisch, es wirkt z. B. nicht decarboxylierend auf Brenztraubensäure.

Oxalessigsäure wird besonders rasch umgewandelt, rascher jedenfalls als Brenztraubensäure. Wie alle β-Ketosäuren ist sie in wäßrigen Lösungen unstabil und zerfällt schon spontan in Brenztraubensäure und CO_2. Sie ist stets nur in Spuren vorhanden, und es war deshalb recht schwierig, den Nachweis zu führen, daß sie das primäre Produkt nach Fixierung des CO_2 darstellt. Erst der Einsatz isotoper Elemente des Kohlenstoffs seit ungefähr

1940 hat es ermöglicht, den genauen Gang der Anheftung und der Knüpfung einer C-C-Bindung, die ja das Wesentliche dabei ist, aufzuklären. Auch die weitere Bahn der Umsetzung von der Oxalessigsäure ab ließ sich nur mit Hilfe isotopen Kohlenstoffs so rasch aufdecken (WOOD und Mitarbeiter 1942). Inzwischen ist Oxalessigsäure in greifbaren Mengen in Leguminosen bestimmt worden. Tagsüber steigt der Gehalt an dieser Ketosäure an, nach Abschluß der Entwicklung der Pflanzen tritt sie völlig zurück, sie zeigt also eine sehr enge Korrelation zur Intensität der Stickstoffbindung durch die Knöllchenbakterien. Sie wird offenbar den Bakterien durch die höhere Pflanze geliefert und dient als primärer Acceptor für den gebundenen Stickstoff, dem sie das C-Gerüst der Asparaginsäure bietet.

Alle Tatsachen, die im Zusammenhang mit der Synthese der Bernsteinsäure durch Propionsäurebakterien festgestellt wurden, fügen sich dem folgenden Schema ein (KREBS und EGGLESTON 1941). Der Verbrauch von Pyruvat (brenztraubensaurem Salz) im Versuch und die Menge der gebildeten Bernsteinsäure sind der CO_2-Konzentration direkt proportional, was von einer glatten chemischen Massenwirkung zeugt.

$$\begin{array}{c}CH_3 \\ | \\ CO \\ | \\ COOH\end{array} + CO_2 \rightleftharpoons \begin{array}{c}COOH \\ | \\ CH_2 \\ | \\ CO \\ | \\ COOH\end{array} \xrightarrow{+ 2H} \begin{array}{c}COOH \\ | \\ CH_2 \\ | \\ CHOH \\ | \\ COOH\end{array} \xrightarrow{- H_2O} \begin{array}{c}COOH \\ | \\ CH \\ \| \\ CH \\ | \\ COOH\end{array} \xrightarrow{+ 2H} \begin{array}{c}COOH \\ | \\ CH_2 \\ | \\ CH_2 \\ | \\ COOH\end{array} \quad (2)$$

Brenztraubensäure   Oxalessigsäure   l(—)-Äpfelsäure   Fumarsäure   Bernsteinsäure

Die im Schema 2 zusammengefaßten Reaktionen sind alle enzymatisch katalysiert und umkehrbar. Teilvorgänge davon waren schon lange bekannt. Die zwischen Fumar- und Bernsteinsäure wirksame Succinodehydrase ist in Tieren und Pflanzen zu Hause. Das zwischen Fumar- und Äpfelsäure eingeschaltete Enzym, die Fumarase, ist eine der wenigen Hydratasen, die Wasser anlagert bzw. abspaltet und dadurch eine Doppelbindung absättigt oder schafft. Sie findet ihr Gegenstück in der Aconitase (s. unten). Sie ist ein fast ubiquitär verbreitetes Enzym und bedarf zu ihrer Funktion keines abtrennbaren Cofermentes. Die auf Äpfelsäure spezifisch eingestellte Äpfelsäuredehydrase ist zusammen mit anderen Dehydrasen ebenfalls ein häufiges Ferment.

Diese früher niemals vermutete „Assimilation" des CO_2 auf dem Weg über die für den Zuckerabbau charakteristische Brenztraubensäure brachte die Beantwortung noch einer anderen lange umstrittenen Frage, jedenfalls zunächst bei den Propionsäurebakterien. Es waren immer wieder Vorstellungen vorgetragen und verteidigt worden, die als Ursprung der sehr häufigen C_4-Dicarbonsäuren im Organismus irgendeine Spaltung der Hexose in C_2- und C_4-Bruchstücke voraussetzten. Durch die WOOD-WERKMAN-Reaktion (1) war offenbar geworden, daß diese C_4-Körper in der Zelle durch Addition eines C_1-Partners (CO_2) an die üblichen Gärungszwischenprodukte entstehen. Die bei der normalen symmetrischen Spaltung der Hexose anfallenden Triosen liefern also unmittelbar auch die Bausteine für eine Serie genetisch zusammenhängender C_4-Säuren. Obwohl dieses System zunächst erst für tierische Gewebe und für Propionsäure- sowie Colibakterien schlüssig belegt ist, liegt kein Grund vor, es nicht auch der Bildung der gleichen Säuren bei den höheren Pflanzen und in vielen Schimmelpilzen zugrunde zu legen.

Den Beweis, daß auch in höheren Pflanzen die reversible Verknüpfung von Brenztraubensäure und Kohlendioxyd zu Oxalessigsäure eine der Zelle geläufige Reaktion sein muß, brachte in allerjüngster Zeit die Isolierung einer Oxalessigsäure-Decarboxylase aus Petersilienwurzeln (GOLLUB und VENNESLAND). Vielleicht ist auch in den Pflanzen noch ein anderes Enzym anwesend, das aus der Tauberleber bekannt wurde und das die reversible oxydative Decarboxylierung der Äpfelsäure direkt zu Brenztraubensäure katalysiert und damit die Stufe der Oxalessigsäure überspringt (3). Das Enzym ist nur in Gegenwart von Mn-Ionen und zusammen mit dem Coferment Triphospho-Pyridin-Nucleotid (Codehydrase II) wirksam (OCHOA).

$$l(-)\text{-Äpfelsäure} \underset{+H_2}{\overset{-H_2}{\rightleftarrows}} \text{Brenztraubensäure} + CO_2 \qquad (3)$$

Es lohnt sich schon hier, zu fragen, welchen Sinn diese Kette von Säureumwandlungen für den Organismus wohl haben und welchem Zweck sie wohl dienen könnte? Von verschiedenen Ausgangspunkten aus wurde die Aufmerksamkeit immer wieder auf die möglichen Zusammenhänge mit der oxydativen Energiegewinnung aus Zuckern gelenkt. Die einleitenden Schritte des Hexoseabbaues sind für Gärung und Oxydation die gleichen. Auf der Stufe der Brenztraubensäure zweigt die oxydative Verarbeitung von dem Gärungsverlauf ab, und man ist bis jetzt noch nicht ganz sicher, welchen Weg die C_3-Spaltstücke nehmen, um am Ende restlos in CO_2 und H_2O aufzugehen (s. unten bei Essigsäure). SZENT-GYÖRGYI vor allem hat den Gedanken verfolgt, daß ein Kreislauf solcher C_4-Säuren dem Plasma gewissermaßen als Vehikel dient, um eingeschaltet zwischen die Nährstoffe, die den Wasserstoff liefern, und das Cytochromsystem, das den Sauerstoff entgegenbringt, den Wasserstoff über verschiedene Stufen zu transportieren (vgl. ANNAU und Mitarbeiter). Fumarsäure, zum Gewebe zugesetzt, bewirkt eine heftige Atmungssteigerung, ohne dabei verbraucht zu werden. Sie ist also nicht Substrat der Atmung, sondern eher eine Art Katalysator. Das System Fumarsäure ⇌ Oxalessigsäure (mit Dehydrase) wäre also in die normale Wasserstoffwanderung eingeschaltet. Die Notwendigkeit solcher Zwischenstufen und Zwischenträger erläutert SZENT-GYÖRGYI bildlich damit, daß er sagt, die Zelle braucht kleines Geld, um ihre Ausgaben zu bestreiten. Der Potentialsprung des Energiegehaltes vom Kohlenhydrat zum Wasser und CO_2 wird also unterteilt. Die Bedeutung dieses Dicarbonsäure- oder „C_4-Säure-Kreislaufes" ist bisher in erster Linie für tierisches Gewebe verteidigt worden, aber es ist sehr wahrscheinlich, daß solche grundlegenden Phänomene des Stoffumsatzes die beiden Organismenreiche zusammenschließen, denn dieser Teil des Stoffwechsels muß bestanden haben, ehe die pflanzlichen Organismen sich von den tierischen schieden.

Die C_4-Säuren scheinen aber noch an einer ganz anderen unerwarteten Stelle des Stoffumsatzes eine Rolle zu spielen. Ungefähr zur gleichen Zeit, da die WOOD-WERKMAN-Reaktion als stattlicher Baustein in das Gebäude unserer Kenntnis vom Säureumsatz eingefügt wurde, kam eine andere merkwürdige Tatsache zum Vorschein. Das der Photosynthese zuzuführende CO_2 wird nach vorhergehender Belichtung des Gewebes im Dunkeln an einen organischen Körper gebunden, der nicht Chlorophyll ist (RUBEN, HASSID und KAMEN). Das mit radioaktivem C^{11} gekennzeichnete CO_2 wird auch in diesem Falle in Carboxylgruppen wieder gefunden. Die oben beschriebene „heterotrophe CO_2-Bindung" und diese „Dunkelfixierung" fließen in ihrem Chemismus bei genauerer Durchforschung immer mehr ineinander. Fumarsäure ist in die CO_2-Assimilation auch bei den autotrophen verwickelt (ALLEN, GEST und KAMEN). Durch Markierung mit dem langlebigen C^{14} wurden Äpfelsäure, Alanin (als Derivat der Brenztraubensäure) und vor allem Phosphoglycerinsäure als frühe Stadien der photosynthetischen CO_2-Assimilation gefunden. Die Photosynthese entpuppt sich dadurch immer mehr als eine Umkehrung der glykolytischen Spaltung des Hexosediphosphats, und zwar scheint ein C_4-Dicarbonsäure-Kreislauf einschließlich des Acetylphosphats (s. S. 53) daran wesentlich beteiligt zu sein (CALVIN und BENSON).

2. Die Tricarbonsäuren.

a) Der Citronensäureabbau. Ein weiterer tiefer Einblick in den Säurestoffwechsel bei Tier und Pflanze wurde durch die Klärung des physiologischen Citronensäureabbaues eröffnet (MARTIUS und KNOOP; MARTIUS). Eine spezifische Citricodehydrase war schon vorher wahrscheinlich gemacht worden, aber über deren Reaktionsprodukte war man im unklaren. Der Acetondicarbonsäure, die als Stoffwechselendprodukt bei gewissen Bakterien anfällt, wurde eine Rolle zugedacht. Die Dehydrierung würde also an der OH-Gruppe der Citronensäure unter gleichzeitiger Decarboxylierung ansetzen.

$$\begin{array}{ccc} CH_2\text{—}COOH & & CH_2\text{—}COOH \\ | & & | \\ HOC\text{—}COOH & \rightarrow & CO \quad +2H+CO_2 \\ | & & | \\ CH_2\text{—}COOH & & CH_2\text{—}COOH \\ \text{Citronensäure} & & \text{Acetondicarbonsäure} \end{array}$$

Dieser Weg wird abweichend vom „normalen" und als Ausnahme vielleicht bei *Aspergillus niger* und *Pseudomonas pyocyanea* wirklich begangen.

Der übliche Citronensäureabbau verläuft jedoch ganz anders. Der Angriff der Dehydrase findet nicht an der Citronensäure, sondern an der Isocitronensäure statt. Der Dehydrierung ist eine anaerobe Umlagerung der Hydroxylgruppe im Molekül vorgeschaltet, die durch die Aconitase, eine Hydratase, katalysiert wird.

$$\begin{array}{ccccc} CH_2\text{—}COOH & & CH\text{—}COOH & OH\text{—}CH\text{—}COOH & O=C\text{—}COOH \\ | & \underset{\rightleftarrows}{-H_2O} & \| & \underset{\rightleftarrows}{+H_2O} & | & \underset{\rightleftarrows}{-2H} & | \\ OH\text{—}C\text{—}COOH & & C\text{—}COOH & HC\text{—}COOH & CH_2 \quad +CO_2 \\ | & & | & | & | \\ CH_2\text{—}COOH & & CH_2\text{—}COOH & CH_2\text{—}COOH & CH_2\text{—}COOH \\ \text{Citronensäure} & & \text{cis-Aconitsäure} & \text{Isocitronensäure} & \alpha\text{-Ketoglutarsäure} \end{array}$$

Die Isocitronensäure ist ihrem asymmetrischen Bau entsprechend optisch aktiv, im Gegensatz zur Citronensäure, und zwar kommt die d-Isocitronensäure natürlich vor. Das vordem als „Citricodehydrase" bezeichnete Enzym ist also aufzulösen in die Isocitricodehydrase und die vorgeschaltete Aconitase, die Wasser aus der Citronensäure herausspaltet und dadurch die cis-Aconitsäure erzeugt, die ursprünglich aus *Aconitum*-Arten bekannt war. Darauf lagert sie das Molekül Wasser wieder so an, daß Isocitronensäure entsteht. Die Aconitase versetzt also, und das ist das Wesentliche an diesem auf den ersten Blick recht umständlichen Prozeß, die β-ständige Hydroxylgruppe der Citronensäure in die α-Stellung der Isocitronensäure, somit an den Platz, an dem bei den natürlichen Ketosäuren die Carbonyl- und bei den Aminosäuren die Aminogruppe sitzt.

Die enzymatische Wasseranlagerung an Aconitsäure ist insofern ein Unikum, als ein Ausgangsstoff durch den gleichen Vorgang in zwei verschiedene Produkte verwandelt wird. Nach allen Tatsachen liegt aber keine Veranlassung vor, die Existenz von zwei differenten Aconitasen anzunehmen (vgl. MARTIUS und LEONHARDT).

Die Aconitase ist aus vielen höheren und niederen Pflanzen (aus Gramineen- und Leguminosensamen, Bakterien usw.) gewonnen und in Hefe nachgewiesen worden. Sie hat unter den bisher bekannten Enzymen nur in der Fumarase (s. oben) ein Analogon und zeigt auch in ihrem Verhalten manche Ähnlichkeit mit diesem Ferment, ohne aber mit ihm identisch zu sein. Die beschriebenen Reaktionen sind umkehrbar, Aconitsäure wird in Citronensäure übergeführt, aber das Enzym ist, wie zu erwarten, streng auf die eine der beiden Isomeren der Aconitsäure, nämlich auf die cis-Form, eingestellt. Die Verhältnisse in bezug auf die sterische Konfiguration liegen hier gerade umgekehrt wie bei dem Paar Fumar- und Maleinsäure, wo allein die trans-Form natürlich vorkommt und umgesetzt wird. Von den beiden optischen Antipoden der Isocitronensäure ist nur die d-Form beteiligt. Die Gleichgewichtskonzentrationen der drei an der Aconitasetätigkeit beteiligten Partner betragen nach MARTIUS und LEONHARDT

Citronensäure ⇌ cis-Aconitsäure ⇌ d-Isocitronensäure
89,2%   3,1%   7,7%

(Nach KREBS und EGGLESTON (1944) etwas verschieden davon 89,5% bzw. 4,8% und 6,2%.)

Wichtig ist, daß Citronensäure in vielen pflanzlichen citricodehydrasehaltigen Geweben mit ungefähr 8% Isocitronensäure im Gleichgewicht steht, einer bis dahin kaum beachteten optisch aktiven Verbindung. In bestimmten Objekten stellt sie die vorherrschende Säure überhaupt dar (s. oben für junge Blätter von *Bryophyllum*). Bemerkenswerte Mengen von Isocitronensäure wurden schon von NELSON (1925) in Brombeeren gefunden, sie waren aber so lange unbeachtet geblieben, als man mit der Citronensäure selbst noch nichts im Stoffwechsel anzufangen wußte. So mag manche bei ihrer ersten Auffindung in der Natur absonderlich und nebensächlich erscheinende chemische Verbindung plötzlich einen Platz in einem allgemeinen und alltäglichen Vorgang des Stoffwechsels finden, morgen vielleicht schon die Ascorbinsäure oder die Parasorbinsäure. Die Aconitase ist übrigens das einzige bisher bekannte Ferment, das Citronensäure unmittelbar anzugreifen vermag. Es scheint aber doch noch andere Angriffsmöglichkeiten zu geben, von denen unter besonderen Umständen wohl auch die eine oder andere realisiert ist (s. unten).

Die Dehydrierung der Citronensäure endet also mit der α-Ketoglutarsäure, die z. B. aus Erbsenkeimlingen isoliert wurde. Im allgemeinen verläuft die Zerlegung der natürlichen d-Isocitronensäure in Ketoglutarsäure und CO_2 in zwei getrennten Schritten mit Oxalbernsteinsäure als Zwischenstufe; zunächst wird dehydriert und dann decarboxyliert. Beide Teilprozesse sind reversibel und werden von je einem Enzym katalysiert (OCHOA 1945). Das gleiche Präparat aus Petersilienwurzel, das eine Oxalessigsäure-Decarboxylase enthält (s. oben), liefert auch die beiden hierhergehörigen Enzyme, so daß wenigstens an einem Beispiel auch für höhere Pflanzen die reversible Umsetzung von Tricarbonsäuren zu Ketoglutarsäure und Kohlendioxyd nachgewiesen ist (VENNESLAND und Mitarbeiter 1947).

Die auf Oxalbernsteinsäure eingestellte Decarboxylase besitzt eine hohe Spezifität. Sie kann nicht Oxalessigsäure angreifen. Wir müssen also im

Pflanzenreich damit rechnen, daß neben die klassische „Carboxylase", die auf Brenztraubensäure wirkt, andere Enzyme treten, welche Ketosäuren unter Abspaltung von CO_2 zerlegen. Das bei der Atmung abgegebene Kohlendioxyd stammt nicht allein aus der Carboxylgruppe der Brenztraubensäure, vielleicht nur zum allergeringsten Teil daher, während bei der Gärung und in Anaerobiose die Hauptmenge oder vielleicht sogar alles gerade aus dieser Quelle fließt. Den Folgerungen, die sich hieraus für die Beurteilung des Atmungsvorganges ergeben, soll hier nicht weiter nachgegangen werden. Das Gleichgewicht der zuletzt behandelten Reaktion, die unter Zufügung des erforderlichen Cofermentes summarisch wie folgt formuliert werden kann, ist so weit nach rechts verschoben, daß praktisch alle Isocitronensäure in α-Ketoglutarsäure zerfällt, wenn die übrigen Bedingungen optimal sind (ADLER, EULER usw. 1939).

$$\text{d-Isocitronensäure} + TPN_{\text{oxydiert}} \underset{}{\overset{Mn^{\cdot\cdot}}{\rightleftharpoons}} \text{α-Ketoglutarsäure} + CO_2 + TPN_{\text{reduziert}}$$

(TPN = Triphospho-Pyridin-Nucleotid = Codehydrase II).

Die Reaktion ist also vorzüglich dazu geeignet, die Codehydrase mit Wasserstoff zu beladen und gleichzeitig Ketoglutarsäure zu liefern, an der weitere wichtige Umwandlungen angreifen. Der rückläufige Vorgang, die Bindung von Kohlendioxyd, ist, da sie ja eine hydrierende Carboxylierung der Ketoglutarsäure darstellt, nur möglich, wenn gleichzeitig wasserstoffbeladenes Coferment zur Verfügung steht. Reduzierte Codehydrase kann aber nur einem anderen dehydrierenden Vorgang entnommen werden, etwa dem Glucose-6-Phosphat-Dehydrase-System, so daß die auf den ersten Blick vielleicht wunderbare Fähigkeit zur „Assimilation" des CO_2 eben nur auf Kosten anderer Oxydationen von Nährstoffen möglich ist, also auf heterotrophe Lebensweise beschränkt bleibt. Wenn das letzte Ziel der Kohlenhydratoxydation der Energiegewinn durch sukzessive CO_2-Abspaltung ist, so muß die Kohlendioxydbindung einen besonderen Sinn haben. Vielleicht sind die dabei entstehenden Körper an der Resynthese von Spaltstücken, die nicht zu Ende oxydiert werden, beteiligt (STOTZ). Für Mikroorganismen ist auch der Gedanke geäußert worden (CLIFTON), daß der oxydative Umsatz in erster Linie nicht der Energiegewinnung, sondern vielmehr der Bereitstellung von Bausteinen für die Synthese der Zellbestandteile dient. Das Ausmaß der Assimilation hängt im allgemeinen mehr von der chemischen Natur der Nährstoffe als von deren Energieinhalt ab. Die biologische CO_2-Nutzung über die Bindung an Carbonsäuren ist aus energetischen Gründen sehr begrenzt und kann keinesfalls eine autotrophe CO_2-Assimilation speisen.

Wir waren dem Citronensäureabbau bis zur α-Ketoglutarsäure gefolgt. Diese Ketosäure steht an einem sehr wichtigen Platz der Aminosäuresynthese und bildet eine allgemein begangene Brücke vom Kohlenhydratumsatz zum Eiweißstoffwechsel (EULER und Mitarbeiter 1938). Gleichzeitig rückt damit die Citronensäure, die bis dahin etwas abseits stand, in ein zentrales Blickfeld des intermediären Stoffwechsels, obwohl der Schluß, daß sie wirklich ein echtes Zwischenglied zwischen Kohlenhydraten und den Aminosäuren darstellt, noch verfrüht wäre (s. unten).

Da die Aconitase auch in verschiedenen Bakterienarten gefunden wurde, dürfte auch bei ihnen die Citronensäurevergärung in ähnlichen wie den eben beschriebenen Bahnen verlaufen. Bei anderen Bakterien treten häufig beträchtliche Mengen Essigsäure auf, die mit diesem Schema nicht harmonieren. Für diese Fälle ist ein System von Reaktionen wahrscheinlich gemacht worden, das die Citronensäure über Oxalessigsäure als Zwischenstufe in Essigsäure, CO_2, Ameisensäure und Bernsteinsäure in einem bestimmten Verhältnis zueinander zerlegt (DEFFNER und FRANKE).

Bisher haben wir die Citronensäure als eine gegebene Substanz in der Pflanze angenommen und nur Umwandlungen kennengelernt, die ihren Abbau herbeiführen. Der Aufbau von der Ketoglutarsäure ausgehend wäre, wie bemerkt, nur bei gleichzeitiger Lieferung von wasserstoffbeladenem Coferment möglich. Bei der Desaminierung der Aminosäuren, die dehydrierend erfolgt, wären die Voraussetzungen für eine Genese der Citronensäure von dieser Seite her erfüllt, wenn die Pflanze über einen beliebigen Vorrat von Ketoglutarsäure verfügte.

Andere Möglichkeiten der Citronensäurebildung haben sich angeboten. Manche Pilze vereinen die Fähigkeit zu reichlicher Citronensäureproduktion mit der glatten Vergärung von Chinasäure. Da in vitro Chinasäure zu Citronensäure oxydiert werden kann, hat man auch in der Zelle die Mittel für diese Umwandlung vermutet.

$$\text{Chinasäure} \longrightarrow \text{Citronensäure} + CO_2 + H_2O$$

Chinasäure ist tatsächlich in höheren Pflanzen oft mit Citronensäure vergesellschaftet, aber das allein kann noch nicht als Beweis für ihre verwandtschaftlichen Beziehungen gelten, und weitere Hinweise darauf fehlen zur Zeit noch.

Die Citronensäure als eine C_6-Säure hat natürlich den Blick auch auf einen direkten Zusammenhang mit den Hexosen gelenkt, obwohl der verzweigte Bau des C-Skeletes der Säure keine aussichtsreichen Erwartungen nährt. Bei Schimmelpilzen erscheint nach Zuckerfütterung häufig Glucon- oder Glucuronsäure als Intermediär- oder Endprodukt gemeinsam oder vikariierend mit Citronensäure (s. unten). Aber die Vermutung, daß die Citronensäure über die Hexon- oder Hexuronsäuren etwa unter Einschaltung der 2-Ketohexonsäure entsteht, von der aus auch ein Zugang zu der mit der Citronensäure häufig gemeinsam auftretenden Ascorbinsäure (s. unten) gefunden werden könnte, ist bisher weder bestätigt noch widerlegt worden (BUTKEWITSCH 1938). In hungernden Tabakblättern wird Citronensäure in beträchtlicher Menge gebildet, aber nicht direkt aus Kohlenhydraten, sondern eher durch Verwertung der gleichzeitig verschwindenden Äpfelsäure (PUCHER und Mitarbeiter 1937). Sehr aufschlußreich ist die Beobachtung, daß durch Infiltration der Salze von Brenztrauben-, Oxalessig- oder Äpfelsäure in jungen Tabakblättern eine sehr rasche und ausgiebige Synthese von Citronensäure angeregt wird (MIKHLIN und BAKH).

b) Der „Tricarbonsäure-Kreislauf." Diese und manche anderen Beobachtungen auch an höheren Pflanzen deuten darauf hin, daß die

C_4-Säuren mit den Tricarbonsäuren in der lebenden Zelle irgendwie verzahnt sein müssen. Über manche Um- und Abwege wurde vor allem auf Befunde an tierischem Gewebe aufbauend ein Schema entwickelt, das den Citronensäureabbau mit der oben besprochenen Serie von C_4-Dicarbonsäuren zu einem einzigen zusammenhängenden System der Säureumwandlungen verquickt. Dieser sog. Tricarbonsäurekreislauf (vgl. KREBS 1943) ist das bisher umfassendste und durchsichtigste Bild, das wir uns von einer so langen Kette gekoppelter Vorgänge auf irgendeinem Gebiet des Stoffwechsels machen dürfen.

Der Tricarbonsäure-Kreislauf.

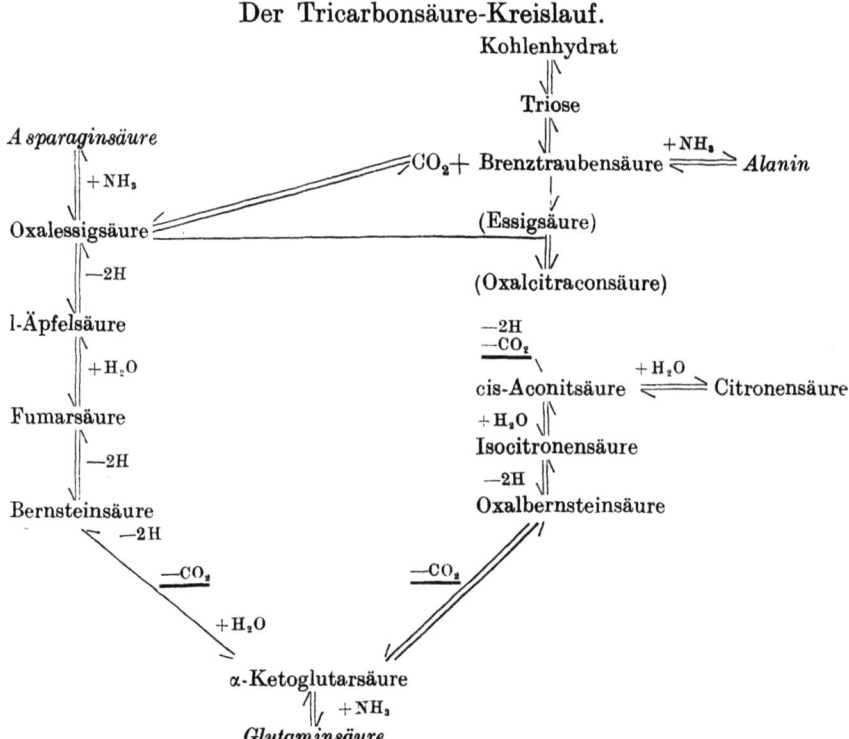

Die Verschmelzung der beiden Teilkomplexe findet auf der einen Seite durch Übergang der α-Ketoglutarsäure in Bernsteinsäure statt. Es war eine alte Erfahrung, daß Glutaminsäure durch Bakterien leicht zu Bernsteinsäure abgebaut wird. Die Umsetzung der Ketoglutarsäure in Bernsteinsäure besteht wiederum in einer dehydrierenden Decarboxylierung, ganz analog dem Schritt von der Isocitronensäure zur Ketoglutarsäure selbst. Über den Verlauf der Reaktionen im einzelnen und über die beteiligten Enzyme sind noch keine Erfahrungen gesammelt. Der entnommene Wasserstoff kann über das Cytochromsystem auf Sauerstoff übertragen werden.

Die andere Nahtstelle zwischen diesen beiden in sich selbst sehr gut gefestigten und vielseitig bestätigten Teilsystemen liegt zwischen der Oxalessig- und der Aconitsäure, und dieser Übergang stellt bis jetzt noch den schwächsten Punkt in der im übrigen recht fest fundierten Konstruktion dar. Heftige Einwände zielen auf diese Stelle (BREUSCH), aber nach Einbau der Oxalcitraconsäure (WOOD und WERKMAN 1942; KREBS 1942) dürfte auch hier die endgültige Klärung nur noch eine Frage der Zeit sein. Ein Enzympräparat aus Taubenleber bildet durch Kondensation von Acetat mit Oxalacetat Citronensäure. Bei Einsatz von zelleigenem Acetylphosphat könnte dabei Citrylphosphat als Intermediärkörper eingeschaltet sein (STERN und OCHOA).

Dieser ganze Cyclus reversibler Vorgänge ist in erster Linie an dem Geschehen im tierischen Gewebe abgeleitet worden. Die Reihenfolge der Einzelprozesse ist jedoch noch nicht bewiesen und vielleicht auch nie beweisbar. Eine besondere Stütze erfährt diese Vorstellung aber dadurch, daß jede einzelne beteiligte Substanz zum Gewebe zugegeben die „Atmung", d. h. den oxydativen Umsatz, beschleunigt, also reibungslos in den Betriebsstoffwechsel einbezogen wird, was von jedem genuinen Zwischenprodukt verlangt werden muß.

Auch für Hefe dürfte der Tricarbonsäurekreislauf Gültigkeit haben, denn der oxydative Citronensäureabbau läuft meist über Bernstein-, Fumar- und Oxalessigsäure (LYNEN und NECI-ULLAH). Dabei fällt meist eine größere Menge Bernsteinsäure an, weil die Succinodehydrase nur wenig aktiv ist und die weitere Oxydation zu Fumarsäure einschränkt (s. S. 42). *Escherichia coli* und viele andere Bakterien setzen die Tricarbonsäuren nicht um. *Aerobacter aerogenes*, welches Citrat angreift, tut es offenbar nach einem anderen Mechanismus als dem Tricarbonsäurecyclus. Es gibt bisher noch keine Anhaltspunkte, daß der komplette Kreislauf in Bakterien realisiert ist, jedenfalls soweit man deren intermediären Umsatz bisher kennt.

Die durch einleitende anaerobe Spaltung der Hexose entstandene Brenztraubensäure, vielleicht noch mit Phosphorsäure behaftet, ist das Rohmaterial, mit dem dieser Kreislauf bei seiner Funktion als Energielieferant für die Zelle gespeist wird. Die Oxalessigsäure, die zum Start vorhanden sein muß oder durch eine WOOD-WERKMAN-Reaktion gebildet wird, stellt das Vehikel dar, von dem jeweils ein Molekül Brenztraubensäure aufgenommen und durch fortlaufende Dehydrierung und Decarboxylierung nach und nach abgetragen wird, bis am Ende die freie Oxalessigsäure wieder erscheint und ihren Kreislauf aufs neue beginnen kann. An drei Stellen wird CO_2 abgestoßen, womit die 3 C-Atome der Brenztraubensäure der völligen Oxydation anheimgefallen sind. Das Schicksal des durch die Dehydrasen entnommenen Wasserstoffes braucht hier im Hinblick auf die sekundären Stoffe nicht weiter zu interessieren.

Die drei Abzweigstellen zur Aminosäuresynthese sind klar ersichtlich. Bei Zufuhr von Ammoniak fließen durch diese Kanäle — die Anwesenheit der Desaminasen vorausgesetzt — die C-Gerüste der betreffenden Aminosäuren ab oder nach Weitergabe der Aminogruppe wieder zurück.

Eine besondere Beachtung verdient noch die Citronensäure, die man anfangs als ein wesentliches Zwischenglied im Kreislauf ansah und nach der man den Cyclus eine Zeitlang sogar benannte. Jetzt spricht jedoch vieles dafür, daß sie kein echtes Intermediärprodukt darstellt, sondern eine auf einem toten Geleise ausgeschiedene Verbindung, die allerdings durch Vermittlung der Aconitase jederzeit in den Umsatz einbezogen werden kann. In tierischen Geweben scheinen die Bedingungen stets so zu liegen, daß sich niemals eine höhere Konzentration an Citronensäure ansammelt, während sie in Pflanzenzellen einschließlich der Schimmelpilze häufig zu einer Art kurzfristigen Speicherstoff wird. Der Tricarbonsäurekreislauf kann in größter Intensität ablaufen, ohne daß Citronensäure in merklichen Mengen überhaupt gebildet wird, da sie selbst an der laufenden Umsetzung vielleicht gar nicht teilnimmt.

Für die Gültigkeit dieses Schemas auch in höheren Pflanzen kann Verschiedenes ins Feld geführt werden. Mit Ausnahme der Oxalbernstein- und

Oxalcitraconsäure, die aber vielleicht wegen ihrer hohen Instabilität in wäßriger Lösung der Erfassung bisher entgangen sind, werden alle beteiligten Carbonsäuren in weitester Verbreitung fast stets nebeneinander und zudem vergesellschaftet mit Glutamin- und Asparaginsäure bzw. deren Halbamiden in Pflanzen vorgefunden. Alle Enzyme, die zur lückenlosen Ausführung des Säurekreislaufes notwendig sind, wurden schon aus höheren Pflanzen isoliert, zunächst allerdings noch nicht alle aus ein und demselben Objekt. Aber es ist nicht sehr wahrscheinlich, daß in der Ausstattung mit solchen dem oxydativen Kohlenhydratumsatz dienenden Enzymen wesentliche Unterschiede bestehen. Man darf wohl mit Sicherheit annehmen, daß die im Schema des Säurekreislaufes vereinten Carbonsäuren in einem engen genetischen Zusammenhang stehen. Sie sind nicht einzeln aus Kohlenhydraten oder aus anderen Muttersubstanzen auf getrennten Bahnen abgeleitet. Für die Entstehung jeder Säure bleiben trotzdem noch zwei Möglichkeiten offen, die unter Umständen nicht nebensächlich sind. Da die meisten Teilreaktionen reversibel sind, können die Zwischenglieder von zwei entgegengesetzten Seiten her erreicht werden, die Äpfelsäure z. B. entweder von der Bernsteinsäure her durch Hydratisierung der Fumarsäure oder durch Reduktion der Oxalessigsäure. Je nach den anfallenden Bausteinen (C-Gerüsten und reduzierten oder oxydierten Codehydrasen) wird auch im Zellgeschehen tatsächlich der eine oder andere Zugang benutzt werden; Asparaginsäureabbau kann deshalb von der einen und Glutaminsäurezerlegung von der anderen Seite zur gleichen N-freien Säure, der Äpfelsäure, hinleiten. Es wird schwer zu entscheiden sein, ob eine vorgefundene Carbonsäure beim Aufbau verwickelter Substanzen liegengeblieben oder bei deren Abbau angefallen ist. Aber auch hier kann der Einsatz isotoper Elemente wohl mit der Zeit Unsicherheiten beseitigen.

Die ganze Mannigfaltigkeit in qualitativer und quantitativer Hinsicht, in der die bis jetzt besprochenen Carbonsäuren bei der Analyse der Pflanzen vorgefunden werden, dürfen wir uns am einfachsten und treffendsten so deuten, daß im Kreislauf oder Stufengang der Säureumwandlungen, geschehen sie nun nach dem aufgezeichneten Schema oder in anderer Reihenfolge, die Geschwindigkeiten aller Teilprozesse nicht so aufeinander „abgestimmt" sind, daß jedes Zwischenprodukt völlig aufgearbeitet wird. Im Tierkörper sind bedeutende Überschüsse selten. Sie würden durch den Blutkreislauf weggespült und an anderer Stelle weiterverarbeitet oder ausgeschieden werden. In der Pflanze sind die hierher gehörigen Säuren zwar auch ohne Schwierigkeiten wanderfähig, und eine Translokation von organischen Säuren ist sicher ein allgemeiner Vorgang, aber sie geschieht doch im Vergleich zur Säurebildung sehr träge. Je nach den Geschwindigkeits- und übrigen Reaktionsbedingungen für die Teilprozesse fallen also an verschiedenen Stellen in verschieden hohen Mengen Zwischenprodukte an, eben die bei der Analyse des Pflanzenkörpers gefundenen Säuren. Die Kombinationsmöglichkeiten sind zahllos. In extremen Fällen überwiegt eine bestimmte Säure, z. B. die Citronensäure in den Citrusfrüchten, Isocitronensäure in den Brombeeren. Eine Pflanze, die allein oder überwiegend Äpfelsäure enthält, müßte wohl bei der Unsicherheit der bisherigen Äpfelsäurebestimmungen erst noch ausfindig gemacht werden. In den meisten Pflanzen hat sich aber den Gesetzen der Wahrscheinlichkeit entsprechend eine mehr ausgeglichene Ansammlung der Säuren als Artmerkmal fixiert. Die Art und Menge der Säuren, die im Zellsaft gespeichert werden, variiert auch während der verschiedenen Entwicklungsstadien einer Einzelpflanze. In der Tabakpflanze herrscht in jungen Blättern Äpfelsäure vor, in älteren dagegen Citronensäure. Die Summe beider bleibt ziemlich konstant bei 9—14% vom Trockengewicht. Auch unter dem Einfluß von Außenfaktoren verschiebt sich nicht nur die Menge, sondern auch das Verhältnis der Säuren zueinander. Haben die einzelnen Teilprozesse z. B. unterschiedliche Temperaturkoeffizienten (Q_{10}), so bringt einfach eine Temperaturänderung, z. B. zwischen Tag und Nacht, eine Verschiebung in den relativen Anteilen der Säuren mit sich. In ausgewachsenen Tabakblättern schwankt der Gesamtsäuregehalt nur wenig, im Licht nimmt er wenig zu, im Dunkeln wenig ab, aber sehr auffallend verschwindet Äpfelsäure im Dunkeln und der Citronensäurespiegel steigt an.

c) **Die Anwendung auf den diurnalen Säurerhythmus.** Kehren wir nun zu den charakteristischen Schwankungen des Säuregehaltes in Crassulaceen und anderen Succulenten zurück! Alte Erfahrungen hatten gelehrt, daß eine Absäuerung im Licht nur in grünen Organen stattfindet. Blütenblätter, Wurzeln, nichtgrüne Früchte usw. vermindern trotz Belichtung ihren Säuregehalt nicht. Der Sauerstofftension in der umgebenden Atmosphäre kommt bei der Absäuerung kein entscheidender Einfluß zu (GUSTAFSON 1925). Somit kann ein Zusammenhang zwischen Assimilation und Säureabbau nicht über den bei der Photosynthese ausgeschiedenen Sauerstoff zu suchen sein, obwohl unter anderem der RQ bei der Absäuerung eine Endoxydation der Säuren vermuten ließ (s. oben). Auf der anderen Seite kann jedoch CO_2-reiche Luft die Absäuerung auch im Licht verhindern (WARBURG). Der CO_2-Gehalt der Intercellularluft ist nachts immer viel höher als tags im Licht. Entgegenstehende Angaben bedürfen noch der Nachprüfung (SHAFER). Die förderliche Wirkung des Lichtes auf den Säureabbau in lebenden grünen Pflanzenteilen beruht also nicht auf der besseren Sauerstoffversorgung, sondern auf der durch die Photosynthese herabgesetzten CO_2-Tension. Die Absäuerung kann durch künstliche Entfernung des Kohlendioxyds aus der Atmosphäre beschleunigt werden (WOLF 1931).

Unabhängig von anderen Befunden lenken schon diese Tatsachen auf die durch die Reaktionen im Schema (2) wiedergegebenen Gleichgewichte hin. Ein Überschuß von CO_2 drückt das Gleichgewicht nach der rechten Seite und begünstigt damit die Ansammlung von Äpfelsäure und anderen Säuren. Die Entfernung des CO_2 hingegen stört das Gleichgewicht so, daß es sich nach links auszugleichen sucht. Die Dicarbonsäuren gehen in Brenztraubensäure über, und da unter hier nicht näher zu besprechenden Voraussetzungen auch eine Resynthese von Brenztraubensäure zu Hexose stattfinden kann, landen sie schließlich wieder in Kohlenhydraten. Noch durch andere Versuche, die damals allerdings nicht in dieser Weise ausdeutbar waren, hat WOLF die Existenz einer WOOD-WERKMAN-Reaktion auch bei Crassulaceen wahrscheinlich gemacht. Wird *Bryophyllum*-Blattgewebe in der *An*säuerungsphase mit Pyruvat (= Salzen der Brenztraubensäure) gefüttert, so sinkt der RQ viel rascher und weiter ab als im unbehandelten Blatt, und zwar wird das Verhältnis $CO_2:O_2$ in erster Linie durch eine verminderte Kohlendioxydabgabe herabgesetzt. Die erhöhte Brenztraubensäurekonzentration verschiebt das Gleichgewicht der Anfangsreaktion im System (2) nach rechts. Sie bindet mehr CO_2, der RQ sinkt. Die Wirkung von Brenztraubensäuregabe in den anderen Phasen des Säureumsatzes läßt sich ebenso leicht unter diesen Gesichtspunkten einordnen.

4*

Der diurnale Rhythmus der Säurebewegungen wird also in der Hauptsache durch eine Massenwirkung des Kohlendioxyds hervorgerufen (s. Tabelle 6).

Tabelle 6. *Änderung des Säuregehaltes der Blätter von Bryophyllum crenatum bei verschiedenem CO_2-Gehalt der Atmosphäre.*
(2 Tage bei $+3^0$ C im Dunkeln. Nach BONNER und BONNER 1948.)
Zunahme (+) bzw. Abnahme (—) in Milliäquivalent je 100 g Trockensubstanz.

	Gesamtsäure	Citronensäure	Isocitronensäure	Äpfelsäure
CO_2-freie Luft	+ 13	+ 18	— 14	+ 5
Gewöhnliche Luft	+ 64	+ 24	+ 14	+ 23
10% CO_2 in der Luft	+104	+ 29	+ 37	+ 56

Die Summe der einzelnen Säuren stimmt nicht immer mit der Veränderung der Gesamtsäuren überein, weil noch andere als die bestimmten Säuren anwesend sind, die sich gegenläufig verhalten können.

Belichtung greift durch Verbrauch des CO_2 in grünen Organen in dieses reversible Gleichgewicht ein. Temperaturerhöhung allein wird durch Erleichterung der Diffusion bzw. Permeabilität zur Senkung der CO_2-Tension in den entscheidenden Reaktionssphären beitragen. Die kohlenhydratsparende Wirkung höherer Temperaturen steht damit im Einklang. Bei der Ansäuerung unterbleibt oft jede CO_2-Abgabe, während gewisse Dehydrierungen weiterlaufen, denn Sauerstoff wird immerzu aufgenommen und verbraucht. Wenn sich der Säureumsatz in seinen chemischen Zusammenhängen in den meisten höheren Pflanzen, soweit die bisher genannten Säuren davon betroffen sind, als identisch erweisen würde, wofür z. B. das Auffinden der entsprechenden Fermentgarnituren schon spricht, dann entstünden die diurnalen Schwankungen nur durch sekundäre Faktoren, die an der Bewegung des CO_2 ansetzen. Es handelt sich also kaum um zusätzlich von außen hereingenommenes Kohlendioxyd, das bei der Säurebildung einbezogen wird, sondern um das „autogene", das auf der einen Seite des Kreislaufschemas freigesetzt wird, aber in den Reaktionsräumen verbleibt, von Brenztraubensäure aufgenommen und über Oxalessigsäure in den Säurebestand eingeführt wird. Der Riegel zwischen Brenztraubensäure und Oxalessigsäure hält also, vorgeschoben durch eine erhöhte CO_2-Tension, das Kohlendioxyd aus den Decarboxylierungen des Säurekreislaufes zurück.

3. Die Essigsäure.

In dem bisher skizzierten Säurekreislauf tauchen verschiedene häufige Pflanzensäuren gar nicht auf, z. B. die Essigsäure, Oxalsäure, Weinsäure, Milchsäure, aber auch einige nicht allgemein verbreitete wie die Ameisensäure, sowie alle C_6-Monocarbonsäuren fehlen noch. Von allen diesen läßt sich nach unseren jetzigen Kenntnissen allein die Essigsäure und wahrscheinlich die Milchsäure ohne Bedenken in das Bild der zusammenhängenden Säureumwandlungen einfügen.

Die Essigsäure ist allein oder zusammen mit anderen einfachen Säuren Stoffwechselendprodukt bei verschiedenen Bakterien. Essigsäurebakterien greifen bekanntlich im allgemeinen Zucker nicht an. Als Substrat für die Essigsäurebildung dient Äthylalkohol bzw. Acetaldehyd. Unter den Gärprodukten der meisten Hefen befindet sich ebenfalls etwas Essigsäure.

In meristematischen Geweben höherer Pflanzen ist sie im Zusammenhang mit einer aeroben Gärung nachgewiesen worden (RUHLAND und RAMSHORN). Ester der Essigsäure mit Terpenalkoholen bilden nicht selten einen mehr oder weniger hohen Anteil der Exkrete in den Behältern mit ätherischen Ölen (s. S. 92).

Über die weitere Umwandlung der Acetate liegen experimentelle Ergebnisse vor allem von niederen Organismen vor. Hefe bildet aerob aus Essigsäure neben Bernsteinsäure und erheblichen Mengen Citronensäure unmittelbar auch Fett, wie durch Markierung mit C^{13} gezeigt wurde. Das Acetatmolekül wird unverändert übernommen, d. h. es muß nicht erst den Weg über Kohlenhydrat einschlagen. Ein Teil des zugeführten Acetats wird dabei auch als CO_2 ausgeschieden, ohne zuvor erst in Zucker verwandelt worden zu sein (WHITE und WERKMAN). Holzzerstörende Pilze (*Merulius*- und *Fomes*-Arten) bilden aus Acetat Oxalsäure. Der Übergang ist noch nicht klargelegt (NORD und VITUCCI). Bakterien vermögen Essigsäure in eine ganze Reihe anderer Substanzen umzusetzen (Bernstein-, Butter-, Capronsäure usw.). Im tierischen Stoffwechsel ist Essigsäure sicher ein normales Zwischenprodukt. Über den Essigsäureumsatz in höheren Pflanzen liegen kaum Angaben vor. Abgeschnittene Tabakblätter nehmen Acetate rasch durch den Stiel auf. Der mit der Essigsäure aufgenommene Kohlenstoff taucht zunächst als wasserlösliche, nichtflüchtige Carbonsäure auf, dann in der alkohollöslichen Fraktion (Zucker?) und schließlich im unlöslichen Rückstand der Blattsubstanz (KROTKOW und BARKER). In zunehmendem Maße wird dabei der markierte Kohlenstoff auch als CO_2 abgegeben, aber erst nach Durchlaufen irgendeines höher zusammengesetzten Moleküls. Die Essigsäure wird also auch in höheren Pflanzen in einen Stoffwechsel eingereiht, der verschiedene Bereiche umspannt. Auf Grund dieser Beobachtungen läßt sich allerdings noch nicht schlüssig entscheiden, ob Essigsäure tatsächlich ein normales Zwischenprodukt ist, oder ob sie nur wegen einer gewissen Ähnlichkeit mit dem eigentlichen intermediären Körper wie dieser verwertet wird.

Für tierische Gewebe ist der Anschluß der Essigsäure an den Tricarbonsäure-Kreislauf und für die Hefe an den Teil davon, der dort verwirklicht ist, sichergestellt, denn sie kann an Stelle der Brenztraubensäure als Partner zur Oxalessigsäure treten, um Citronensäure zu formieren, über die der Weg zur Bernsteinsäure führt (vgl. WIELAND 1947). Allerdings ist die Essigsäure als solche gar nicht Zwischenprodukt, dazu scheint sie zu träge zu sein. In der lebenden Zelle muß die Essigsäure wohl in statu nascendi sogleich weiter mit der Oxalessigsäure gekoppelt werden. Phosphorylierung oder Dehydrierung scheint unmittelbar vor dieser aktiven reaktionsfähigen Form zu liegen. Im Versuch erfüllt Acetessigsäure am besten diese Bedingungen. Für die Essigsäure gilt vielleicht etwas Ähnliches wie für die Citronensäure, die unmittelbar ja auch nicht in den Säureumlauf eingeschaltet ist, sondern eine Art stabilisiertes Reservematerial darstellt. Ganz ebenso scheint die Essigsäure auf einem toten Nebengleis zu stehen; Acetessigsäure oder Acetylphosphat sind wohl die unstabilen tatsächlichen Intermediärkörper, die reagieren. Die wichtige Rolle des Acetylphosphats beim Kohlenhydratabbau wird sicher noch nicht voll gewürdigt (vgl. LIPMANN 1946). Wir müssen damit rechnen, daß Verbindungen, die wir bei der Analyse der Pflanze vorfinden, gar keine echten Zwischenprodukte sind, sondern Abkömmlinge davon, die erst durch einen besonderen Anregungsprozeß wieder umsatzfähig werden.

Die große Bedeutung, die an dieser Stelle der Acetessigsäure (= β-Ketobuttersäure) zuerteilt würde, wird noch durch die Beobachtungen unterstrichen, die ihre Mitwirkung am normalen Fettabbau bezeugen (s. S. 79). Durch sie steht also der Säureumsatz als Bindeglied zwischen dem Kohlenhydrat- und Fettstoffwechsel. Die niederen Carbonsäuren, soweit sie bisher besprochen wurden, stellen also als stabile, analysierbare Substanzen oder als dahinhuschende Zwischenstufen ein großes zentrales Reservoir dar, an das durch kommunizierende Röhren alle drei Hauptbezirke des Stoffwechsels, Kohlenhydrate, Fette und Eiweiße angeschlossen sind, aus dem sie schöpfen und in das sie beim Abbau die C-Bausteine zurückführen.

4. Die Itaconsäure.

Diese bisher nur als Stoffwechselendprodukt bestimmter Schimmelpilze aufgefundene Säure sei herausgegriffen, um zu zeigen, wie spezialisierte Angriffe an einem häufigen und geläufigen Zwischenprodukt des Säurekreislaufes zu einem recht seltenen und eigenwilligen Pflanzenstoff führen. Sicher verdanken auch andere auf den ersten Blick isoliert stehende sekundäre Verbindungen einer ähnlichen Abzweigung aus dem Stoffwechselstrom ihre Entstehung und Beständigkeit.

Auf dem ausgepreßten Saft gesalzener Pflaumen, einer in Japan beliebten Nachspeise, gedeiht *Aspergillus itaconicus*, ein ausgesprochener osmophiler Pilz, der auf den üblichen Nährlösungen nur wächst, wenn durch 20—30% Rohrzucker oder durch entsprechende Neutralsalzgaben eine hohe osmotische Konzentration des Substrates geboten wird. Der Stoffwechsel des Pilzes ist zunächst dadurch charakterisiert, daß er bei NH_4NO_3 als N-Quelle aus Rohrzucker Mannit bildet, während mit Kaliumnitrat und Rohrzucker die Itaconsäure als wesentliches Endprodukt nachweisbar wird (KINOSHITA). Der Faktor, der entscheidet, ob der Stoffwechsel mehr reduzierend zum Mannit oder mehr oxydierend zur Säure führt, ist die Wasserstoffionenkonzentration des Mediums; denn beim Verbrauch von Ammoniumsalzen fällt das p_H rasch ab.

Der Pilz wächst sehr gut auch auf Citronensäure als einziger C-Quelle und das legt die Vermutung nahe, daß die Itaconsäure auf folgendem Weg entsteht.

$$\text{Hexose} \rightarrow \begin{array}{c} CH_2-COOH \\ | \\ C-COOH \\ \| \\ CH-COOH \end{array} \quad \begin{array}{c} CH_2-COOH \\ | \\ C-COOH \\ \| \\ CH_2 \end{array}$$

$$\begin{array}{c} CH_2-COOH \\ | \\ HOC-COOH \\ | \\ CH_2-COOH \end{array} \rightarrow$$

Citronensäure   Aconitsäure   Itaconsäure[1]

Aconitsäure wurde allerdings in der Kulturflüssigkeit nicht in nachweisbaren Mengen gefunden. Das Ungewöhnliche an dem aufgezeichneten Vorgang ist die Decarboxylierung einer Nichtketosäure und die Bildung einer ungesättigten Fettsäure. Bis zur Entdeckung dieses Pilzes war *Aspergillus fumaricus* der einzige Schimmelpilz, der eine ungesättigte Fettsäure (Fumarsäure) als Stoffwechselendprodukt liefert. Aus der Kulturflüssigkeit von *Aspergillus itaconicus* können ähnlich wie bei *Aspergillus niger* größere

---

[1] Der Schmelzpunkt der Itaconsäure muß entgegen den bis dahin in der Literatur angegebenen Werten auf 172° berichtet werden. (Nach KINOSHITA.)

Mengen Gluconsäure und vor allem in alten Kulturen auch Citronensäure isoliert werden. Weder die Itaconsäure noch die beiden anderen Säuren sind echte Endprodukte. Wenn der Zucker aus der Kulturflüssigkeit aufgebraucht ist, greift der Pilz die Säuren an und wächst auf deren Kosten weiter (s. Abb. 7). Er gedeiht auch, wenn er von Anfang an nur Itaconsäure an Stelle von Rohrzucker bekommt. Die Itaconsäure ist also wie verschiedene andere Carbonsäuren bei Schimmelpilzen ein intermediärer Speicherstoff, der, obgleich in das umgebende Medium ausgeschieden, vom Pilz wieder in den Stoffumsatz einbezogen wird. In solchen Kulturen stellen Pilzmycel und flüssiges Substrat ein innig zusammenhängendes Stoffwechselsystem dar, ähnlich wie Protoplast und Vacuole, und wir

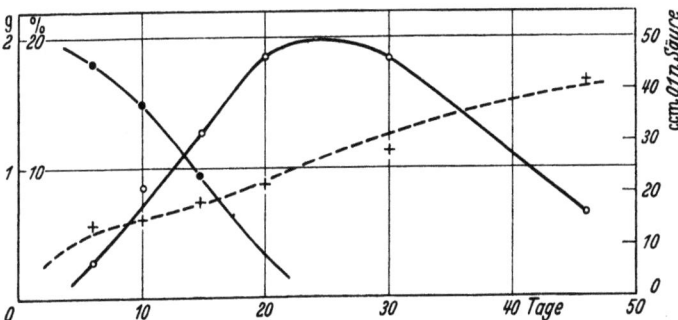

Abb. 7. Pilzernte sowie Titrationsacidität und Zuckergehalt im Substrat der Kultur von *Aspergillus itaconicus*. (Nach KINOSHITA.) +----+ Pilzernte in Gramm Trockensubstanz; ●——● Prozent Zuckergehalt im flüssigen Medium; o——o Kubikzentimeter 0,1 n-Säure in 100 cm³ Kulturflüssigkeit.

dürfen sicher die hier bei den Schimmelpilzen herrschenden Verhältnisse als eine Art Modell für manche Erscheinungen bei höheren Pflanzen ansehen.

Itaconsäure ist aus dem Tierreich bisher noch nicht bekannt geworden und kommt nur noch bei einigen anderen *Aspergillus*-Arten vor (*Aspergillus terreus*, vgl. CALAM und Mitarbeiter; eine andere nicht identifizierte Art, vgl. YUILL). *Aspergillus terreus*, eine nichtosmophile Art, bildet wohl aus Glucose, aber nie aus Citronensäure Itaconsäure. Es ist noch nicht geprüft worden, ob er Aconitsäure umsetzen kann. Die Entstehung der Itaconsäure könnte auch ohne den Weg über die Tricarbonsäure durch Vereinigung von zwei Molekülen Brenztraubensäure bei Austritt von Wasser nach oxydativer Decarboxylierung möglich sein (WALKER 1949). Neuerdings sollen Mutanten einer *Aspergillus*-Art erzielt worden sein, die nicht nur eine gesteigerte Ausbeute an Itaconsäure, sondern auch praktisch reine Säure ohne die sonst üblichen Nebenprodukte liefern. Die Itaconsäure findet Verwendung für Kunststoffe und zur Herstellung von Sprengstoffen. Einer weiteren Verwendung stand bisher wohl nur ihre umständliche Herstellung im Wege.

5. Die C_6-Monocarbonsäuren.

Über das ganze Pflanzenreich verteilt finden sich eine Anzahl von organischen Säuren, die im Gegensatz zum verzweigten Molekül der Citronensäure 6 C-Atome in einer unverzweigten Kette enthalten und zudem meist nur eine Carboxylgruppe frei oder durch einen Lactonring intramolekular gebunden tragen. Manche von ihnen sind regelmäßige Bestandteile grüner

Pflanzen, z. B. die Ascorbinsäure oder die Galakturonsäure, die ein charakteristischer Baustein der Pektine der Mittellamelle ist. Andere gehören zu den häufigsten Stoffwechselprodukten bei Schimmelpilzen, z. B. Glucon- und die sog. Kojisäure.

Die meisten dieser Säuren verdanken ihre Entstehung vermutlich einer direkten Oxydation der Hexosen, obwohl auch mit der Möglichkeit einer Synthese aus C_2- oder C_3-Fragmenten zu rechnen ist. Viele Beobachtungen des Kohlenhydratabbaues sprechen dafür, daß nur die Diphosphorsäureester der Hexosen einer Spaltung in zwei Triosen unterliegen, während die Monophosphorsäureester einer direkten Oxydation am phosphorsäurefreien Ende anheimfallen. Die simultane Bildung von Citronensäure und Gluconsäure bei *Aspergillus itaconicus* oder von Itaconsäure und Kojisäure bei *Aspergillus terreus* muß nicht als Ausdruck einer genetischen Zusammengehörigkeit gewertet werden. Schwer verständlich bleibt zunächst, wie Kojisäure mit 6 C-Atomen und einem Pyronring auch bei Verfütterung von Fructose, Pentosen und C_3-Verbindungen durch verschiedene Aspergillen *(Aspergillus niger, Aspergillus oryzae)* synthetisiert wird. Deshalb wird die Herleitung über Hexosen vorgezogen (KLUYVER und PERQUIN). Die typischen Kojisäurebildner erzeugen keine Gluconsäure. Beide Säuren stehen auf der gleichen Oxydationsstufe. Die nahe Verwandtschaft der Kojisäure mit der Glucose geht aus den folgenden Formeln hervor.

Durch das γ-Pyron-Skelet mit der Kojisäure in Verwandtschaft stehend, mögen hier noch einige seltenere Naturstoffe angeschlossen werden, über deren Genese noch gar nichts ausgesagt werden kann. Aus dem Schöllkraut *(Chelidonium majus)* und *Helleborus* wurde die *Chelidonsäure*, aus dem Milchsaft des Mohnes die *Mekonsäure* abgetrennt. Beide liegen zum Teil als Salze mit den in jenen Pflanzen heimischen Alkaloiden vor. Ebenso isoliert wie diese beiden Säuren steht ein einfaches γ-Pyronderivat, das *Maltol*, das in Tannennadeln, in Lärchenrinde und in den Produkten der trockenen Destillation von Holz und Cellulose, aber auch beim Rösten von Malz, vielleicht als Bruchstück und Rest der Pyranoseform der natürlichen Hexosen gefunden wird.

Über die Entstehung der Gluconsäure sind wir etwas besser unterrichtet. Daß Gluconsäure- und Citronensäurebildung unabhängig voneinander laufen, geht unter anderem auch daraus hervor, daß Gifte, z. B. HCN, die sowohl Wachstum als auch Citronensäureproduktion hemmen, die Ansammlung von Gluconsäure nicht beeinträchtigen. Die Glucoseoxydase, ein Enzym, das die Oxydation der Glucose durch atmosphärischen Sauerstoff katalysiert, ist bisher nur aus *Aspergillus niger* und *Penicillium glaucum* abgetrennt worden (vgl. D. MÜLLER). Diese oxytrope Dehydrase, wie sie nach der jetzt angenommenen Terminologie benannt werden muß, wirkt außer auf d-Glucose auch auf d-Mannose und d-Galaktose, nicht jedoch auf Fructose und Pentosen. Unter Umständen werden bis zu 96% der verbrauchten Glucose als Gluconsäure wieder gefunden. Die Atmung läuft dann fast ausschließlich über die direkte Oxydation des Zuckers. *Aspergillus niger* gedeiht gut auf Gluconsäure. Er vermag sie also weiter abzubauen. Die nächsten Schritte sind jedoch noch nicht sicher bekannt (s. unten bei Oxalsäure). Recht gute Gluconsäurebildner sind auch gewisse Essigsäurebakterien, z. B. *Bact. oxydans*.

Über die Entstehung der Uronsäuren, d. h. der aus Hexosen bei Erhaltung der Aldehyd- bzw. Ketogruppe durch Oxydation der primären Alkoholgruppe abgeleiteten Säuren, zu denen die Galakturonsäure im Pektin gehört, ist nur bekannt, daß sie bei gewissen Bakterien und Pilzen, z. B. in den Knöllchenbakterien, als Endprodukt erscheinen. Im tierischen Organismus (Leber) geht Glucuronsäure nicht durch direkte Oxydation aus Glucose hervor, sondern sie wird aus C_3-Verbindungen synthetisiert, falls und insoweit Phenole oder Terpenalkohole (Borneol, Menthol usw.) dem Körper zugeführt werden, die mit Glucuronsäure glykosidartig verknüpft wieder ausgeschieden zu werden pflegen. Die Glucuronsäuresynthese konkurriert dabei mit der Resynthese von Kohlenhydraten aus C_3-Ketten (LIPSCHÜTZ und BUEDING).

Von den übrigen C_6-Säuren muß hier auch die Ascorbinsäure kurz gestreift werden. Ihre Funktion als Vitamin C hat die Aufmerksamkeit so stark auf sie gezogen, daß ein unübersehbares Schrifttum über sie entstanden ist, auf das hier unmöglich auch nur übersichtsweise eingegangen werden kann. Die Bedeutung der Ascorbinsäure für die Pflanzen ist noch unbekannt, soviel Hypothesen und Vermutungen auch darüber geäußert worden sind. Es ist möglich, daß sie irgendeine Funktion im Zellgeschehen erfüllt (s. S. 164), keineswegs ließe sich aber daraus ihre Verteilung über das Pflanzenreich und innerhalb der einzelnen Pflanze verständlich machen. Sie kommt in größeren Mengen nur in autotrophen Pflanzen vor und gleicht darin ganz den übrigen sekundären Stoffen. Ihre teilweise enorme Anhäufung in gewissen Früchten und das fast völlige Fehlen in anderen macht eine spezielle Bedeutung wenig wahrscheinlich. Sie ist vermutlich kein Endprodukt des Stoffwechsels, in grünen Blättern wird sie beim Altern und beim Hungern umgesetzt. Mit ihrer Dehydroform stellt sie ein reversibles Redoxsystem dar, dessen Umschlagspunkt ungefähr bei r_H 16 liegt. Ascorbinsäure ist also eine hoch reduzierte Substanz. Im neutralen oder alkalischen Medium wird sie leicht oxydiert, im sauren ist sie sehr beständig, darauf beruht vielleicht der Reichtum saurer Früchte an Ascorbinsäure, z. B. Citronen, Johannisbeeren. In anderen Pflanzenteilen sind mit der Ascorbinsäure oxydationshemmende Körper, Antioxydantien, vergesellschaftet. Oxydationsbeschleunigend wirken vor allem Schwermetallsalze und ein spezielles Enzym, die Ascorbinsäureoxydase.

Die Genese der Ascorbinsäure könnte von einer Hexonsäure ausgehend über deren nächstes Oxydationsprodukt, die 2-Ketohexonsäure (s. unten bei Oxalsäure) und Hexodienolsäure hergeleitet werden.

$$\begin{array}{c}\text{COOH}\\|\\\text{CHOH}\\|\\\text{CHOH}\\|\\\text{CHOH}\\|\\\text{CHOH}\\|\\\text{CH}_2\text{OH}\\\text{Hexonsäure}\end{array} \rightarrow \begin{array}{c}\text{COOH}\\|\\\text{C}=\text{O}\\|\\\text{CHOH}\\|\\\text{CHOH}\\|\\\text{CHOH}\\|\\\text{CH}_2\text{OH}\\\text{2-Keto-Hexonsäure}\end{array} \rightarrow \begin{array}{c}\text{COOH}\\|\\\text{COH}\\\|\\\text{COH}\\|\\\text{CHOH}\\|\\\text{CHOH}\\|\\\text{CH}_2\text{OH}\\\text{Hexodienolsäure}\end{array} \rightarrow \begin{array}{c}\text{OC}\!-\!\!-\!\!-\!\!\rceil\\|\\\text{COH}\\\|\\\text{COH}\quad\text{O}\\|\\\text{HC}\!-\!\!-\!\!-\!\!\rfloor\\|\\\text{CHOH}\\|\\\text{CH}_2\text{OH}\\\text{Ascorbinsäure}\end{array}$$

Die natürliche Form ist die l(+)Ascorbinsäure. Die Säurenatur rührt von den beiden enolischen Hydroxylen her. Die erste oxydative Angriff führt zur Herausnahme von 2 H-Atomen und ist reversibel. Der nächste Schritt der Oxydation führt zu einer Destruktion der C-Kette.

$$\begin{array}{c}\text{OC}\!-\!\!-\!\!\rceil\\|\\\text{COH}\\\|\quad\quad\text{O}\\\text{COH}\\|\\\text{HC}\!-\!\!-\!\!\rfloor\\|\\\text{CHOH}\\|\\\text{CH}_2\text{OH}\\\text{l-Ascorbinsäure}\end{array} \underset{+2H}{\overset{-2H}{\rightleftharpoons}} \begin{array}{c}\text{OC}\!-\!\!-\!\!\rceil\\|\\\text{C}=\text{O}\\\quad\quad\text{O}\\\text{C}=\text{O}\\|\\\text{HC}\!-\!\!-\!\!\rfloor\\|\\\text{CHOH}\\|\\\text{CH}_2\text{OH}\\\text{Dehydroascorbinsäure}\end{array}$$

Der größte Teil der Ascorbinsäure in pflanzlichen Geweben liegt reduziert vor. Über den wahren Anteil an Dehydroascorbinsäure kann man solange keine sicheren Angaben machen, als nicht bei der Isolierung jede Oxydation verhindert wird. Im Augenblick des Abtötens der Zellen, selbst wenn dies bei Gefriertemperaturen geschieht, wird ein beträchtlicher Teil der Ascorbinsäure durch den Intercellularensauerstoff, vielleicht auch durch intracellulare Sauerstoffvorräte, augenblicklich oxydiert (PAECH 1938, 1939). Die Ascorbinsäure ist also ein Zeuge für das hohe Reduktionspotential, das im lebenden Plasma herrscht. Diese Beobachtungen sind für die Vorstellung vom lebenden Zustand der Zellen von größter Wichtigkeit. Im intakten Plasma können eng nebeneinander höchst reaktionsfähige Verbindungen (Sauerstoff und reduzierte Ascorbinsäure) bestehen, und im normalen Zellgeschehen nur langsam und geregelt miteinander reagieren, während sie bei ernsthaften Zellschädigungen oder beim Tod sofort heftigen Umsetzungen unterliegen. Ein Teil der Ascorbinsäure soll auch mehr oder weniger eng an Plasmaeiweiße gebunden sein.

Durch einige in die Augen springende Phänomene verleitet bringt man die Ascorbinsäure häufig unmittelbar mit dem Chlorophyllgehalt der Gewebe oder sogar mit der CO_2-Assimilation in ursächlichen Zusammenhang. Dafür besteht nach den jetzigen Kenntnissen jedoch keine Notwendigkeit. Diurnale Schwankungen mit einem Maximum am Tage wurden in diesem Sinne gedeutet. Wenn auch im allgemeinen grünes Gewebe einen höheren Ascorbinsäuregehalt aufweist als chlorophyllfreies, so gibt es erstens Ausnahmen von dieser Regel (s. Tabelle 7) und außerdem könnte damit auch nicht die außerordentlich weite Amplitude des Ascorbinsäurespiegels erklärt werden, z. B. zwischen Maiglöckchen- und Gladiolenblättern. Auch die Unterschiede im Ascorbinsäuregehalt der grünen und gelben bzw. weißen Teile panaschierter Blätter sind nicht sehr erheblich und jedenfalls nicht größer als z. B. im Kohlenhydrat- oder Eiweißgehalt der betreffenden Teile. Ganz abgesehen davon gibt es Organe, die niemals oder nur vorübergehend Chlorophyll geführt haben und doch Ascorbinsäure anhäufen, z. B. Kartoffelknollen, Zwiebeln und viele Früchte. In Früchten nimmt häufig gerade mit dem Schwund des Chlorophylls der Ascorbinsäuregehalt stark zu, z. B. bei Paprika und Hagebutten (s. Tabelle 8).

Die Verteilung der Ascorbinsäure innerhalb eines Organs kann recht ungleichmäßig sein, z. B. in den Schalen und im „Fleisch" der Äpfel, aber auch dann, wenn das Gewebe anatomisch recht einheitlich erscheint, z. B. in Kartoffelknollen. Daß die gewählte Bezugsgröße das Bild sehr stark bestimmen kann, geht aus der folgenden Tabelle 9 hervor, in welcher der Ascorbinsäuregehalt sowohl auf das Frischgewicht als auch auf den Eiweißgehalt bezogen ist. Die scheinbaren Konzentrationsunterschiede zwischen Schalen und Fleisch der Äpfel sind im letzten Falle weitgehend ausgeglichen, wenn auch noch Differenzen im gleichen Sinne wie beim Bezug auf das Frischgewicht bestehen. (Eine ausführlichere Behandlung der Ascorbinsäure siehe bei GIROUD 1938, PAECH 1940, SEYBOLD und MEHNER.)

Eine weitere C_6-Säure, die zwar schon seit langer Zeit aus Pflanzen bekannt ist, aber inzwischen einen Dornröschenschlaf gehalten hat und erst in jüngster Zeit an Bedeutung gewinnt, ist die Parasorbinsäure aus dem flüchtigen Öl von Vogelbeeren. Sie nimmt darin mit fortschreitendem Reifegrad zu, während z. B. der Gehalt an Äpfelsäure in unreifen Früchten ein Maximum erreicht und später wieder absinkt (KUHN und JERCHEL, s. unten bei Fruchtreifung). Der δ-Lactonring der natürlichen

Tabelle 7. *Ascorbinsäuregehalt grüner und nichtgrüner Organe.* (Aus GIROUD 1938.) Milligramm reduzierte Ascorbinsäure in 100 g Frischgewicht.

	Grüne Blätter	Weiße Blüten
Gladiolus spec.	496	11
Rosa spec.	188	52
Galanthus nivalis	41	21
Dianthus spec.	86	86
Tulipa spec.	40	52
Convallaria majalis	20	40

Panaschierte Blätter	Grüne Teile	Gelbe oder weiße Teile
Aucuba japonica	118	116
Ligustrum vulgare	114	96
Glechoma hederacea	82	22
Pelargonium zonale	59	56

Tabelle 8. *Zunahme des Ascorbinsäuregehaltes bei der Reife von Hagebutten.* (Nach STROHECKER 1935 aus GIROUD.)

Datum	Reifegrad	Milligramm Ascorbinsäure in 100 g Frischgewicht
25. Juni	grüne Scheinfrüchte	88
19. Juli	,, ,,	112
7. Aug.	,, ,,	106
20. Aug.	reifende ,,	194
17. Sept.	reife ,,	290

Tabelle 9. *Ascorbinsäuregehalt in Äpfeln* (Sorte Wiltshire). (Aus PAECH 1938.)

	Eiweiß-N in 100 g Frischgewicht mg	Reduzierte Ascorbinsäure mg	
		in 100 g Frischgewicht	auf 100 mg Eiweiß-N
Rote Schalen	87,0	50,6	58,2
Fleisch der roten Seite	17,7	7,3	41,2
Gelbe Schalen	88,8	28,9	32,6
Fleisch der gelben Seite	17,0	4,4	25,9

Parasorbinsäure wird durch Kochen mit Alkali zur Sorbinsäure gesprengt. Diese ist die einfachste Monocarbonsäure mit konjugierten Doppelbindungen und könnte deshalb in Beziehung zu den Terpenen treten, zumal sie außerordentlich leicht verharzt. Solche Verbindungslinien sind jedoch noch nicht aufgedeckt worden (s. Sorbinsäurealdehyd und Fettbildung).

$$\underset{\text{Parasorbinsäure}}{\underset{|\underline{\hspace{2em}}O\underline{\hspace{2em}}|}{OC-CH=CH-CH_2-CH-CH_3}} \qquad \underset{\text{Sorbinsäure}}{HOOC-CH=CH-CH=CH-CH_3}$$

Der Parasorbinsäure wird zusammen mit anderen δ-Lactonkörpern, wie z. B. Cumarin (s. S. 165), eine Bedeutung als natürliche keimungshemmende Substanz zugeschrieben (MOEWUS). Parasorbinsäure wirkt auf die Kernteilung harmloser als Cumarin, sie verlangsamt bei *Allium* die Mitose, ohne aber Abnormitäten zu erzeugen, während Cumarin die Kernteilung in der Metaphase unterbricht (CORNMAN). Die Fragen nach der Genese der Parasorbinsäure, ihrer möglichen Umwandlung und ihrer Verbreitung im Pflanzenreich sind noch nicht bearbeitet worden.

Zum Abschluß sei noch der Hexensäure gedacht, die als Baustein eines der Penicilline (Penicillin I) bekannt wurde (s. S. 248).

Tabelle 10. *Verbrennungswärme verschiedener physiologisch wichtiger Carbonsäuren.*

	kcal/Mol
Citronensäure	475,0
Bernsteinsäure	357,1
Milchsäure	325,7
l-Äpfelsäure	320,1
Fumarsäure	319,7
Brenztraubensäure	279,0
Essigsäure	207,1
Ameisensäure	62,9
Oxalsäure	60,1

6. Die Oxalsäure.

Die Oxalsäure, eine der allerhäufigsten Säuren sowohl bei niederen als auch in höheren Pflanzen, hat wegen der vielgestaltigen Calciumoxalatkristalle histologisch immer wieder Beachtung gefunden. Sie steht von den übrigen ein- und mehrbasischen Carbonsäuren in verschiedener Hinsicht etwas abgerückt, denn sie besitzt von allen Carbonsäuren den geringsten Energiegehalt (vgl. Tabelle 10) und könnte deshalb am ehesten das Endglied eines abbauenden Umsatzes sein. Noch deutlicher hebt sich die energiearme Oxalsäure ab, wenn die Verbrennungswerte auf je 1 C-Atom bezogen werden.

Weiterhin hat die Oxalsäure eine für organische Säuren recht hohe Dissoziationskonstante (s. S. 33), so daß Pflanzen, welche freie Oxalsäure oder deren saure Salze in größeren Quantitäten enthalten, eine hohe Zellsaftacidität haben, z. B. Rhabarber, *Begonia*- und *Rumex*-Arten. Von den niederen Pflanzen produzieren zahlreiche Bakterien und Pilze Oxalsäure (vgl. KLEIN, Handbuch Bd. 4).

Oxalsäure wird nur bei Anwesenheit von Sauerstoff gebildet. Als Ausgangsmaterial dienen Zucker, Aminosäuren, Alkohole, andere Carbonsäuren usw. Es ist kaum zu bezweifeln, daß die Oxalsäure auf verschiedenen Wegen entstehen kann. Am genauesten ist der Chemismus ihrer Bildung bei *Aspergillus niger* untersucht (ALLSOPP 1937a; LYNEN und LYNEN). Oxalessigsäure, die sich als Durchgangsstadium für die übrigen Dicarbonsäuren erwiesen hat, ist höchstwahrscheinlich in die Genese der Oxalsäure nicht eingeschaltet. Bei der Verarbeitung von Säureanionen (Äpfelsäure, Fumarsäure usw.) besteht ein grundsätzlicher Unterschied je nachdem, ob sie als freie Säuren oder als Salze geboten werden. Das Mycel kann die verschiedensten freien Di- und Tricarbonsäuren nicht in Oxalsäure überführen, obwohl sie zum Aufbau des Pilzkörpers verwendet werden. In Form der Salze bzw. in alkalischer Lösung werden Carbonsäuren von der Essigsäure bis zur Citronen-, Glucuron- ja sogar Zuckersäure in Oxalsäure verwandelt. Nach einer alten Vermutung von WEHMER beruht dieser tiefgreifende Unterschied darauf, daß die nach Verbrauch der Salze freiwerdenden Basen die gebildete Oxalsäure fortlaufend abfangen. Damit würde sich diese auffallende Erscheinung in die weiter unten noch zu besprechenden Beziehungen zwischen Säuren und Mineralstoffversorgung einordnen (s. S. 67).

Vieles spricht dafür, daß die C_5- oder C_6-Ketten der Zucker durch Oxydation der beiden C-Atome an einem Ende für die Abspaltung der Oxalsäure vorbereitet werden. Glucon- und 2-Ketogluconsäure, die schon im Zusammenhang mit der Ascorbinsäure genannt wurden, wären somit Zwischenstufen bei der oxydativen Bildung der Oxalsäure.

$$\begin{array}{cccc} \text{CHO} & \text{COOH} & \text{COOH} & \text{COOH} \\ | & | & | & | \\ \text{HCOH} \rightarrow & \text{HCOH} \rightarrow & \text{C=O} \rightarrow & \text{COOH} \\ | & | & | & | \\ \text{HCOH} & \text{HCOH} & \text{HCOH} & \\ | & | & | & \end{array}$$

Das gleichzeitige Auftreten von Glucon- und Oxalsäure bei *Aspergillus* und die leichte Umwandlung von Gluconsäure in Oxalsäure sprechen für diese allerdings noch nicht bewiesenen Beziehungen. Vor allem hat man noch keine Anhaltspunkte für die weiteren Schritte des Abbaues eines nach Abspalten der Oxalsäure verbleibenden C_4- bzw. C_3-Restes aus den Zuckern. Sollte sich diese Vorstellung halten lassen, so wäre die Oxalsäure eine Zeugin für den unmittelbaren oxydativen Abbau der Zucker, dem neben der Spaltung über die Triosen dann eine recht allgemeine Verbreitung zuerkannt werden müßte.

Durch Versuche mit *Aspergillus niger* ließ sich eine Hypothese stützen, die die Oxalsäure an den Tricarbonsäurekreislauf (s. S. 48) anzuschließen versucht (LYNEN und LYNEN). Sie läßt die im Kreislauf auftretenden Ketosäuren nicht nur der bisher gewürdigten Decarboxylierung, sondern daneben auch einer „Säurespaltung" anheimfallen, wodurch z. B. aus Oxalbernsteinsäure Oxalsäure und Bernsteinsäure resultieren würden. Für den Citronensäureabbau wäre dann folgendes Schema wahrscheinlich.

Citronensäure
↓
Oxalbernsteinsäure $\left\{ \dfrac{\text{Oxalsäure}}{\text{Bernsteinsäure}} \rightarrow \text{Oxalessigsäure} \left\{ \dfrac{\text{Oxalsäure}}{\text{Essigsäure}} \right. \right.$

Vorausgesetzt, daß sich diese Vorstellung auch für höhere Pflanzen als zutreffend erweist, würde dabei die α-Ketoglutarsäure ausfallen und es wäre damit ein Weg zur Erklärung des Vorherrschens oder Zurücktretens von Asparagin und Glutamin gewiesen.

Bei der oft beobachteten Oxalsäurebildung aus Essigsäure läuft der Weg wahrscheinlich über Glykol- und Glyoxylsäure, die beide unter anderem in verschiedenen Früchten *(Vaccinium oxycoccus, Cornus mas)* nachgewiesen wurden. Mit fortschreitender Reife sollen sie darin abnehmen. Da die Glyoxylsäure stets ein Molekül Wasser gebunden enthält, wird sie in Form des Aldehydhydrates vorliegen [$(OH)_2CH \cdot COOH$] und als solches ein vorzügliches Substrat für Dehydrierungen abgeben.

$$CH_3 \cdot COOH \rightarrow CH_2OH \cdot COOH \rightarrow CHO \cdot COOH \xrightarrow{-2H} HOOC \cdot COOH$$
$$\text{bzw. } (OH)_2CH \cdot COOH$$

Essigsäure — Glykolsäure — Glyoxylsäure — Oxalsäure

Von den oxalatreichen höheren Pflanzen ist der Säurestoffwechsel von Rhabarber *(Rheum hybridum)* etwas eingehender untersucht (ALLSOPP 1937b; PUCHER, CLARK und VICKERY). Dabei finden bedeutende Translokationen im Frühjahr vom Rhizom in die Blätter und später in entgegengesetzter Richtung statt. Obwohl der Rhabarber zu den Ammonpflanzen in bezug auf seine Stickstoffspeicherform gehört, ist ein quantitativer Zusammenhang zwischen Ammoniakgehalt und Oxalsäure oder einer der anderen üblichen Pflanzensäuren nicht gefunden worden.

Das in mannigfacher Kristallgestalt als Mono- und Trihydrat vorhandene Calciumoxalat darf in den weitaus meisten Fällen als endgültig aus dem Stoffumsatz ausgeschieden angesehen werden, wenn die Pflanze aus diesen Exkreten natürlich ökologisch auch noch Nutzen ziehen kann. Wenn bei raschem Verbrauch von Calcium, z. B. beim Laubtrieb oder beim Keimen der Samen, das Löslichkeitsprodukt unterschritten ist, geht auch ausgefälltes Calciumoxalat allmählich wieder in Lösung. Korrodierte Oxalatkristalle sind deshalb nicht selten. Beim Reifen von Früchten soll eine Resorption der Oxalatkristalle stattfinden (NIETHAMMER). Ausführlichere Angaben über die Morphologie der Calciumausscheidungen finden sich bei NETOLETZKI, Handbuch der Pflanzenanatomie, und bei FREY-WYSSLING 1935. Über die Entstehung und die Bedeutung des gehäuften Vorkommens von Oxalatkristallen in Rinden, z. B. bei *Aesculus Hippocastanum, Eucalyptus,* Zimtrinde usw., ist nichts bekannt. Die starke Anhäufung von Calciumoxalat in Blättern, z. B. *Hyoscyamus, Datura,* wird wohl durch die Verschleppung der Calciumionen mit dem Transpirationsstrom verursacht. Auf diese Weise könnten auch die Kristallzellreihen, die die Gefäßbündel begleiten, erklärlich sein.

Über den weiteren Abbau der Oxalsäure, der unter vitalen Bedingungen ohne Zweifel vor sich geht, sind wir unzureichend unterrichtet. Oxalsäure ist zwar als Endprodukt des bakteriellen Stoffwechsels recht allgemein; es ist aber ungewiß, ob Bakterien diese Säure auch weiter verarbeiten, und ob sie zur Zersetzung des mit dem Laub, der Rinde, den Samenschalen und anderen abgestorbenen Organen massenhaft in den Boden gelangenden Calciumoxalates beitragen. Unter bestimmten Umständen können Schimmelpilze Oxalsäure assimilieren und zum Mycelaufbau verwenden. Aus Moosen ist ein Enzym bekannt, das den oxydativen Abbau der Oxalsäure katalysiert. Außer CO_2 entsteht dabei H_2O_2, denn diese Oxalo-Dehydrase ist streng auf Sauerstoff als Acceptor eingestellt (FRANKE und HASSE). Es bestehen dabei enzymchemische Beziehungen zur oxydativen Gluconsäurebildung. In höheren Pflanzen kann die Oxalsäure auch carboxylatisch gespalten werden.

7. Weinsäure, Milchsäure und einige weitere Säuren.

Weinsäure gehört zu den am längsten bekannten Pflanzensäuren, und doch sind wir über ihren Umsatz im Stoffwechsel kaum orientiert. Dort, wo Äpfel-, Citronen- und Oxalsäure vorherrschen, tritt sie zurück. Sie ist aber sonst vor allem in Phanerogamen sehr verbreitet und kommt auch bei verschiedenen Pilzen, Flechten und Farnen vor. In Pflanzen südlicher Herkunft soll sie bevorzugt gebildet und umgesetzt werden (s. unten). Ihre Anhäufung in Weintrauben, Aprikosen und Früchten von *Bauhinia reticulata* (VICKERY und PUCHER 1940) spricht dafür. Während im allgemeinen die d-Weinsäure, allerdings vermischt mit Mesoweinsäure, die natürliche Form darstellt, tritt in *Bauhinia*-Früchten fast ausschließlich l-Weinsäure auf. In den Früchten der japanischen Mispel *(Eriobotrya japonica)* ist zunächst ein hoher Prozentsatz des Säuregehaltes Weinsäure, die aber mit fortschreitender Reifung völlig verschwindet (KURSSANOW).

Die Weinsäure ist eine der in größtem Maßstab fabrikmäßig gewonnenen Pflanzensäuren, zu der als Rohmaterial Weintrester, Weinhefe und Rohweinstein verarbeitet werden. Sie findet Verwendung zu Druckfarben, zu Beizen vor dem Färben, zu Backpulver und als Zusatz zu Limonaden.

Die Milchsäure findet sich in den höheren Pflanzen bei jeder Art, bei der überhaupt danach gesucht worden ist (A. SCHNEIDER). Überraschend hohe Mengen enthalten Maiskeimlinge, wo Milchsäure 50% der Gesamtsäure ausmacht. In Karotten, in Salat-, Himbeer- und Brombeerblättern kann sie 0,8—1% des Trockengewichtes betragen. In Kirschen und Äpfeln rangiert sie unmittelbar hinter Äpfel- und Citronensäure. Über ihre Dynamik läßt sich noch nicht viel sagen. Sie zeigt bisweilen einen diurnalen Rhythmus, z. B. im Salatblatt mit abendlichem Maximum. Sehr auffällig steigt der Milchsäuregehalt im Augenblick des Wurzeldurchtrittes durch die Testa bei verschiedenen keimenden Samen (Mais, *Phaseolus, Ricinus, Vicia faba*) ganz kurzfristig steil an. Nach wenigen Stunden sinkt er wieder auf die alte Höhe zurück. Der Spiegel der Äpfel- und Citronensäure verändert sich während dieser Phase nicht. Eine Ursache für eine so rasch vorübergehende Milchsäureanhäufung gerade in diesem Stadium konnte noch nicht ausfindig gemacht werden. Sauerstoffmangel in der umgebenden Atmosphäre kann nicht der Grund sein, womit natürlich nicht ausgeschlossen ist, daß die Milchsäure einer durch innere Faktoren, etwa durch Sauerstoffmangel innerhalb der Testa, bedingten Gärung entspringt.

Über den Chemismus, der in höheren Pflanzen Milchsäure hervorbringt, ist also wenig bekannt. Die Hydrierung der Brenztraubensäure, der übliche Weg in Milchsäurebakterien und tierischem Gewebe, liegt am nächsten; denn schließlich befindet sich auch die Brenztraubensäure im Reaktionsmilieu der verschiedenen Dehydrasen bzw. Codehydrasen, und es wird nur auf die Geschwindigkeit ihrer Decarboxylierung oder ihres anderweitigen Verbrauchs ankommen, ob und wieweit sie als konkurrierender Wasserstoffacceptor auftritt. Zwischen Brenztraubensäure und Milchsäure besteht bei Anwesenheit der betreffenden Dehydrase ein reversibles Redoxystem mit r_H 8, das im Bereich der Redoxpotentiale des anaeroben Lebens liegt (atmende Zellen r_H 13 bis 20; anaerobe Zellen r_H unterhalb 13).

Die vor allem von STOKLASA vertretene Auffassung, daß Milchsäure auch in höheren Pflanzen ein echtes Zwischenprodukt des normalen Zuckerabbaues sei, läßt sich in dieser Form zwar nicht bestätigen, aber der Milchsäure würde doch ein Platz sehr nahe beim normalen Kohlenhydratumsatz einzuräumen sein.

Die Ameisensäure fällt zumeist als Stoffwechselendprodukt bei Mikroorganismen an. Beim oxydativen Abbau der Fumarsäure durch *Penicillium*- und *Aspergillus*-Arten, bei der Verarbeitung von Citronensäure durch Hefe taucht neben Essigsäure auch Ameisensäure auf. *Bacterium Coli* läßt bei Glucosevergärung im alkalischen Milieu größere Mengen Ameisensäure zurück, usw. In höheren Pflanzen findet man neben den Estern anderer Fettsäuren in vielen ätherischen Ölen auch solche der Ameisensäure. Die Auffindung einer Ameisensäuredehydrase in *Phaseolus*-Samen spricht dafür, daß diese einfachste Carbonsäure noch weiter umgewandelt werden kann.

Zum Abschluß sei noch ein Paar isomerer Säuren genannt, die sich in ihrer Struktur etwas weiter von den bisher behandelten absetzen, und die zudem durch das verzweigte Molekül und durch die Anwesenheit einer Doppelbindung sowie von Methylgruppen auf Beziehungen zu den Terpenen hinweisen könnten. Es handelt sich um die Angelicasäure, $CH_3 \cdot CH = C(CH_3) \cdot COOH$, die in Form der Ester in einer Reihe von Umbelliferensamen und in *Anthemis nobilis* nachgewiesen wurde, und um die stereoisomere Tiglinsäure, die in *Imperatoria*, aber sicher auch in manchen anderen Pflanzen vorkommt. Die Doppelbindung erlaubt folgende Strukturformen; aber es ist noch nicht entschieden, welcher der genannten Säuren die cis- und welcher die trans-Konfiguration zukommt.

$$\begin{array}{cc} CH_3-C-H & CH_3-C-H \\ \parallel & \parallel \\ CH_3-C-COOH & HOOC-C-CH_3 \end{array}$$

D. Fruchtreifung und Säureumsatz.

Als ein besonders hervorstechendes Beispiel pflanzlichen Säurestoffwechsels, das jedem Laien geläufig ist, sei hier der Säureumsatz in reifenden Früchten herausgegriffen. Physiologisch könnte eine Analogie zu den succulenten Blättern wegen der ähnlichen morphologischen Verhältnisse erwartet werden. Der Rückgang der Acidität beim Reifen bestimmter Tomaten wird jedoch durch hohe CO_2-Konzentration nicht aufgehalten (MILLER und DOWD). Die Absäuerung scheint demnach hier nach einem ganz anderen Mechanismus als bei den Succulenten zu erfolgen.

Im allgemeinen werden im jugendlichen Zustand der Früchte größere Mengen verschiedener Säuren angesammelt, die mit fortschreitender Reife wieder verschwinden. Es gibt aber auch abweichende Fälle. Bei *Ananas* steigt während der Reifung die Acidität mit zunehmendem Zuckergehalt an. Auch in Tomaten soll der Säuregehalt in späteren Reifestadien zunehmen. Mirabellen durchlaufen ein Minimum der Acidität, das sehr kurze Zeit während der besten Eßreife anhält, und im überreifen Zustand steigt die $H^{\cdot}$-Konzentration dann wieder. Die freien Säuren nehmen im übrigen bei der Fruchtreifung stärker ab als der Gesamtsäuregehalt (KURSSANOW; SINCLAIR und Mitarbeiter).

Auch dort, wo die Säuren während der Reifung wieder abgebaut werden, läßt sich der Schwund nicht so einfach deuten, wie etwa bei den Schimmelpilzen, die bei Überfluß an Kohlenhydraten Säuren produzieren, die sie als „Halbfabrikate" speichern und nach dem Verbrauch der Zucker zu Ende oxydieren. In den Früchten verschwinden die Säuren im allgemeinen gerade dann, wenn der Zuckergehalt ansteigt. Die Wechselwirkung vom Stoffwechsel der Fruchthülle mit dem der Samen dürfte wenigstens bei den voluminösen Früchten unserer Kulturarten keine Belastung des Säureumsatzes mit sich bringen. Samenlose Obstvarietäten enthalten allerdings stets weniger organische Säuren als samenhaltige (z. B. bei Weinbeeren). Das unbekannte Ausmaß von Zu- oder Ableitung bei Früchten an der Pflanze hat wohl öfter das Bild getrübt. Beim Studium der Nachreife abgetrennter Früchte hat der Säureumsatz bisher stets hinter dem Gasaustausch und den Kohlenhydratveränderungen zurückstehen müssen (vgl. ARCHBOLD). Am umfangreichsten und aufschlußreichsten sind die alten Untersuchungen von GERBER über die Säureumwandlungen beim Reifen fleischiger Früchte.

Der Säureumsatz säurereicher Früchte (Äpfel mit Äpfelsäure, Weintrauben mit Weinsäure und Citronen mit Citronensäure als vorherrschender Säure) weist eine enge Korrelation mit dem Gaswechsel auf. Solange noch

Tabelle 11. *Gaswechsel und Zusammensetzung von Äpfeln während der Nachreife bei 33° C.* (Nach GERBER.)

Datum	RQ	cm³ CO_2	cm³ O_2	In 1000 g Frischgewicht		
				Äpfelsäure g	Stärke g	Zucker g
9. 10.	1,60	39,36	24,60	9,28	35	90,60
21. 10.	0,98	15,66	15,93	1,89	25	115,7
23. 11.	0,89	15,73	17,67	1,65	1	125,4

bemerkenswerte Mengen Säure in den Früchten vorhanden sind, wird bei höheren Temperaturen, z. B. bei 30° C, nicht nur die Intensität der Atmung erhöht, wofür in erster Linie die verfügbaren Kohlenhydrate verantwortlich sind, sondern der RQ erhebt sich bei allen üblichen Säuren um so höher über die Einheit, je größer die Säuremenge ist. Der Säuregehalt nimmt dabei rasch ab. Während dieser Zeit wird wahrscheinlich ein Teil der Säuren in Zucker umgewandelt, denn die Zuckerzunahme übertrifft den gleichzeitigen Rückgang der Stärkereserven. Ein Bild vom Zusammenhang zwischen Gaswechsel, Säureschwund und Kohlenhydratveränderungen im Apfel vermittelt Tabelle 11. Da die Säurewerte nach Titrationsbestimmungen errechnet worden sind, bestehen die oben erwähnten Bedenken.

Der hohe Säuregehalt im Anfang ist die Ursache für den hohen Atmungsquotienten bei 33°. Nach Verbrauch der Säuren sinkt die Atmungsintensität gemessen am O_2-Konsum nicht wesentlich ab, der RQ geht jedoch auf den Wert einer „normalen" Atmung zurück. Bei 18° bleibt er in ähnlichen Äpfeln nahezu bei 1 und die Säuremenge hält sich wesentlich höher. Überraschenderweise klettert der RQ auch bei diesen gemäßigten Temperaturen sofort auf eine der Säurekonzentration entsprechende Höhe, wenn die Äpfel *zerschnitten* werden (s. Tabelle 12).

Tabelle 12. *Atmung und Säuregehalt bei Äpfeln nach Zerschneiden.* (Nach GERBER.)

Temp.	$CO_2:O_2$ intakte Äpfel	$CO_2:O_2$ zerschnittene Äpfel	Säuremenge in 1000 g g
16°	0,94	1,51	8,66
16°	0,91	1,41	5 60
18°	0,91	1,23	3,54
18°	0,87	0,89	1,04

Bei unreifen Weintrauben und Mandarinen verhält sich das säurereiche Endokarp (ohne Exokarp und Samen!) ganz ähnlich wie die Äpfel: der RQ, der Gasumsatz und die Säuremenge fallen bei höheren Temperaturen mit fortschreitender Reife rasch ab. Licht hat bei den ausgewachsenen Früchten keinen Einfluß auf den Säureschwund; sofern scheinbar ein solcher Einfluß beobachtet wurde, ist er auf die gleichzeitige Erwärmung zurückzuführen.

Höchst interessante zusätzliche Versuche führte GERBER mit *Sterigmatocystis nigra* (= *Aspergillus niger*) durch. Der Schimmelpilz setzt die drei für die genannten Früchte charakteristischen Säuren leicht um, und zwar mit ähnlichen Atmungsquotienten wie die reifenden Früchte. Werden Wein- oder Citronensäure zusammen mit Zucker geboten, so konsumiert der Pilz nur bei hohen Temperaturen (37⁰) bevorzugt die Säuren, bei niederen Temperaturen (12⁰) jedoch den Zucker, bei mittleren Temperaturen verschwinden Säuren und Zucker zu gleichen Teilen. Äpfelsäure hingegen wird schon bei 20⁰ viel rascher verwertet als Rohrzucker. Aus einem Gemisch mit Äpfelsäure wird zunächst also die Säure verbraucht, der Zucker bleibt liegen und wird erst nach Säureschwund rascher in den Stoffwechsel einbezogen. Die Säure wird in allen Fällen nicht nur zur Speisung der Atmung, sondern auch zum Mycelaufbau eingesetzt.

Wenn auch *Aspergillus*-Mycel und reifende Früchte Stoffwechselsysteme sind, die nur mit Vorbehalt verglichen werden dürfen, so besteht doch eine frappante Übereinstimmung in bezug auf die Temperaturgebundenheit des Säureumsatzes. Äpfelsäure wird auch bei Zuckergegenwart schon bei mäßigen Temperaturen abgebaut, äpfelsäurereiche Früchte reifen dementsprechend auch in relativ kühlerem Klima. In weinsäure- oder citronensäurereichen Früchten wird bei mittlerer Temperatur die Säure nur gleichzeitig mit dem Zucker angegriffen, erst bei verhältnismäßig hohen Temperaturen werden Wein- und Citronensäure unter Schonung der Zuckervorräte abgebaut. Solche Früchte reifen erfahrungsgemäß nur in warmen Klimaten. Wenn es beispielsweise gelänge, Traubensorten zu finden oder zu züchten, die an Stelle der Weinsäure als vorherrschende Säure Äpfelsäure produzierten, dann würde der Wein an den Grenzen seines Verbreitungsgebietes die abschreckende Säure verlieren!

Andere alte Erfahrungen finden hier einen Platz im Stoffumsatz. Äpfel, die gut haltbar sind, bauen ihre Säure langsam ab. Tiefe Lagertemperatur verzögert in erster Linie den Säurerückgang in Äpfeln (vgl. HAYNES). In bezug auf die Temperaturabhängigkeit des Säureabbaues bestehen gewisse Ähnlichkeiten zwischen den reifenden fleischigen Früchten und den Succulenten, aber der Grund für diese Übereinstimmung und für deren tieferen Zusammenhang wird erst ersichtlich werden, wenn der Reifevorgang der Früchte als ganzes, der ja nicht nur ein Stoffwechselphänomen ist, genauer aufgeklärt sein wird.

E. Die physiologische Bedeutung der Säuren für die Pflanzen.

Über den Mechanismus ihrer Entstehung hinaus interessieren den Biologen als letztes Ziel natürlich die Funktionen und Zwecke, denen die Säuren im pflanzlichen Leben dienen können. In diese Seite des „Säureproblems" haben wir im allgemeinen aber kaum tiefere Einblicke als in die chemische.

Die verschiedenen Möglichkeiten der CO_2-Bindung an aufnehmende Carbonsäuren unter Bildung neuer Säuren, die um ein C-Atom größer sind, rücken die autotrophen und heterotrophen Organismen in chemischer Hinsicht (nicht energetisch!) viel näher aneinander, als man sie bisher zu sehen pflegte (vgl. WERKMAN und WOOD).

Der alte, einstmals heftig umstrittene Gegensatz, ob die üblichen Carbonsäuren Zwischenglieder zwischen CO_2 und Kohlenhydraten bei der Photosynthese (LIEBIG) oder unvollständig dissimilierte Zucker seien (WARBURG), zwischen dem A. MAYER etwas auszugleichen suchte, verschwindet im Licht eines tieferen Einblickes in den Chemismus der photosynthetischen Kohlenhydratbildung und des oxydativen Zuckerabbaues, weil die typischen Pflanzensäuren mit Ausnahme der Oxalsäure, die aber auch schon früher immer abgesondert betrachtet wurde, wahrscheinlich in beide Grundvorgänge als wesentliche Glieder eingespannt sind.

Daß die im Tricarbonsäurekreislauf genetisch miteinander verbundenen Säuren an der normalen oxydativen Energiegewinnung der Zellen teilhaben, wurde bereits hervorgehoben. Es wird heute in zunehmendem Maße wahrscheinlich, daß auch in den grünen Pflanzen die Oxydation der Brenztraubensäure über die Säurestufen den Hauptweg der Atmung darstellt (vgl. CHIBNALL; BONNER und WILDMAN). Der so eigenwillig erscheinende Rhythmus des Säurespiegels in Succulenten wäre dann nur eine unwesentlich verschobene Form der normalen Atmung. Es steht außer allem Zweifel, daß die Pflanze aus den durch unvollständige Abstimmung der Teilprozesse des oxydativen Kohlenhydratabbaues ausgeschiedenen Säuren sekundär mannigfaltigen Nutzen ziehen kann, ohne daß wir sagen dürfen, die Pflanze bildet die Säuren mit dieser oder jener Absicht. Die Säurebildung ist eine urtümliche Fähigkeit der lebenden Zelle, die der Pflanze im Spiel bzw. im Kampf mit den Faktoren ihrer Umwelt unter bestimmten Bedingungen Vorteile bieten kann.

Recht merkwürdige Beziehungen haben sich immer wieder bei niederen und höheren Pflanzen zwischen Säureansammlung und Stickstoffernährung aufdecken lassen. *Aspergillus* produziert auf Aminosäuren, Peptiden oder Eiweiß kultiviert sehr viel Ammoniumoxalat, während bei Ammoniumsalzen als N-Quelle so gut wie keine Oxalsäure auftritt. Maiskeimlinge enthalten bei NO_3-Düngung mehr organische Säuren, speziell Oxalate, als bei Ammoniumsalzgaben. Für Tomaten- und Tabakpflanzen gilt das gleiche (vgl. Tabelle 13).

Tabelle 13. *Säuren in den Blättern und Stengeln von Tomaten.* (Nach CLARK.)
(Milli-Äquivalent in 100 g Trockengewicht.)

	N-Quelle	Gesamtsäure	Oxalsäure	Citronensäure	Äpfelsäure	Unbekannte Säuren
Blätter	Nitrat . . .	153	47	28	36	42
	Ammoniumsalz . . .	71	3	1	2	65
Stengel	Nitrat . . .	147	68	11	39	29
	Ammoniumsalz . . .	66	10	1	5	50

Nicht nur die Gesamtmenge der Säuren, sondern auch das Verhältnis der einzelnen Säuren zueinander wird durch die Art der N-Ernährung stark beeinflußt. Alle bekannten Säuren einschließlich der recht beachtlichen Mengen Oxalsäure nehmen bei Ammoniumsalzernährung ab, während die unbekannten ansteigen, ohne aber den Ausgleich zu schaffen. Sogar *Bryophyllum calycinum*, eine Succulente mit dem charakteristischen Säurerhythmus, folgt der Regel, daß der Gehalt an organischen Säuren abnimmt, wenn der Pflanze Ammoniumsalze an Stelle von Nitraten geboten werden. Die Abnahme betrifft sowohl die Äpfel- als auch die Citronensäure (PUCHER und Mitarbeiter 1947). Somit kommt dieser Erscheinung eine ganz allgemeine Bedeutung zu. Man darf für praktische Zwecke daraus die Folgerung ziehen, daß die Zusammensetzung der Pflanzen in bezug auf die Säuren in weiten Grenzen einfach durch Abstimmung der Stickstoffernährung variiert werden kann.

Die einfachste Erklärung für die ansäuernde Wirkung der Nitrate bietet die bekannte Tatsache, daß Nitrate physiologisch basische Salze sind. Nach Assimilation der NO_3-Ionen bleiben die Kationen als anorganische Basen zurück und neutralisieren im Zellsaft eine entsprechende Menge organischer Säuren, die aus dem Säuregleichgewicht nachgeliefert werden. So treiben die mit dem Nitrat eingebrachten Kationen den Säuregehalt der Pflanzen hoch. Diese Komponente der Säureproduktion konnte natürlich solange nicht entdeckt werden, solange man nur die titrierbare freie Säure zu bestimmen pflegte. Erst die Erfassung der Gesamtmenge der C-Gerüste der Säureanionen offenbarte diese Kopplung mit dem Mineralstoffwechsel, die heute durch eine ganze Reihe von Beispielen illustriert werden kann. Früher war man nur histologisch beim Ca-Oxalat darauf aufmerksam geworden, daß „das bei der Verarbeitung der Salpetersäure [aus $Ca(NO_3)_2$] erfolgte Freiwerden des Kalkes die immer weiter vor sich gehende Bildung der Oxalsäure veranlaßt" (STAHL 1920).

Im Rhabarberblatt besteht während der ganzen Blattentwicklung ein ziemlich konstantes Verhältnis von Gesamtsäure- zu Aschemenge, und zwar für die verschiedenen Teile des Blattes (Intercostalfelder, Rippen und Stiele) jeweils ein besonderes. Auch im Tabakblatt ist die Gesamtsäuremenge mit der anorganischen Ernährung eng verknüpft (PUCHER und Mitarbeiter 1938). Wenn die Aschebestandteile der Blätter in saure und basische Anteile getrennt werden, so würden die Gesamtmengen an positiven und negativen Ionen einander nicht neutralisieren, sondern es bestände ein großer Überschuß an Kationen. Und dieser Betrag steht in engster Korrelation mit den gleichzeitig in den Blättern vorgefundenen ätherlöslichen Säuren, von denen Äpfel-, Oxal- und Citronensäure zusammen ungefähr 80% ausmachen. Die Säuremenge variiert in weiten Grenzen entsprechend der anorganischen Ernährung der Pflanzen. Die Carbonsäuren nehmen also einen beherrschenden Platz bei der Balance der positiven und negativen Ionen in der Zelle ein, indem sie ein Gleichgewicht zwischen beiden aufrechterhalten und so dazu beitragen, daß die Wasserstoffionenkonzentration nicht durch die mehr passiv eingeschleppten mineralischen Kationen nach der alkalischen Seite verschoben wird. Die „Entgiftung" der Ca-Ionen durch Ausfällung als Calciumoxalat stellt also nur einen Spezialfall der allgemeinen Beziehungen zwischen Säure- und Mineralstoffhaushalt dar. In vielen höheren Pflanzen wird die Menge der produzierten Oxalsäure streng durch die Menge des aufgenommenen Calciums bestimmt (*Fagus, Primula elatior* usw., vgl. OLSEN). Caryophyllaceen lassen sich fast oxalatfrei erhalten, wenn sie in kalkfreien Nährlösungen kultiviert werden; Oxalsäure ist bei ihnen dann nicht nachweisbar (STAHL 1920). Das völlige Fehlen einer engen Beziehung zwischen Säuregehalt und Mineralstoffen in manchen Pflanzen, z. B. bei *Oxalis*, festigt nur den oben angedeuteten Standpunkt, daß die Säuren zwar zum Abfangen der basischen Mineralstoffe genutzt werden können, daß sie aber nicht speziell auf diesen Zweck ausgerichtet sind.

Interessanterweise besteht bei *Kleinia articulata* sogar beim Schwund von Malat eine hohe Korrelation zum Calciumgehalt. Sobald Calcium als unlösliches Oxalat ausfällt, nimmt auch die Äpfelsäure ab (THODAY und JONES).

Nicht zuletzt zeugen auch hier wieder Schimmelpilze, Hefen und Bakterien von einer engen Verknüpfung der beiden genannten Stoffwechselgebiete. Normalerweise häufen *Aspergillus* und *Penicillium* Oxalsäure und *Citromyces* Citronensäure nur bis zu einer bestimmten Höchstkonzentration an, und dann stellen sie ihr Wachstum ein. Entfernt man jedoch durch Ausfällen laufend die Säuren aus der Nährlösung, so produzieren sie die Pilze weiter bis zu einem Mehrfachen ihres Körpergewichtes, solange Zucker als Rohmaterial vorhanden ist. Beim oxydativen Umsatz von Essigsäure scheidet Hefe Citronensäure aus (s. oben). Wird diese durch Calcium- oder Strontiumionen zu unlöslichen Salzen abgefangen, so fährt die Hefe fort, Säure zu bilden. Befinden sich in der Nährlösung jedoch nur Natrium-, Kalium- oder Lithiumionen, die lösliche Citrate ergeben, so bleiben die Salze mit den tätigen Zellen in Verbindung und werden weiter umgesetzt. Dieser weitere Abbau ist ein auch ohne Mitwirkung der lebenden Zelle ablaufender fermentativer Vorgang; denn die durch flüssige Luft abgetöteten Zellen greifen auch „unlösliche" Citrate an (Deffner und Issidoris). Offenbar entscheidet in diesem Falle die Permeabilität des lebenden Plasmas darüber, ob eine Verbindung umgesetzt wird oder nicht.

Für Pilze und Bakterien ist schlüssig nachgewiesen, daß Carbonsäuren häufig die Funktion intermediärer Speicherstoffe übernehmen, die bei reichlicher Kohlenhydraternährung ausgeschieden und nach Verbrauch des Zuckers weiterverarbeitet werden. *Citromyces* oxydiert die zunächst ins Substrat abgegebene Citronensäure weiter, sobald die Kohlenhydratquellen versiegt sind. Dieser luxurierende Umsatz, bei dem der Pilz zunächst Verschwendung mit seinen Nährstoffen treibt, ist gebunden an die überreichliche Versorgung, die wir ihm in künstlichen „Kulturen" bieten (vgl. Foster 1947). Unter normalen Wachstumsbedingungen, im Boden, mit den sehr geringen aufgeschlossenen Kohlenstoffquellen, in die sich die Pilze zudem noch mit den Bakterien teilen müssen, entfalten sich solche Potenzen wie die Säureanhäufung nicht. Wir müssen uns dieser Erscheinungen erinnern, wenn wir die Stoffwechselverhältnisse bei den mit Assimilaten stets reichlich versorgten autotrophen Pflanzen und deren luxurierende Produktion aller möglicher sekundärer Verbindungen richtig beurteilen wollen.

Die organischen Säuren übernehmen zahlreiche andere physiologische und ökologische Funktionen. Vielen Mikroorganismen dienen sie als einfachste Antibiotica. Bekanntlich sind die meisten Bakterien sehr säureempfindlich. Die Organismen, welche Säuren produzieren und nach außen abscheiden, schalten damit viele ihrer Konkurrenten aus. Technisch macht man davon bei der Konservierung durch Milchsäuregärung Gebrauch (Sauerkraut, saure Gurken usw.). Allerdings schaffen sich die säurebildenden Bakterien (Essigsäure, Milchsäure-, Buttersäurebakterien) durch die Säureproduktion zunehmend ungünstigere Bedingungen für ihr eigenes Gedeihen, so daß sie in Monokultur schließlich selbst nicht mehr auf dem „vergifteten" Substrat wachsen. Milch- und Buttersäurebakterien sind sehr säureempfindlich und stellen schon bei 0,5—1,2% Säure im Substrat ihre Tätigkeit ein. *Bacterium aceti* verträgt bis zu 14% Essigsäure und ist darin wohl den säurereichen höheren Pflanzen wie *Begonia*, Rhabarber usw. gleichzustellen.

Bei vielen Archegoniaten dienen die aus der Umgebung der Eizellen herausdiffundierenden Säuren zur chemotaktischen Anlockung der männlichen Gameten. Bei Filicinen, Equiseten und *Selaginella* sprechen die

Spermatozoiden auf Spuren von Äpfelsäure an, bei Lycopodinen erfüllt die Citronensäure die gleiche Aufgabe.

Bei Samenpflanzen spielt neben der Kohlensäure auch die Ausscheidung von Carbonsäuren aus den Wurzeln zur Auflösung der Bodenmineralien eine Rolle. Häufig scheint es sich dabei um Ameisensäure zu handeln (vgl. CZAPEK Bd. III, S. 110). Auf den *Drosera*-Tentakeln und in anderen dem Insektenfang bzw. der Insektenverdauung dienenden Einrichtungen finden sich organische Säuren. Sie stellen die hohe Wasserstoffionenkonzentration her, deren die peptischen Fermente zu ihrer Tätigkeit bedürfen. In *Nepenthes*-Kannen sind trypsinähnliche Enzyme gefunden worden, die bei neutraler oder alkalischer Reaktion wirksam sind.

Die in fleischigen Früchten angehäuften Säuren, in erster Linie Äpfel- und Citronensäure, sind mitbeteiligt an der keimungshemmenden Wirkung der Fruchtsäfte auf die eingeschlossenen Samen (TETJUREW), wenn auch andere, vielleicht spezifische Substanzen von ungesättigter Lactonnatur stärker wirksam sind (MOEWUS). Aber auch Stoffe ganz allgemeiner Natur, wie Zucker, wirken dabei mit (WEINTRAUB).

Als unausbleibliche Folge einer Anhäufung von freien Säuren stellt sich eine Erhöhung der Wasserstoffionenkonzentration im Zellsaft ein. Wenn auch die natürlich vorkommenden Carbonsäuren meist eine recht niedrige Dissoziationskonstante haben (s. Tabelle 4), so reicht sie doch aus, um in extremen Fällen das p_H bis auf ungefähr 1,5 bis 2,0 (z. B. *Begonia*-Arten) zu senken. Da das Plasma solcher Zellen eine Acidität im normalen Bereich von p_H 5 bis 6 aufweist, bestehen unmittelbar benachbart Medien ganz verschieden hoher Acidität, die nur durch den Tonoplasten getrennt sind. Man hatte anfangs rein spekulativ angenommen, daß die Vacuolenhaut impermeabel für organische Säuren sei (DE VRIES); aber es läßt sich leicht nachweisen, daß Carbonsäuren ins Plasma eintreten. Anders wären ja die Stoffwechselbeziehungen zwischen Plasma und Vacuole beim Säureumsatz nicht denkbar. Vieles spricht jedoch dafür, daß nur das undissoziierte Molekül permeïert, wie jüngst gerade für die Aufnahme von Nicotinsäure gezeigt wurde (BONNER und BEADLE). Daß der Tonoplast auf irgendeine Weise das Cytoplasma vor dem eigenen Zellsaft schützt, erhellt daraus, daß Zellen mit stark saurem Zellsaft zugrunde gehen, wenn dieser ihnen von außen geboten wird. Zellen der Begonienblätter, die durch Infiltration der Intercellularen mit Preßsaft in den eigenen Zellsaft eingebettet werden, sterben in kurzer Zeit ab, während Zellen mit mäßig saurem Saft, z. B. junge Weizenblättchen (Zellsaft-p_H ungefähr 6,3), eine solche Infiltration mit dem eigenen Zellsaft ohne Zeichen einer Schädigung recht lange ertragen. So macht sich jede Schädigung von Blattzellen, die extrem sauren Saft enthalten, durch eine Verfärbung des Chlorophylls bemerkbar, weil der normalerweise durch den Tonoplasten abgehaltene Vacuolensaft dann Zutritt zu den Chloroplasten erhält.

Der Tonoplast zeichnet sich also durch eine besonders ausgeprägte Resistenz gegen die hohe Wasserstoffionenkonzentration aus. Die Vacuolenhaut weist ganz allgemein eine erhöhte Widerstandsfähigkeit gegen Einwirkungen auf, die das Cytoplasma schädigen. Wenn nach längerem Sauerstoffentzug das Cytoplasma schon granuliert und abgestorben erscheint, ist der Tonoplast noch semipermeabel (KATIC). Nach dem Gefrieren von Zwiebelschuppenepidermis in flüssiger Luft sind Zellkern und Cytoplasma abgetötet, während der Tonoplast noch plasmolysierbar ist (BOHUS-JENSEN). In Zellen mit hohem Gerbstoffgehalt schützt ebenfalls der Tonoplast das Plasma vor den schädigenden Einwirkungen. Jede Verletzung der Vacuolenhaut läßt den Gerbstoff ins Plasma treten, das dann schnell koaguliert. Gegen Hitze scheint der Tonoplast jedoch weniger resistent zu sein als das Binnenplasma (BOGEN). Welche Eigenschaften des Tonoplasten oder welche physikalisch-chemischen Gesetzmäßigkeiten seine außergewöhnliche Unempfindlichkeit bedingen, ist noch ungeklärt.

Die Existenz einer so resistenten Vacuolenhaut dürfte die Voraussetzung gewesen sein, daß sich gewisse Pflanzenarten die Ansammlung hoher Säurekonzentrationen „leisten" können, d. h. daß sie trotz der für das Binnenplasma giftigen Zellinhaltsstoffe lebensfähig sind. Höhere Pflanzen mit einem säureempfindlichen Tonoplasten können ebensowenig existieren wie Milchsäurebakterien bei höheren Konzentrationen ihrer sauren Stoffwechselprodukte. Die „Entgiftung" findet hier also ohne chemische Veränderung der schädlichen Stoffe durch deren räumliche Abtrennung vom empfindlichen Plasma statt, ein Mechanismus, dem wir später bei der Isolierung ätherischer Öle innerhalb der Protoplasten begegnen werden (s. S. 134).

Zum Schluß sei als Beispiel dafür, daß Carbonsäuren auch noch in Form ihrer ausgefällten Salze einen ökologischen Nutzen stiften können, auf die Untersuchungen von STAHL (1888, 1920) über die Bedeutung der Raphiden als Schutz gegen Schneckenfraß hingewiesen.

IV. Der Fettstoffwechsel der Pflanzen.

A. Allgemeine Eigenschaften der Fette.

Das durch Extraktion mit Fettlösungsmitteln (Äther, Petroläther, Tetrachlorkohlenstoff) oder durch Auspressen aus Pflanzen gewonnene „Rohfett" ist meistens mit allerlei Substanzen vermengt, die chemisch kein Fett sind, z. B. mit Lecithinen, Phytosterinen, Terpenen, Benzolderivaten. Erst nach dem praktisch sehr schwierigen Abtrennen dieser Beimischungen bleibt das „Reinfett" übrig, dessen Umsatz hier in der Hauptsache behandelt werden soll, obwohl es recht wahrscheinlich ist, daß mit ihm in den Pflanzen der Stoffwechsel eines weiteren Kreises dieser Lipoide, vor allem einschließlich der Lecithine und vielleicht der Sterine, eng zusammenhängt.

Die Fette sind Ester des dreiwertigen Alkohols Glycerin mit „Fettsäuren", wobei die Hydroxylgruppen entweder vollständig (Triglyceride) oder nur teilweise (Mono- und Diglyceride) durch Säurereste ersetzt sein können. Solche Glyceride lassen sich wie alle Ester durch Säuren und Alkalien, und zwar merklich schon in der Kälte, in der Hitze sehr rasch hydrolysieren, „verseifen". Die Zelle führt diese Spaltung ebenso wie den entgegengesetzten Vorgang der Verknüpfung von Glycerin und Säuren durch besondere Enzyme, die Lipasen, aus. Ihre Spezifität scheint nicht sehr streng zu sein. Sie gehören zu den ersten Enzymen, mit denen es in vitro gelang, die hydrolytische Tätigkeit durch Massenwirkung der Spaltprodukte umzukehren, also aus Säuren und Glycerin Fett aufzubauen (vgl. JALANDER; IWANOW; SCHREIBER). Als besonders reiche Quelle pflanzlicher Lipasen gelten *Ricinus*-Samen (WILLSTÄTTER und WALDSCHMIDT-LEITZ). In Gegenwart von Öl sind Lipasen sehr widerstandsfähige Enzyme, sie bleiben auch bei tiefen Temperaturen recht aktiv. Noch bei -25^0 C setzt

Pankreaslipase in wenigen Tagen einen großen Teil des ihr gebotenen Olivenöls um, und selbst in hart gefrorenem Medium ist eine meßbare Aktivität vorhanden (BALLS und LINEWEAVER; BALLS und TUCKER). Ihr Temperaturkoeffizient Q_{10} ist auch bei gewöhnlichen Temperaturen ziemlich niedrig.

Die große Mannigfaltigkeit der pflanzlichen Fettarten ist in der Hauptsache durch folgende Erscheinungen bedingt: 1. Verschiedenartige Fettsäuremoleküle können an das gleiche Glycerinmolekül gebunden sein (Mischglyceride). 2. Verschieden aufgebaute Glyceride kommen vermengt miteinander vor. 3. Neben den Glyceriden sind in mehr oder weniger bedeutenden Mengen auch freie höhere Fettsäuren anwesend, die in mancher Hinsicht ähnliche Eigenschaften wie die Fette selbst haben. Ein anderer Alkohol außer Glycerin findet sich im allgemeinen in den natürlichen Fetten nicht vor. In Neutralfetten aus *Myxobacterium phlei* sowie aus Tuberkel- und Leprabacillen nimmt das Disaccharid Trehalose als alkoholischer Anteil die Stelle des Glycerins ein (ANDERSON und NEWMAN). Dieser Zucker ist sonst als Reservekohlenhydrat in Pilzen, z.B. Preßhefe, und Bakterien bekannt. Die den Fetten nahe verwandten Wachse enthalten verschiedene höhere Alkohole. An Säuren trifft man in den pflanzlichen Fetten neben Essigsäure zunächst gesättigte unverzweigte, also normale Carbonsäuren von der n-Buttersäure ($C_3H_7 \cdot COOH$) bis hinauf zur Carnaubasäure ($C_{23}H_{47} \cdot COOH$), wobei allerdings einige wenige, und zwar solche mit mittlerer Kettenlänge, vorherrschen, vor allem Palmitin- ($C_{15}H_{31} \cdot COOH$) und Stearinsäure ($C_{17}H_{35} \cdot COOH$), auch Laurin- ($C_{11}H_{23} \cdot COOH$) und Myristinsäure ($C_{13}H_{27} \cdot COOH$) sind häufig. Dann enthalten die pflanzlichen Fette aber besonders verschiedene ungesättigte Fettsäuren regelmäßig in größerem Anteil: Ölsäure mit einer Doppelbindung, Linolsäure mit zwei und Linolensäure mit drei Doppelbindungen und jeweils 18 C-Atomen im Molekül. In Cruciferenölen kommt häufig die einfach ungesättigte Erucasäure $C_{21}H_{41}COOH$ vor. Von Oxysäuren ist die Ricinolsäure ($C_{17}H_{32}(OH) \cdot COOH$) ebenfalls mit einer ungesättigten Bindung weit verbreitet. Bei einem Überblick über die Zusammensetzung der natürlichen Pflanzenfette fällt auf, daß diese nur einbasische Säuren mit einer geraden Anzahl von C-Atomen in einer unverzweigten Kette unter besonderer Bevorzugung der C_{18}-Säuren enthalten (s. Tabelle 14).

Tabelle 14. *Anteil der Fettsäuren mit bestimmter Anzahl von C-Atomen (in Prozent der Gesamtfettsäuren).* (Aus SMEDLEY-MACLEAN.)

Art des Fettes	Anzahl der C-Atome der Fettsäure							
	8	10	12	14	16	18	20	22
Cocosnußöl . . .	9,5	4,5	51	18,5	7,5	9	—	—
Palmkernöl . . .	3	3	52	15	7,5	19,5	—	—
Kakaobutter . .	—	—	—	—	23,2	76,8	—	—
Olivenöl	—	—	—	—	7	93	+	—
Rapsöl	—	—	—	—	1	48	—	50

Zur technischen Charakterisierung der Fette haben sich einige Kenngrößen eingebürgert, die aus Mangel an besseren Meßzahlen auch für physiologische Erwägungen zugrunde gelegt werden müssen, obwohl sie nur über die allgemeine qualitative Zusammensetzung der Fette und nicht über bestimmte Fettsäuren Aussagen gestatten.

1. Die Verseifungszahl gibt die Menge KOH in Milligramm an, die gerade genügt, um 1 g Fett zu spalten. Da auf die Gewichtseinheit bezogen wird, muß diese Zahl um so größer ausfallen, je mehr niedere Fettsäuren vorliegen. Für Tributyrin beträgt sie 557, für Tripalmitin, Tristearin und ähnliches 190—200.

2. Die **Jodzahl** gibt wegen der Anlagerungsfähigkeit der Doppelbindungen für Jod, Brom usw. ein Maß für den Anteil der ungesättigten Fettsäuren ab. Neuerdings wird daneben häufig noch die **Rhodanzahl** zur Differenzierung zwischen einfach und mehrfach ungesättigten Säuren bestimmt.

3. Die **Säurezahl**, die durch Titration einer gewissen Menge Fett mit Alkali gewonnen wird, gibt an, wieviel freie Fettsäuren beigemengt sind.

4. Die REICHERT-MEISSLsche **Zahl** ist ein Maß für die flüchtigen Fettsäuren.

5. Die **Menge des Unverseifbaren** im Äther- bzw. Petrolätherextrakt bestimmt den Anteil der Sterine, Carotinoide und anderen nicht esterartigen Lipoide.

Bezeichnend für pflanzliche Fette ist ihr hoher Gehalt an ungesättigten Fettsäuren. Typisch für die Zusammensetzung eines pflanzlichen Öles sind die folgenden Zahlen (in Prozent der Gesamtfettsäuren), die für deutsches Sonnenblumenöl gelten: Linolensäure 57—65%, Ölsäure 28—33%, gesättigte Säuren 6,8—7,4%. Da die Glyceride solcher Säuren bei gewöhnlicher Temperatur flüssig sind, im Gegensatz zu den festen Glyceriden der höheren gesättigten Säuren, liefern die meisten Pflanzen Öle, die im Unterschied zu den „ätherischen Ölen" (s. Terpene) als „fette Öle" bezeichnet werden. Die technisch wichtige Fetthärtung, die oft zur Verbesserung oder Aufbewahrung der Öle notwendig wird, weil ungesättigte Säuren unbeständig sind, besteht in einer katalytischen Anlagerung von Wasserstoff an die Doppelbindung. Die Glyceride der gesättigten Säuren sind an der Luft beständig, diejenigen der ungesättigten verändern sich rasch, gefördert durch Lichtund Sauerstoffzutritt und durch die Einwirkung von Mikroorganismen. Die Öle verändern dabei ihre Farbe und nehmen den ranzigen Geruch an. Das Ranzigwerden ist chemisch kein einheitlicher Vorgang. Sicher sind Oxydationsvorgänge im Spiel. Es entstehen Aldehyde und Ketone („Ketonranzigkeit"). Noch unbekannte Substanzen, vor allem aus Samen, können als Antioxydantien diese Veränderungen aufhalten.

Tabelle 15. *Jodzahl des Leinöls in Abhängigkeit von der geographischen Breite.*
(Nach IWANOV.)

Ort	geograph. Breite	Jodzahl
Archangelsk	64° 30′	195—204
Leningrad	59° 44′	185—190
Moskau	55° 50′	178—182
Voronesch	51° 40′	170
Kuban	45° 46′	164
Taschkent	41° 26′	154—158

Sobald mehr als eine Doppelbindung in den Säuren der Öle vorkommt, neigen sie zu sehr rascher Oxydation an der Luft, auch zur Polymerisation und Verharzung. Das ist die Grundlage für das „Trocknen" der Öle, eine für die Firnisfabrikation aus Leinöl technisch wertvolle Eigenschaft. Das Terpentinöl, ein ätherisches Öl, hat chemisch mit den fetten Ölen nur die Doppelbindung im Molekül gemeinsam und gehört physiologisch in ein anderes Stoffwechselgebiet.

Obwohl die meisten Pflanzenfette bei gewöhnlicher Temperatur flüssig sind, fehlt es doch auch nicht an solchen, die bei 15—20° C feste Konsistenz haben. Das Samenfett von *Cocos nucifera* schmilzt bei 20—28°, von *Theobroma cacao* (Kakaobutter) bei 30—34° und von *Myristica fragrans* (Muskatbutter) bei 45—51°. Solche pflanzliche Fette mit höherem Schmelz- bzw. Erstarrungspunkt, zwei Kenngrößen, die nicht immer identisch für das gleiche Fett sind, kommen nur in tropischen Gegenden vor. In höheren geographischen Breiten enthalten die Fette auch von der gleichen Pflanzenart stets mehr ungesättigte Säuren als in äquatornahen Zonen, was vor allem IWANOV für Lein-, Hanf- und Sonnenblumenöl nachwies (s. Tabelle 16). Die Leinöle aus nördlichen Gegenden in Europa oder Asien sind deshalb technisch wertvoller. Allerdings läßt sich der Gehalt eines Öles an ungesättigten Säuren auch durch entsprechende Mineralsalzdüngung der Pflanzen steigern, z. B. durch N-Mangel oder durch erhöhte K-Gaben (SCHMALFUSS und MICHEEL; SCHMALFUSS).

In die gleiche Richtung weist die Tatsache, daß in bestimmten Gattungen, z. B. bei *Pinus*, die Arten mit einem nördlichen Verbreitungsgebiet *(Pinus silvestris* und *Pinus Cembra)* zu einem hohen Anteil Linolensäure im Öl enthalten. *Pinus Pinea* in Italien bildet nur wenig von dieser ungesättigten Säure im Öl ihrer Samen aus, und die Arten in tropischen Gebieten, *Pinus canariensis, Pinus longifolia*, haben die Fähigkeit, Linolensäure zu produzieren, gänzlich verloren (IWANOW 1926).

B. Die Bedeutung des Fettes für die Pflanzen.

Fette bzw. Öle stellen für die Pflanzen ausgezeichnete Reservestoffe dar, da sie große Energiemengen (s. Tabelle 1, S. 9) mit hohem Kohlenstoffgehalt je Gewichtseinheit vereinen. Sie sind außerdem osmotisch unwirksam und sind mit den der Pflanze zur Verfügung stehenden Mitteln leicht oxydierbar, was z. B. für die ebenfalls energie- und kohlenstoffreichen Terpene nicht zutrifft. Es ist deshalb nicht verwunderlich, daß solche Stoffwechselprodukte durch Selektion zu Reservestoffen werden, wenn sie auch nicht ausschließlich dieser Funktion dienen (s. S. 11). Fette Öle sind unter den N-freien Speicherstoffen der Samen tatsächlich außerordentlich weit verbreitet. Man schätzt, daß bei ungefähr 80 % aller Phanerogamen Fett die Hauptreserve in den Samen ausmacht (s. Tabelle 16).

Tabelle 16. *Durchschnittlicher Fettgehalt verschiedener praktisch wichtiger Samen (in Prozent der lufttrockenen Samen.* Nach WETZEL).

	%
Baumwollsamen	14—25
Soja	16—19
Lein	35
Raps	33—43
Ricinus	33—55
Mohn	43
Erdnuß	38—47
Kakao	40—50
Walnuß	50
Ölpalme	30—70

Fette und Kohlenhydrate schließen einander in ihrem Vorkommen nicht aus. Manche Ordnungen im Pflanzenreich zeichnen sich durch besonders fettreiche Samen aus, z. B. *Urticales, Fagales*, während andere dagegen fettarm sind, z. B. die *Centrospermae*. Ob die Zusammensetzung der Fette in bezug auf die vorherrschenden Säuren in nahe verwandten Familien ähnlich ist, bleibt noch zu klären. Experimentell ist es noch nicht gelungen, stärkeführendes Nährgewebe zur Fettspeicherung zu zwingen oder umgekehrt. Jedoch soll bei keimungsunfähigen Karyopsen verschiedener Gramineen *(Phragmites, Anthoxanthum, Alopecurus)* statt des normalen Stärkeendosperms oft Fettnährgewebe auftreten (NÄGELI 1858, zitiert nach CZAPEK Bd. I, S. 710), das dann als eine Art „Degenerationsfett" (s. unten) anzusehen wäre. Normalerweise enthält bei den meisten Gramineen wenigstens der Embryo bemerkenswerte Mengen Fett (Keimlingsöl). Wieweit in denjenigen Samen, die Öl und Stärke in den gleichen Zellen speichern (z. B. bei *Fagus*), eine Verschiebung der Anteile durch Außen- oder Innenfaktoren möglich ist, scheint noch nicht untersucht zu sein. Zwischen Eiweiß und Fett ist hingegen öfter ein verschiebbares Gleichgewicht nachgewiesen worden (s. unten), das durch die Menge der angebotenen löslichen N-Verbindungen bestimmt wird.

Das Fett ist im Plasma des Nährgewebes meist nicht in größeren Tropfen oder Vacuolen vorhanden, sondern in äußerst feiner, optisch auch bei stärkster Vergrößerung nicht auflösbarer Emulsion. Nach Eindringen von Wasser in die Schnitte sind dann allerdings sofort reichlich Öltröpfchen wahrnehmbar.

Fett im Fruchtfleisch ist sehr viel seltener als in den Samen. Praktische Bedeutung haben nur die Olive, die Ölpalme *(Elaeis)* und die Früchte von *Sapium sebiferum*, die alle drei neben fettreichen Samen auch im Fruchtfleisch viel Öl enthalten. Unter den einheimischen Arten haben *Evonymus europaea* und *Sambucus racemosa* ein wenig Öl in der Fruchthülle. Der Ölgehalt der Olive nimmt während der Fruchtentwicklung anfangs rasch, später nur noch langsam zu, schließlich soll er bei Überreife sogar wieder zurückgehen können.

Tabelle 17. *Rohfettgehalt im Fruchtfleisch der Olive während der Reifung.* (Nach ROUSSILLE.) *(Prozent der Trockensubstanz.)*

	%
Ende Juni	1,4
Ende Juli	5,5
Ende August . . .	29,2
Ende September .	62,3
Ende Oktober . .	6,2
Ende November .	68,2

C. Fettbildung in reifenden Samen.

Der Fettspeicherung in reifenden Samen geht im allgemeinen eine Ansammlung von Kohlenhydraten voraus, während Öl anfangs noch völlig fehlt. Die Fettbildung findet dann auf Kosten von Zucker und Stärke statt, die bis auf einen geringen Betrag abnehmen. Als Rohmaterial wird ausschließlich Zucker zugeleitet. Äußerlich macht sich dieser Übergang durch eine Veränderung des Atmungsquotienten $\frac{CO_2}{O_2}$ bemerkbar, der während der Kohlenhydratphase, z. B. solange *Ricinus*-Samen noch grün und weich sind, kleiner als 1 ist. Mit dem Einsetzen der Ölsynthese steigt der RQ stets bedeutend über die Einheit, denn der Aufbau von Fettsäuren ist summarisch vom Kohlenhydrat aus gesehen ein Reduktionsvorgang. Dazu ist aber gleichwohl eine ungehinderte Versorgung mit Sauerstoff nötig, weil die Fettbildung nur bei ungehemmter Atmung abläuft. Atmungsgifte unterbrechen die Ölanhäufung in Samen (vgl. NEUMANN). Die Zunahme des Fettgehaltes ist anfangs rapide, später nur mehr langsam. Bei *Agrostemma Githago* soll in den späteren Stadien der Samenreife sogar Öl wieder verschwinden und auf seine Kosten besonders reichlich Saponinglykosid, d. h. Kohlenhydrat, entstehen (KORSAKOW).

Wenn die Fettbildung aus Kohlenhydraten beginnt, häufen sich zunächst freie Fettsäuren an, die erst nach und nach zu Glyceriden verestert werden. Da die Jodzahl, z. B. beim Lein, während der Reifung ansteigt (in *Cannabis* und *Papaver* schwankt die Jodzahl während der Samenentwicklung nur wenig), tauchen zunächst eigentümlicherweise vorwiegend gesättigte Säuren auf, die erst durch Dehydrierung in ungesättigte übergeführt werden (NEUMANN für Leguminosen, THEILE für *Helianthus*). Die zuerst auftretenden gesättigten Säuren müssen auch zum größten Teil bereits aus höheren nicht flüchtigen Säuren bestehen, da die REICHERT-MEISSLsche Zahl zu Beginn der Fettbildung nicht größer ist als später. Mono- und Diglyceride treten vor den Triglyceriden auf. In den jüngsten Stadien der Samenentwicklung (Milchreife) besteht das Gesamtlipoidgemisch zu einem großen Teil aus Phosphatiden. Der relative Gehalt dieser Körper nimmt dann bis zur Vollreife bedeutend ab, am stärksten während der Periode des größten Wasserverlustes. Dieses Verhalten erklärt sich wohl damit, daß Phosphatide Zellbausteine, die Fette aber Reservestoffe sind. Auch bei *Torula*-Hefen geht mit der Zunahme der Lipoide ein relatives Zurücktreten der Phosphatide Hand in Hand. In den allerletzten Stadien der Samenreifung wird ein geringer Abfall des Gesamtfettgehaltes beobachtet, wenn man sorgfältig getrocknetes Material extrahiert. Da in den ersten Keimtagen gelegentlich auch eine geringe Zunahme des Gesamtfettes erscheint, muß wohl daran gedacht werden, daß sich beim Austrocknen Phosphatid-Fett-Eiweißkomplexe bilden, die nicht oder schwer extrahierbar sind und erst durch Quellung oder Hydrolyse das Öl zur Extraktion freigeben (WEISSENBÖCK).

Die Zusammensetzung der Samenfette wird stark durch Umweltbedingungen beeinflußt. Leinpflanzen, die infolge von Stickstoffmangel weniger Eiweiß in den Samen abzulagern vermögen, speichern dafür in gewissen Grenzen mehr Öl, das bei verschieden hohen Stickstoffgaben auch qualitativ erheblich differieren kann. Die Jodzahl des Leinöls nimmt mit steigender N-Düngung ab. Der Anteil der Öl-, Linol- und Linolensäure nebeneinander zeigt gleichfalls entsprechend den N-Gaben noch nicht ganz durchsichtige Verschiedenheiten (SCHMALFUSS). Bei *Arachis*-Samen ist der Wasserhaushalt von Bedeutung für das Fett:Eiweißverhältnis, und zwar enthalten die Samen

ohne Bewässerung 30,6% Fett und 47,1% Eiweiß
mit Bewässerung 54,2% ,, ,, 27,1% ,,

Trockene Sommer und trockene Böden liefern Öle mit niedrigen Jodzahlen, d. h. gesättigte Fettsäuren. Im allgemeinen trifft es vielleicht zu, daß alle Faktoren, die die Ausreifung der Pflanzen bzw. der Samen hinauszögern, deren Gehalt an ungesättigten Säuren, und unter diesen solche mit mehreren Doppelbindungen, begünstigen; dazu gehören z. B. gute Wasserversorgung, reichliche Kaliumdüngung (vielleicht erst über den Wasserhaushalt?), niedere Temperatur. Umgekehrt bewirkt Trockenheit, Calciumdüngung, hohe Temperatur eine beschleunigte Samenreifung und damit eine bevorzugte Ansammlung gesättigter Fettsäuren (WETZEL). Natürlich ist dabei nicht an eine direkte chemische Ursache zu denken, sondern der Zusammenhang wird sicher durch physiologische Prozesse hergestellt.

Während der Lagerung ölhaltiger Samen sind wechselseitige Zu- und Abnahme zwischen gesättigten Säuren und der Ölsäure beobachtet worden (THEILE).

D. Die Mobilisierung des Fettes in keimenden Samen.

Beim Keimen der fettreichen Samen laufen im großen ganzen die Vorgänge in umgekehrter Reihenfolge ab wie beim Reifen. In den Kotyledonen von *Cucurbita* und *Helianthus* machen sich etwa am 4. oder 5. Keimungstage deutlich sichtbare Veränderungen im Zellinhalt des fettführenden Gewebes bemerkbar. Das Öl, das anfangs optisch nicht unterscheidbar, vielleicht in Emulsion im nichtvacuolisierten Plasma vorhanden war, wird in zahlreichen Tropfen sichtbar. Das Plasma erscheint schaumig. Nach Quellung des Protoplasten ist Entmischung eingetreten (vgl. SACHS 1859).

In den ersten 2—4 Keimtagen (je nach der Temperatur und der Pflanzenart) wird das Fett meist nicht oder nur unbedeutend angegriffen. Die direkt verwertbaren geeigneten Mengen von Kohlenhydraten die in den Nährgeweben stets auch vorhanden sind, bestreiten zunächst die Atmung.

Zwischen dem 3. und 7. Tage setzt dann ein oft rapider Schwund des Öles aus dem Nährgewebe ein, dem ein ebenso sprunghaftes Ansteigen der Kohlenhydrate (bei Kürbiskeimlingen mit Ausnahme des Rohrzuckers) entspricht (s. Abb. 8).

Der Abbau der Fette wird durch Lipolyse eingeleitet; sie werden also zunächst verseift. In größerem oder geringerem Maße stauen sich dabei freie Fettsäuren in den Reserveorganen an (bei Kürbis, Lein und Hanf wenig, bei *Raphanus* und *Papaver* viel). Diese Menge der vorübergehend auftretenden Fettsäuren ist sicherlich bestimmt durch das jeweils herrschende Verhältnis von Hydrolysegeschwindigkeit der Fette zu weiterer Umwandlung der Fettsäuren. Die ungesättigten Säuren sollen rascher verbraucht werden als die gesättigten, jedoch ist das Verhalten des Sättigungsgrades bei der Fettmobilisierung noch recht undurchsichtig. Der Anteil an ungesättigten Fettsäuren verändert sich bei der Keimung oft nur unwesentlich (Kürbis), manchmal sinkt er stark ab (bei *Soja* und *Fagus*), d. h. das Fett wird während der Keimung fester. Bei *Lupinus* schließlich steigt die Jodzahl während der ersten Tage der Keimung an. In Kürbiskeimlingen ist eine „Saturase" gefunden worden, welche die Doppelbindungen mit Wasserstoff absättigt (ZELLER und MASCHEK). Vielleicht handelt es sich dabei um das gleiche Enzym, das bei der Fettsynthese im reifenden Samen die Dehydrierung der gesättigten Säuren bewirkt?

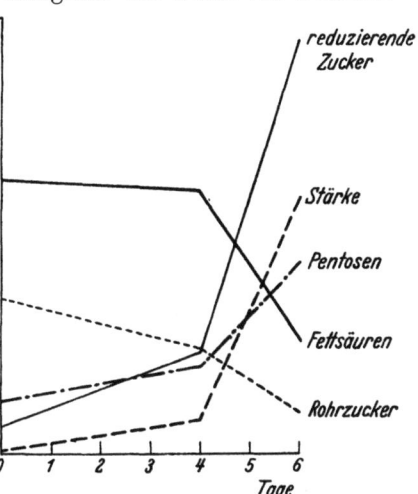

Abb. 8. Veränderungen des Gehaltes an Fettsäuren und einzelnen Kohlenhydraten bei der Keimung von Kürbissamen im Dunkeln (24° C). Die Mengen sind als relative Größen eingetragen. (Nach ZELLER.)

Die Ricinuslipase macht während der Keimung der Samen eine bemerkenswerte Wandlung durch. Die „Keimungslipase" zeichnet sich durch größere Beständigkeit bei Fettfreiheit aus und hat ein höheres p_H-Optimum als die „Samenlipase" (WILLSTÄTTER und WALDSCHMIDT-LEITZ). Die einleitende Phase der Lipaseaktivierung, die gleichzeitig das anfängliche Verharren des Fettgehaltes bei der Keimung verständlich macht, wird folgendermaßen beschrieben. „Die Mobilisierung der Reservestoffe des Samens für den wachsenden Embryo beginnt mit der Hydrolyse der Samenproteine; erst wenn diese einen gewissen Umfang erreicht hat, setzt die Einwirkung der Protease auf das lipatische Enzym des Samens ein, die erst die Entwicklung seiner fettspaltenden Eigenschaften ermöglicht. In demselben Maße, wie die Abspaltung des Lipasekomplexes sich vollzieht, schreitet die Mobilisierung des Reservefettes der Samen fort."

Zum Fettumsatz ist Sauerstoffanwesenheit unerläßlich. Die Fettsamen können nicht wie die meisten mit stärkehaltigen Nährgeweben ausgestatteten Keimlinge mehr oder weniger lange anaerob leben. Während des Fettabbaues ist der RQ stets kleiner als die Einheit. Der im Überschuß aufgenommene Sauerstoff wird zur Umwandlung der Fettsäuren in Kohlenhydrate verbraucht; denn zwischen die weitere Verwertung der Fette im Stoffwechsel schieben sich Zucker und Stärke ein, wie schon SACHS durch mikroskopische Beobachtungen festgestellt hatte. Diese Kohlenhydrate werden dann unter allmählichem Anstieg des RQ weiter abgebaut. Während der Zucker- und Stärkebildung aus Öl nimmt regelmäßig die fettfreie Trockensubstanz, manchmal auch die Gesamt-Trockensubstanz des Keimlings (ohne Photosynthese!), merklich zu, weil der Einbau des Sauerstoffs die gleichzeitige Freisetzung von Kohlendioxyd (und Wasser) überkompensiert (vgl. Abb. 9). Die Zunahme des Gesamt-Trockengewichtes der Keimlinge wird jedoch auch bestritten (ZELLER). Am 7. Tage beträgt bei Kürbiskeimlingen der aufgeführten Reihe der „ökonomische Quotient" 1,23, d. h. aus 100 g Fett werden 123 g andere Trockensubstanz aufgebaut. Während dieser Zeit des intensivsten Fettabbaues werden ungefähr zwei Drittel des umgewandelten Fettes im Baustoffwechsel eingesetzt, der Rest wird veratmet.

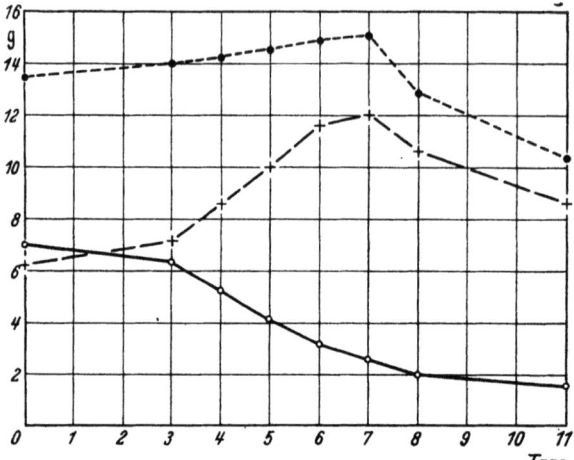

Abb. 9. Veränderung des Fettgehaltes und der Trockensubstanz bei der Keimung von Kürbissamen im Dunkeln (26° C). Die Werte in Gramm beziehen sich auf je 50 Keimlinge. (Nach HEUMANN.)
●----● Gesamt-Trockensubstanz; +———+ fettfreie Trockensubstanz; o———o Ölgehalt.

Innerhalb der Gesamtlipoide vollzieht sich bei *Soja* und Raps während der ersten 9 Keimtage insofern eine Umschichtung, als der Phosphatidanteil wesentlich steigt (WEISSENBÖCK). In diesen Samen werden Reservefette wahrscheinlich unmittelbar in Bausteine des Plasmas der jungen Zellen umgeformt. Vielleicht führt sogar der Weg zu anderen Baustoffen der neuen Gewebe und in den Atmungsumsatz gar nicht immer von den Fettsäuren erst über die Glucose oder gar über Stärke. Diese Kohlenhydrate sind vielleicht nur die stabilisierte Form der bei der explosionsartig einsetzenden Zertrümmerung der Fettsäuren überreichlich anfallenden Zwischenprodukte (s. unten), die ihrerseits natürlich auch direkt verbraucht werden können.

Vom tierischen Organismus wird vermutet, daß Neutralfette von der Zelle gar nicht angegriffen werden, sondern daß die hydrophilen Phosphatide, besonders Lecithine, die oxydable Form der Fette darstellen (ANNAU und Mitarbeiter 1947).

Aus den Reserveorganen werden entweder die Fettsäuren in die Achsenteile des Embryos befördert (z. B. bei *Helianthus annuus*) oder aber der Umbau geht schon in den Kotyledonen weiter, so daß andere Verbindungen, wahrscheinlich lösliche Kohlenhydrate, als Transportform fungieren (bei Kürbis). Bei experimentellem Ausschluß der Achsenorgane sammeln sich jedoch auch hier reichlich freie Fettsäuren in den Keimblättern an (HEUMANN).

Das Glycerin, das 8—10% des Fettgehaltes ausmacht, tritt beim Fettabbau in den Samen normalerweise nicht in greifbaren Mengen in Erscheinung. Es wird sofort in den Stoffwechsel einbezogen. Bei Sauerstoffentzug oder unter Narkose unterbleibt seine Verwertung jedoch. Es häuft sich dann neben den unter diesen Bedingungen ebenfalls nicht oxydierten Fettsäuren an.

Welche Zwischenstufen der Abbau der Fettsäuren und deren Überführung in Kohlenhydrate durchläuft, ist noch nicht restlos aufgeklärt. Aus tierischen Geweben (BEREND), aus Colibakterien und aus Samen höherer Pflanzen (*Agrostemma coronaria, Papaver somniferum, Amaranthus* u. a.; GRANDE) sind Dehydrasen bekannt, die spezifisch auf höhere Fettsäuren als Substrat eingestellt sind. Die natürlichen ungesättigten Fettsäuren (Öl- oder Linolsäure) scheinen dabei nicht die Dehydrierungsprodukte der Stearinsäure zu sein (ZELLER). An welcher Stelle der langen Fettsäurekette diese Dehydrasen eingreifen und den Wasserstoff entnehmen, ist noch nicht untersucht worden.

Es ist besonders schwierig, einen Einblick in den tatsächlichen Gang des Fettsäureabbaues und des Umbaues in Kohlenhydrate während der Keimung zu gewinnen, weil sich in dieser Phase der Entwicklung viele Vorgänge nicht nur besonders rasch, sondern auch qualitativ in kurzer Frist wechselnd abspielen. Manchmal ist ein charakteristischer Prozeß nur auf einen Tag oder wenige Stunden beschränkt (vgl. ZELLER; A. SCHNEIDER).

Vor allem nach tierphysiologischen Untersuchungen hat sich die Vorstellung verdichtet, daß der Abbau der höheren Fettsäuren generell über eine β-Oxydation verläuft, d. h. die oxydative Umwandlung beginnt am übernächsten C-Atom von der Carboxylgruppe gerechnet. Unter intermediärer Bildung von Oxy- und Ketosäuren entstehen schließlich Fettsäuren, deren Kette jeweils um 2 C kürzer ist als diejenige der Anfangssäure. Daneben könnte als wesentliches Abbauprodukt Essigsäure anfallen. Wieweit diese Vorstellung auch auf den pflanzlichen Fettumsatz anwendbar sein wird, bleibt noch zu prüfen. Da Milchsäure während der Phase des intensiven Fettumsatzes glatt in den Stoffwechsel von Keimlingen einbezogen wird, könnte auch sie oder eine nahe verwandte Verbindung ein natürliches Zwischenprodukt sein.

Sowohl durch Fütterung an lebende Keimlinge als auch durch Autolyseumsätze konnten weitere Anhaltspunkte für mögliche chemische Zwischenstufen beim Übergang der höheren Fettsäuren in Kohlenhydrate gewonnen werden (ZELLER). Die im folgenden Schema eingezeichneten Verbindungen mit Ausnahme der Essigsäure (vgl. dazu S. 53) bewirkten in Keimlingen (oder in Keimlingsbrei) einer ganz bestimmten, auf einen Tag der Keimung beschränkten Phase des intensivsten Fettschwundes (s. Abb. 8 am 5. Tag) eine zusätzliche Stärkebildung oder wenigstens ein Aufhalten des autolytischen Stärkeschwundes. Das spricht mit großer Wahrscheinlichkeit dafür, daß sie normale Zwischenprodukte auf dem der Zelle geläufigen Wege von Fettsäuren zu Kohlenhydraten darstellen oder jedenfalls solchen intermediären Körpern sehr nahestehen.

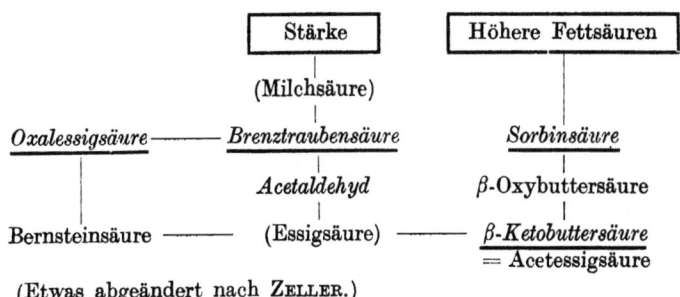

(Etwas abgeändert nach ZELLER.)

Die unterstrichenen Verbindungen ergeben unter Mitwirkung der in dem genannten Keimungsstadium aktiven Enzymausstattung eine tatsächliche Neubildung von Stärke über den Anfangswert hinaus, während die nicht unterstrichenen Substanzen immerhin den ohne Zusätze ablaufenden autolytischen Stärkeschwund aufhalten, also an irgendeiner Stelle auch in das Gleichgewicht, an dem die Kohlenhydrate beteiligt sind, eingreifen. Daß die β-Oxybuttersäure und noch stärker die β-Ketobuttersäure (= Acetessigsäure) als Bausteine für die Stärkebildung dienen können, steht im besten Einklang mit der Annahme einer fortgesetzten β-Oxydation der höheren Fettsäuren. Die Essigsäure würde auch hierbei wohl die Rolle eines stabilisierten Produktes der intermediären Acetessigsäure spielen. Diese aktive Verbindung zeigt eine außerordentlich starke Tendenz zu einem intramolekularen Zerfall unter Abspaltung von Kohlendioxyd und Bildung von Aceton. Vielleicht ist das der Weg, auf dem dieses Keton entsteht, dessen Mitwirkung bei anderen biogenen Synthesen sehr wahrscheinlich ist (s. S. 126). Die Möglichkeit, daß Brenztraubensäure, Acetaldehyd, Bernsteinsäure und Oxalessigsäure in das Gleichgewicht des Kohlenhydratumsatzes eingehen, ergab sich ja schon aus dem oben (s. S. 41 ff.) näher besprochenen Bild von den Säureumwandlungen in Pflanzen. Ein besonderes Interesse verdient jedoch noch die Sorbinsäure (s. S. 60) in diesem Zusammenhang, da sich über ihre Funktion im Stoffwechsel bisher noch keine festen Vorstellungen gebildet haben. Ob sie hier als wirkliches Zwischenprodukt fungiert oder nur wegen ihrer allgemeinen Struktur mit konjugierten Doppelbindungen als Substrat für die beteiligten Enzyme dienen kann, muß noch dahingestellt bleiben. Ältere Vorstellungen über die Fettsäuresynthese (vgl. CZAPEK Bd. I, S. 745) wiesen schon einmal dem Aldehyd der Sorbinsäure eine bedeutende Stellung als Zwischenkörper zu.

E. Fett in anderen Organen und in Mikroorganismen.

In vegetativen Speicherorganen tritt Fett völlig zurück. Es kommt neben Kohlenhydraten höchstens in geringen Mengen, allerdings wohl regelmäßig vor (Zusammenstellung bei CZAPEK Bd. I). Ausnahmen bilden größere Fettreserven in den Rhizomen von *Iris germanica* und *Curcuma*, sowie in den Wurzelknollen einiger Cyperaceen. *Cyperus esculentus*, die „Erdmandel", die seit ältesten Zeiten in Süditalien und Nordafrika angebaut wird, enthält bis zu 25% des Trockengewichtes an Öl, das als gutes Speiseöl verwendet wird. Erfolgversprechende Versuche über einen Anbau auf relativ nährstoffarmen Böden wurden in jüngster Zeit auch bei uns durchgeführt (RAGALLER). In bezug auf die qualitative Zusammensetzung dieser Fette scheinen keine wesentlichen Unterschiede gegenüber den Samenfetten zu bestehen. Untersuchungen des Fettstoffwechsels dieser Organe sind unseres Wissens nicht bekannt geworden.

Bemerkenswert ist die Anhäufung von Fett in den Stämmen vieler einheimischer Laubbäume vor allem im Herbst und Winter („Fettbäume", z. B. *Tilia, Juglans, Quercus, Betula, Hamamelis*). Auch *Pinus silvestris* enthält im Winter Fett. Bei *Tilia* beträgt der Fettgehalt in 7 bis 8jährigen Zweigen im Holz 6,3—9,2 % vom Trockengewicht, in der Rinde 7,9—10,3%. Die Sommerlinde soll es sogar bis auf 20% Öl vom Trockengewicht in der Rinde bringen. Die Öle aus Rinde und Holz weisen gewisse Unterschiede in ihrer Gesamtbeschaffenheit auf, wenn auch die Art und der mengenmäßige Anteil der ungesättigten Fettsäuren in den beiden Ölarten keine wesentlichen Differenzen zeigen (GERLOFF). Sogar einige tropische Bäume sollen Fett in ihren Stämmen speichern, so daß also die Fettanreicherung durchaus nicht als winterliches Phänomen bei uns angesehen werden darf. Der Fettgehalt der tropischen Bäume ist trotz eines periodisch veränderten Klimas (z. B. in Ostjava) während des Jahres keinen deutlichen Schwankungen unterworfen (COSTER).

Eine angebliche Umwandlung von Stärke in Fett im Herbst und die rückläufige Verwandlung im Frühjahr in den Stämmen der Bäume (vgl. A. FISCHER) soll auf Beobachtungsfehlern beruhen. Quantitative Bestimmungen konnten diese weitverbreitete Auffassung nicht bestätigen. Das im Laufe des Sommers im Holz und in der Rinde der Bäume angesammelte Fett bleibt den Winter über liegen und wird im Frühjahr zum Aufbau der jungen Organe eingesetzt. Eine direkte Beziehung zwischen der winterlichen Stärkehydrolyse, die nur zur Zuckeranhäufung führt, und der Fettspeicherung besteht somit nicht, und die Richtung des Prozesses (Fettbildung oder Fettabbau) läßt sich durch die Temperatur nicht bestimmen. Die in den Bäumen für diese Vorgänge entscheidenden Faktoren sind heute weniger klar, als es früher einmal erschien. Eine Temperaturerhöhung wirkt stets nur beschleunigend auf den Prozeß ein, der der Jahreszeit entsprechend gerade stattfindet: also im Sommer und Herbst auf die Fettbildung und im Frühjahr auf den Fettabbau (NIKLEWSKI).

In Blättern findet man gelegentlich größere Mengen ätherlöslicher Substanzen, die teilweise echte Fette, häufig aber Wachse sind (CHIBNALL). Die geringen Mengen von Glyceriden und Fettsäuren in Blättern scheinen als Reservestoffe zu fungieren, sie verschwinden bei anhaltendem Verdunkeln der Blätter rasch (JORDAN und CHIBNALL). Ölige Tröpfchen sind häufig in der Epidermis nachgewiesen worden, z. B. in jungen Blättern von *Hedera Helix*, von *Viscum* und anderen Sklerophyllen, außerdem bei vielen Monokotylen (vgl. LINSBAUER 1930). Chemisch unbestimmt ist zunächst noch der Inhalt mannigfacher anderer Gebilde in Epidermiszellen, die sich mit Sudan anfärben und ihres Aussehens (starke Lichtbrechung) oder anderer Merkmale wegen als fetthaltig angesprochen und meist als Ölbildner (Elaioplasten) bezeichnet wurden (WAKKER; KÜSTER 1935). In älteren Blättern, am deutlichsten beim Vergilben, treten öfter mikroskopisch sichtbare Tröpfchen auf, die wohl eine Art „Degenerationsfett" darstellen können. Regelmäßig sollen in unserem Klima die wintergrünen Blätter zur kalten Jahreszeit Fett enthalten. Ihr RQ sei deshalb kleiner als eins; er gliche damit demjenigen bei der Fettveratmung in Keimlingen.

Wenn wir damit wohl annehmen dürfen, daß auch den Blättern die Synthese von höheren Fettsäuren geläufig ist, so fehlt doch noch alle Einsicht in das Ausmaß dieses Vorganges und die Bedingungen, unter denen er in Gang gesetzt wird.

In Algen, höheren Pilzen und in Flechten ist Fett gefunden worden. Welche Bewandtnis es mit den „Ölkörpern" der Lebermoose hat, ist immer noch unklar. Sie werden nicht wieder aufgelöst, sind also echte Exkrete. Aber ihre chemische Beschaffenheit und ihr Ursprung im Stoffwechsel sind noch rätselhaft. Der Nachprüfung wert wären auch die Angaben über ansehnliche Mengen von Ätherextrakt aus gewissen Laubmoosen, z. B. aus *Bryum roseum* bis 18%, zumal in diesem „Rohfett" ein beträchtlicher Anteil Fettsäureglyceride enthalten sein soll (vgl. CZAPEK Bd. I, S. 761). Allen niederen Pflanzen soll die Linolensäure in den Ölen fehlen.

Über das Vorkommen von Fett bei den Pteridophyten sind wir ebenso unzureichend unterrichtet, jedoch sind reichlichere Quellen hier nicht zu erwarten.

Eine bedeutendere Rolle spielt das Fett im Stoffwechsel mancher Mikroorganismen (vgl. BERNHAUER 1943; RIPPEL-BALDES 1947). Der hohe „Fettgehalt" mancher Bakterien, z. B. der Tuberkelbacillen, dürfte allerdings von ihrem „Wachspanzer" herrühren. Viele Hefen vermögen Fett zu bilden und meist in Tropfenform in ihren Zellen zu speichern. Andererseits können manche Bakterien und viele Pilze mit Fett im Nährboden als einziger Kohlenstoffquelle auskommen. Zwischenprodukte des Fettverbrauches, die Rückschlüsse auf den Weg des Fettabbaues zuließen, sind dabei jedoch noch nicht ermittelt worden (FLIEG).

Besondere Aufmerksamkeit auch aus praktisch-technischen Gründen hat seit längerer Zeit der „Fettpilz" *Endomyces vernalis*, eine im Saftfluß von Birkenstümpfen im Frühjahr häufige „mycelbildende Hefe", auf sich gelenkt (vgl. STEINER 1938; HEIDE). Das Fett, das unter bestimmten Umständen bis zu 40% der Trockensubstanz ausmacht, dient diesem Pilz als Reservestoff. Es kann im Hungerzustand wieder abgebaut und z. B. zu Eiweiß umgebildet werden. Der entgegengesetzte Umbau von Eiweiß zu Fett ist dagegen noch nicht beobachtet worden. Für das Ausmaß der Fettspeicherung ist nicht nur die verfügbare Menge Kohlenhydrate, die als Baumaterial dienen, sondern vor allem die Konzentration verwertbarer Stickstoffverbindungen in der Nährlösung entscheidend. Ähnlich wie bei den oben genannten Samen drängen hohe Stickstoffgaben die Fettbildung zurück. Bei ungefähr gleicher Trockengewichtszunahme sammeln sich dann N-haltige Stoffe, wahrscheinlich Eiweiße, an. Die prozentuale Anreicherung mit Fett wird durch das Verhältnis von Kohlenhydraten zu Stickstoffverbindungen in der Nährlösung bestimmt, z. B. ergaben 7,5% Zucker + 0,25% Asparagin ebenso wie 3,75% Zucker + 0,125% Asparagin jeweils 41% Fett im Mycel-Trockengewicht. Durch Verminderung der „Hydratur der Nährlösung", d. h. durch hohe osmotische Werte, sei es durch hohe Zucker- oder Neutralsalzkonzentrationen, wird die Fettsynthese ebenfalls gesteigert. Ein ursprünglich bei reichlicher N-Versorgung fettarm gewachsener Pilz kann durch Übertragung auf N-armes Substrat zur Fettbildung übergehen. Unter unkontrollierten Wachstumsbedingungen tritt der Pilz zunächst in einer „Eiweißgeneration" und später, wenn nämlich die Stickstoffvorräte erschöpft aber Kohlenhydratquellen noch zugänglich sind, in einer „Fettgeneration" auf.

Unter einem allgemeinen Gesichtspunkt betrachtet bilden die Verhältnisse bei der Fettbildung von *Endomyces* ein eindrucksvolles Beispiel dafür, daß bei pflanzlichen Organismen der Stoffwechsel allein durch exogen bedingte Konzentrationsänderungen der Reaktionsteilnehmer, in diesem Falle sogar der Ausgangsmaterialien, „gesteuert" werden kann. Solange wir solche Phänomene immer wieder vor Augen geführt bekommen, sollten wir uns nicht dazu verleiten lassen, durch allerlei, meist ganz anthropomorph gefärbte „Regulatoren" das chemische Geschehen in den Pflanzen verständlich zu machen.

Im Gegensatz zu *Endomyces* ist bei anderen Pilzen, z. B. bei verschiedenen Stämmen der Gattung *Oospora* Wallroth, das bis zu 50% der Trockensubstanz angesammelte Fett als „Degenerationsfett" anzusehen. Es wird nicht wieder in den Stoffwechsel einbezogen und nur in keimungsunfähigen Zellen abgelagert (GEFFERS).

F. Der Chemismus der pflanzlichen Fettsynthese.

„Sowohl die Fettverwandlung in Zucker als auch der umgekehrte Vorgang der Fettbildung aus Zucker geht in Pflanzenzellen in weitem Umfang glatt vor sich. Diese Vorgänge sind aber weder künstlich ausführbar noch chemisch durchsichtig. Es ist dies eine große Lücke der Pflanzenchemie" (KOSTYTSCHEW, S. 397). Diese Feststellung ist heute nach mehr als 20 Jahren noch fast in ihrem ganzen Ausmaß berechtigt.

Von den beiden Hauptproblemen, die sich bei der Erörterung der biogenen Fettsynthese stellen, nämlich der Frage nach der Herkunft des Glycerins und derjenigen nach der Entstehung der Fettsäuren, hat das erste durch die Aufhellung des anoxydativen Kohlenhydratabbaues gewissermaßen nebenher eine zufriedenstellende Lösung gefunden. In der Phase der „Angärung" tritt stets etwas Glycerin auf, und Glycerinaldehyd fällt als möglicher H-Acceptor laufend bei der Hexosespaltung an. Durch diesen Seitenkanal wird Glycerin unmittelbar aus dem Zuckerabbau abgezweigt. Überall dort, wo Zuckerabbau durch oxydoreduktive Verwandlung der Triosen ausgeführt wird, entsteht Glycerin als der eine Baustein der Fette. Weit weniger geklärt ist die Formierung der höheren Fettsäuren aus Kohlenhydraten unter den Bedingungen der lebenden Zelle. Aus Glycerin allein vermag *Endomyces* kein Fett aufzubauen (für *Penicillium* vgl. unten).

Die Tatsache, daß in den pflanzlichen Fetten die Säuren mit C_{18}- (und C_{12}-) Ketten dominieren, hat natürlich die Aufmerksamkeit auf die Möglichkeit einer direkten Verschmelzung von Hexosemolekülen mit anschließender Reduktion gelenkt (E. FISCHER 1909, EMDE 1931). Die Palmitinsäure mit 16 C könnte man sich entsprechend aus einem Hexose- und zwei Pentosemolekülen kombiniert denken. Obwohl experimentelle Belege für diese Vorstellung niemals direkt beigebracht worden sind, könnten manche Tatsachen vielleicht doch zu ihren Gunsten gedeutet werden. Pentosen treten im Fettstoffwechsel tatsächlich gelegentlich hervor (s. Abb. 8). Bestimmte *Fusarium*-Arten bevorzugen Xylose vor Hexosen zum Fettaufbau (FIORE). Im übrigen ist aber diese Hypothese, welche die intakten Zuckermoleküle als Bausteine für die höheren Fettsäuren ansieht, ganz in den Hintergrund getreten zugunsten einer anderen Vorstellung, die eine bessere experimentelle Fundierung und die Stützung durch Analogieschlüsse auf ihrer Seite hat.

Sie läuft darauf hinaus, daß alle höheren Fettsäuren aus Spaltstücken des Zuckerabbaues, wahrscheinlich aus C_2-Körpern, zusammengesetzt werden (vgl. HAEHN und KINTTOF). Unter diesen würde der Acetaldehyd, der ja wenigstens im pflanzlichen Stoffwechsel als universelles Zwischenprodukt gelten darf, sich als Baustein besonders eignen. Über Aldolkondensation von 2 Molekülen Acetaldehyd zum Aldol selbst und durch Wasserabspaltung zum ungesättigten Crotonaldehyd müßten die ersten Stufen führen, an die sich die späteren, experimentell gesicherten anschließen könnten.

$$2\ CH_3CHO \longrightarrow CH_3-CHOH-CH_2-CHO \xrightarrow{-H_2O} CH_3-CH=CH-CHO$$
Acetaldehyd — Aldol — Crotonaldehyd

Für einen kleinen Baustein ganz allgemein spricht z. B. die Beobachtung, daß gewisse Penicillien stets Fett der gleichen Zusammensetzung herstellen, ganz gleich ob ihnen Glucose, Rohrzucker, Xylose oder (mit einer geringeren

Ausbeute allerdings) Glycerin als einzige C-Quelle zur Verfügung steht (BARTER). Auf einen C_2-Körper als allgemeinen Baustein weist die Tatsache, daß in den natürlichen Fetten bisher ausschließlich Fettsäuren mit geradzahliger C-Kette gefunden worden sind. Speziell auf den Acetaldehyd als Brücke zwischen Kohlenhydraten und Fettsäuren deutet, daß *Endomyces*, dessen Fettbildungsmechanismus mit demjenigen der höheren Pflanzen übereinzustimmen scheint, nicht nur aus Zuckern, sondern mit besonders hoher Geschwindigkeit aus Acetaldheyd (bzw. Äthylalkohol), Brenztraubensäure, Milchsäure und aus Aldol Fett synthetisiert. Bei der Hefe läßt sich dabei der Äthylalkohol nicht durch Propylalkohol (mit 3 C-Atomen!) ersetzen. Ebensowenig genügen eine ganze Reihe anderer niederer ein- und zweibasischer sowie höherer Fettsäuren als alleinige C-Quelle für Fettbildung (RAAF). Aneurin als Bestandteil der Cocarboxylase steigert die Fettbildung bei *Torula utilis*. Auch der tierische Organismus braucht zur Fettsynthese aus Kohlenhydraten Vitamin B_1 (Aneurin) offenbar zum Aufbau von Cocarboxylase, ohne die der Schritt von der Brenztraubensäure zum Acetaldehyd unterbleiben müßte (vgl. REICHEL 1940). Einen besonders geeigneten Rohstoff für die Fettsynthese sowohl im tierischen Organismus als auch in pflanzlichen Mikroorganismen gibt Essigsäure ab. Mit isotopem C_{13} läßt sich bei Hefe zeigen, daß tatsächlich das Acetatmolekül als solches in die Fettsäure eingeht, ohne erst einen Umweg etwa über Kohlenhydrat zu nehmen (WHITE und WERKMAN; RITTENBERG und BLOCH). Die Synthese erscheint somit als eine Umkehr des Fettabbaues durch β-Oxydation (s. oben). Ob die oben erörterte Notwendigkeit von Sauerstoff zur Fettbildung in höheren Pflanzen darauf hindeutet, daß der Grundbaustein nur in der oxydativen Phase des Kohlenhydratabbaues anfällt, müßte noch geprüft werden. In eine ähnliche Richtung weist jedenfalls die bekannte Tatsache, daß Hefe bei reichlicher Durchlüftung in Zuckerlösungen zur Verfettung neigt.

Für die letzten Stufen der Fettsäurebildung ist bei *Endomyces* gezeigt worden (REICHEL und SCHMID), daß höhere ungesättigte Aldehyde, z. B. Hexadienal, aber auch Crotonaldehyd, leicht zu Fettsäuren mit größerer Anzahl von C-Atomen kondensiert werden. Damit werden ältere Vorstellungen belebt (vgl. CZAPEK Bd. I, S. 745), die in dem Aldehyd der doppelt ungesättigten Sorbinsäure ein wesentliches Zwischenglied bei der Zusammenfügung der Fettsäuren erblickten. Die Funktion, die die Sorbinsäure bei der umgekehrten Überführung von Fettsäuren in Kohlenhydrate ausüben soll (s. oben), steht damit in bestem Einklang.

Der durch Kondensation der Aldehyde entstehende höhere Aldehyd mit 16 oder 18 C-Atomen wird zur entsprechenden Säure oxydiert bei gleichzeitiger Anlagerung von Wasserstoff an die Doppelbindungen. Eine genauere Aufklärung gerade dieses Teilprozesses steht allerdings noch aus. Die Bahn führte also vom Acetaldehyd zu verschiedenen Polyenaldehyden mit gerader Zahl von C-Atomen. Von der Art und dem Verhältnis, wie diese Zwischenstufen miteinander kondensiert werden, hängt die Qualität des schließlich abgelagerten Fettes ab. Höhere *gesättigte* Aldehyde werden von *Endomyces* nur zu den entsprechenden Säuren oxydiert, aber nicht zu längeren Ketten kondensiert. Aus gesättigten Aldehyden müßten im übrigen Fettsäuren mit verzweigten Ketten entstehen, da bei der dann anzunehmenden Aldolkondensation stets die der Carbonylgruppe benachbarte Methylengruppe reagiert, deren Wasserstoffatome besonders leicht beweglich sind.

Sicherlich läßt sich mit Hilfe solcher einfacher Organismen wie mit diesen Hefepilzen der Chemismus der Fettbildung zunächst leichter aufdecken, auch die dabei beteiligte Fermentgarnitur eher isolieren als bei den Organen höherer Pflanzen, bei denen manche Komplikationen stets unvermeidlich sind, z. B. die meist nicht sicher zu beherrschende Zu- und Ableitung von Material.

G. Die pflanzlichen Wachse.

Obwohl die Wachse sowohl in ihrem physiologischen Verhalten als auch in ihrem chemischen Aufbau in wesentlichen Punkten von den bisher betrachteten Fetten abweichen, sollen sie hier wenigstens anhangsweise kurz besprochen werden. Die sehr unterschiedliche chemische Zusammensetzung läßt keine eindeutige Definition der Wachse zu. In Anlehnung an CZAPEK (Bd. I, S. 812) kann man sie knapp so charakterisieren: Es sind fettähnliche Stoffe von hohem Schmelzpunkt, die neben Glycerinestern noch Ester anderer, und zwar meist einwertiger Alkohole mit langer C-Kette (z. B. Cerylalkohol, $C_{26}H_{33} \cdot CH_2OH$) umfassen und in der Regel reich an höheren Fettsäuren mit mehr als 18 C-Atomen (z. B. Carnaubasäure) und ärmer an Stearin- und Palmitinsäure als die eigentlichen Fette sind.

Das Wachs von Coniferenblättern bietet jedoch schon ein etwas von dieser Definition abweichendes Bild. In ihm finden sich Estergemische vor allem von Oxysäuren, z. B. der Juniperinsäure, einer Oxypalmitinsäure, der Sabininsäure, einer Oxylaurinsäure ($C_{12}H_{24}O_3$). Auch Thapsiasäure, eine zweibasische Fettsäure ($C_{16}H_{30}O_4$), soll darin vorkommen. In den Wachsen, die auf Fruchtschalen ausgeschieden werden, treten vornehmlich Terpenabkömmlinge auf (s. S. 111), unter ihnen auch Kohlenwasserstoffe, so daß die Wachse als Mittler zwischen den beiden großen Gruppen der Fette und der Terpene stehen, die ja beide ausschließlich lipophile Verbindungen aufweisen.

Über den Stoffwechsel der Wachse ist wenig bekannt. Bei pflanzlichen Wachsen hat man in erster Linie die epidermalen Ausscheidungen, z. B. auf Früchten („Bereifung") und auf *Crassulaceen-*, *Cactaceen-* und *Gramineen-*Blättern, vor Augen. Viele *glauca*-Arten verdanken diesen Wachsausscheidungen ihre Benennung. Der mehlige Staub auf einzelnen *Primula*-Arten, der anfangs wohl auch für Wachs gehalten wurde, hat damit allerdings nichts zu tun; er besteht aus Flavonen (s. S. 184). Außer in jener auffallenden Form kommt Wachs jedoch auch sonst auf Blättern, vor allem auf ausdauernden, aber auch einjährigen, z. B. bei *Syringa*, vor. In allen diesen Fällen erfüllt die Wachsausscheidung wohl eine wichtige Funktion als Schutz gegen zu starke Transpiration, wie experimentell leicht nachweisbar ist (vgl. CUNZE). Da in einzelnen Fällen auch Fette auf der Oberfläche der Organe abgesondert werden, z. B. auf den Samen und Früchten von *Sapium*, besteht auch in dieser Hinsicht eine direkte Beziehung zwischen Fetten und Wachsen. Das technisch wichtigste Pflanzenwachs, das Carnaubawachs von *Copernicia cerifera*, der Wachspalme aus Brasilien, ist solches auf den Blättern in Schuppen ausgeschiedene Wachs. Bei genauer Untersuchung (WIESNER) zeigt sich, daß alle Epidermiszellen einschließlich der Schließzellen zur Absonderung des Wachses beitragen, das aus dicht stehenden, prismatischen Stäbchen senkrecht zur Oberfläche, ähnlich wie die bekannten Wachsstäbchen unter den Stengelknoten vom Zuckerrohr aufgebaut ist.

Unterirdischen oder submersen Organen fehlen Wachsüberzüge. Hohe Luftfeuchtigkeit drängt die Wachsbildung zurück, ohne daß der kausale Zusammenhang aufgeklärt wäre. Gelegentlich findet sich Wachs in die äußeren Membranen der Epidermiszellen eingelagert. Auch wachsartige Ausscheidungen von Drüsen, z. B. bei *Ficus*-Arten, sind beobachtet worden (RENNER). Der Wachsüberzug auf Früchten soll sich bei mehrmaligem Abbürsten wieder regenerieren, was aber sicher nicht für alle Pflanzen gilt. Ausgewachsene Blätter können nach Abwischen kein Wachs mehr abscheiden, junge Blätter hingegen und Keimlinge erneuern ihren Wachsüberzug wieder, solange das Wachstum anhält (CUNZE). Wir stoßen hier schon auf eine Erscheinung, der wir an anderen Stellen noch öfter begegnen werden, daß nämlich sekundäre Pflanzenstoffe vornehmlich in den wachsenden Teilen der Organe und selten nach Abschluß des Wachstums synthetisiert werden.

Der äußeren Form nach sind die Wachsablagerungen verschiedenartig. Am häufigsten ist (nach DE BARY) eine Ansammlung in Körnchen, die außer auf Stengeln und auf Laubblättern auch auf Blütenblättern auftreten. Als erste sichtbare und auf der Epidermis nachweisbare Vorstufe, auch der später körnig festen Wachse, erscheint ein flüssiges, schmierig fettiges Öl, das in einigen Fällen in dieser Konsistenz über ein Jahr erhalten bleiben kann, z. B. das von den Blütenblättern von *Stanhopea tigrina* abgenommene, das aber sonst meist in wenigen Tagen an der Luft und im Licht in eine körnige, krümelige Masse übergeht (POHL). In der Wachstumszone von Blütenblättern der Tulpe oder auf sehr jungen Kotyledonen von *Lupinus albus* findet man solche öligen Überzüge, während auf den älteren Teilen das Wachs „erstarrt" ist. Diese Umwandlung geht ohne Mithilfe der lebenden Zellen vor sich; sie findet auch im Abklatsch der Wachsausscheidungen nach längerem Verweilen in der Sonne statt. Die verschieden geformten Wachsstäbchen sind also Kristallisationsprodukte der mehr oder weniger flüssig auf die Oberfläche gebrachten Wachsmassen (E. WEBER). Vielleicht besteht darin eine gewisse Analogie zu den Veränderungen, denen ätherische Öle nach ihrer Absonderung in den Ölbehältern noch ausgesetzt sein können und von denen man nicht recht weiß, ob sie spontane Veränderungen sind oder solche, die der Mitwirkung von Enzymen bedürfen.

Außer in Form der Ausscheidungen findet sich pflanzliches Wachs auch verschiedentlich in den Zellen vor. Das Wachs in Weißkohlblättern und im Rosenkohl ist ein Bestandteil des Plasmas (SAHAI und CHIBNALL). In den Fettreserven der Samen von Rosenkohl ist noch kein Wachs enthalten. Es wird aber während der Keimung rasch in allen Teilen des Embryos gebildet und nimmt bis zum Tod der Pflanze zu. Ein Abbau findet nicht statt, ebensowenig ist eine Veränderung in der Zusammensetzung, an der in hohem Maße Paraffine beteiligt sind, nachweisbar. Auch dieses interne Wachs ist also ebenso wie das nach außen abgesonderte ein Exkret. In recht eigenartiger Weise ist Wachs in den Parenchymzellen der Stämme oder „Knollen" mancher *Balanophoraceen* angehäuft. Das Wachs kommt in so großen Mengen vor, daß die Pflanzen angezündet mit leuchtender Flamme brennen sollen. An der Zusammensetzung der Wachse beteiligen sich wahrscheinlich auch Terpene. Das gehäufte Vorkommen von Wachs in *Balanophoraceen* ist noch deshalb bemerkenswert, weil es sich hier um chlorophyllfreie Wurzelparasiten handelt, in denen ja sonst sekundäre Stoffe zurücktreten. Allerdings kommen von dieser Regel auch sonst wohl noch Ausnahmen vor (s. S. 157). Weitere intracelluläre Wachsdepots, die auch technisch ausgebeutet werden, finden sich in den Früchten verschiedener in Japan heimischer *Rhus*-Arten. Das Wachs wird zwischen Zellwand und Plasma ausgeschieden und drängt, indem es zu einer dicken Kruste heranwächst, ähnlich wie die sich verdickende Wand in Steinzellen den Protoplasten auf sehr engen Raum zusammen. Das Plasma und der Zellkern bleiben jedoch lange erhalten. Das Wachs läßt sich von der Membran ablösen, es inkrustiert die Cellulose also nicht. Es ist ähnlich wie die Wachsüberzüge bei *Saccharum* usw. stäbchenförmig aufgebaut (MÖBIUS). Die Ausscheidung scheint im Prinzip die gleiche zu sein wie auf den Epidermen; sie führt hier aber nur aus dem Protoplasten und nicht aus der Zelle heraus.

Die sehr reizvolle Frage der genaueren Entstehung sowohl der extra- als auch der intracellulären Wachsausscheidungen ist noch kaum bearbeitet worden. Es dürften sich manche Analogien zu der Absonderung der ätherischen Öle ergeben, vor allem wenn die Ausstoßung aus dem Plasma ähnlich wie es oben für die epidermalen Abscheidungen auf Blütenblättern usw. dargestellt wurde, in flüssiger Form geschieht. Das Rohmaterial für das Wachs dürfte nach den wenigen Anhaltspunkten, die man hat, in jedem Falle die Stärke liefern.

H. Cutin und Suberin.

Die weitaus meisten Landpflanzen schließen sich gegen die Umwelt durch cutinisierte oder verkorkte Membranen ab. Obwohl Korkgewebe im allgemeinen an der Oberfläche der Organe ausgebildet werden, fehlen doch Verkorkungen auch im Innern von Geweben nicht, z. B. schließen sich die Zellen, die ätherische Öle speichern, regelmäßig durch eine verkorkte Lamelle ab (s. S. 135). Die praktisch und ökologisch bedeutsamste Eigenschaft dieser beiden Substanzen ist ihre außerordentlich geringe Wasserdampfdurchlässigkeit. Trotz der weiten Verbreitung sind wir über die chemische Natur des Cutins und Suberins nur ganz unzureichend unterrichtet. Cutin läßt sich weniger leicht hydrolysieren und oxydieren als die verkorkte Membran. Es ist eine wachsartige, aus schwerlöslichen Fettsäureestern zusammengesetzte, höchstwahrscheinlich nicht einheitliche Substanz, die auf eine noch unbekannte Art auf die Zellwand auf- und seltener in sie eingelagert wird. Reines unverändertes Cutin ist bisher wohl nur aus *Agave americana* dargestellt worden (vgl. ZETZSCHE). Das Cutin enthält im Gegensatz zum Suberin nur einen geringen Prozentsatz gesättigter Fettsäuren. Ob im Cutin verschiedener Pflanzen stets dieselben Fettsäuren vorhanden sind, oder ob qualitative und wieweit quantitative Unterschiede in der Zusammensetzung bestehen, ist noch unbekannt. Die Analyse des Cutins ist dadurch außerordentlich erschwert, daß sich die schwer löslichen Cuticularwachse meist nicht restlos entfernen lassen.

Suberin ist weniger resistent als Cutin und konnte auch noch nicht unverändert erhalten werden. Untersucht wurde neben Ulmen- und Holunderkork vor allem der technisch genutzte Kork von *Quercus suber*, dessen hoher Suberingehalt ihn von anderem „normalen" Kork unterscheidet und vielleicht eine Folge der pathologischen Entstehung ist. Suberin ist genau wie Cutin ausschließlich aus ganz spezifischen, hochmolekularen, gesättigten und ungesättigten Oxyfettsäuren polymer aufgebaut. Glycerin ist nicht enthalten. Über das Aufbauprinzip dieser

Säuren zum nativen Cutin und Suberin können vorläufig keine experimentell sicher begründeten Angaben gemacht werden. Eine ganze Reihe von Korkfettsäuren sind isoliert und charakterisiert worden. Sie enthalten zwischen 19 und 23 C-Atome im Molekül, sind ein- oder zweiwertige Säuren und machen im ganzen nur einen geringen Bruchteil der Gesamtfettsäuren des Korkes aus. Die ,,Korksäure" $C_6H_{12}(COOH)_2$ ist keine ursprüngliche Korkfettsäure; sie wird erst durch Salpeteroxydation des Korkes erhalten.

Lecithine und Phosphatide, eine weitere große Gruppe universell verbreiteter Pflanzenstoffe, deren Stoffwechsel, wie oben angedeutet, sich an verschiedenen Punkten mit demjenigen der Öle berührt, sollen als unerläßliche Plasmabausteine dem primären Stoffwechsel zugewiesen und deshalb hier ausgelassen werden.

V. Die Terpenverbindungen.

A. Allgemeiner Überblick.

Hier versammelt sich eine unübersehbar große Schar außerordentlich verschiedenartiger Verbindungen, die charakteristisch gerade für den pflanzlichen Stoffwechsel sind. Der tierische Organismus vermag nur einige wenige der hierher gehörigen Substanzen hervorzubringen, aber verschiedene pflanzliche Terpenverbindungen sind für das höhere Tier als Vitamine unerläßlich, und andere wirken zum Teil sehr heftig auf die tierischen Funktionen ein. Unter den Pflanzen gibt es kaum eine, die nicht einige Terpenabkömmlinge, meist Carotinoide und Sterine enthält. In allen grünen Pflanzen kommt zudem Phytol vor.

Sowohl nach ihrer physikalischen Beschaffenheit als auch nach der Art ihres Vorkommens in den Pflanzen weisen die Terpene die allergrößte Mannigfaltigkeit auf. Sie übertreffen darin jede andere phytochemisch zusammengehörige Gruppe von Verbindungen bei weitem, sowohl die Kohlenhydrate als auch die Alkaloide. Von ziemlich niedrig siedenden Flüssigkeiten, z. B. den im Terpentinöl und anderen ätherischen Ölen enthaltenen beiden Pinenen (Kp. 155° bzw. 163°) über das bei gewöhnlicher Temperatur kristallisierte Menthol, das aber schon bei 44° schmilzt, über den festen, gut kristallisierten, sublimierbaren Campher und über wachsartige Carotinoide bis zum Kautschuk, einem hochmolekularen Körper mit ausgesprochen kolloidalen Eigenschaften, sind alle physikalischen Erscheinungsformen bei den Terpenen und ihren nächsten Abkömmlingen in der Natur vertreten. Es kann nicht wundernehmen, daß diese bunte Schar, deren Glieder zudem der menschlichen Technik an den verschiedensten Stellen dienstbar gemacht werden, lange Zeit einer Betrachtung unter einheitlichen Gesichtspunkten verschlossen blieb und keinerlei innere Verwandtschaft vermuten ließ. Physikalisch verknüpft nur eine starke Hydrophobie ausnahmslos alle Glieder. Sehr geringe Wasserlöslichkeit bis zu völliger Unlöslichkeit in Wasser zeichnet alle hierher gehörigen Stoffe aus und beeinflußt ihr physiologisches Verhalten maßgebend.

Von der Pflanze aus gesehen stellen die Terpenverbindungen zwar häufig typische Exkrete dar, aber für ihre Ausscheidung und Aufbewahrung sind ganz verschieden gestaltete, oft recht spezialisierte Einrichtungen geschaffen worden. Im einfachsten Falle findet man sie als Einschlüsse von Plastiden, z. B. die Carotinoide, über ganze Gewebe verbreitet. Sonst aber sind sie teils idioblastisch in Einzelzellen der unter- oder oberirdischen Organe (z. B. in den Blättern der Magnoliaceen, in der Zimtrinde, im Rhizom von *Asarum*), teils in Drüsen oder Exkretgängen (z. B. bei *Ruta, Pinus*), teils in Drüsenhaaren (bei *Geranium* und den Labiaten) und schließlich in Milchröhren *(Ficus, Hevea, Taraxacum)* angesammelt, um nur eine Auswahl der wesentlichsten Exkretvorkommen mit Terpenen zu nennen. Die genauere anatomische Beschreibung der Ablagerungsstätten soll hier unterbleiben. Es sei auf HABERLANDT; FREY-WYSSLING (1935) und SPERLICH verwiesen.

Im Gegensatz zu der physikalischen und anatomischen Mannigfaltigkeit läßt sich das ganze Gebiet der Terpene chemisch von wenigen Blickpunkten aus fast mühelos übersehen. Als Terpene im engeren Sinne des Wortes, die man vor allem aus ätherischen Ölen und Balsamen isoliert hatte, wurden ursprünglich alicyclische Verbindungen der Summenformel $C_{10}H_{16}$ mit einem C_6-Ring und einer Isopropan-Seitenkette bezeichnet (s. unten). Mit fortschreitender Strukturaufklärung der Naturstoffe reihten sich jedoch immer neue Körper als verwandt an, und heute läßt sich diese formenreiche Klasse in einer ersten Übersicht folgendermaßen aufteilen:

Tabelle 18. *Übersicht über die Klasse der Terpenverbindungen.*

Gruppe	Grundformel	Kohlenwasserstoffe	Oxydationsprodukte
Hemiterpene	C_5H_8	(Isopren)	Prenol
Monoterpene	$C_{10}H_{16}$	Myroen, Limonen, Pinen	Geraniol, Menthol, Campher
Sesquiterpene	$C_{15}H_{24}$	Selinen, Cadinen	Farnesol
Diterpene	$C_{20}H_{32}$	Camphoren	Harzsäuren, Phytol
Triterpene	$C_{30}H_{48}$	Squalen	Betulin, Amyrin, Sapogenine
Tetraterpene	$C_{40}H_{56}$	Lycopin, Carotin	Xanthophyll u. and. Carotinoide
Polyterpene	$(C_5H_8)n$	Kautschuk, Guttapercha	—

Die Stammglieder ordnen sich also zu einer Reihe von Polymeren eines einfachen Körpers C_5H_8, des Isoprens, das selbst allerdings nie natürlich gefunden wurde. Wir kennen bei den Terpenen nicht wie bei den Kohlenhydraten einen einfachen bestimmten Baustein, der sich in den Pflanzen vorfindet, aus dem nachweislich die Polymeren zusammengefügt und in den sie durch Mittel der Zelle wieder zerlegt werden können. Das Isopren ist phytochemisch eine völlig hypothetische Einheit, und über die ihm zugedachte Rolle muß später noch ausführlich gesprochen werden (s. S. 124).

Bei einem Blick auf die Polymerisationsstufen fällt auf, daß Glieder mit 25 und 35 C-Atomen nicht vertreten sind. Aus der Rinde von *Ilex aquifolium* soll allerdings ein Kohlenwasserstoff $C_{35}H_{60}$, das Ilicin, isoliert worden sein. Diese Angabe ist jedoch nicht gesichert. Im Äscigenin, dem Aglykon des Saponins aus Roßkastanien, schien dagegen der erste sichere Vertreter von Terpenen mit 35 C gefunden zu sein (RUZICKA und Mitarbeiter 1942; s. unten[1]). Auf der anderen Seite sind aber noch keine Gründe dafür ausfindig gemacht worden, daß gerade die beiden Polymerisationsstufen C_{25} und C_{35} übersprungen werden (s. S. 98). Die natürlich vorkommenden Tetraterpene, die Carotine, sind wasserstoffärmer, als es dem Vielfachen des Isoprens entspräche. Auch in den übrigen Gruppen kommen neben den nach der Grundformel gebauten Vertretern vielfach

---

[1] Der Befund konnte jedoch nicht bestätigt werden. Es handelt sich um ein echtes Triterpen (RUZICKA u. Mitarb. 1949).

solche vor, die weitergehend dehydriert oder aber auch stärker hydriert sind; außerdem stellen meist die oxydierten Abkömmlinge, Alkohole, Aldehyde und Säuren, den weitaus größeren Anteil der natürlichen Terpene, mit Ausnahme der Hochpolymeren, die nur als Kohlenwasserstoffe bekannt sind. Aus diesem Grunde soll hier der Ausdruck Terpene stets in dem weiteren Sinne gebraucht werden und die sauerstoffhaltigen Derivate mit umfassen. Auch die ursprüngliche Begrenzung auf cyclische Verbindungen ist nicht zweckmäßig, denn den ringförmig gebauten Körpern schließen sich sowohl wegen der chemischen Ähnlichkeit als auch wegen des gleichartigen Verhaltens in den Pflanzen verschiedene aliphatische Verwandte unmittelbar an. In dieser Klasse von Naturstoffen sind ketten- und ringförmige und sogar aromatisch gebaute Verbindungen ohne einschneidende Trennung nebeneinanderzustellen.

Zu den **Hauptkennzeichen** aller Terpene gehören periodisch wiederkehrende Doppelbindungen zwischen Kohlenstoffatomen und ebenso periodisch angeknüpfte Methylgruppen. Im übrigen ist allen Terpenen eine große Unbeständigkeit eigentümlich. Diese Veränderlichkeit geht in erster Linie natürlich auf die ungesättigte Natur, d. h. auf die Doppelbindungen im Molekül zurück. Viele Terpene sind autoxydabel. Die niederen Glieder polymerisieren leicht und bilden dann Harze oder harzähnliche Produkte. Die Doppelbindungen können durch leichte Eingriffe von außen mühelos verschoben werden, was sicher bei oder nach ihrer Entstehung in den Pflanzen ebenso leicht geschieht. Bei den aliphatischen Gliedern läßt sich ohne Schwierigkeiten ein Ringschluß im Kohlenstoffskelet herbeiführen. Allein schon beim längeren Stehen an der Luft geht z. B. das kettenförmige Citronellal in den cyclischen Alkohol Isopulegol (s. S. 104) über. Bei den Monoterpenen mit zwei oder drei ineinander geschachtelten Ringen erleidet auch diese polycyclische Struktur leicht Umwandlungen. Alle diese rein chemisch bedingten Eigentümlichkeiten machen zu ihrem Teil die außergewöhnliche Mannigfaltigkeit der Terpenabkömmlinge in der Natur trotz der milden Reaktionsbedingungen der lebenden Zelle verständlich. Im übrigen ist es nicht immer leicht, nachzuweisen, daß die im Destillat oder im Extrakt analysierten Körper in der gleichen chemischen Struktur in der Pflanze vorhanden waren. Mit spontanen, d. h. nichtenzymatischen Umsetzungen ist bei den Terpenen sowohl während ihrer Anwesenheit in der Pflanze als auch bei und nach der Abtrennung stets zu rechnen.

Wenn auch die niederen Terpenglieder sich ausnahmslos in den ätherischen oder flüchtigen Ölen (zum Unterschied von den „fetten Ölen", s. oben) der Pflanzen vorfinden und deren Hauptteil ausmachen, so sind die ätherischen Öle doch weder chemisch noch physiologisch eine einheitlich zu charakterisierende Gruppe. Ihr gemeinsames Merkmal besteht lediglich darin, daß sie durch Wasserdampfdestillation aus dem Pflanzenmaterial ausgetrieben werden können und angenehm riechen, worauf ja ihre technische Verwendung beruht (vgl. dazu GILDEMEISTER und HOFMANN sowie die Berichte der Firma Schimmel und Co., Leipzig-Miltitz). Neben Terpenen, von denen in jedem Öl stets ein mehr oder weniger reichhaltiges Gemisch vorliegt, enthalten ätherische Öle oft zu einem hohen Prozentsatz Phenole und deren Äther, einfache Kohlenwasserstoffe, Alkohole und Aldehyde (z. B. Benzaldehyd, Zimtaldehyd), die sich nicht von Terpenen ableiten, dazu Sulfide und andere Verbindungen, z. B. Senföle. Häufig sind Ester aus Terpenalkoholen und niederen Fettsäuren gerade an der Geruchsbildung entscheidend beteiligt, da sie meist feiner, angenehmer riechen als die freien Alkohole. Sie werden aber schon durch die Wasserdampfdestillation rasch gespalten, weshalb sich andere Verfahren der Gewinnung von ätherischen Ölen in der Technik eingebürgert haben (s. S. 132).

Zur leichteren Orientierung unter den meist im Anschluß an die Stammpflanze gewählten Bezeichnungen für Terpenverbindungen sei daran erinnert, daß die rationelle chemische Nomenklatur die gesättigten Kohlenwasserstoffe mit dem Suffix -*an*, die ungesättigten mit -*en*, die Alkohole mit -*ol*, die Aldehyde mit -*al* und die Ketone mit -*on* benennt. Wenn das im deutschen Sprachgebrauch auch nicht ausnahmslos durchgeführt ist, so sind doch die meisten Verbindungen schon durch den Namen in ihrem funktionellen Verhalten gekennzeichnet, z. B. Menthan, Menthen, Menthol, Menthon.

Man kann ein so ausgedehntes und abwechslungsreiches Gebiet der Naturstoffe von verschiedenen Seiten her und auf allen möglichen Wegen angehen. Hier soll der chemische Bau als Leitfaden dienen und die Reihe der aliphatischen Glieder, die von den Hemiterpenen bis hinauf zum Kautschuk reichen, soll als Hauptachse durch die ganze Klasse gelegt werden. Anschließend werden ebenfalls nach ansteigendem Polymerisationsgrad die Verbindungen besprochen, die einen oder mehrere Ringgebilde im Molekülbau aufweisen. Dieser Weg verspricht besser als jeder andere einen Einblick in die mögliche phytochemische Genese der Terpene. Nach diesem mehr chemisch orientierten Aufschluß des Gebietes sollen dann noch einige physiologische Phänomene zusammenhängend behandelt werden.

B. Der chemische Aufbau der Terpene.

1. Die offenen Terpene.

a) Mono- und Sesquiterpene. Die Hemiterpene bedürfen keiner besonderen Erwähnung. Das der schematischen Gliederung der ganzen Klasse zugrunde gelegte Isopren ist in Pflanzen noch nicht gefunden worden und das einzige sauerstoffhaltige Derivat, das man bisher kennt, das Prenol, wird an anderer Stelle eingeschaltet (s. unten).

Unter den Monoterpenen sind kettenförmige Kohlenwasserstoffe sehr selten. Myrcen (I) aus *Pimenta acris*, aus Hopfen und wenigen anderen Pflanzen gewonnen, hat das für offene Monoterpene charakteristische Kohlenstoffskelet. Das isomere Ocimen, ursprünglich aus *Ocimum Basilicum*, ist bisher ebenfalls nur spärlich gefunden worden, aber es wird vielleicht mit Recht vermutet, daß solche offenen Kohlenwasserstoffe unter den Monoterpenen weiter verbreitet, jedoch bisher noch unentdeckt sind.

Die oxydierten Abkömmlinge der offenen Monoterpene sind außerordentlich viel häufiger, ja wohl universell in den ätherischen Ölen. Sowohl frei als auch verestert mit niederen Fettsäuren, z. B. mit Essigsäure, ist Geraniol (III), ein optisch inaktiver primärer Alkohol, regelmäßiger Bestandteil des ätherischen Öles vieler Pflanzen hauptsächlich aus folgenden Familien: *Coniferae (Juniperus Sabina), Gramineae (Andropogon*-Arten, in den indischen „Grasölen"), *Lauraceae, Aristolochiaceae, Rosaceae* (im Rosenöl bis zu 75%), *Geraniaceae, Rutaceae, Myrtaceae* (als Essigsäureester ein Hauptbestandteil mancher Eucalyptusöle), *Umbelliferae, Labiatae, Verbenaceae* u. a. (weitere Vorkommen vgl. CZAPEK Bd. III).

Die eine α-β-ständig zur Alkoholgruppe gelegene Doppelbindung bedingt eine cis-trans-Isomerie. Der stereoisomere Alkohol Nerol (die cis-Form) findet sich wesentlich seltener als Geraniol in natürlichen Ölen.

Mit diesen beiden primären Alkoholen ist ein optisch aktiver tertiärer Alkohol, das Linalool (II), isomer. Es kommt mindestens in ebenso weiter Verbreitung wie Geraniol und zwar entweder mit der d- und l-Form in der gleichen Pflanze oder mit der einen optisch aktiven Form in überwiegender Menge vor. Linalylacetat bildet einen Hauptbestandteil des Lavendelöls. Bei Terpenen finden sich, ganz anders als etwa bei Zuckern und Aminosäuren, von optisch aktiven Verbindungen immer beide Isomere entweder vergesellschaftet in der gleichen Pflanze oder willkürlich verteilt in verschiedenen Arten vor. Die mögliche Bedeutung dieser Tatsache soll später erörtert werden (s. S. 128).

Offene Monoterpene und deren chemische Beziehungen zueinander.

$$CH_3{>}C{=}CH{-}CH_2{-}CH_2{-}\underset{\underset{CH_2}{\|}}{C}{-}CH{=}CH_2 \quad \text{Myrcen} \quad C_{10}H_{16} \quad (I)$$

H_2O-Anlagerung ↕ H_2O-Austritt

$$CH_3{>}C{=}CH{-}CH_2{-}CH_2{-}\underset{\underset{CH_3}{|}}{\overset{\overset{OH}{|}}{C}}{-}CH{=}CH_2 \quad \text{Linalool} \quad C_{10}H_{18}O \quad (II)$$

mit H_2O erhitzt ↕ verdünnt · Säure

$$CH_3{>}C{=}CH{-}CH_2{-}CH_2{-}\underset{\underset{CH_3}{|}}{C}{=}CH{-}CH_2OH \quad \text{Geraniol} \quad C_{10}H_{18}O \quad (III)$$

Reduktion ↕ Oxydation

$$CH_3{>}C{=}CH{-}CH_2{-}CH_2{-}\underset{\underset{CH_3}{|}}{C}{=}CH{-}CHO \quad \text{Citral} \quad C_{10}H_{16}O \quad (IV)$$

Reduktion ↕ Oxydation

$$CH_3{>}C{=}CH{-}CH_2{-}CH_2{-}\underset{\underset{CH_3}{|}}{C}{=}CH{-}COOH \quad \text{Geraniumsäure} \quad C_{10}H_{16}O_2 \quad (V)$$

↓ Hydrierung und Reduktion

$$CH_3{>}C{=}CH{-}CH_2{-}CH_2{-}\underset{\underset{CH_3}{|}}{CH}{-}CH_2{-}CHO \quad \text{Citronellal} \quad C_{10}H_{18}O \quad (VI)$$

↓ Reduktion

$$CH_3{>}C{=}CH{-}CH_2{-}CH_2{-}\underset{\underset{CH_3}{|}}{CH}{-}CH_2{-}CH_2OH \quad \text{Citronellol} \quad C_{10}H_{20}O \quad (VII)$$

Mit den genannten primären Alkoholen kommen häufig gemeinsam die zugehörigen Aldehyde vor, z. B. Citral (IV) mit Geraniol. Citral ist zusammen mit Limonen (s. unten) für den natürlichen Citronengeruch verantwortlich. Alle diese offenen Terpene sind inzwischen auch durch Laboratoriumsynthese zugänglich. Weitergehende Oxydation des Citrals führt zur Geraniumsäure (V), die im Lemongrasöl und in *Citrus*-Arten vorkommt und aus dem Holz von *Callitropsis araucarioides* in ihrer Dehydroform bekannt ist (aus den beiden Methylengruppen der Kette ist je ein H-Atom entfernt). Von der Geraniumsäure führt durch Sättigung der einen Doppelbindung und Reduktion der Carboxylgruppe ein Weg zum Citronellal und Citronellol, zwei häufigen Bestandteilen ätherischer Öle. Citronellol, ein optisch aktiver primärer Alkohol, kommt unter anderem im *Pelargonium*- und Rosenöl vor und riecht feiner als Geraniol. Der ebenfalls nur noch mit einer Doppelbindung ausgestattete Aldehyd Citronellal tritt in seinen beiden optischen Formen häufig auf. Neben der in der obenstehenden

Übersicht aufgeführten Formel trifft auch noch folgende Formulierung seine Eigenschaften. Es ist möglich, daß beide Formen in einem gewissen Gleichgewicht immer nebeneinander vorkommen. Das Umspringen der Doppel-

$$\begin{matrix}CH_3\\CH_2\end{matrix}\!\!>\!\!C\!-\!CH_2\!-\!CH_2\!-\!CH_2\!-\!\underset{\underset{CH_3}{|}}{CH}\!-\!CH_2\!-\!CHO$$
Citronellal

bindung gehört zu den häufigsten Fähigkeiten der Terpene. Der Aldehyd hat die für die Entstehung cyclischer Terpene wichtige Eigenschaft, ohne besondere Einwirkungen durch bloßes Stehen sich zum ringförmig gebauten Isopulegol umzulagern. Es mag zunächst noch dahingestellt bleiben, ob die in der oben gegebenen Übersicht eingetragenen Umwandlungsmöglichkeiten, die häufig an recht scharfe Eingriffe gebunden sind, in der Pflanze realisiert oder ob hier andere Bahnen eingeschlagen werden.

Bei einem Blick auf die Verteilung der offenen Monoterpene über das Pflanzenreich ragen Geraniol und Linalool durch ein fast universelles Auftreten in allen Familien, die überhaupt ätherische Öle führen, hervor. Es drängt sich deshalb die Vermutung auf, daß diese beiden Alkohole, die im übrigen leicht ineinander überführbar sind, der bis jetzt noch unbekannten Muttersubstanz der Terpene näher stehen als die viel selteneren Kohlenwasserstoffe Myrcen bzw. Ocimen, die erst durch weitere Umwandlungen von jenen abgeleitet sein dürften.

Geraniol läßt sich auf dem Papier unschwer durch Kondensation von zwei Molekülen des γ,γ-Dimethyl-Allylalkohols aufbauen. Für diesen zu-

$$\begin{matrix}CH_3\\CH_3\end{matrix}\!\!>\!\!C\!=\!CH\!-\!CH_2\:\boxed{OH\quad H}\:H_2C\!-\!\underset{\underset{CH_3}{|}}{C}\!=\!CH\!-\!CH_2OH \qquad \begin{matrix}CH_3\\CH_3\end{matrix}\!\!>\!\!C\!=\!CH\!-\!CH_2\!-\!CH_2\!-\!\underset{\underset{CH_3}{|}}{C}\!=\!CH\!-\!CH_2OH$$
Prenol   Prenol   Geraniol

nächst hypothetischen Baustein der Monoterpene wurde die kürzere Bezeichnung Prenol eingeführt (SPÄTH und BRUCK). Diese Verbindung ist aber nicht nur rein formelmäßig geeignet, den Terpenpolymeren zugrunde gelegt zu werden, sondern die durch eine α,β-ständige Doppelbindung erhöhte Reaktionsbereitschaft der Hydroxylgruppe und die durch die Doppelbindung ebenfalls aufgelockerten Wasserstoffe der Methylgruppen lassen eine Kondensation mit den der Zelle gegebenen Mitteln als leicht durchführbar erscheinen. Kondensationen von der laboratoriumschemisch „trägen" primären Alkoholgruppe ausgehend sind der Zelle durchaus vertraut, wie die phytochemische Synthese von Tryptophan aus Indol + Serin bezeugt. Der Organismus verfügt zur Aktivierung der Hydroxylgruppe vor allem über die Phosphorylierung, deren vermittelnde Rolle bei den verschiedensten Polymerisationen gerade in jüngster Zeit aufgedeckt wird.

Prenol und seine nächsten Verwandten sind der Pflanze nicht fremd. Die zugehörige gesättigte Verbindung ist der Isoamylalkohol, der nicht nur als Fuselöl bei der Hefegärung auftaucht, sondern auch frei oder verestert im Geranium-, Lavendel-, Eucalyptus-, Pfefferminzöl und anderen ätherischen Ölen, die reichlich Monoterpene enthalten, aufgefunden wurde. Bei der Gärung entsteht der Isoamylalkohol durch Desaminierung und Decarboxylierung von Leucin. Es ist jedoch nicht gesagt, daß er auch in den Ölen den gleichen Ursprung haben muß. Der Leucingehalt der bisher analysierten Eiweiße ist nie besonders hoch. Prenol selbst ist veräthert im **Foeniculin** aus dem Nachlauf des Fenchel- und Sternanisöls bekannt geworden. Vielleicht sind jedoch solche Prenyl- oder Polyprenyläther sehr viel weiter verbreitet. Wegen ihrer leichten Zersetzlichkeit und thermischen Unbeständigkeit sind sie bei der üblichen

$$\underset{\text{Foeniculin}}{\underset{\displaystyle O-CH_2-CH=\underset{\displaystyle CH_3}{C}-CH_3}{\overset{\displaystyle CH=CH-CH_3}{\bigcirc}}}$$

Destillationstechnik wohl meist vor der Analyse schon verändert worden. Der Prenylrest ist zudem die eine Komponente des Galepins, eines Amins (s. S. 206).

Ohne hier schon in eine ausführlichere Diskussion der „Isoprenhypothese" einzutreten, sei nur darauf hingewiesen, daß die Entwicklung der Terpenreihe aus dem Prenol anstatt aus dem Isopren mehrere Vorteile auf ihrer Seite hat (vgl. LENNARTZ 1946). Prenol kommt im Gegensatz zu Isopren tatsächlich in Pflanzen vor. Die Kondensation von Verbindungen mit funktioneller Gruppe (primärer Alkohol) entspricht eher den Bedingungen und Vorgängen, die uns aus der Zelle bekannt sind, als eine Kondensation von Kohlenwasserstoffen ausgehend. Die Analogie zur Aldolkondensation ungesättigter Aldehyde zu höheren Fettsäuren (s. S. 84) ist offensichtlich. Die Kondensationsprodukte sind die viel häufigeren Terpenalkohole und nicht die selteneren Olefine unter den Monoterpenen. Sehr zugunsten des Prenols als des genuinen Bausteins der Terpene spricht auch die Tatsache, daß durch eine etwas andere Verknüpfungsart als die oben beim Geraniolaufbau angeführte Kopf-Schwanz-Kondensation zwanglos die selteneren verzweigten offenen Monoterpene, z. B. das **Lavandulol** aus dem Lavendelöl (SCHINZ und BOURQUIN), entstehen können. Dabei reagiert das eine Molekül des Prenols in der isomeren Form nach Umspringen der Doppelbindung, eine Umlagerung, die bei Terpenen sehr geläufig ist (s. oben bei Citronellal).

Durch Kondensation des Geraniols mit einem weiteren Molekül Prenol geht ein mit dem Geraniol häufig gemeinsam auftretender, optisch aktiver primärer Alkohol nunmehr mit 15 C-Atomen, das **Farnesol**, ein Vertreter der Sesquiterpene, hervor. Es duftet nach Maiglöckchen bzw. nach Lindenblüten und wird außer in diesen Blüten auch in vielen anderen

Ölen gefunden. Kohlenwasserstoffe sind unter den offenen Sesquiterpenen noch nicht entdeckt worden. Mit den Sesquiterpenen verlassen wir in der aliphatischen Reihe die ätherischen Öle. Die höherpolymeren offenen Terpene treten in den Pflanzen in ganz anderem Milieu auf.

b) Diterpene. Durch erneutes Anfügen eines Moleküls Prenol an das Farnesol in einer Kopf-Schwanz-Kondensation entsteht das Kohlenstoffgerüst des in allen grünen Pflanzen als Chlorophyllbaustein vorhandenen **Phytols**, eines primären Alkohols $C_{20}H_{39}OH$, der die endständige Konfiguration wie das Geraniol und Farnesol besitzt, sich aber von diesen dadurch unterscheidet, daß er wasserstoffreicher ist, weil er nur noch über eine Doppelbindung verfügt. Wir werden bei den Tetraterpenen einen wasserstoffärmeren, mit vielen Doppelbindungen ausgestatteten Diterpenalkohol als möglichen Baustein des Lycopins und später der Carotine kennenlernen. Die Hydrierung solcher ungesättigter Verbindungen ist der Pflanze sicher ohne Schwierigkeiten möglich. Es muß aber auch in Betracht gezogen werden, daß der Aufbau einer so formenreichen Klasse wie der Terpene nicht von einem einzigen Grundelement auszugehen braucht, sondern daß mehrere, in ihrem chemischen Verhalten sehr ähnliche Bausteine daran beteiligt sein können. Formal entstände Phytol auch durch Kondensation von 3 Molekülen Isoamylalkohol und einem Molekül Prenol.

$$\begin{array}{c}CH_3\\CH_3\end{array}\!\!\!\!>\!CH\!-\!(CH_2)_3\!-\!\underset{\underset{CH_3}{|}}{CH}\!-\!(CH_2)_3\!-\!\underset{\underset{CH_3}{|}}{CH}\!-\!(CH_2)_3\!-\!\underset{\underset{CH_3}{|}}{C}\!=\!CH\!-\!CH_2OH \qquad \text{Phytol } C_{20}H_{39}OH$$

Phytol ist mit der einen der beiden Carboxylgruppen des Chlorophyllins verestert. Es verleiht dem Chlorophyll die wachsartige Beschaffenheit. Da Phytol ungefähr ein Drittel des Farbstoffmoleküls gewichtsmäßig ausmacht, wird es also in allen grünen Pflanzen in beträchtlichen Mengen synthetisiert. Gleichzeitig deutet das Phytol darauf hin, daß die Fähigkeit zur Terpenbildung entwicklungsgeschichtlich eine uralte Fähigkeit sein muß, wofür später auch noch andere Belege beigebracht werden können.

Zwei für die menschliche Ernährung als Vitamine unerläßliche Substanzen aus dem Pflanzenreich enthalten als wesentlichen Baustein ihres Moleküls ebenfalls Phytol. Das Vitamin K_1 oder **Phyllochinon** kann im Laboratorium aus Phytol und 2-Methyl-1,4-Naphthochinon kondensiert werden. Über den Chemismus der pflanzlichen Synthese sind wir noch nicht unterrichtet.

Phyllochinon (Vitamin K_1)

Die reichste bisher bekannte natürliche Quelle sind Luzerneblätter; aber auch in allen anderen grünen Blättern sind stets nachweisbare Mengen von Phyllochinon enthalten, was als eine genetische Beziehung zur Chlorophyllbildung ausgedeutet werden kann, obgleich bisher beweisende Unterlagen für einen solchen Zusammenhang noch fehlen (DAM, GLAVIND und GABRIELSEN). Die meisten Früchte sind arm an Vitamin K, mit Ausnahme der Tomaten. Karotten und Kartoffelknollen bringen praktisch kein Phyllochinon hervor, auch Hefe ist frei davon. In Bakterien, und zwar im

Bakterienleib und nicht ausgeschieden ins Substrat, findet man das ähnlich gebaute Vitamin K_2, das an Stelle des Phytols eine stärker ungesättigte Seitenkette trägt. Für gewisse andere Bakterien ist Vitamin K als „Wuchsstoff“ von außen zuzuführen. Keimende Erbsen bilden nur im Licht viel Phyllochinon, im Dunkeln verschwindend wenig. Keimpflanzen, die auch im Dunkeln zu ergrünen vermögen, wie die von *Picea canadensis*, bauen ohne Belichtung Phyllochinon auf, wenn auch nicht soviel wie im Licht. Es besteht dabei eine ziemlich strenge Proportionalität zwischen dem Gehalt an Chlorophyll und an Vitamin K. Eisen ist zu dessen Synthese in der Pflanze ebenfalls nötig. Phyllochinon ist fast ausschließlich in den Chloroplasten und nur in Spuren im Cytoplasma lokalisiert. Beim Vergilben der Blätter nimmt es nicht ab. Interessant sind auch die Beziehungen zu anderen Plastidenpigmenten. In gelb panaschierten Blättern, z. B. von *Codiaeum*, ist die Phyllochinonkonzentration im ganzen Blatt unabhängig vom Chlorophyllgehalt ungefähr gleich hoch. Das erblich bedingte Unvermögen der Pigmentbildung wirkt sich also nicht auf die Phytolsynthese aus. Im Gegensatz zu diesen gelbpanaschierten Blättern tritt jedoch in den weißfleckigen das Phyllochinon in den chlorophyllfreien Partien stark zurück, z. B. bei *Coleus*-Varietäten. Wenn gar keine Plastidenpigmente gebildet werden, ist auch der Vitamin-K-Gehalt stark reduziert. Umgekehrt zeigt das fast völlige Fehlen von Phyllochinon in Karotten oder auch im Maiskorn, daß dessen Synthese nicht notwendigerweise mit derjenigen der Carotinoide verknüpft sein muß, was im Hinblick auf den Terpencharakter der Carotinoide durchaus möglich wäre. Die Rolle des Phyllochinons in den Pflanzen ist noch ganz unbekannt. Als Vitamin K wirkt es bekanntlich bei der Gerinnung des Blutes nach Verletzungen mit. Seine therapeutische Spezifität ist übrigens nicht sehr ausgeprägt; denn eine ganze Reihe anderer, zum Teil einfacherer chinoider Verbindungen entfalten die gleiche Wirkung, und gewisse künstliche Naphthochinonderivate sind sogar viel stärker wirksam als das natürliche Vitamin K, wohl ein Zeichen dafür, daß der Organismus auch in chemischer Hinsicht mit dem vorlieb nehmen muß, was ihm die Umwelt bietet, ohne damit schon die für seine Funktionen bestmögliche Ausrüstung erworben zu haben. (Über Vitamin K vgl. weiter: Dam, Glavind und Nielsen; Riegel; sowie Stepp, Kühnau und Schröder).

Eine der Vitamin-E-Gruppe, die mehrere Einzelvitamine umfaßt, angehörende Verbindung, das α-Tokopherol, kann im Laboratorium aus Phytylbromid und einem methylierten Hydrochinon aufgebaut werden (Karrer 1938). Folgende Formel wurde als zutreffend gefunden:

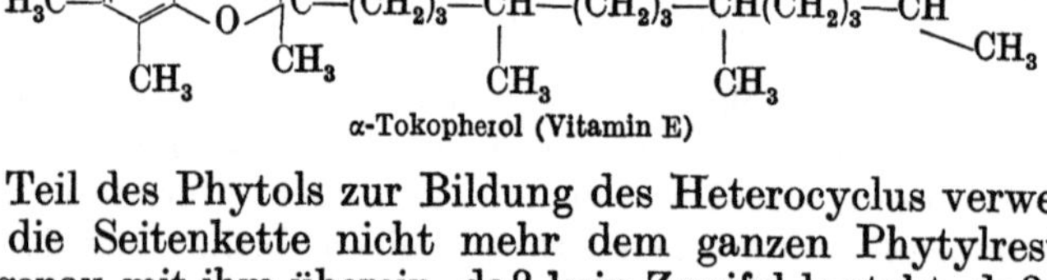

α-Tokopherol (Vitamin E)

Da ein Teil des Phytols zur Bildung des Heterocyclus verwendet wird, entspricht die Seitenkette nicht mehr dem ganzen Phytylrest, aber sie stimmt so genau mit ihm überein, daß kein Zweifel besteht, daß das natürliche Produkt auch in genetischen Zusammenhang mit dem Phytol zu bringen ist. Tokopherol kommt besonders reichlich in gewissen pflanzlichen fetten Ölen vor, z. B. im Weizenkeimlingsöl und im Öl aus Apfelsamen.

Man vermutet, daß Tokopherol vielleicht dort vorherrscht, wo Phyllochinon zurücktritt, jedoch fehlen zu einer bindenden Aussage noch die Untersuchungen über seine Verbreitung. Über seine Funktion in der Pflanze ist noch nichts bekannt. Sein Fehlen in der Nahrung verursacht bei Säugetieren Störungen in der Gebärfähigkeit.

c) **Tri- und Tetraterpene.** Von den aliphatischen Triterpenen ist nur das Squalen, $C_{30}H_{50}$, bekannt, das in erster Linie im Tierreich (Leberöle gewisser Fische), aber auch im Unverseifbaren des Hefefettes vorgefunden wurde. Für seinen Aufbau in der Zelle kann aufschlußreich sein, daß die Laboratoriumssynthese vom Farnesol ausgeht und durch Kondensation der beiden primären Alkoholgruppen zu einem symmetrischen Bau führt, wie er sogleich bei den Carotinoiden besprochen werden soll.

Eine weiter fortgesetzte Kopf-Schwanz-Kondensation über die Diterpene hinaus würde weder zur Konstitution des Squalens noch zu den natürlichen Tetraterpenen führen. Der wichtigste Vertreter der offenen Tetraterpene, der Tomatenfarbstoff Lycopin, zeichnet sich nämlich durch einen symmetrischen Abschluß seines langen Moleküls vor den bis zu den Diterpenen reichenden Verbindungen aus, die am einen Ende mit den beiden Methylgruppen und am anderen mit einer Alkohol- bzw. Aldehydgruppe abschließen. Da Lycopin zudem noch ein charakteristisches Mittelstück besitzt, das eine fortlaufende Segmentierung des Moleküls nicht erlaubt, kann man seine Entstehung am ehesten so verstehen, daß sich zwei Moleküle eines dem Phytol analogen Alkohols mit je 20 C-Atomen (aber stärker dehydriert) diesesmal Kopf an Kopf durch doppelten Wasseraustritt aus ihren beiden primären Alkoholgruppen kondensieren. Auf diese Weise entstehen nicht nur die beiden methylbeladenen Endgruppen, sondern auch das mit 4 Gliedern (statt der sonst 3) ausgestattete Mittelstück, das bei fortlaufender Kondensation aus kleinen Bausteinen kaum ungezwungen zu erklären wäre. Die Häufung konjugierter Doppelbindungen verleiht der Verbindung die tiefrote Farbe (Polyenfarbstoffe).

$$\begin{matrix} CH_3 \\ CH_3 \end{matrix} \!\!> C=CH-CH_2-CH_2-\underset{\underset{CH_3}{|}}{C}=CH-CH=CH-\underset{\underset{CH_3}{|}}{C}=CH-CH=CH-\underset{\underset{CH_3}{|}}{C}=CH-CH\!=\!\!CH-CH=\underset{\underset{CH_3}{|}}{C} \cdot \text{ usw.}$$

Lycopin $C_{40}H_{56}$

Der angeführte Teil der Formel ist symmetrisch zu der angedeuteten Mitte zu ergänzen. Wenn das Phytol stärker hydriert ist, als es dem normalen C:H-Verhältnis der Terpene entspricht, so ist der hier eingesetzte Baustein wasserstoffärmer, als es das typische Verhältnis verlangt. Dem charakteristischen Bau des Geraniols, Farnesols usw. entspricht nur noch die Sättigung an den mit ! bezeichneten Stellen.

Die Lycopinbildung in Tomaten ist nicht ans Licht gebunden. Sie weist aber eine sehr eigentümliche Temperaturabhängigkeit auf. Das Optimum der Färbung liegt bei 20—22° C. Oberhalb von 30° bleibt die Lycopinsynthese aus, die Früchte färben sich dann nicht rot, sondern gelb, und zwar ebenso wie die erblich gelben Rassen durch Flavonfarbstoffe. Carotinoidfarbstoffe sind nur in Spuren vorhanden, soviel wie den ursprünglichen Plastidenfarbstoffen der grünen Früchte entspricht. Wenn man die bei hoher Temperatur gelb gebliebenen Früchte in Zimmertemperatur überträgt, so setzt sofort die Ausbildung von Lycopin ein. Das Temperaturminimum der Rotfärbung liegt bei ungefähr 10° C. Ganz ähnliche Verhältnisse sind auch für die Ausfärbung der Vogelbeeren beobachtet worden. Die Lycopinsynthese in der Pflanze ist also auf ein sehr schmales Temperaturintervall beschränkt (DUGGAR; EULER, KARRER usw.; WOLF 1938).

Ob die Ursache dafür in einem sehr engen Temperaturoptimum eines bestimmten Fermentes liegt, oder welche anderen chemischen Eigentümlichkeiten dafür verantwortlich sind, ist noch nicht aufgedeckt. Sehr aufschlußreich wäre zu erfahren, was unter den Bedingungen, unter denen Lycopinbildung unterbleibt, mit den sonst dafür eingesetzten Bausteinen in der Pflanze geschieht.

Die mit dem Lycopin nahe verwandten Carotine tragen an einem oder an beiden Enden des Moleküls Kohlenstoffringe und werden deshalb weiter unten besprochen.

Durch Oxydation von den beiden Enden her läßt sich in vitro die Lycopinkette leicht zu einer ebenfalls symmetrisch gebauten olefinischen Dicarbonsäure mit 24 C-Atomen verkürzen, deren Monomethylester als orangeroter Farbstoff (Bixin) in den fleischigen roten Samenschalen von *Bixa orellana (Bixaceae)* vorkommt. Auch die Wurzeln dieses in den ganzen Tropen kultivierten und zum Teil verwilderten Baumes enthalten ein wenig von diesem eigenartig gebauten Polyenfarbstoff, der früher namentlich zum Färben von Butter und Käse, aber auch von Wachs, Lack und seltener von Woll- und Seidenstoffen verwendet wurde.

$$\text{HOOC—CH=CH—}\underset{\underset{CH_3}{|}}{C}\text{=CH—CH=CH—}\underset{\underset{CH_3}{|}}{C}\text{=CH—CH=CH—CH=}$$

$$\underset{\underset{CH_3}{|}}{C}\text{—CH=CH—CH=}\underset{\underset{CH_3}{|}}{C}\text{—CH=CH—COOCH}_3$$

Bixin $C_{25}H_{30}O_4$

Durch weiter fortschreitende Oxydation von den Enden her bleibt schließlich die Dicarbonsäure Crocetin übrig, die mit zwei Molekülen des Disaccharides Gentiobiose verestert den gelben Farbstoff der *Crocus*-Narben, das Crocin, darstellt. Die getrockneten und zerriebenen Narben geben Safran.

$$\text{HOOC—}\underset{\underset{CH_3}{|}}{C}\text{=CH—CH=CH—}\underset{\underset{CH_3}{|}}{C}\text{=CH—CH=CH—CH=CH—}\underset{\underset{CH_3}{|}}{C}\text{=CH—CH=CH—CH=}\underset{\underset{CH_3}{|}}{C}\text{—COOH}$$

Crocetin $C_{20}H_{24}O_4$

Das Crocin und Methylester des Crocetins spielen als „Beweglichkeitsstoffe" und „Anlockungsstoffe" bei der Verschmelzung der Gameten von *Chlamydomonas*, einer Grünalge, eine wichtige Rolle. Bei der Aufklärung dieser Funktion hat sich wahrscheinlich machen lassen, daß das Crocetin durch Oxydation von Carotinen in Lösungen, die aus Karotten und grünen Blättern gewonnen worden waren, beim Stehen am Licht und an der Luft gebildet wurde (MOEWUS 1941). Sowohl das viergliedrige Mittelstück als auch diese Beobachtung begründen es, das Crocetin trotz der Summenformel mit 20 C-Atomen nicht unter die Diterpene einzugliedern, sondern es den Tetraterpenen anzureihen. Das charakteristische, dem Lycopin gleiche Mittelstück des Crocetin- und Bixin-Moleküls entfremdet diese den eigentlichen Diterpenen völlig und weist auf die genetische Verwandtschaft mit den Tetraterpenen hin.

Wir verstehen nun, daß die Reihe der Polymeren mit den Tetraterpenen abbricht und daß keine weitere Aufstockung möglich ist, weil die Grundeinheiten, sei es nun Isopren oder ein anderer Körper, nur bis zu Diterpenen sukzessive zusammengefügt und dann durch Verschmelzen zweier solcher größerer Fragmente ihrer kondensationsfähigen Endgruppen beraubt werden. Zwischenglieder zwischen den niederen Terpenpolymeren (bis

Tetraterpene) und dem hochpolymeren Kautschuk fehlen merkwürdigerweise im Gegensatz zu den Kohlenhydraten, wo Dextrine, oder zu den Aminosäuren, wo Polypeptide jeder Zwischengröße eine solche fortlaufende Reihe garantieren. Diese Art und Weise der Polymerisation, die wir hier bei den Terpenen kennenlernen, die nur kleine Aggregate durch unmittelbare Addition eines Grundkörpers, die größeren aber nach einem anderen Mechanismus aus bereits zusammengesetzten aufbaut, erklärt zwanglos auch die Seltenheit der Polymerisationsstufen C_{25} und C_{35}, weil über C_{20} hinaus eben nicht mehr C_5-Einheiten angehängt werden, sondern nur Verbindungen von $2 \cdot C_{15}$ oder $2 \cdot C_{20}$ als nächste Schritte folgen. Die Kopplung C_{15} mit C_{20} zu einer C_{35}-Stufe scheint ausnahmsweise realisiert zu werden (s. oben). Wir müssen allerdings diese Erscheinung zunächst nur beschreibend feststellen, ohne Gründe und Ursachen für diese eigenartigen Konstruktionsvorgänge angeben zu können.

d) Kautschuk, Guttapercha usw. Auf der höchsten Stufe der offenen Terpene stehen der Kautschuk und einige ähnliche in Milchsäften der Pflanzen abgeschiedene hochpolymere Verbindungen (Guttapercha, Balata, Kaugummi als technisch genutzte). Als gesichert für den Bau des Kautschukmoleküls kann gelten, daß es aus einer langen Reihe von Isoprenresten besteht, die nach folgendem Schema aneinandergefügt sind, wobei sich das eingeklammerte Glied immer wiederholt. Die genaue Konstitution der beiden Enden des Moleküls steht noch nicht fest; bei der enormen Größe des Moleküls treten sie in ihrer Bedeutung sehr zurück.

$$-CH_2-CH=C-CH_2 \quad \left[\, -CH_2-CH=C-CH_2- \,\right] \qquad CH_2=CH-C{<}{CH_2 \atop CH_3}$$
$$| \qquad |$$
$$CH_3 \qquad\qquad\quad\; CH_3$$

Kettenglied des Kautschukmoleküls $\qquad\qquad\qquad\qquad$ Isopren

Hier waltet also offensichtlich ein anderes Verfahren der Polymerisation als bei den Tetraterpenen. Der Bau des Kautschukmoleküls verrät nichts von einem Verdopplungsverfahren; hier scheinen die kleinsten, also C_5-Bausteine fortlaufend aneinandergereiht zu werden. Wie dieser Unterschied pflanzenchemisch zustande kommt, kann heute wohl noch niemand sagen. Die Lokalisierung des Aufbaues in Plastiden kann ihn nicht aufklären, denn dann müßte er auch bei Carotinoiden in Erscheinung treten.

Die Polymerisationszahl liegt beim Kautschuk ungefähr zwischen 1000 und 3000, das Molekulargewicht entsprechend zwischen 70 000 und 200 000. Bei Guttapercha ist der Polymerisationsgrad durchschnittlich etwas niedriger. Der Naturkautschuk ist hinsichtlich seiner Molekülgröße sicher nie ganz einheitlich. Innere und vielleicht auch äußere Faktoren können den Polymerisationszustand beeinflussen, wie aus der folgenden Tabelle nach Untersuchungen von MASHTAKOV hervorgeht.

Tabelle 19. *Kautschukgehalt der Wurzeln und Polymerisationsgrad des Kautschuks in Abhängigkeit vom Alter der Pflanzen. (Taraxacum Kok-saghyz, Pflanzen im 2. Jahr.)*

Datum	1. Juli	3. Aug.	3. Sept.	4. Okt.	25. Okt.	15. Nov.
Kautschukgehalt .... (Proz. v. Trockengew.)	1,8	4,1	5,0	5,7	7,4	7,8
Polymerisationsgrad . . .	900	1400	2000	2500	2800	3600
Durchschnittliches Molekulargewicht	60 000	100 000	136 000	170 000	190 000	250 000

Wegen der Doppelbindung im Isoprenrest ist eine cis- und eine trans-Konfiguration der Polymerisate möglich, und zwar kommt dem Kautschuk die cis- und der Guttapercha die trans-Form zu. In keiner Pflanzenart sind beide Bautypen nebeneinander bekanntgeworden, auch der Übergang des einen in den anderen findet in der Natur nicht statt. Im ungedehnten

Zustand ist Kautschuk amorph. Durch Streckung oder bei tiefer Temperatur ordnen sich die Moleküle zu Kristalliten. Kautschuk ist elastisch, Guttapercha bei normaler Temperatur plastisch. Einige physiologische Gesichtspunkte für die Bildung und das Vorkommen von Kautschuk bei Pflanzen sollen später noch herausgestellt werden (s. S. 137).

Zu den eigentümlichsten Vertretern der polymeren Terpene gehören die Wandsubstanzen der Pollen und Sporen. Sie ähneln mikrochemisch zwar sehr dem Cutin und Suberin, sind aber sehr viel widerstandsfähiger gegen alle chemischen Reagenzien und haben sich deshalb auch in vielen Fossilien unverändert erhalten. Man faßt diese in ihrer Konstitution noch nicht genau erkannten Membransubstanzen als Sporopollenine zusammen (vgl. ZETZSCHE). Sie sind aus Kohlenstoff, Wasserstoff und Sauerstoff aufgebaut. Das Verhältnis C:H ist das gleiche wie in den übrigen Terpenen, nämlich 5:8. Der Sauerstoffgehalt ist schwankend, aber charakteristisch für die einzelnen Vertreter der Sporopollenine. Ein Teil des Sauerstoffs liegt immer als Hydroxyl vor. Die vorläufigen Summenformeln für einige dieser Substanzen sind: Sporenin von *Lycopodium clavatum* $C_{90}H_{129}O_{12}(OH)_{15}$, für das Pollenin von *Corylus avellana* $C_{90}H_{127}O_{11}(OH)$.

2. Die cyclischen Terpene.

a) Monoterpene. In unvergleichlich viel größerer Zahl als kettenförmig gebaute Monoterpene bringt die Pflanze solche mit einem oder mehreren C-Ringen im Molekül hervor. Die Natur überrascht uns hier mit einer Serie von Verbindungen, die trotz der gleichen Summenformel $C_{10}H_{16}$ in ihren Bauplänen grundverschieden sind. Neben die offenen Kohlenwasserstoffe treten nicht nur solche mit einem C_6-Ring, sondern auch andere, die in diesen größeren Ring noch auf verschiedene Weise einen weiteren aus 3 oder 4 C-Gliedern eingeschachtelt enthalten (vgl. z. B. Pinen). Rechnet man noch dazu, daß die vorhandenen Doppelbindungen leicht wandern, daß das C-Gerüst weitergehend, als es der oben genannten Grundformel entspricht, mit Wasserstoff beladen oder daß das typische C:H-Verhältnis der Terpene durch Dehydrierung in der Richtung aromatischer Körper verschoben sein kann, und daß schließlich eine leichte Oxydation zu Ketonen, Aldehyden oder Alkoholen spontan oder mit den Mitteln der Zelle möglich ist, so gewinnt man ein Verständnis für die unübersehbare Zahl von Vertretern, mit denen allein die Monoterpene in der Natur erscheinen. Wir müssen uns weiter vor Augen halten, daß erst ein unbedeutender Teil aller existierenden Pflanzen chemisch genauer analysiert sind, wie überhaupt die chemische Kenntnis des Pflanzenkörpers der anatomischen oder morphologischen noch weit nachhinkt. Meist wurden nur die durch Erfahrung als Drogen oder für andere praktische Zwecke genutzten Objekte besser durchforscht und auch bei diesen in erster Linie nur die Hauptbestandteile erfaßt. Wir dürfen sicher damit rechnen, neue, bisher vielleicht noch gar nicht geahnte sekundäre Stoffe gerade aus der Klasse der Terpene zu entdecken. Manche jetzt noch vermißte Übergangsglieder und Zwischenstufen, die uns den natürlichen Aufbau der Terpene entschleiern helfen, mögen dabei zutage gefördert werden.

Im Laboratorium werden durch kräftiges Erhitzen je zwei Moleküle vom Isopren zu dem einfachsten cyclischen Monoterpen, dem Dipenten, verbunden, das auch in Destillaten mancher natürlicher ätherischer Öle vorliegt. Das inaktive Dipenten ist das Racemat der optisch aktiven d- und

Die cyclischen Terpene.

l-Limonene, die zu den gewöhnlichsten Monoterpenen überhaupt gehören und in sehr vielen Ölen von Gymnospermen, Mono- und Dikotylen entweder überwiegend in einer optischen Form oder in variablem Mischungsverhältnis von beiden angetroffen werden. Der angenehme citronenartige Geruch mancher Öle, auch der des Citronenöls selbst, rührt in erster Linie vom Limonen und dem schon genannten Citral her.

Biologisch viel wichtiger als die nur unter ganz unphysiologischen Bedingungen mögliche Dimerisation des Isoprens sind andere Möglichkeiten des Ringschlusses bei den Monoterpenen. Linalool und Geraniol schließen sich unter Einwirkung schwacher oder verdünnter Säure über α-Terpineol zu Dipenten zusammen. Daß man in vitro das optisch inaktive Produkt und nicht die Limonene erhält, entspricht den Erfahrungen bei sonstigen Synthesen von Naturstoffen. Die außerordentlich weite Verbreitung der beiden genannten offenen Terpenalkohole, ihr leichter Übergang in Limonen bzw. Dipenten und deren ebenso häufiges Vorkommen weisen nachdrücklich auf einen möglichen genetischen Zusammenhang hin, in dem Sinne, daß jene die Vorläufer der ringförmigen Kohlenwasserstoffe sind. Die Häufigkeit der Limonene darf also durchaus nicht als Stütze der Vorstellung ausgewertet werden, daß Isopren der native Baustein der Monoterpen-Kohlenwasserstoffe sein muß.

Geraniol   α-Terpineol   Limonen (Dipenten)

Mit den Limonenen isomer, also auch mit zwei Doppelbindungen im Molekül, finden sich in ähnlich weiter Verbreitung die beiden Phellandrene, die zu den unbeständigsten Terpenen gehören. Seltener sind die ebenfalls isomeren Terpinene. Diese drei verschiedenen Vertreter alicyclischer Kohlenwasserstoffe $C_{10}H_{16}$ unterscheiden sich lediglich durch die Lage der leicht zu Wanderungen neigenden Doppelbindungen. Sie müssen ihrer Entstehung bzw. Herkunft nach durchaus als einheitlich angesehen werden. Der abweichende Bau des Sylvestrens mit der metaständigen Seitenkette ist nicht genuin, es ist ein Umwandlungsprodukt durch die Destillation, weist aber auch auf Verbindungen vom Caran-Typ hin (s. S. 105).

α-Phellandren   β-Phellandren   Sylvestren   p-Cymol

Hydrierung oder Dehydrierung des Limonens bzw. Dipentens läßt verschiedene Verbindungen hervorgehen, die in mancherlei ätherischen Ölen gefunden werden. Durch Absättigen der einen Doppelbindung entsteht **Menthen**, das als schwach riechender Anteil im Öl von *Mentha* und *Thymus* enthalten ist. Das durch Auflösen auch der letzten Doppelbindung völlig hydrierte **Menthan** $C_{10}H_{20}$ ist nicht aus natürlichen Quellen bekannt.

Besonders wichtig ist die Dehydrierung des Limonens zu **p-Cymol**, $C_{10}H_{14}$, das einen Benzolkern besitzt. Es ist überdies der einzige in Pflanzen bisher gefundene aromatische Kohlenwasserstoff. Außer in Terpentinölen verschiedener Herkunft ist p-Cymol in verschiedenen Labiaten-, Umbelliferen-, Lauraceen-Ölen sowie im Citronen- und Eucalyptusöl enthalten.

Mit dem p-Cymol ist auf dem Wege über alicyclische Verbindungen, die ihrerseits aus offenen Terpenen hervorgehen, der Aufbau des Benzolkerns durch die Pflanze vollendet (s. auch bei Thymol). Gewiß ist es unwahrscheinlich, daß diese schmale Brücke, die sich auf das Vorhandensein von aliphatischen Terpenen stützt und deshalb bei vielen Pflanzen, die Benzolkörper in großer Menge erzeugen, in der Luft hängen würde, die wichtigste Überleitung ins Gebiet der aromatischen Verbindungen bildet. Sie zeugt aber dafür, daß der Vorrat an Benzolderivaten in den Pflanzen auch aus diesem Zufluß gespeist werden kann. Vielleicht trifft das am ehesten für die aromatischen Anteile vieler ätherischer Öle, z. B. für Eugenol, Zimtaldehyd usw. zu, die zunächst jedoch, bis solche Zusammenhänge wirklich sichergestellt sind, in einem anderen Verwandtschaftskreis untergebracht werden müssen (s. S. 165). Meist sind die in verschiedenen Organen einer Pflanze gefundenen ätherischen Öle identisch, doch gibt es auch sehr bemerkenswerte Ausnahmen. In *Cinnamomum zeylanicum* enthält das Blattöl vor allem Eugenol, das Öl der Rinde Zimtaldehyd, beides aromatische Verbindungen, und in der Wurzel kommt Campher, ein alicyclisches Terpen, vor. Diese und ähnliche Beobachtungen sprechen sehr stark für irgendeinen inneren Zusammenhang zwischen Terpenen und aromatischen Körpern, wenigstens bestimmter Gruppen unter ihnen (s. unten).

Mit energischen wasserentziehenden Mitteln behandelt, z. B. mit Kaliumbisulfat, wird auch Citral glatt in p-Cymol umgewandelt. Ob die Pflanze den Zugang zu cyclischen Terpenen auch über diesen weitverbreiteten Aldehyd benutzen kann, ist freilich noch nicht entschieden.

Der Sauerstoff findet verschiedene Angriffspunkte an dem charakteristischen Skelet der ringförmigen Monoterpene. Wir finden ihn entweder an der Seitenkette, oder als Brücke eingeschoben zwischen Ring und Seitenkette, oder aber als Alkohol- bzw. Ketogruppe am Ring selbst sitzend. Es braucht sich dabei, wie wir gleich sehen werden, nicht um eine sekundäre Oxydation der ungesättigten Kohlenwasserstoffe vom Typ des Limonens zu handeln, sondern die sauerstoffhaltige Gruppe kann auch schon von dem offenen Vorgänger mitgebracht werden. Mit einer tertiären Alkoholgruppe an der Seitenkette ausgestattet ist das bereits genannte **α-Terpineol**, das zwischen Geraniol und Limonen zu stehen käme. Man begegnet ihm im Öl der Wacholderbeeren, bestimmter *Pinus*-Arten, von Majoran, Muskatnuß u. a. Vor allem in seiner optisch aktiven Form hat es typischen Fliederduft.

Unerwartet häufig findet man in allen ölführenden Pflanzen das für Terpene recht eigenwillig konfigurierte **Cineol** bzw. **Eucalyptol**, $C_{10}H_{17}OH$, das campherartig riecht und den Hauptbestandteil der Destillate aus verschiedenen *Eucalyptus*-Arten (z. B. über 80% im südafrikanischen Eucalyptusöl) bildet. In den meisten Pflanzenfamilien, die ätherische Öle führen, stellt sich wenigstens bei einigen Arten auch Cineol ein. Diese ungewöhnliche Häufigkeit, trotz des auf den ersten Blick eigentümlichen Baues mit der Sauerstoffbrücke, läßt einen recht einfachen Modus seiner Entstehung vermuten. Man muß sich vergegenwärtigen, daß die alte Schreibweise der Formel der cyclischen Monoterpene in einer Ebene wahr-

$$\underset{\text{Linalool}}{\begin{array}{c}CH_3\\|\\H_2C\overset{C}{\underset{|}{}}CH\\OH\\H_3C\diagdown\underset{C}{}\diagup CH_3\\H_2C\overset{\|}{}CH_2\\CH\end{array}} \quad \underset{\text{Cineol}}{\begin{array}{c}CH_3\\|\\H_2C\overset{C}{}CH_2\\H_3C\diagdown\underset{O}{}\diagup CH_3\\C\\H_2CCH_2\\CH\end{array}} \quad \underset{\text{Menthol}}{\begin{array}{c}CH_3\\|\\CH\\H_2CCH_2\\H_2CCHOH\\CH\\H_3CCH_3\end{array}} \quad \underset{\text{Carvon}}{\begin{array}{c}CH_3\\|\\C\\HCC=O\\H_2CCH_2\\CH\\C\\CH_3CH_2\end{array}}$$

scheinlich die tatsächliche Konfiguration auch nicht annähernd wiedergibt. Die Existenz bicyclischer Monoterpene und anderes spricht dafür, daß die beiden im Cineol durch die Sauerstoffbrücke verknüpften C-Atome ganz allgemein einander sehr genähert stehen müssen (s. unten).

Die chemischen Beziehungen des Cineols zum Methylheptenon, einem aliphatischen Keton, das in einigen ätherischen Ölen auftaucht, muß man wohl als die eines möglichen Abbauweges oder eines Abweges beim Aufbau ansehen. Die engen Verbreitungsgrenzen dieses Ketons verglichen mit den weitgespannten des Cineols sprechen nicht dafür, daß es eine Vorstufe der Cineolsynthese darstellt. Am natürlichsten erscheint eine Anknüpfung an das Linalool, wobei neben dem bereits bei der Limonenbildung erwähnten leichten Ringschluß der C-Kette noch der Sauerstoff in der Brücke erhalten bleibt. Cineol stünde somit auf dem Wege vom Linalool zum Limonen, ähnlich wie Terpineol zwischen Geraniol und Limonen liegt. Außer der ungezwungenen chemischen Erklärung spricht für diesen Zusammenhang eine gleiche Häufigkeit der drei beteiligten Körper. Ein weiteres biologisch sehr reizvolles Argument läßt sich zugunsten dieser Auffassung in die Waagschale werfen: Es gibt Formen des Campherbaumes *(Cinnamomum camphora)*, die „botanisch" identisch sind und sich nur durch den Geruch unterscheiden lassen. Statt Campher enthält das ätherische Öl des in Südformosa heimischen Yu-Yu-Baumes hauptsächlich Cineol, während in dem ebenfalls mit dem Campherbaum identischen Shin-Tree vor allem Linalool auftritt (HOWES, zit. bei BRUNS-RUNGE). Hier bietet die Natur mit den drei Rassen des gleichen Baumes einen Einblick in die Wege ihres chemischen Betriebes, indem sie die Synthese der komplizierter gebauten Monoterpene in der einen Variante nur bis zum offenen Linalool, in der anderen zum Cineol mit einem Kohlenstoffring und der Sauerstoffbrücke und schließlich in der dritten Rasse bis zum bicyclischen Campher fortführt. Ob der Aufbau des Camphers notwendigerweise über das Cineol als Zwischenstufe führt oder ob dieses auf einem koordinierten Seitenweg entsteht, kann natürlich erst entschieden werden, wenn der Chemismus der Biogenese von Terpenen weiter aufgehellt ist als heute. Im Grunde handelt es sich bei diesen natürlichen Rassen wahrscheinlich um die gleiche Art der Unterbrechung von Kettenprozessen im Zuge der Synthese von Pflanzenstoffen, wie man sie heute durch künstliche Mutanten von Mikroorganismen, z. B. bei *Neurospora*, hervorruft (vgl. den Bericht von FRIEDRICH-FREKSA).

Abschließend seien noch einige Substanzen genannt, die den Sauerstoff nicht an der Seitenkette, sondern frei am C-Ring tragen und die wahrscheinlich durch sekundäre Oxydation entstanden sind. Der gesättigte Alkohol Menthol, $C_{10}H_{18}O$, der wegen seiner drei asymmetrischen C-Atome in einer ganzen Reihe von Isomeren möglich ist, kommt in der Natur als l-Menthol (Fp. 44°, Kp. 215°) vor und hat als Hauptbestandteil und wirksames Agens im Öl von verschiedenen kultivierten *Mentha*-Arten Bedeutung erlangt. Menthol wird in wechselnden Mengen von dem zugehörigen, wahrscheinlich aus ihm hervorgegangenen Keton, dem Menthon, begleitet. Menthol ist außer im Pfefferminzöl nur noch im Öl von *Calamintha nepeta* und von *Hyptis suaveolens*, einer in der Südsee heimischen Labiate, gefunden worden. Wenn Menthol biogen auf einem ähnlichen Wege entsteht wie künstlich, wo es ausgehend von Citronellal über Isopulegol und Isopulegon durch eine ganze Reihe von einzelnen Umwandlungsschritten gewonnen werden muß, so ist sein sporadisches Auftreten im Pflanzenreich, selbst wenn noch unentdeckte Quellen sich finden ließen, leicht begreiflich. Der Ausgangsstoff ist zwar nicht selten, aber die Wahrscheinlichkeit, daß sich die verschiedenen Umwandlungsprozesse genau in gleicher Reihenfolge an getrennten Stellen der pflanzlichen Evolution herausgebildet haben sollen, ist recht gering. Bemerkenswerterweise ist Isopulegon bisher ebenfalls nur in einigen Labiatenölen gefunden worden.

Das Carvon, ein anderes Keton, ist wasserstoffärmer und unterscheidet sich vom Menthon dadurch, daß die Carbonylgruppe um eine Stelle im Ring verschoben ist. Die d-Form wurde ursprünglich aus dem Kümmel und anderen Umbelliferen isoliert. Später fanden sich größere Mengen der l-Form in Pfefferminzölen bestimmter Herkunft, z. B. enthalten amerikanische und ungarische Krauseminzöle bis zu 70% Carvon.

Eine eigentümliche und einzeln stehende Art der Oxydation findet sich beim Perilla-Aldehyd (aus *Perilla nankinensis*), bei dem die Methylgruppe eines cyclischen Monoterpens angegriffen ist. Ähnlichen Oxydationen mögen unter den Diterpenen die Harzsäuren ihre Existenz verdanken.

Wesentlich abweichend von dem üblichen Gerüst der cyclischen Monoterpene sind die Thujaplicine aus dem Kernholz von *Thuja plicata* gebaut, die einen C_7-Ring enthalten. Diese Verbindungen, die man bisher als Phenole ansah, scheinen ihre Entstehung auf eine ungewöhnliche Ringschließung wahrscheinlich der gleichen offenen Terpene (Linalool) zurückzuführen, wobei die sonst frei stehende Methylgruppe eingeschlossen wird. Die Cupressaceen zeichnen sich verschiedentlich durch sekundäre Verbindungen ungewöhnlicher Struktur aus, z. B. ist allein bei ihnen Dehydro-Geraniumsäure und Citronellsäure gefunden worden (ERDTMANN und GRIPENBERG).

Perilla-Aldehyd — α-Thujaplicin — γ-Thujaplicin — Thymol

Schließlich bieten uns die sauerstoffhaltigen Verbindungen auch eine, die zwar einen Benzolkern enthält, aber durch ihre Seitenketten ihre Herkunft von den Terpenen verrät, das ist das **Thymol**, das im ätherischen Öl von Thymian und einigen anderen Pflanzen gefunden wird.

b) Bicyclische Monoterpene. Neben jene Monoterpene, die nur einen C_6-Ring im Molekül enthalten und deren C-Gerüst im allgemeinen nach der typischen Limonenform gebaut ist, treten noch Serien anderer natürlicher Verbindungen, die an diesen Hauptring angeschlossen oder in ihn verschachtelt einen weiteren Ring mit weniger Gliedern aufweisen. Trotz der komplizierteren Struktur lassen jedoch auch diese Baupläne den unmittelbaren Zusammenhang mit dem Limonentyp erkennen. In der Hauptsache handelt es sich dabei um folgende Grundstrukturen, die mit mehr oder weniger zahlreichen Abkömmlingen vertreten sind.

Typen der bicyclischen Monoterpene

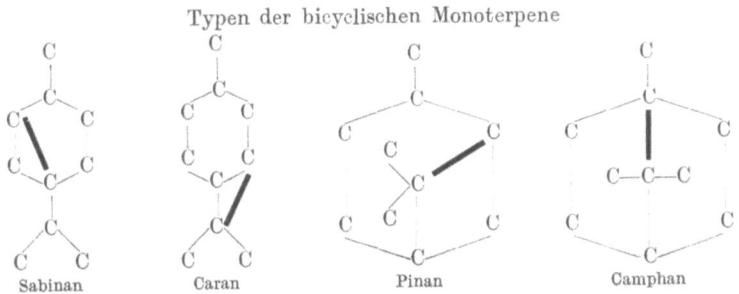

Sabinan   Caran   Pinan   Camphan

(Die Bindungsverhältnisse in den Schemata und die Bezeichnungen entsprechen den gesättigten Kohlenwasserstoffen.)

Dem Sabinantyp gehören **Sabinen** und **Sabinol** an, beide aus dem Sadebaumöl, außerdem das **Thujon**, ein Keton aus den Ölen von *Artemisia*, *Salvia* usw. Der Carantyp, von dem ein Oxyderivat, das **Caron**, zum Carvon (s. oben) in enger Verwandtschaft steht, ist dadurch interessant, daß sich bei ihm durch eine in vitro ausführbare Umwandlung die Seitenkette aus der para- in die meta-Stellung verschieben läßt, wodurch der von den übrigen cyclischen Terpenen abweichende Bau des Sylvestrens (s. oben), das mit dem **Carvestren** identisch ist, über einen doppelten Ringschluß nach dem Carantyp verständlich wird.

Technisch wichtige und weit verbreitete Naturprodukte leiten sich vom Pinan- und Camphantyp ab. Aus Coniferen „harzen", genauer gesagt aus Balsamen, d. h. den Gemischen von flüchtigen und nichtflüchtigen Anteilen, die in vielen pflanzlichen Exkreten vereint sind, gewinnt man durch Wasserdampfdestillation das Terpentinöl, während die nichtflüchtigen Bestandteile, die sog. Harzsäuren (s. unten), als Colophonium zurückbleiben. Das übliche Terpentinöl, das als Lösungsmittel für Firnis und Ölfarben dient, ist ein Gemisch von α- und β-**Pinen**, die sich in ähnlicher Weise wie die beiden Phellandrene unterscheiden. Das α-Pinen enthält dementsprechend die Doppelbindung im C_6-Ring, das β-Pinen (= Nopinen) zwischen dem Ring und der angehängten Methylengruppe. Die eigentlichen Terpentinöle bestehen fast ausschließlich und die sog. Kienöle, Destillate aus harzigem Holz, zu einem großen Teil aus Pinenen. Im übrigen zeigt sich gerade an den technisch so gut bekannten und in den verschiedensten Erdgegenden gewonnenen Terpentinölen, daß nicht nur nahe verwandte Arten der gleichen Gattung sich in ihren Terpenexkreten wesentlich unterscheiden, sondern daß auch der Wuchsort der Pflanzen, also klimatische und edaphische Faktoren, sofern es sich nicht um erblich fixierte physiologische Rassen der Stammpflanzen handelt (s. oben bei Cineol), auf die qualitative und quantitative Zusammensetzung der Öle Einfluß haben. Die Beimengungen zu den Pinenen, ebenso wie der relative Anteil von α- und β-Pinen, sind je nach der Herkunft des Terpentinöls stets verschieden. Ähnliches gilt für die genauer bekannten Öle, die ebenfalls an weit entfernten Stellen der Erde gewonnen werden, z. B. Pfefferminz- und Eucalyptusöl. Abweichend von den übrigen Terpentinölen enthält das aus *Pinus pinea* destillierte sehr viel Limonen. Der charakteristische Geruch des Terpentinöls rührt von einem aldehydartigen Oxydationsprodukt des Pinens her.

$$
\begin{array}{cc}
\text{α-Pinen} & \text{Campher}
\end{array}
$$

Pinene sind die am weitesten verbreiteten Terpenkohlenwasserstoffe. Außer in den Balsamen fast aller Coniferen (*Pinus, Larix, Abies, Thuja, Pseudotsuga, Cupressus, Taxodium* usw.) trifft man die Pinene gemeinsam oder einzeln in optisch aktiver oder inaktiver Form in verschiedenen Grasölen, bei *Acorus, Asarum,* im Öl der Zimtrinde, im Muskatnuß- und Pelargoniumöl, in Labiaten, Umbelliferen und Compositen an. Pinene lassen sich leicht in p-Cymol umwandeln. Bezeichnend für sie ist auch ihre ungemein leichte Angreifbarkeit durch Oxydationsmittel; α-Pinen ist autoxydabel. Bei längerer Einwirkung von Luftsauerstoff in Gegenwart von Wasser im Sonnenlicht wird der C_4-Ring des Pinens geöffnet. Durch solche oxydative Veränderungen läßt sich eine enge Beziehung zum α-Terpineol und Cineol herstellen, womit das auf den ersten Blick etwas fremdartig anmutende Molekül des Pinens vielleicht auch genetisch an das fast ubiquitäre Cineol angeschlossen werden kann, das sich seinerseits sehr leicht aus offenen Terpenen herleiten ließ. Da, wie gleich noch zu belegen sein wird, die bicyclischen Monoterpene leicht mannigfache intramolekulare Umlagerungen erleiden, knüpfen sich alle anderen übrigens längst nicht so weit verbreiteten mehrringigen Monoterpene vielleicht gerade über die Pinene an die offenen Glieder an.

Im Laboratorium läßt sich mit unphysiologischen Mitteln Pinen zu Bornylchlorid umwandeln, das dem Camphantyp angehört und damit in engster Verwandtschaft zum Campher steht. Borneol ist der zum Campher, einem Keton, gehörige sekundäre Alkohol, der in sehr vielen ätherischen Ölen und Balsamen häufig auch als Ester gefunden wird. Es bildet eine feste kristalline Masse und gleicht darin ebenso wie im Geruch und seiner technischen Verwendbarkeit dem Campher völlig („Borneocampher").

Der Campher selbst, oft auch Laurineencampher genannt, ein Keton, kommt in zwei optischen Antipoden vor. Er wird durch Destillation aus dem Holz des „Campherbaumes", *Cinnamomum camphora*, gewonnen, ist aber auch in allen anderen Teilen des Baumes vorhanden. Im Stammholz kristallisiert er mit Vorliebe in Spalten, wozu er durch seine Sublimierbarkeit befähigt ist. Den höchsten Camphergehalt hat das Öl aus den Blättern und aus den jüngsten Zweigen. Dieses Campheröl ist ein außerordentlich kompliziertes Gemenge von Kohlenwasserstoffen und sauerstoffhaltigen Körpern der verschiedenartigsten Strukturen. Es spiegelt recht deutlich die ganze Spielweite, die einer Pflanze beim Aufbau von Terpenen gegeben ist, wider. Von den wichtigsten Anteilen des Campheröles seien genannt: Pinen, Camphen, Phellandren, Limonen als Kohlenwasserstoffe, Cineol, Borneol, Terpineol, Citronellol, verschiedene Sesquiterpenalkohole und eine aromatische Verbindung, nämlich der nächst dem Campher wertvollste Bestandteil des Öles, das Safrol (s. unten). Der Campher, der medizinisch wegen seiner herzanregenden Wirkung, äußerlich für hautreizende, schmerzstillende Präparate sowie zur Desinfektion und ,,Desodorisierung" und technisch zur Herstellung von Celluloid große Bedeutung gewonnen hat, ist auch heute noch nicht ganz entbehrlich, so daß nach brauchbaren einheimischen oder hier kultivierbaren Pflanzen, die einen Ersatz liefern können, gesucht wird (vgl. BRUNS-RUNGE). Außer in der den technischen Campher liefernden *Cinnamomum*-Art kommt d-Campher noch in einer Reihe anderer Lauraceen, in kleineren Mengen auch gemischt mit der l-Form in den Ölen verschiedener Rutaceen, Labiaten, Umbelliferen und Compositen und einigen isolierten Arten anderer Familien vor, von denen vielleicht *Chenopodium ambrosioides* besonders zu nennen wäre. Synthetisch wird Campher aus Terpentinöl (Pinen), und zwar in optisch inaktiver Form hergestellt.

Die ganze Gruppe der bicyclischen Monoterpene zeigt unter der Hand des Chemikers eine ungemein große Neigung zu intramolekularen Umlagerungen, so daß damit zu rechnen ist, daß auch in der Zelle oder in den Exkretbehältern ähnliche Umwandlungen vonstatten gehen, wodurch diese Körper mit den eigentümlichen Brückenbildungen im Molekül nicht nur untereinander, sondern auch mit den monocyclischen und offenen in Zusammenhang gebracht werden können. Hier sei nochmals auf das oben bereits erwähnte vikariierende Auftreten von Campher, Cineol und Linalool in physiologischen Rassen des Campherbaumes hingewiesen. In dem Schema auf der folgenden Seite sind die hauptsächlichsten Monoterpene und ihre Umwandlungen in vitro zusammengestellt.

c) **Sesqui- und Diterpene.** Offene Sesquiterpene sind unter den Naturprodukten selten, aber mit ihren mono-, bi- und tricyclischen Vertretern stellen sie eine außerordentlich reichhaltige Gruppe dar, die neben Kohlenwasserstoffen auch wieder viele Alkohole umfaßt. Gewisse ätherische Öle bestehen fast ausschließlich aus Sesquiterpenen, die auch sonst so häufig angetroffen werden, daß sie zu den allgemeinsten Bestandteilen aller flüchtigen Öle überhaupt zu rechnen sind. Sie fanden lange Zeit wenig Beachtung, weil sie bei der Geruchsbildung nur eine untergeordnete Rolle spielen. Dies ist eines der nicht seltenen Beispiele dafür, daß die Erforschung der chemischen Bestandteile der Pflanzen oft durch rein technische Belange gelenkt wird.

Hier sollen nur einige wenige Angehörige der cyclischen Sesquiterpene herausgehoben werden, die nach Möglichkeit einen Zusammenhang mit den schon besprochenen Verbindungen herstellen. Durch innere Kondensation am Hydroxylende des Farnesols oder durch Kondensation eines Moleküls Limonen mit einem Prenol kann man sich das Bisabolen, $C_{15}H_{24}$, entstanden denken. Es ist im Myrrhenharz und Mekkabalsam aus der Gattung *Commiphora*, dann in Fichtennadel-, *Cardamum*-, *Campher*-, Citronen-, Bergamott- und ähnlichen Ölen nachgewiesen worden. Mit einer weiteren

Verbreitung kann aber gerechnet werden. Daß eine solche Verbindung zum weiteren Ringschluß prädestiniert ist, geht aus der aufgezeichneten Formel

Übersicht über die wichtigsten Monoterpene und die in vitro durchführbaren Umwandlungen zwischen ihnen.

hervor. So entsteht der wichtigste Vertreter der bicyclischen Sesquiterpene, das weit verbreitete Cadinen. Selinen, das einen bedeutenden Prozentsatz des Öles der Früchte von *Apium graveolens* (Sellerieöl) ausmacht, ist ebenfalls ein solches bicyclisches Sesquiterpen. Es trägt die Methylgruppen und den Isopropylrest an anderen Stellen des Doppelringes als das Cadinen als Folge einer andersartigen, offenbar ungewöhnlichen Ringschließung des aliphatischen Vorläufers, wodurch auch sein vereinzeltes Vorkommen erklärlich wäre. Ähnlich ist das Eudesmol (aus *Eucalyptus*) gebaut, das ebenfalls nicht häufig ist.

[Strukturformeln: Bisabolen, β-Cadinen, β-Caryophyllen]

Zur Strukturaufklärung der Sesquiterpene ist deren Dehydrierung zu Benzol- bzw. Naphthalinderivaten mit großem Erfolg ausgenutzt worden. Es besteht immerhin die Möglichkeit, daß auch in der Pflanze ein ähnlicher Weg zum Aufbau etwa der Naphthochinone beschritten wird, über deren Genese man sonst keinerlei begründete Vermutungen hegt (s. S. 174). Gerade das in grünen Blättern, wie es scheint, universell verbreitete Phyllochinon (s. S. 95) legt durch seinen Terpenanteil, das Phytol, auch für den anderen Partner, das Naphthochinon, eine Herkunft über die Terpene sehr nahe. Man könnte also auch hier eine Brücke von kettenförmigen Verbindungen zu den kondensierten Benzolringen vermuten. Eine Klärung wird nur das Experiment bringen.

Zu einer gewissen Abrundung des Bildes von den im Bereich der Sesquiterpene gebotenen Strukturmöglichkeiten sei noch eine Verbindung wegen ihrer großen Ähnlichkeit mit den Pinenen erwähnt. Caryophyllen ist in mehreren, meist gemischt vorliegenden Isomeren in einer ganzen Reihe von Ölen aus systematisch nicht näher miteinander verwandten Familien bekannt geworden. Durch weitere Ringschlüsse ebenfalls innerhalb des C_6-Ringes entstehen tricyclische Sesquiterpene, deren genauere Konstitution erst in wenigen Fällen feststeht.

An dieser Stelle sei eine recht eigenartige und noch rätselhafte kleine Gruppe von Pflanzenstoffen eingefügt, von denen man sicher weiß, daß sie erst bei der Destillation aus dem Pflanzengut ihre analysierbare Gestalt erhalten. Die wegen ihrer intensiv blauen Farbe als Blauöle oder Azulene bezeichneten Kohlenwasserstoffe ergaben in der Elementaranalyse die Formel $C_{15}H_{18}$ und können durch Behandlung mit wasserentziehenden Mitteln aus Sesquiterpenen erhalten werden. Durch Extraktion, der die übrigen ätherischen Öle zugänglich sind, können sie nicht aus Pflanzen abgetrennt werden, weil sie darin in ihrer endgültigen Form, in der wir sie bisher kennen, gar nicht vorliegen. Ihr C-Gerüst ist wahrscheinlich durch Kondensation eines C_5- und eines C_7-Ringes nach der umstehenden Formel aufgebaut. Besonders reichlich sind sie im Kamillenöl (bis zu 5%) enthalten, dessen therapeutisch wirksames Agens sie bilden sollen.

Cyclische Diterpene finden sich nur noch in Ausnahmefällen in flüchtigen Ölen. Aus den hochsiedenden Anteilen des Campheröls fällt in zwei Isomeren **Camphoren** ($C_{20}H_{32}$) an, von denen der einen Form die untenstehende Formel zukommt. Seine Entstehung wäre am einfachsten durch Kondensation eines Moleküls Limonen mit zwei Molekülen Prenol an den bezeichneten Stellen zu verstehen. Daß diese und ähnlich gebaute Diterpene zu weiteren Ringschlüssen neigen müssen, ist leicht ersichtlich.

Vetiv-Azulen

Die Hauptvertreter der Diterpene gehören denn auch zu tricyclischen Verbindungen. Sie werden nicht mehr als dünnflüssige Exkrete ausgeschieden, oder vorsichtiger gesagt, vorgefunden; denn es ist sehr wohl möglich, daß sie ihre uns bekannte Gestalt erst durch sekundäre Veränderungen nach ihrer Abscheidung gewinnen. Sie bilden die festen Bestandteile der Balsame und bleiben nach dem Austreiben der flüchtigen Öle als Colophonium zurück. Diesen „Harzsäuren", von denen als Beispiel die **Abietinsäure** $C_{20}H_{30}O_2$ genannt sei, kommt als C-Gerüst ein hydrierter Phenanthrenkern zu. Die Konfiguration der Abietinsäure ist wahrscheinlich die folgende. Reichlich Harzsäuren, die freilich oft eine andere Anzahl C-Atome als 20 im Molekül enthalten und von noch unbekannter Konstitution sind, finden sich auch in den Leguminosenharzen, z. B. im Perubalsam.

Aus *Pinus palustris* wurde ein „Resinaldehyd", und zwar der Aldehyd der Iso-Pimarsäure, isoliert, der möglicherweise der Vorläufer dieser Harzsäure in der Pflanze ist. Aus solchen Harzsäuren stammt wahrscheinlich das **Reten**, ein Kohlenwasserstoff mit dem Phenanthrenkern und den gleichen Seitenketten wie die Abietinsäure, das in verrottendem Fichtenholz und im Torf gefunden wird.

α-Camphoren   Aldehyd der Iso-Pimarsäure   Abietinsäure

d) Triterpene. *α) Allgemeines.* Aus bisher unerfindlichen Gründen überschütten uns die an aliphatischen Vertretern so armen Triterpene und deren nächste Abkömmlinge mit einer auch für Terpene ungewöhnlichen Fülle mannigfaltiger cyclischer Verbindungen, die an den verschiedensten Stellen im Pflanzenreich, unter anderem auch bei niederen Pflanzen, auftauchen. Im Gegensatz zu den einfachen Gliedern der Terpenklasse kommen gerade Triterpene und die ihnen nahestehenden sog. Terpenoide auch im Tierreich vor, wo sie wichtige Funktionen erfüllen. Zu ihrem Aufbau müssen allerdings oft Körper ähnlicher Struktur aus dem Pflanzenreich bezogen werden. Weitere Eigenheiten der Triterpene bestehen darin, daß sich bestimmte Gruppen unter ihnen mit Zuckern zu Glykosiden paaren und andere (alkoholische) mit Fettsäuren zu Wachsen zusammentreten. Die Strukturaufklärung der Triterpenverbindungen ist recht unterschiedlich weit fortgeschritten. Soweit sie gleichzeitig tierphysiologische Bedeutung haben, liegen sie jetzt völlig durchsichtig vor. Andere typisch pflanzliche Triterpene, die noch keine technische Verwendung finden, sind meist erst in ihrer Summenformel und ihren funktionellen Gruppen bekannt.

β) *Triterpenalkohole und Triterpensäuren.* Das in amorphen Körnchen vorliegende Betulin, $C_{30}H_{50}O_2$, der „Birkencampher", ein zweiwertiger Alkohol, der bei 230⁰ sublimiert, verleiht der Birkenborke die weiße Farbe und die gute Brennbarkeit. In kleinen Mengen wurde Betulin in der Rinde der Hainbuche und der Haselnuß gefunden (STEINER 1936) und neuerdings in der Hagebutte nachgewiesen (ZIMMERMANN 1944). Betulin gehört zu pentacyclischen Triterpenen. Andere Verbindungen haben nur 4 Ringe im Molekül (tetracyclische). Amyrin, $C_{30}H_{49}OH$, ein Alkohol, der in zwei Modifikationen existiert, wird teils in Balsamen (Elemiharz), teils in manchen Milchsäften abgeschieden, β-Amyrin z. B. zusammen mit Sterinen im Milchsaft des Löwenzahns. Im Unverseifbaren des fetten Öles aus der Lindenrinde kommt Tiliadin, ein „Harzalkohol" mit der gleichen Summenformel wie Amyrin vor. Ein anderer Triterpenalkohol, das kristallisierende Malol, $C_{30}H_{48}O_3$, tritt im Wachs auf der Schale der Äpfel auf. Triterpenalkohole können in allen Teilen der höheren Pflanze vorkommen, vor allem auch in Blütenblättern, wo bei Compositen *(Arnica, Tussilago, Taraxacum, Helianthus)* die beiden zweiwertigen Alkohole Faradiol und Arnidiol, $C_{30}H_{50}O_2$, die sich nur durch Epimerie unterscheiden, meist in Mischungen miteinander gefunden wurden.

Neben diesen Diolen bilden andere Blüten, manche Früchte und auch vegetative Organe noch andere charakteristische Triterpene, und zwar saurer Natur, vor allem Oxysäuren, von denen die Oleanol- und die isomere Ursolsäure näher bekannt sind. Die Oleanolsäure, $C_{29}H_{46}\cdot OH\cdot COOH$, hat wahrscheinlich folgenden pentacyclischen Bau. Beide Oxytriterpensäuren, die für den Chemiker, vielleicht aber nicht für die pflanzliche Zelle ein recht kompliziertes C-Gerüst aufweisen, finden sich sowohl frei als auch in glykosidischer Bindung unerwartet weit verbreitet. Im Wachs der Fruchtschalen von Weinbeeren, auf Olivenblättern, den Blättern von *Viscum album* und in Gewürznelken wird Oleanolsäure, auf den Fruchtschalen von Preißelbeeren, Äpfeln, Birnen, Kirschen usw. wird Ursolsäure abgelagert. Die Blätter von *Duboisia spec.* scheinen die reichste Fundstätte für diese Triterpensäure (1—2% vom Blatttrockengewicht) zu sein. Vielleicht ist es nur ein zufälliges Zusammentreffen, daß hier die Ursolsäure als

Oleanolsäure

Nebenprodukt der Alkaloidgewinnung aus *Duboisia* auftaucht und daß aus der Mutterlauge bei der Chininabscheidung ein ganz ähnlich gebauter Körper, nämlich die Chinovasäure, anfällt. Die Wachse der genannten Fruchtschalen enthalten daneben gesättigte und ungesättigte höhere Fett-

Chinovasäure

säuren, aliphatische Kohlenwasserstoffe, Sterine u. a. m. Die Ansammlung so heterogener Verbindungen braucht nicht auf gleiche Muttersubstanzen für sie hinzudeuten. Da sie alle hydrophob sind, vereinigen sie sich in der Lipoidphase des Plasmas und erleiden dann das gleiche Schicksal der Exkretion. Die Anwesenheit des Tiliadins im Rohfett bedeutet wahrscheinlich auch nur eine Gemeinschaft auf Grund gleicher Löslichkeitseigenschaften.

Triterpensäuren auf der einen Seite und Triterpendiole (zweiwertige Alkohole) auf der anderen scheinen nicht willkürlich und unabhängig von anderen Bestandteilen der betreffenden Organe oder Pflanzenarten aufzutreten. Eine enge Korrelation zeichnet sich zu den in den gleichen Objekten vorherrschenden Pigmenten ab. In den bisher genauer untersuchten Pflanzen gesellen sich regelmäßig die Triterpenalkohole zu Carotinoiden und die Triterpensäuren zu Anthocyanen (ZIMMERMANN). Diese Zusammenhänge muten sehr merkwürdig an; denn wenn auch die Carotinoide als Terpenverbindungen mit anderen Vertretern der gleichen Klasse an irgendeinem Punkt ihrer Entstehung gekoppelt sein könnten, so läßt sich doch heute kaum plausibel machen, wieso die ganz anders strukturierten Anthocyane zu einer so strengen Bindung an Triterpene kommen sollen. Die erste Vermutung zielt natürlich auf eine gemeinsame Abhängigkeit von den Oxydoreduktionsverhältnissen der betreffenden Zellen. Die genannte Regel hat sich durch eine verblüffend treffsichere Voraussage eine starke Stütze geschaffen. Man hielt bis dahin die Art der vorherrschenden Triterpene für familiengebunden: in den Compositen waren die Diole zu Hause, die Rosaceen scheiden vornehmlich Triterpensäuren ab. Wenn der Typ des Pigmentes in einer Pflanze und die funktionelle Gruppe der Triterpene tatsächlich so eng aneinander gebunden sind, wie die ,,ZIMMERMANN-Regel" es fordert, dann müßten anthocyanführende Compositen abweichend von den anderen Familienangehörigen Terpensäuren und die wenigen carotinoidführenden Rosaceen dagegen Triterpendiole hervorbringen. Das letzte ließ sich wirklich nachweisen, indem aus Hagebutten, die im Lycopin einen Carotinoidfarbstoff enthalten, der Terpenalkohol Betulin gefunden wurde. Es steht noch aus, in einer Composite mit Anthocyan die in dieser Familie nicht übliche Triterpensäure nachzuweisen. Natürlich sind auch schon Ausnahmen von dieser Regel bekannt. *Calendula officinalis* hat zwar Carotinoidpigmente und enthält doch glykosidisch gebundene Oleanolsäure.

Die Oxytriterpensäuren leiten hinüber zu einer großen typisch pflanzlichen Gruppe von Naturstoffen, in denen Triterpene einen integrierenden Bestandteil bilden, zu den Saponinen. Der Name bezieht sich darauf, daß diese Substanzen schon in sehr verdünnten Lösungen beim Schütteln reichlich Schaum geben. Sie sind also ,,oberflächenaktiv", d. h. sie erniedrigen die Oberflächenspannung von Wasser und wäßrigen Lösungen, und an diese Eigenschaft knüpfen sich dann weitere physiologische und pharmakologische Merkmale, die den Saponinen gemeinsam sind. Ihre Verteilung über das Pflanzenreich ist außerordentlich weit und dicht. In mindestens 85 Familien sind sie schon nachgewiesen, und es werden immer wieder neue saponinhaltige Pflanzen oder ganze Gruppen verwandter Pflanzen entdeckt (vgl. KOFLER; BOAS und STEUDE; BOAS 1937; JARETZKY; LINDNER 1946). Zu den bekanntesten einheimischen Saponinquellen gehören die Wurzeln von *Saponaria*, die Blätter von *Digitalis*, die Samen von *Agrostemma githago* und von der Roßkastanie. Bemerkenswert ist das Saponinvorkommen im Hafer, der damit eine Sonderstellung unter den Getreidearten und zusammen mit einigen wenigen anderen Arten *(Trisetum flavescens, Arrhenatherum elatius)* unter den Gramineen einnimmt. Als vollwertiger Ersatz für die offizinelle Radix Senegae sind die Wurzeln von einheimischen *Primula*-Arten *(Primula veris, Primula elatior)* in den Ergänzungsband zum DAB 6 aufgenommen worden. Im Hinblick auf den Zusammenhang mit anderen Terpenen ist aufschlußreich, daß rein statistisch die Pflanzenfamilien, die reichlich ätherische Öle führen, z. B. Labiaten, Umbelliferen und Compositen, ausgesprochen arm an Saponinen sind und umgekehrt. Auch für diese Regel sind natürlich leicht Ausnahmen zur Hand. Phylogenetisch reicht die Entstehung von Saponinen mindestens bis zu den Moosen *(Polytrichum)*, Farnen *(Polypodium)* und Schachtelhalmen hinab.

Die Saponine sind ausnahmslos Glykoside. Die Verknüpfung mit den Zuckern wird wie gewöhnlich über eine Hydroxylgruppe bewerkstelligt, die an den Sapogeninen, den zuckerfreien Paarlingen, sitzt. Als Zucker finden sich dabei am häufigsten Glucose, seltener Fructose und Galaktose, auch d-Galakturonsäure und von den Pentosen Arabinose kommen öfter vor. Die Genine sind in Wasser unlöslich und können meist kristallin erhalten werden. Wie bei der Oleanolsäure, die als Sapogenin auftritt, bereits erwähnt, kommen die Genine auch frei, also ohne Verknüpfung mit Zucker in der Natur vor.

Die Aufklärung der chemischen Struktur der Sapogenine hat erst in jüngster Zeit begonnen und ist noch ganz im Fluß. Die Sapogenine lassen sich in zwei chemisch sehr deutlich, wenn auch nicht prinzipiell verschiedene Gruppen, in die sauren und die neutralen, sondern. Neben der bereits genannten Oleanolsäure gehören das Hederagenin aus Efeublättern und das Gypsogenin aus *Gypsophila*, alle nach dem gleichen Schema aufgebaut, der sauren Gruppe und damit echten Triterpenen an.

γ) *Die Steroide.* Die neutralen Sapogenine entfernen sich in ihrem Bau von den typischen Triterpenen etwas weiter und gehören in die weitläufige und durch viele physiologisch sehr markante Individuen vertretene Verwandtschaft der sog. Steroide (CALLOW und YOUNG), unter denen man eine Gruppe von Naturstoffen pflanzlicher und tierischer Herkunft versteht, die alle das gleiche sehr charakteristische tetracyclische Molekülskelet des

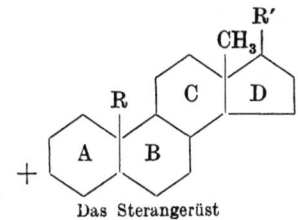

Das Sterangerüst

hydrierten Cyclopentano-Phenanthrens, des sog. Sterans, besitzen. Obwohl sie chemisch sehr enge Beziehungen aufweisen und zum Teil ineinander überführbar sind, entwickeln sie eine erstaunlich vielseitige physiologische Wirksamkeit. Die Variationen des allgemeinen Bauplans beziehen sich auf folgende Merkmale:

1. Auf die Art der Seitenketten R und R', wobei die Stelle R jedoch nur von —H, —CH$_3$ oder —OCH$_3$ eingenommen wird, während R' einer viel mannigfaltigeren Abwandlung ausgesetzt ist.

2. Die Zahl und Stellung von Hydroxylgruppen. Die meisten der natürlichen Steroide tragen nur an der mit + bezeichneten Stelle ein Hydroxyl, seltener kommen an anderen Stellen des Ringsystems und an der Seitenkette Hydroxyle vor.

3. Die Zahl und Lage der Doppelbindungen, die in den Ringen und in der Seitenkette auftreten.

Die Steroide kann man nur in einem weiteren Sinne als Terpenabkömmlinge auffassen. Man hat sie deshalb als Terpenoide (WAGNER-JAUREGG) etwas isoliert gestellt, unter denen man diejenigen Verbindungen versteht, die im Grundbau sich auf Isoprenreste zurückführen lassen, deren Anzahl C-Atome aber nicht ein Vielfaches von 5 beträgt. Rein formal läßt sich ihr C-Gerüst auch in ähnliche Teilstücke wie die übrigen Terpene zerlegen, aber es bleibt dann stets ein mehr oder weniger umfangreicher Rest übrig (RUZICKA 1938). Die für Triterpene charakteristische Anzahl der C-Atome, sowie das für Terpene typische Verhältnis C:H stimmt deshalb in der Summenformel der meisten Steroide nicht. Man könnte sie, solange man über ihre Phytogenese noch im unklaren ist, ebenso auch den Diterpenen anschließen.

Die Strukturaufklärung der Steranabkömmlinge ist eine der Großtaten der modernen Biochemie, die an die Namen WIELAND, WINDAUS und BUTENANDT geknüpft ist. Als Glieder der Steroidsippe sind folgende Gruppen erkannt: Sterine (Phyto- und Zoosterine), Provitamine D, Gallensäuren, Keimdrüsenhormone (Sexualhormone), Nebennierenrindenhormone, Krötengifte (tierische herzwirksame Stoffe), neutrale Sapogenine und die ihnen ganz nahe stehenden pflanzlichen herzwirksamen Stoffe, z. B. die Digitalisglykoside, und schließlich die bisher noch sehr schmale Gruppe der Steroidalkaloide.

Im Bereich der Steroide durchdringen sich also tierischer und pflanzlicher Stoffwechsel mit recht speziell gebauten Produkten aufs innigste, wobei das Tier den Aufbau dieser für seine Funktionen unerläßlichen Substanzen zum Teil aus einfachsten Elementen vollziehen kann, während es bei anderen auf die Zufuhr des ganzen Sterangerüstes angewiesen ist. Das Vitamin D bekundet eine solche Abhängigkeit vom Pflanzenreich. Da Sterine wohl in allen Zellen gefunden werden, ist die enge Berührung des pflanzlichen und tierischen Stoffwechsels gerade an dieser Stelle nicht so verwunderlich. Erstaunlich ist aber, daß die Fähigkeit zum Aufbau dieser relativ komplizierten Terpene zur Grundausrüstung der Zellen gehört und mit am Anfang des organischen Geschehens gestanden haben muß. Auf dem Sektor der Carotine besteht ebenfalls eine solche Querverbindung zwischen den beiden Organismenreichen. Phylogenetisch scheint die Klasse der Terpene also auf ihren mittleren Gliedern, den Tri- und Tetraterpenen, zu ruhen, während die niederen durch ätherische Öle und Harze charakterisierten und die höheren Polymeren, Kautschuk usw., jüngere Errungenschaften des pflanzlichen Stoffwechsels sind.

Die kleine Gruppe der Steroidalkaloide, deren Kenntnis in den allerersten Entwicklungsstadien steckt, ist zunächst auf einige glykosidische Alkaloide aus *Solanum*-Arten beschränkt. Solanidin, Solasodin ($C_{27}H_{43}O_2N$)

und Solanocapsidin (alle nach der jetzt gültigen Nomenklatur gegenüber früher Solanidin *t* bzw. *s* usw. bezeichnet, vgl. Ann. Rev. Biochem. 1946) tragen in der Seitenkette am Sterangerüst den Stickstoff als tertiäre Aminogruppe in einem pyridinähnlichen Ring (s. S. 231).

Für die neutralen Sapogenine sei als Beispiel die noch nicht in allen Einzelheiten bewiesene Formel des Gitogenins aus *Agrostemma githago* mitgeteilt. Ähnlich ist das Digitogenin der Saponine aus den *Digitalis*-Blättern gebaut. Daß das Äscigenin, das Aglykon des Saponins aus Roßkastanien, der erste Vertreter der Terpene mit 35 C-Atomen zu sein schien, wurde oben schon erwähnt (s. S. 89).

Gitogenin

Digitoxigenin

Unmittelbar an die Struktur der in den *Digitalis*-Blättern gefundenen Sapogenine lehnen sich die Aglykone von herzwirksamen Glykosiden an, die aus den gleichen Blättern gewonnen werden. Die herzwirksamen Verbindungen sind von der Pflanze her gesehen sicher nur eine Variante der Sapogenine, die im Spielbereich der Abwandlungsformen eines bestimmten Stoffwechselproduktes liegen und die nur von pharmakologischen Gesichtspunkten her als etwas Besonderes erscheinen. Die genuinen herzwirksamen Digitalisglykoside, von denen es in *Digitalis purpurea* 2 und in *Digitalis lanata* 3 verschiedene gibt, bestehen nicht einfach aus dem Aglykon und dem Zuckeranteil. Die Hydrolyse spaltet zunächst Glucose ab, und ein komplexer Körper, bei einem der Glykoside Digitoxin genannt, bleibt übrig, der noch zuckerhaltig ist. Dessen Zerlegung ergibt 3 Moleküle Digitoxose, das ist ein Desoxyzucker der Formel $CH_3(CHOH)_3CH_2CHO$, außerdem ein Molekül Essigsäure und das nun völlig zuckerfreie Aglykon Digitoxigenin.

$$C_{49}H_{76}O_{19} + 5H_2O = C_{23}H_{34}O_4 + 3C_6H_{12}O_4 + C_6H_{12}O_6 + CH_3COOH$$
Digilanid A — Digitoxigenin — Digitoxose — Glucose — Essigsäure

Nur unwesentlich von dem eben genannten Genin weicht das aus dem Glykosid Strophanthin abzuspaltende Strophanthidin ab. Die aus den Samen verschiedener *Strophanthus*-Arten *(Apocynaceae)* zu gewinnenden Herzgifte sind auch den Eingeborenen bekannt; denn Samen und Wurzeln dieser Pflanzen liefern in Ost- und Westafrika die Pfeilgifte. In der Hand des Arztes werden diese Gifte wertvolle Heilmittel.

Herzwirksame Substanzen dieser Art sind aber nicht nur aus den angeführten klassischen Pflanzen bekannt, sondern mehr oder weniger ausgiebig und mit verschiedener Wirksamkeit liefern sie recht viele nicht immer systematisch näher verwandte Familien und Arten, die auch zur praktischen Verwertung herangezogen werden, z. B. weitere Arten der Apocynaceen *(Nerium Oleander)*, Asclepiadaceen, Ranunculaceen *(Adonis, Helleborus)*, Liliaceen *(Convallaria)*, verschiedene Leguminosen usw. Im Hinblick auf die nahe Beziehung zu den neutralen Sapogeninen und das gehäufte Auftreten der Saponine ist das verbreitete Vorkommen solcher herzwirksamer Substanzen wohl verständlich. Letztlich hängt sicher das häufige Auftreten sowohl der Saponine als auch der Herzgifte mit der universellen Anwesenheit der Sterine zusammen.

Die Hautdrüsen der Kröten entfalten vielleicht durch irgendeine zufällige Eigentümlichkeit einen in mancher Beziehung dem pflanzlichen Stoffwechsel ähnlichen Umsatz im Bereich der sekundären Verbindungen. In ihren Exkreten finden sich herzwirksame Substanzen, die denen aus Pflanzen völlig analog gebaut sind. In den Krötenexkreten kommen auch ausgesprochene Phytosterine vor (s. unten), und schließlich werden wir später noch zu erwähnen haben, daß diese Ausscheidungen auch Alkaloide enthalten, wie sie sonst nur aus Pflanzen bekannt sind.

Chemisch ist für die Wirksamkeit der pflanzlichen herzstimulierenden Glykoside ein ungesättigter γ-Lactonring als Anhängsel an das Sterangerüst unerläßlich. Nach seiner Hydrierung oder Öffnung fällt jede Wirksamkeit auf das Herz fort. Bei den Krötengiften spielt ein δ-Lactonring die gleiche Rolle. Die Glykosidierung ist Voraussetzung für die spezifische Wirkung.

Von Phytosterinen sind Vertreter sowohl aus den niedersten Kryptogamen (Bakterien und Hefen) als auch aus vielen Blütenpflanzen isoliert worden. Sie scheinen keiner Zelle zu fehlen und erfüllen vielleicht in Verbindung mit dem Lipoidstoffwechsel eine wichtige Funktion. Die einzelnen Repräsentanten der Phytosterine sind ungeachtet ihrer verschiedenen Herkunft untereinander und mit den Zoosterinen chemisch ganz eng verwandt. Von tierischen Sterinen ist am längsten bekannt das im Gehirn und der übrigen Nervensubstanz sowie in der Galle, woher sein Name stammt, reichlich vorhandene Cholesterin. Da alle Sterine chemisch gesehen Alkohole sind, ist die im Englischen übliche Bezeichnung „sterol" exakter. Die Hydroxylgruppe sitzt bei sämtlichen Sterinen an der mit + bezeichneten Stelle des Ringes A im Steranskelet (s. 113).

Phytosterine sind in der Literatur zwar viele aufgezählt, aber eingehend nur wenige studiert worden. Als einzelne Individuen sind bekannt: Stigmasterin, α- und β-Sitosterin, Spinasterin und Brassicasterin. Dazu tritt noch eine durch bestimmte Merkmale unterschiedene Gruppe der sog. „Mycosterine", die vor allem aus Hefe, aber auch aus anderen Pilzen isoliert wurden und deren bestbekannter Vertreter das Ergosterin ist.

Stigmasterin, $C_{29}H_{47}OH$, ursprünglich aus den Calabar- oder Gottesurteilbohnen (*Physostigma venenosum, Papilionaceae*) kommt frei oder als Glykosid vor. Bedeutendere Mengen finden sich in der Sojabohne und im Milchsaft von Löwenzahn. Die Calabarbohnen enthalten in ihren Kotyledonen noch Alkaloide (Physostigmin s. unten), auf denen ihre Giftigkeit und ihre offizinelle Verwendung beruht. In den Hautdrüsen der Kröten wird Sitosterin abgeschieden.

Das praktisch wichtigste pflanzliche Sterin, das Ergosterin, $C_{28}H_{43}OH$, wird zusammen mit anderen Pilzsterinen, z. B. Zymosterin, vor allem von der Hefe produziert und liegt in den Zellen zu einem großen Teil verestert vor. Es hat im Unterschied zu den meisten bisher bekannten anderen Sterinen *drei* Doppelbindungen, und zwar eine zusätzliche im Ring B des Steransystems.

Die große praktische Bedeutung des Ergosterins liegt darin, daß es dem Menschen als Provitamin D_2 dient. Durch Ultraviolettbestrahlung der Substanz selbst oder der Haut geht es in das aktive Vitamin dadurch über, daß der Ring B unter Schaffung einer weiteren Äthylenbindung geöffnet wird.

Es ist keine Frage, daß bei extensivem Suchen noch an den verschiedensten Stellen des Pflanzenreiches ergiebige Sterinquellen entdeckt werden können. Jüngst sind aus *Yucca elata* und anderen Arten dieser Gattung einige neue Sterine isoliert worden, die sich als Ausgangsmaterial für die Herstellung physiologisch aktiver Substanzen, z. B. für Sexualhormone, eignen. Auch die Sterine aus Sojabohnenöl werden für diese Zwecke genützt (CALLAHAM).

Über den Sterinstoffwechsel ist sowohl bei Pilzen als auch bei Blütenpflanzen erst sehr wenig bekannt. In der Hefe werden Sterine nur unter aeroben Verhältnissen gebildet. Die Sterinproduktion schreitet aber rascher voran als das Wachstum und ist mit diesem nicht korreliert. Mit dem Steringehalt nehmen auch Gesamtlipoide zu, ohne daß ein engerer Zusammenhang zwischen diesen beiden Komponenten sich offenbarte (MAGUIGAN und WALKER). Es ist bisher noch nicht gelungen, in Pflanzen Intermediärkörper des Auf- oder Abbaues der Sterine nachzuweisen. Darmbakterien vermögen Cholesterin zu Koprosterin zu hydrieren. Eine bestimmte Art von *Acetobacter* oxydiert das Cholesterin zum entsprechenden Keton. Die Dehydrierung schreitet dann weiter fort und schließlich greifen noch stärkere Oxydationen an, bis Methylheptenon erscheint, woraus man folgern könnte, daß die Seitenkette im ganzen abgespalten wird. Diese Angaben sind aber noch viel zu spärlich, um schon ein gestütztes System von Vorgängen für den Abbau oder Aufbau des Sterangerüstes zu entwerfen. Cholesterin und andere Sterine werden im Tierkörper teilweise oder ganz durch Kondensation von Acetylphosphat aufgebaut, wie sich durch Markierung mit Kohlenstoffisotopen zeigen ließ (vgl. LIPMANN 1946). Cholesterin, das im tierischen Organismus manchmal in großen Mengen anfällt, entsteht dort leicht aus pflanzlichen Ölen, etwas weniger leicht aus Eiweißen und Kohlenhydraten. Auch das deutet darauf hin, daß der Baustein der Sterinsynthese ein kleinmolekulares Bruchstück vor allem des Fett-, aber auch des Eiweiß- und Kohlenhydratumsatzes sein muß (ABELIN). Damit harmoniert wiederum die öfter beobachtete Verknüpfung des Sterin- und Fettstoffwechsels. Die ursprünglich von REICHSTEIN formulierte Hypothese des Sterinaufbaues im Tierkörper aus normalen Abbauprodukten des Zuckers findet jetzt also weitgehend ihre Bestätigung.

e) **Die Tetraterpene.** Wir müssen hier noch einmal auf Ringschlüsse zurückgreifen, die bei offenen Monoterpenen möglich sind. In der chemischen Technik ist einer besonders wichtig geworden, den die Zelle möglicherweise auch realisieren kann. Ein Kondensationsprodukt von Citral mit Aceton, das noch kettenförmig gebaut ist, läßt sich zu einem ringförmigen

Keton, dem Jonon, zusammenschließen. Das Jonon tritt in zwei isomeren Formen auf, die sich nur durch die Lage der Doppelbindung im Ring unterscheiden (α- und β-Jonon). Seine technisch bedeutsame Eigenschaft ist der intensive Veilchengeruch. Der echte Veilchenduft sowohl in den Veilchenblüten als auch in der „Veilchenwurzel" der Pharmazeuten, dem Rhizom von *Iris florentina*, beruht auf einer ähnlichen Verbindung, dem Iron, von dem 3 durch die Lage der Doppelbindung unterschiedene Formen bekannt sind (RUZICKA 1947). Lange Zeit war man sich nicht klar, ob das künstlich erzeugte Jonon auch in der Natur vorkäme. Jetzt ist β-Jonon in *Rubus idaeus* und im Öl von *Boronia megastigma* nachgewiesen worden (NAVES).

$$\underset{\text{β-Jonon}}{\begin{array}{c}\text{CH}_3\text{ CH}_3\\\diagdown\diagup\\\text{C}\\\text{H}_2\text{C}\quad\text{C}-\text{CH}=\text{CH}-\text{CO}\\|\quad\ \ \|\\\text{H}_2\text{C}\quad\text{C}-\text{CH}_3\\\diagdown\diagup\\\text{CH}_2\end{array}} \qquad \underset{\text{α-Iron}}{\begin{array}{c}\text{CH}_3\text{ CH}_3\\\diagdown\diagup\\\text{C}\\\text{H}_3\text{C}-\text{CH}\ \ \text{HC}-\text{CH}=\text{CH}-\text{CO}\\|\qquad\quad\ |\\\text{H}_2\text{C}\qquad\text{C}-\text{CH}_3\\\diagdown\diagup\\\text{CH}\end{array}} \qquad \underset{\text{Safranal}}{\begin{array}{c}\text{CH}_3\text{ CH}_3\\\diagdown\diagup\\\text{C}\\\text{H}_2\text{C}\quad\text{C}-\text{CHO}\\|\quad\ \ \|\\\text{CH}_3\ \ \text{HC}\quad\text{C}-\text{CH}_3\\\diagdown\diagup\\\text{CH}\end{array}}$$

Nach Verkürzung der Seitenkette und geringfügiger Dehydrierung des β-Jonons bleibt Safranal übrig, das als geschlechtsbestimmender Stoff (Androtermon) bei den Gameten von *Chlamydomonas* fungieren kann.

Mit dem Jononring sind die weitaus meisten Vertreter der natürlichen Tetraterpenabkömmlinge, nämlich die Carotine und Carotinoide, ausgestattet. Die wenigen offenen Carotinoide wurden oben schon erwähnt (s. S. 97). Neben ungesättigten Kohlenwasserstoffen versammeln sich auch hier wieder Alkohole und die eigenartigen Epoxyde. Wegen der großen Zahl von konjugierten Doppelbindungen in ihrem Molekül sind alle Carotinoide gelborange bis rot gefärbte Pigmente (Polyenfarbstoffe), die fettlöslich und zum Teil gut kristallisierbar sind (vgl. dazu ZECHMEISTER 1932. Die dort angegebenen Formeln sind inzwischen verschiedentlich korrigiert worden). Wegen der Fettlöslichkeit wurden sie früher auch als Lipochrome zusammengefaßt. Die C-Gerüste aller Carotinoide sind prinzipiell gleich gebaut wie das oben besprochene Lycopin (s. S. 97), d. h. sie enthalten das charakteristische Mittelstück, das von den übrigen Segmenten abweicht und darauf hinweist, daß das Molekül letztlich aus zwei Hälften und nicht durch fortlaufende Aneinanderreihung kleiner Bausteine entsteht.

Für die Diagnose und quantitative Bestimmung der zahlreichen natürlichen Polyenfarbstoffe, die sich in ihrem Löslichkeitsverhalten und den üblichen zur chemischen Unterscheidung benutzten Merkmalen oft nur geringfügig unterscheiden, stehen zwei sehr elegante Verfahren zur Verfügung. Der russische Botaniker M. TSWETT hat schon 1906 gerade am Beispiel der Carotinoide die sog. chromatographische Adsorptionsanalyse erfunden (vgl. dazu ZECHMEISTER und CHOLNOKY). Da weiterhin jeder dieser Farbstoffe eine charakteristische Absorption im sichtbaren und ultravioletten Licht ausübt, wird auch die Aufnahme des Absorptionsspektrums der Analyse dienstbar gemacht (vgl. Abb. 10).

Die hier zu besprechenden Carotinoide unterscheiden sich vom Lycopin dadurch, daß die lange Kette des C-Gerüstes sich an einem oder beiden Enden zum Jononring eingerollt hat. Das Carotin selbst, das die gleiche Summenformel wie Lycopin hat ($C_{40}H_{56}$), kommt in seinen natürlichen

Quellen stets als ein Gemisch von drei als α-, β- und γ-Carotin unterschiedenen Komponenten vor. Dem γ-Carotin kommt deshalb besondere Bedeutung zu, weil es nur an einem Ende einen Jononring trägt und am anderen offen geblieben ist, während die anderen Carotine den Ringschluß an beiden Enden durchgeführt haben. Das γ-Carotin stände also zwischen dem ganz gestreckten Lycopin und den beiden anderen Carotinformen. Für den inneren Zusammenhang der Carotine und der zahlreichen anderen noch zu erwähnenden oxydierten Abkömmlinge ist es sehr wesentlich, daß Lycopin in Gesellschaft mit den cyclischen Polyenfarbstoffen nicht nur in

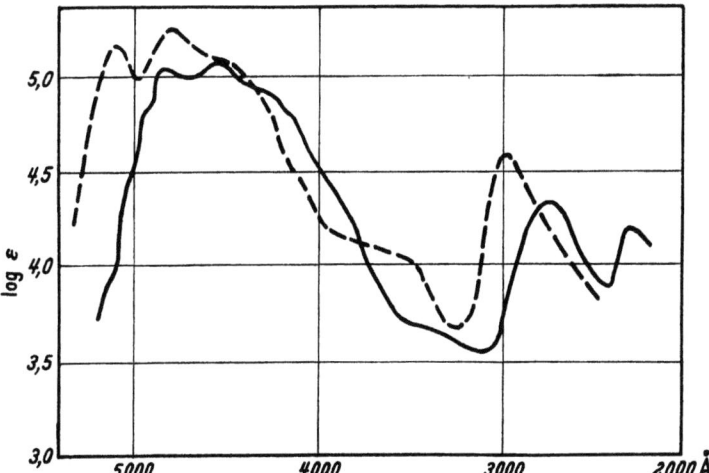

Abb. 10. Absorptionsspektren von Carotin und Lycopin. (Aus ZECHMEISTER 1932.) Ordinate: Dekadische Logarithmen des Extinktionskoeffizienten. (Hohe Werte von log ε bedeuten starke Absorption der betreffenden Wellenlängen.) —— Carotine in Cyclohexan gelöst. — — — Lycopin in Methyl-Cyclohexan gelöst.

Tomaten, sondern auch in der Hagebutte, in den reifen Beeren von *Tamus communis, Solanum dulcamara*, in Wassermelonen und anderen Früchten und auch in Blüten *(Calendula)* aufgefunden worden ist. Die Besonderheit der Tomaten besteht darin, daß in ihnen die sauerstoffhaltigen Carotinoide (z. B. Xanthophyll) nur in Spuren vorhanden sind, daß hier also die Synthese offenbar mit den Kohlenwasserstoffen abgeschlossen wird (s. unten).

Das β-Carotin ist völlig symmetrisch aufgebaut und deshalb ebenso wie γ-Carotin optisch inaktiv. Seine beiden endständigen Ringe sind identisch. Im α-Carotin hat der eine der beiden Ringe durch Wanderung der Doppelbindung die Form des α-Jonons angenommen. Sehr aufschlußreich ist die Spaltung, die das Tier durchführt, indem es aus den mit der Nahrung aufgenommenen Carotinen das aktive Vitamin A herstellt. Das symmetrische Molekül des β-Carotins wird halbiert und die beiden Bruchstellen werden durch Wasseranlagerung mit primären Alkoholgruppen versehen. Es findet also der entgegengesetzte Vorgang dessen statt, der oben als Schlußakt bei der Kondensation der Lycopinkette aus zwei C_{20}-Alkoholen angenommen wurde und der durch diese, vorläufig allerdings nur im Tier gefundene, hydrolytische Spaltung an Wahrscheinlichkeit gewinnt. Da das Vitamin A den β-Jononring enthalten muß, kann aus α- und γ-Carotin jeweils nur die eine Hälfte als solches genutzt werden und Lycopin ergibt gar kein Vitamin A. Trotz seiner formalen, durch die Summenformel nahegelegten Zugehörigkeit zu den Diterpenen, muß das Vitamin A doch unter die Tetraterpene eingereiht werden, mit denen es durch den Jononring im Molekül und auch genetisch verbunden ist, während es mit den eigentlichen Diterpenen gar nichts Wesentliches gemeinsam hat. In Pflanzen ist das Vitamin A selbst bisher noch nicht aufgefunden worden.

Ein gewisses Analogon zu dem oben erwähnten vikariierenden Vorkommen von offenen und cyclischen Monoterpenen in verschiedenen Rassen des Campherbaumes (s. S. 103) ergeben Züchtungsversuche mit Tomaten zur Erzielung eines hohen β-Carotingehaltes der Früchte, der als Provitamin A erwünschter ist als das Lycopin (KOHLER usw.). In Sorten mit viel β-Carotin war die Gesamtmenge der Carotinoide trotzdem nicht erhöht, es fand also nur eine Verschiebung auf Kosten des Lycopins statt. Die Abnahme des Lycopins zugunsten des β-Carotins macht sich äußerlich dadurch kenntlich, daß die Früchte tieforange statt tiefrot gefärbt sind. Die bei den „normalen" Tomaten auf der Stufe der offenen Tetraterpene stehenbleibende Synthese wird bei den Mutanten durch Ringschluß an den Enden der Kette um einen Schritt fortgesetzt. Die aufsteigende Reihe der Genese der Polyenfarbstoffe nähme also mit einem noch unbekannten dem Phytol analogen C_{20}-Alkohol ihren Anfang, liefe unter Dehydrierung über Lycopin und γ-Carotin zu den beiden bicyclischen Carotinen und schließlich zu den oxydierten Carotinepoxyden (s. unten), Xanthophyllen usw.

Als eine Vorstufe beim Aufbau der gefärbten Carotinoide sind vielleicht die in jüngster Zeit entdeckten farblosen, im Ultraviolett fluorescierenden Polyene zu betrachten, die sich regelmäßig mit den Carotinoidpigmenten vereint finden, z. B. in Tomaten, Karotten, Orangen, Paprika, Mais. Phytofluen ($C_{40}H_{64}$) trägt Methylseitenketten wie ein normales Carotinoid, verfügt aber nur über 7 Doppelbindungen, so daß ein beträchtlicher Teil der aliphatischen Kette gesättigt ist. Der Anteil des Phytofluens an den Gesamtpolyenen schwankt zwischen einem Hundertstel in Karotten und einem Zehntel in den reifen Beeren von *Pyracantha angustifolia* (ZECHMEISTER und PINCKARD). Höchst selten und nur in ganz verschwindenden Mengen konnte ein sauerstoffhaltiges, farbloses Polyen, das Phytofluenol nachgewiesen werden.

Die oxydierten Abkömmlinge der Carotine bilden im wahrsten Sinne des Wortes eine recht bunte Schar von gelben und braunen Plastidenpigmenten bei Kryptogamen und Phanerogamen. Schon in Purpurbakterien sind geringe Mengen von Carotinoiden nachgewiesen worden. Die roten Hefen sind recht reich mit ihnen ausgestattet. Der häufigste und bekannteste dieser mehr oder weniger gelben Pigmente ist das **Blattxanthophyll**, meist einfach Xanthophyll genannt, das 2 Hydroxylgruppen (eine an jedem Kohlenstoffring) trägt und sich an das unsymmetrische α-Carotin anschließt. Auch das **Lutein**, der Farbstoff des Eidotters, gehört hierher, der wohl direkt aus dem durch die Nahrung der Vögel zugeführten Xanthophyll hervorgeht. In den grünen Blättern liegt das Blattxanthophyll als freier Alkohol vor, während es, wie manche andere Carotinoide auch, in Blütenblättern und Früchten sowie beim Vergilben der Blätter im Herbst zu einem beträchtlichen Teil mit höheren Fettsäuren zu „Farbwachsen" verestert ist. **Zeaxanthin**, das sich an das β-Carotin anschließt, bildet in Form eines Fettsäureesters den Farbstoff des Maiskorns. Als Dipalmitinsäureester kommt es in den roten Kelchen von *Physalis*, in den Früchten von *Evonymus, Hippophae, Lycium* u. a. vor. In Paprikaschoten liegt ein Estergemisch vor, in dem an den Polyenalkohol **Capsanthin** gebunden Palmitin-, Stearin-, Ölsäure und andere sonst nur als Glyceride angetroffene Fettsäuren auftauchen. Ähnliche Ester aus **Violaxanthin**, $C_{40}H_{56}O_4$, bzw. Auroxanthin oder Lutein und Palmitinsäure färben die Blüten von Narzissen, Arnika, gelben Stiefmütterchen usw. Auf die Korrelation dieser Carotinoidpigmente mit gewissen Triterpenen wurde oben schon hingewiesen. **Capsanthin**, $C_{40}H_{58}O_3$, der rote Paprikafarbstoff, **Fucoxanthin**, $C_{40}H_{56}O_6$, der zusätzliche Chloroplastenfarbstoff der Phaeophyceen, und **Rhodoxanthin** aus Eibenbeeren, gehören ebenfalls hierher. Die oxydierten Abkömmlinge der Carotine unterscheiden sich also vor allem durch die Anzahl der Sauerstoffatome im Molekül, die zwischen O_2 und O_6 variieren können. Da der Sauerstoff in Hydroxylgruppen oder in Form der gleich zu besprechenden Epoxyde lose an das C-Gerüst angefügt ist, handelt es sich um verschiedene Oxydationsstufen des gleichen Grundkörpers, als dessen Spielformen sie betrachtet werden müssen.

Außer im Sehpurpur und im Vitamin A reichen die Carotinoide auch sonst weit ins Tierreich hinüber, sie sind dort durch einige sehr auffallende Pigmente vertreten. Der rote Farbstoff der Krebs- und Hummerschalen ist der Dipalmitinsäureester des **Astaxanthins**, $C_{40}H_{52}O_4$. Auch bei anderen Crustaceen, bei Coelenteraten und sogar bei Fischen treten Hautpigmente des Carotinoidtyps auf. Die Vermutung ist wohl berechtigt, daß die Tiere das ganze Molekül nicht aus einfachstem Rohmaterial synthetisieren, sondern auf größere Bauelemente aus der pflanzlichen Nahrung zurückgreifen, so daß auch die tierischen Carotinoide am Ende doch aus dem Pflanzenreich stammen.

In jüngster Zeit ist unter den natürlichen Polyenfarbstoffen ein ganz neuartiger Bautyp entdeckt worden (KARRER und Mitarbeiter 1945, 1947). Mehrere Carotinoide aus Blütenblättern und Früchten, bei denen man bis dahin den Sauerstoff als Hydroxyl annahm, sind als **Carotinoid-Epoxyde** identifiziert worden. Sogar in grünen Blättern liegen sie vor,

$$\text{H}_3\text{C}\underset{\underset{\text{CH}_2}{\overset{|}{\text{HOHC}}}}{\overset{\overset{\text{CH}_3}{|}}{\underset{|}{\overset{\text{C}}{\text{C}}}}}\underset{\text{CH}_3}{\overset{\text{O}}{\text{C}}}-\text{CH}=\text{CH}-\text{C}=\text{CH}-\text{CH}=\text{CH}-\text{C}=\text{CH}-\text{CH}=\text{CH}-\text{CH}=\text{C}-\text{CH}=\text{CH}-\text{CH}=\text{C}-\text{CH}=\text{CH}-\underset{\text{O}}{\overset{\text{CH}_3\,\text{CH}_3}{\overset{|}{\text{C}}}}\underset{\underset{\text{CH}_3\,\text{CH}_2}{\overset{|}{\text{C}}}}{\overset{\text{CH}_2}{\underset{|}{\text{CHOH}}}}$$

Violaxanthin (Di-Epoxyd)

wo sie oft einen beträchtlichen Prozentsatz der Gesamtcarotinoide ausmachen. Der Sauerstoff sättigt in ihnen die Doppelbindung des Jononringes ab. Violaxanthin beispielsweise ist das Zeaxanthin-Diepoxyd, d. h. an beiden Jononringen sind durch je ein Sauerstoffatom die Doppelbindungen geöffnet worden. Diese einfachen oxydativen Umwandlungen sind wahrscheinlich die ersten Schritte eines Angriffs auf das Farbstoffmolekül, der unter entsprechenden Bedingungen weiter fortgesetzt werden kann. Aber die wirkliche Funktion dieser Epoxyde in der Pflanze ist noch ganz ungeklärt. Sicher sind es Zwischenstufen weiterer Umlagerungen der Carotinoidmoleküle. Andere natürliche Pigmente sind nämlich als furanoide Derivate der Xanthophylle erkannt worden, die über die Epoxyde entstehen, z. B. das Auroxanthin aus den gelben Stiefmütterchen. In vitro läßt sich bei mäßiger Ansäuerung, p_H 3, in wenigen Stunden von Epoxyden ausgehend eine solche Schließung des Furanringes bewerkstelligen.

Violaxanthin (Epoxyd) → Auroxanthin (furanoide Umlagerung)

Biologisch ist recht interessant, daß *Viola*-Blüten im Frühjahr neben Violaxanthin (Epoxyd) nur ganz geringe Mengen des furanoiden Auroxanthins bilden. In den Blüten, die sich im Sommer und Herbst entfalten, tritt Auroxanthin immer mehr hervor (KARRER und Mitarbeiter 1945). Dieses Verhalten ist um so merkwürdiger, als es sich ja nicht um alternde Blüten handelt, in denen dieser Umwandlungsprozeß eine Alterserscheinung sein könnte. Das Überwiegen des komplizierter gebauten Farbstoffes tritt in jeweils neu entfalteten Blüten hervor. Nur die Jahreszeit und das Alter der Mutterpflanzen sind vorangeschritten. Ob der innere oder der äußere Faktor die entscheidende Ursache für die veränderte Pigmentbildung bzw. die Verwandlung des Farbstoffes ist, bleibt noch zu untersuchen. Das weitere Schicksal und die mögliche Bedeutung der furanoiden Carotinoide sind ebenfalls noch nicht aufgedeckt.

Die Möglichkeiten eines Abbaues der Carotinmoleküle sind verschiedentlich angedeutet, wenn auch noch nicht genauer untersucht worden. Aus Leguminosensamen, Kartoffeln, Weizenkeimlingen und anderen Objekten sind „Lipoxydasen" bekannt, die aus ungesättigten Fettsäuren durch Sauerstoffanlagerung Peroxyde bilden. Diese sehr aktiven Verbindungen sollen dann die Carotinoide oxydieren, was sich äußerlich in deren Ausbleichung kundtut (SUMNER und DOUNCE; WEIER 1944; BERNSTEIN und THOMPSON). Voraussetzung einer Carotinoidoxydation ist jedoch eine stärkere Beschädigung, wenn nicht überhaupt der Tod der Zellen. In gewelkten bzw. halbtrockenen Blättern wird Carotin rasch zerstört, was bei der Herstellung von Trockengemüse und beim Trocknen des Heues praktische Bedeutung hat. Zur Carotinzerstörung unter diesen Bedingungen tragen besonders im Sonnenlicht rein chemische bzw. photochemische neben den enzymatischen Prozessen bei. In manchen Blättern sind Antioxydantien gegen die Carotinveränderungen nachgewiesen worden.

Das oben genannte Iron, $C_{14}H_{22}O$, und das Safranal, $C_{10}H_{14}O$, gehören trotz ihrer niederen Molekulargewichte nicht in die Verwandtschaft der Monoterpene, sondern müssen als Abbauprodukte oder Bruchstücke von Tetraterpenen angesehen werden. Die lange Seitenkette ist bis auf letzte Stummel abgetragen. Iron ist übrigens der einzige Terpenriechstoff, der nachweislich nicht in Exkretbehältern, sondern diffus im Gewebe des *Iris*-Rhizoms vorkommt.

Die drastischsten und auffälligsten Abbauvorgänge, an denen die Plastidenpigmente beteiligt sind, finden während der herbstlichen Vergilbung der Blätter statt. Die ursprüngliche Annahme von WILLSTÄTTER und STOLL, daß dabei Carotin zu Xanthophyll oxydiert wird, scheint nicht zuzutreffen; denn es läßt sich beim Vergilben keine wesentliche Xanthophyllzunahme nachweisen (SEYBOLD). Bemerkenswert ist das Erscheinen von Xanthophyllestern im vergilbenden Blatt, deren Menge entweder artgebunden ist oder durch das Alter des Blattes bestimmt wird. In den Plastiden der Laubblätter fehlen solche Ester zunächst vollständig, während sie sich bei Früchten und Blütenblättern auch schon in jungen Organen finden. Der Abbau, d. h. die Verwandlung in ungefärbte, noch unbekannte Verbindungen, verläuft für „Carotin" und „Xanthophyll" (beides als Gruppenbezeichnung gebraucht) in bestimmten Blatt-Typen ungefähr gleich rasch, in anderen hingegen wird Carotin wesentlich schneller abgebaut, so daß das Verhältnis Xanthophyll : Carotin gegenüber demjenigen in grünen Blättern ansteigt. Mit dem Schwund der Chlorophylle werden im Herbst also auch die gelben Plastidenpigmente vermindert. Mehr läßt sich bisher kaum sagen, und das alljährlich so eindrucksvoll vor unseren Augen abrollende Schauspiel der herbstlichen Blattverfärbung ist physiologisch noch lange nicht durchsichtig. Über den Anteil der Anthocyane wird später zu sprechen sein (s. S. 191).

Bei der Reifung vieler fleischiger Früchte durchlaufen die Carotinoidpigmente zum Teil ähnliche Verwandlungen wie in vergilbenden Blättern, zum Teil laufen aber auch ganz andersartige Prozesse ab, vor allem die intensive Bildung bestimmter Polyenfarbstoffe aus noch unbekanntem Rohmaterial, z. B. bei Tomaten, Hagebutten, Paprika usw. Im einfachsten Fall, z. B. bei Banane und Citrone, wird die gelbe Farbe einfach durch Zerstörung des Chlorophylls hervorgebracht, indem dann die bereits vorher vorhandenen Carotinoidpigmente zur Geltung kommen. In anderen Früchten verschwinden zunächst aber mit dem Chlorophyll auch die gelben Pigmente und erst nach einer fast farblosen Phase setzt die Bildung der orange oder rot gefärbten Pigmente aus einer farblosen Vorstufe (Verwandte des Phytols?) ein. Über die eigenartige Temperaturabhängigkeit der Lycopinbildung wurde oben gesprochen (s. S. 97). Zur normalen Ausfärbung mit Carotinoiden scheint eine ungehinderte Atmung unerläßlich zu sein, Anaerobiose hindert die Pigmentierung.

Ein kurzer Blick sei noch auf die ebensowenig geklärten Verhältnisse bei der sog. primären Carotinoidbildung in Blättern bzw. jungen Früchten geworfen (vgl. BARRENSCHEEN und Mitarbeiter). Auch in den etiolierten Pflanzen bzw. den im Dunkeln gezogenen Keimlingen (Gerste, Weizen) sind geringe Mengen Carotinoide, meist aber gar keine Carotine selbst, vorhanden. Daß der Carotinaufbau aber nicht an Licht gebunden sein kann, beweist das naheliegende Beispiel der Karottenwurzel. Die gelben Farbstoffe gehören also zur ursprünglichen Pigmentausstattung der Plastiden einschließlich der Chloroplasten. Ihre Bildung in größeren Mengen in den

Blättern ist jedoch vom Licht abhängig oder jedenfalls mit anderen lichtabhängigen Prozessen gebunden; denn bei Belichtung etiolierter Blätter nehmen die Carotinoide parallel mit dem Chlorophyll zu. Dabei liegen keine Anhaltspunkte vor, daß die Carotinoide etwa aus den C-Resten desaminierter Aminosäuren oder aus höheren Fettsäuren hervorgehen. Sowohl Chloroplasten als auch Leukoplasten, die zu Chromoplasten umgebildet werden, enthalten gewöhnlich zunächst Stärkekörner, die vor oder während der Ausbildung der Carotinoide verschwinden.

Über die physiologische Bedeutung der Carotinoidpigmente herrscht noch Unklarheit. Wir dürfen wohl kaum eine einheitliche Funktion erwarten. In bestimmten Fällen dienen Carotine zur Perzeption des Lichtreizes vor phototropen Bewegungen. Ob die gelben Pigmente in den Chloroplasten an der Photosynthese teilnehmen, ist noch umstritten; daß die Carotine und ihre oxydierten Partner eine Bedeutung für die Dynamik der Oxydoreduktionsprozesse haben, ist oft behauptet, aber noch nie bewiesen worden.

Auf Grund des im Chlorophyllmolekül enthaltenen Systems konjugierter Doppelbindungen ist die Vermutung geäußert worden, daß die Genese der grünen und gelben Plastidenpigmente auch chemisch weitgehend einheitlich sein könne (EULER und HELLSTRÖM). Auf eine solche gemeinsame chemische Wurzel würde auch das Phytol hindeuten, dessen dehydriertes Analogon die Hälfte eines Carotinmoleküls darstellt. Die Pyrrolkerne im Phäophytin weisen jedoch auf einen ganz anderen Weg der Chlorophyllsynthese hin.

Damit soll die mehr chemische Betrachtung des ausgedehnten Gebietes der pflanzlichen Terpenverbindungen abgeschlossen sein. Eine kurze Darstellung der Hauptzüge der sehr reizvollen Geschichte der Terpenchemie hat in neuerer Zeit HÜCKEL gegeben, aus der deutlich genug hervorgeht, wie sehr dabei phytochemische Gesichtspunkte vernachlässigt worden sind.

C. Der Anschluß der Terpenbildung an den allgemeinen Stoffwechsel.

Bei einem Rückblick auf die chemischen Baupläne der verschiedenen Terpengruppen bemerken wir, daß zwar nicht alle, aber doch die meisten von ihnen auf eine einzige Art von Grundbaustein zurückgeführt werden könnten. Dieser Vereinheitlichung stehen zunächst die Steroide wohl am fernsten. In der Tat ist die Suche nach dem Bauelement für die Terpene schon so alt wie die Kenntnis der einfachsten Vertreter dieser Klasse. Rein formal wurde aus den Strukturformeln das Isopren als ein solcher der Polymerisation zugrunde zu legender Körper abgeleitet, und diese Vorstellung hat zusammen mit der „Dehydrierungsmethode" für die Strukturaufklärung aller möglicher Vertreter der Terpene auch die wertvollsten Dienste geleistet (vgl. RUZICKA 1922 und 1938).

1. Die Isoprenhypothese.

Der „Altmeister der Terpenchemie", WALLACH (1887), formulierte schon sehr viel früher, als man heute gemeinhin annimmt, folgende Hypothese: „Für die Erlangung einer allgemeinen Vorstellung von der Konstitution der Terpene ist von größtem Belang zunächst jedenfalls die Tatsache, daß dieselben zum Teil wenigstens durch Polymerisation des Pentens C_5H_8 entstehen und daß sich aus dem Penten nicht nur die gewöhnlichen Terpene $C_{10}H_{16}$, sondern auch Polyterpene $C_{15}H_{24}$, $C_{20}H_{32}$ usw. aufbauen können. Das bekannteste terpenbildende Penten ist das Isopren. Die Kohlenstoffverkettung in demselben ... darf man als eine den Isoamylverbindungen entsprechende annehmen. Isopren dürfte sein:

$$\begin{array}{c} CH_2 \\ \diagdown \\ C\!-\!CH\!=\!CH_2 \quad \text{Isopren} \\ \diagup \\ CH_3 \end{array}$$

Ein solcher Bau des Isoprenkerns läßt (natürlich unter der unumgänglich notwendigen Annahme, daß die vorhandenen Wasserstoffatome teilweise einem Ortswechsel zugänglich sind) eine Polymerisation zu Terpenen, Sesquiterpenen usw. verständlich erscheinen, wie ein Blick auf die folgenden Formeln zeigt." Außer den untenstehenden werden noch andere

$$\begin{array}{cc}
\begin{array}{c} CH_2\ CH_3 \\ \diagdown\diagup \\ C \\ | \\ CH \\ \diagdown \\ CH_2\ CH_2 \\ \| \\ CH\ CH_2 \\ \diagdown\diagup \\ C \\ | \\ CH_3 \end{array}
&
\begin{array}{c} CH_3\ CH_3 \\ \diagdown\diagup \\ CH \\ | \\ C \\ \diagup\diagdown \\ HC\quad CH \\ \|\quad\| \\ HC\quad CH_2 \\ \diagdown\diagup \\ CH \\ | \\ CH_3 \end{array}
\end{array}$$

für höhere Polymere aus Isoprenresten in ähnlicher Weise zusammengesetzt, wie sie heute noch in alle einschlägigen Darstellungen übernommen worden sind. Später (1909) schreibt WALLACH, „daß mit den oben angeführten, frühzeitig aufgestellten Prognosen im Prinzip das Richtige getroffen wurde, ist, wie gesagt, heute unzweifelhaft". Das galt damals für die Terpene im engeren Sinne, einschließlich der Diterpene, später ließen sich diesem Schema dann auch die Carotine, Sterine usw. einreihen.

Der Übertragung dieser Hypothese auch auf die phytochemischen Verhältnisse wurde dadurch sehr Vorschub geleistet, daß es einerseits gelang, durch Polymerisation des künstlichen Isoprens, einer bei 34° siedenden Flüssigkeit, Dipenten und andere den natürlich vorkommenden Terpenen ähnliche Produkte zu erzeugen, wenn auch unter ganz unphysiologischen Bedingungen, und daß auf der anderen Seite durch scharfen Abbau, meist durch trockene Destillation der Naturprodukte, Isopren als Spaltstück anfiel. Der schärfste, nie verstummende Einwand zielte immer wieder darauf, daß es nirgendwo gelang, in der Pflanze Isopren aufzufinden, abzufangen oder auch nur die Möglichkeit seiner intermediären Entstehung glaubhaft zu machen. Es wurde deshalb schon vor 40 Jahren von kompetenter Seite darauf hingewiesen, daß „Isopren, welches keine Isopropylgruppen enthält, ein künstliches Abbauprodukt ist und mit der Terpensynthese nichts zu tun hat" (EULER 1909, S. 220). Gemeint ist hierbei natürlich die Genese der Terpene unter den Bedingungen der lebenden Zelle. Man vergißt allzu leicht, daß die Wege des Chemikers bei Synthesen oft nicht die Wege sind, die die Zelle bei der Erzeugung der gleichen Produkte beschreitet.

Wie man sich die Umwandlung der Kohlenhydrate, die trotz anderer Vermutungen das Rohmaterial wenigstens für die in größeren Mengen auftretenden Terpene abgeben, in Isopren vorstellen soll, blieb immer unklar. Im übrigen ist der Schluß aus den Summenformeln, die im allgemeinen zwar ein Vielfaches von C_5H_8 darstellen, auf diesen Komplex als tatsächlichen Grundkörper recht schematisch. Im Gebiet der Kohlenhydrate müßte man dann aus der polymeren Stärke $(C_6H_{10}O_5)n$ auf ein Glied schließen, das der eingeklammerten Größe entspricht, während aber tatsächlich der um das Hydrolysewasser vermehrte Körper, nämlich Hexose, in Betracht kommt. Und so sprechen noch andere Überlegungen und Tatsachen dafür, daß am Anfang der Terpenpolymeren in der Zelle ein Körper mit einer funktionellen Gruppe und kein Kohlenwasserstoff steht. Eine Analogie zur Bildung der höheren Fettsäuren aus ungesättigten Aldehyden drängt sich für die Entstehung der Terpenpolymeren auf.

Die in der Hauptsache wohl visuell induzierte Isoprenhypothese spielt in vieler Hinsicht eine ebenso unheilvolle Rolle wie die unglückliche Formaldehydhypothese der CO_2-Assimilation. Obwohl laboratoriumschemisch unantastbar, wurde sie durch genauere physiologische Überlegungen schon vor mehr als 20 Jahren für die lebende Zelle als unhaltbar zurückgewiesen (KOSTYTSCHEW) und nach Einsatz isotoper Elemente auch experimentell ausgeschlossen, und trotzdem lebt sie heute noch weiter (s. LENNARTZ 1946). Wir müssen deshalb auch bei anderen Überlegungen den Gründen, die gegen die Annahme einer Entstehung der Polyterpene durch Polymerisation von Isopren sprechen, mehr Gewicht beimessen als allen hypothetischen Versuchen, diesen Vorgang plausibler zu machen (vgl. KERN).

[2. Andere Vorstellungen über die Genese der Terpene.

Die angedeuteten physiologischen Bedenken gaben den Anstoß zu anderen Vorstellungen und Konstruktionen, die den Anschluß der Terpene an den allgemeinen Stoffwechsel sicherstellen sollten und die um so mehr Interesse gewannen, je weiter sich der Kreis der Terpenangehörigen zog. Keine dieser Hypothesen ist indessen bisher belegt und bestätigt worden. Es sollen deshalb hier nur kurz die Grundzüge solcher Überlegungen dargestellt werden.

Wenn einmal angenommen wird, daß wirklich ein einziger Körper als Ahne für alle Terpenabkömmlinge überhaupt fungiert, was trotz der Analogie im chemischen Bau der fertigen Produkte nicht unbedingt nötig erscheint, so muß diese Baueinheit mindestens zwei wesentlichen Anforderungen genügen: sie muß alle Eigenschaften besitzen, die eine Polymerisation unter den Verhältnissen der Zelle gestatten, und sie muß ihre Herkunft aus Kohlenhydraten nachweisen können. Es ist nicht erforderlich, daß der gesuchte Baustein selbst in beträchtlichen Mengen in der Zelle vorhanden ist, aber die Auffindung irgendwelcher stabilisierter naher Verwandter wäre wohl zu erwarten. Bevorzugt sind solche Körper ins Auge zu fassen, die bei 5 C-Atomen im Molekül die charakteristische Verzweigung mit der Bildung der Isopropylgruppe aufweisen.

Immer wieder wird auf eine ursprünglich von EULER (1909) geäußerte Hypothese zurückgegriffen, die die gesuchte Muttersubstanz der Terpenfamilie aus normalen Spaltprodukten der Zucker hervorgehen läßt. Acetaldehyd und Aceton, oder noch wahrscheinlicher Dioxyaceton, das erst nach Verknüpfung mit dem Aldehyd reduziert wird, kondensieren zu β-Methylcrotonaldehyd. Diese Kondensation ist in vitro neuerdings in Anwesenheit von Glykokoll bis zum β-Hydroxy-Isovaleraldehyd, einer Vorstufe des Methylcrotonaldehyds, vollzogen worden.

$$\begin{array}{c} CH_3 \\ CH_3 \end{array}\!\!>\!\!CO + CH_3 \cdot CHO \;\rightarrow\; \begin{array}{c} CH_3 \\ CH_3 \end{array}\!\!>\!\!\underset{OH}{C}\!\!-\!\!CH_2\!\!-\!\!CHO \;\xrightarrow{-H_2O}\; \begin{array}{c} CH_3 \\ CH_3 \end{array}\!\!>\!\!C\!\!=\!\!CH\!\!-\!\!CHO$$

Aceton   Acetaldehyd   β-Hydroxy-Isovaleraldehyd   β-Methylcrotonaldehyd

Der β-Isovaleraldehyd ist auch aus dem Kondensationsprodukt von Aceton (bzw. Dioxyaceton) und Brenztraubensäure nach Decarboxylierung der zunächst entstehenden α-Ketosäure zugänglich. Diese Ketosäure stellt mit ihrem verzweigten Molekül gleichzeitig den Vorläufer für die Aminosäure Leucin dar, deren Aufbauweg im übrigen noch unklar ist. Der gesuchte verzweigte C_5-Grundkörper steht sicher auch in enger Beziehung zum Kohlenstoffgerüst der Aminosäure Valin, wenn auch die Ableitung der Terpene aus den Resten desaminierter Aminosäuren, ganz abgesehen davon, daß andere Gründe dagegen sprechen (s. S. 136), nur eine Scheinlösung wäre; denn es erhöbe sich dann die Frage nach der Herkunft der C-Bausteine eben dieser Aminosäuren.

Von den hier genannten Zwischenkörpern ist bisher weder β-Methylcrotonaldehyd noch β-Hydroxy-Isovaleraldehyd frei in Pflanzen gefunden worden; aber ganz nahe verwandte Verbindungen kommen immerhin vor. Über den zum Methylcrotonaldehyd gehörigen Alkohol, das Prenol, wurde oben schon berichtet (s. S. 93). Die dazugehörige Carbonsäure, die β-Methylcrotonsäure, ist als Seneciosäure aufgefunden worden. Isovaleraldehyd, also die hydroxylfreie Verbindung, ist nicht selten in ätherischen Ölen, wo auch Isovaleriansäure verbreitet vorkommt. Nahe verwandt mit der Keto-Isocapronsäure ist die Brenztherebinsäure, die neben Isovalerian- und Isocapronsäure in Milchsäften gefunden wird.

Der weitere Weg von den beiden genannten Aldehyden aus könnte über eine Aldolkondensation, z. B. von zwei Molekülen β-Methylcrotonaldehyd, und gelinde Reduktion zum Citral und Geraniol führen. Daß von diesen offenen Monoterpenen sich weite Gebiete der Terpene durch einfache Umlagerungen bzw. Oxydoreduktionen erreichen lassen, wurde oben dargestellt. Eine fortgesetzte Aldolkondensation des Methylcrotonaldehyds würde übrigens zu einem dem Carotinmolekül im Hydrierungsgrad ähnlichen Körper führen (vgl. zu diesen Fragen HESSE und Mitarbeiter; BONNER und GALSTON). Alle diese Vorstellungen haben den Vorteil auf ihrer Seite, daß sie den auf den ersten Blick für physiologische Verhältnisse sehr ungewöhnlichen verzweigten C_5-Körper aus den normalen Zuckerspaltstücken herleiten und daß sie dafür nur die bekannte leichte Beweglichkeit der Wasserstoffatome in der Nachbarschaft einer Carbonylgruppe einsetzen. Es ist ganz natürlich, daß die in derselben Reaktionssphäre entstehenden Aldehyde und Ketone auf mannigfache Weise in Kondensationen miteinander reagieren, besonders in jungen, wachsenden Zellen mit ihrem überreichlichen Zuckerabbau[1]. Die oben erwähnten Beobachtungen, daß Sterine sich im Organismus aus Acetylphosphat bilden, muß als kräftige Stütze solcher Vorstellungen gewertet werden. Daß sich niedere und höhere Terpene tatsächlich aus gleichem Material aufbauen, wird unter anderem durch das vikariierende Vorkommen von ätherischen Ölen und Kautschuk bzw. Triterpenen in verschiedenen Rassen der gleichen Art oder zu verschiedenen Jahreszeiten im gleichen Individuum unterstrichen (s. unten, *Parthenium, Cryptostegia*).

Neben unfruchtbaren Spekulationen (vgl. SUESSENGUTH; MEHNER) treten in jüngster Zeit auch experimentell untermauerte Versuche zur Lösung der Frage nach der biologischen Synthese der Terpene hervor (LENNARTZ 1943, 1946). Obwohl auch dabei noch immer mit Isopren operiert wird, legen sie nahe, als Modellsubstanz für die Entstehung der Terpene in der Natur nicht den Kohlenwasserstoff Isopren als solchen, sondern einen der Alkohole (Prenol, Dimethylvinylcarbinol) anzunehmen.

Wir sind gewöhnt, für jedes Stoffwechselgebiet in der Zelle eine Serie von Enzymen zu finden, die sehr speziell auf die betreffenden Verbindungen abgestimmt sind. Auch in diesem Punkt herrscht bei den Terpenen noch

---

[1] Auf eine hohe Gärungskapazität bei geringer Atmungsintensität von Keimlingen weist jüngst D. R. GODDARD (Growth 12, Suppl. 17, 1948) wieder hin.

völlige Dunkelheit. Es sind nur ganz spärliche Angaben über fermentative Umsetzungen mit Terpenen aller Art anzutreffen. In den Behältern ätherischer Öle wurden häufig Oxydasen nachgewiesen, die vielleicht zur weiteren Umwandlung der vom Plasma schon abgeschiedenen Terpene beitragen. Hefe reduziert den Aldehyd Citronellal zum Alkohol Citronellol, ein analoger Prozeß zur Äthylalkoholbildung aus Acetaldehyd, und deshalb wohl nicht als spezifisch für die Terpenkörper anzusehen. Gärende Hefe und Hefepreßsäfte hydrieren die zu einer primären Alkohol- oder zu einer Carbonylgruppe α,β-ständige Doppelbindung verschiedener chemischer Verbindungen, z. B. auch des Geraniols und Citrals, aber auch des Zimtalkohols. Auch dafür ist sicher ein nicht für Terpene spezifisches Enzym verantwortlich. Im Darm wird Cholesterin durch Bakterien zu Koprosterin hydriert. Solche Hydrierung von olefinischen Doppelbindungen entspricht wohl einem ganz allgemeinen Vermögen der Zellen. Daß in diesen Prozeß auch Terpene einbezogen werden können, macht die Existenz der vielen wasserstoffreicheren Terpenabkömmlinge verständlich, denen man in der Natur begegnet. Auf der anderen Seite sind solche unspezifische Hydrierungen für gewisse „Konvergenzerscheinungen" verantwortlich, die im Bereich der Wasserstoffübertragung sich an Körpern verschiedener Herkunft und verschiedenartigen Baues bemerkbar machen.

Das häufige Vorkommen beider Antipoden von optisch aktiven Verbindungen, denen wir ja gerade bei den ätherischen Ölen so oft begegnen, wird meist so gedeutet, daß spontane, also nichtenzymatische Reaktionen die letzten Schritte bei der Synthese sind. Die Verhältnisse der Verteilung der optischen Isomeren entsprechen aber auch den daran zu knüpfenden Folgerungen nicht. Von dem ausschließlichen Vorkommen der einen optischen Form über alle Mischungsverhältnisse zwischen beiden bis zu ausgesprochen racemischen Gemengen sind in verschiedenen Pflanzenarten alle Möglichkeiten verwirklicht. Die in einigen wenigen Fällen nachgewiesene erbliche Fixierung der Qualität des ätherischen Öles läßt nach unseren jetzigen Kenntnissen die entscheidende Mitwirkung von Enzymen erwarten. Man darf zunächst vielleicht annehmen, daß spontane Reaktionen an optisch aktiven Bausteinen ansetzen und damit eine optische Aktivität auch in die Endprodukte hineintragen, ohne daß die Ausschließlichkeit wie bei durchgängig enzymatischen Synthesen herrschte.

D. Die Entstehung der Terpenverbindungen in der Einzelpflanze.

1. Allgemeines.

Wenn man die Terpenbildung als eine Errungenschaft der Landpflanzen hinstellt, so hat man nur gewisse auffällige Formen, die „eigentlichen" Terpene (flüchtige Öle, Harze, Kautschuk) im Auge, denn Carotine, Sterine, Phytol usw. sind fast universell auch in den niederen Pflanzen anwesend. Die Terpenexkretion mit dem Übergang der Pflanzen zum Landleben in direkten Zusammenhang zu bringen, ist aber auch nicht zutreffend. Gewiß zeigen die Beobachtungen an höheren Pflanzen, daß Submerse gar keine oder nur sehr spärlich Terpene entwickeln, aber der Grund dafür ist rein ökologisch. Phylogenetisch gesehen muß für die Aufnahme der Terpenausscheidung eine bestimmte Entwicklungshöhe erklommen sein. Noch bei Farnen sind Harze ganz unbekannt und ätherische Öle sehr selten. Man kennt bisher kaum ein halbes Dutzend Angaben über ätherische Öle bei Pteridophyten, und bei allen ist es noch nicht sicher, ob es sich überhaupt um Terpenabkömmlinge handelt. Ebenso unentschieden ist die Zusammensetzung der wenigen aus Moosen oder höheren Pilzen abdestillierten flüchtigen Öle. Aus *Paesia scaberula*, einem in Neuseeland endemischen Farn, sind mit Bestimmtheit oxydierte Sesquiterpene nachgewiesen worden (BRIGGS).

Die Fähigkeit zur Bildung und Ansammlung flüchtiger Öle und Harze bedeutet für die Entwicklung des pflanzlichen Chemismus einen ebenso großen Sprung („Großmutation", typenbildenden Vorgang der Evolution oder ähnliches), wie die vorher in der Phylogenie erworbene Fähigkeit zur Ligninbildung und Inkrustierung der Zellwände, dem chemisch entscheidenden Schritt beim Fortschreiten zu den Gefäßkryptogamen. Die leistungsfähigere Ausgestaltung des photosynthetischen Apparates im Laufe der Evolution (Aufteilung der Chloroplasten, Ausbildung der Palisadenzellen usw.) ist als Voraussetzung für die Terpenabscheidung genau so wesentlich wie die Schaffung gewisser anatomischer Einrichtungen, z. B. geeigneter Exkreträume, die erst vorhanden sein mußten, ehe physiologisch die Synthese eines solchen dem Plasma fremden Exkretes von der Pflanze harmonisch eingebaut werden konnte. Vielleicht liegt in dieser Richtung der Sinn der intercellularen Drüsenhaare im Rhizom von *Aspidium filix mas*, die noch kein ätherisches Öl enthalten. Daß nicht eine hohe Assimilationsleistung allein schon die Terpenbildung und Ausscheidung nach sich zieht, geht wohl daraus hervor, daß unter den ausgestorbenen, ehedem unter günstigsten Assimilationsbedingungen lebenden Arten der Pteridophyten keine eindeutigen Exkretbehälter nachgewiesen worden sind, und unter den rezenten tropischen Farnen gibt es auch keine, die in technisch verwendbarem Umfange Terpenverbindungen bilden.

Unter den höheren Pflanzen geht die Produktion von typischen Terpenen (ätherische Öle, Harze, Kautschuk) den heterotrophen ganz ab. Die sporadischen Ansätze zur Milchsaftbildung bei höheren Pilzen (Agaricaceen) weisen noch nicht auf die Kautschuksynthese hin (s. unten). Unter den Samenpflanzen ist das Vorkommen größerer Mengen von Terpenverbindungen ziemlich willkürlich verbreitet. Bei manchen Verwandtschaftskreisen treten sie gehäuft auf, in anderen fehlen sie fast völlig. Eine Regel, aus der vielleicht sogar Rückschlüsse auf den Bildungsmechanismus in der Pflanze gezogen werden könnten, ist noch nicht gefunden worden.

Deutlicher ausgeprägt als phylogenetische Beziehungen der Terpenproduktion sind die ökologischen. Das Fehlen terpenartiger Ausscheidungsprodukte bei den submersen Phanerogamen kann als Beleg für die Auffassung angesehen werden, daß diese Exkrete Erzeugnisse eines luxurierenden Stoffumsatzes sind; denn im allgemeinen steht die Assimilationsleistung untergetauchter Pflanzen hinter derjenigen der Landpflanzen zurück. Schattenpflanzen sind im allgemeinen ärmer an Terpenexkreten, überhaupt an sekundären Stoffen, als ausgesprochene Sonnenpflanzen. Wärme und Trockenheit begünstigen auch bei der gleichen Art vor allem die Anhäufung von ätherischen Ölen. Die Pflanzenfamilien, die gehäuft flüchtige Öle, Harze und Kautschuk speichern, haben das Schwergewicht ihrer Verbreitung in den Tropen und Subtropen. Ausnahmen bestehen auch hier. Die harzreichen *Pinus*-Arten überschreiten sogar den Polarkreis. Daß mit steigender Höhe im Gebirge der Gehalt an ätherischen Ölen abnehmen soll, kann so lange nicht als nachgewiesen gelten, als zu solchen

Versuchen Pflanzen wie *Mentha, Carum, Petrosileum hortense* und ähnliche verwendet werden, die sich im Gebirge auch in ihrem sonstigen Habitus kümmerlicher entwickeln (BAUNINGER).

Da es sich bei den Terpenen meist um Exkrete handelt, ist es nicht verwunderlich, daß keine Beziehungen zum Tagesgang der Assimilation, d. h. eine Zunahme am Tage, eine Abnahme bei Nacht aufgedeckt worden ist. Bei *Digitalis purpurea* wird der Gehalt an herzwirksamen Glykosiden morgens am niedrigsten und abends am höchsten angegeben. An sonnigen Tagen sollen die Blätter reicher sein als an trüben. Welchen Schwankungen die hier interessierenden Aglykone unterworfen sind, ist damit noch nicht gesagt.

Im allgemeinen findet eine besonders üppige Produktion von Terpenen, meist von Ölen und Harzen, weniger von Kautschuk, während des Wachstums der Organe statt. Das trifft oft auch für Sterine und Carotine zu. Hefezellen vermehren den Steringehalt noch rascher, als sie wachsen. In anderen Fällen bilden sich erst später die sekundären Verbindungen. Reifende Früchte und die Karottenwurzel sammeln im ausgewachsenen Zustand Carotine an. Die fortgesetzte Kautschukbildung verhält sich meist antagonistisch zum Wachstum (s. unten).

Recht bemerkenswert ist noch die bisher einzelstehende Beobachtung, daß der Ölgehalt der Rhizome von tri- und tetraploiden Pflanzen von *Acorus calamus* gegenüber den Diploiden wesentlich gesteigert ist; er beträgt mit ansteigenden Chromosomensätzen 2,17; 3,12 und 6,82% des Trockengewichtes. Auch qualitative Unterschiede sind dabei sehr wahrscheinlich (WULFF).

2. Ätherische Öle und Harze.

Die ätherischen Öle sollen hier ohne Rücksicht darauf, ob sie tatsächlich zum größten Teil aus Terpenen oder etwa aus aromatisch gebauten Verbindungen bestehen, einbezogen werden. In ihren physikalisch-chemischen Eigenschaften, z. B. der Lipophilie, sind sie ja durch gemeinsame Bande verknüpft, und das ist offenbar das Entscheidende für ihr Verhalten im Organismus.

Bei Keimlingen von *Salvia officinalis* ist folgender Zusammenhang zwischen Wachstum und Produktion von ätherischen Ölen beobachtet worden (s. Tabelle 20). ,,Der Keimling ist über und über mit Drüsenhaaren bedeckt, deren Köpfchen sich mit ätherischem Öl füllen, bis das Pflänzchen 20 mm lang ist. Dann kommt die Phase der Zellstreckung. Dabei entlassen die Drüsen ihr Exkret und sterben ab, so daß der 115 mm lange Keimling nur mehr 0,043 mg Terpene enthält. Auch bei Stengeln und Blättern kann man beobachten, daß nur die jungen Organe tätige Drüsen besitzen, während die Köpfchenhaare der alten Organe verdorrt und abgestorben sind" (FREY-WYSSLING 1945). In vielen anderen Pflanzen, besonders in denen mit inneren Ölbehältern, erhält sich das ausgeschiedene Exkret natürlich länger, oft bis zum Absterben des Organs, oft wird es aber auch vorher entlassen, z. B. bei *Ruta* aus den Drüsen der Blätter. Öfter wird gefunden, daß der Gehalt an flüchtigen Ölen bis zur Blütezeit der Pflanze ansteigt, um dann wieder zurückzugehen, z. B. *Artemisia absynthium, Carum copticum*. Ähnliche Beobachtungen liegen für die *Andropogon*-Arten vor, welche die indischen Grasöle liefern. Es ist fraglich, ob es sich dabei um eine Einbeziehung der Öle in den Stoffumsatz der Pflanze handelt.

Entweder wird durch Aufhören der Neubildung und fortgesetzte Verdunstung ein Verbrauch vorgetäuscht, oder aber die Abnahme des Ölgehaltes wird nur durch technische Unzulänglichkeiten scheinbar hervorgerufen. Eine sichere quantitative Bestimmung der Terpenexkrete durch bloße Destillation während verschiedener Entwicklungsstadien der Pflanze ist deshalb unsicher, weil die niederen Terpene alle zur Verharzung neigen. Dadurch können sich unbestimmte Mengen der Erfassung entziehen.

Wenn auch die Terpene schon sehr frühzeitig beim Wachstum der Organe aufgebaut und abgeschieden werden, so finden doch in den Drüsen, Harzgängen usw. noch mannigfache Umwandlungen statt. In den Exkretbehältern sind häufig Oxydasen gefunden worden, die sich an solchen Umsetzungen beteiligen. In den sezernierenden Zellen der Harzgänge sind z. B. keine Harzsäuren nachweisbar, die erst in den Harzgängen aus neutralen Terpenen entstehen. Die Ölzellen im Campherblatt enthalten zunächst sehr flüchtiges Öl, das erst durch Sauerstoffaufnahme in Campher übergeführt wird, der dann zuweilen in den Zellen auskristallisiert. Je älter das Organ wird, um so reicher an Campher ist es. Sehr wertvoll wären genaue Angaben über die einzelnen Bestandteile der Exkrete während der verschiedenen Entwicklungszustände, weil man daraus vielleicht ablesen könnte, welches die primären Kondensationsprodukte unter den Terpenen und welches abgeleitete Verbindungen sind. Die Unterlagen dafür sind spärlich und nicht detailliert (vgl. CHARABOT und Mitarbeiter).

Tabelle 20. *Gehalt an ätherischen Ölen in Keimlingen von Salvia officinalis.* (Nach FREY-WYSSLING 1945.)

Länge des Keimlings in mm	Ätherisches Öl je Keimling in mg
10	0,070
20	0,148
30	0,084
40	0,058
70	0,051
115	0,043

Im Anfang überwiegen die Alkohole, die bald verestert werden und als solche sich der weiteren Umwandlung vielleicht entziehen. Die Entstehung von Terpenkohlenwasserstoffen schließt sich an, und später nehmen gegenüber den Alkoholen die oxydierten Verbindungen, Aldehyde und Ketone, zu. Recht aufschlußreich sind zwei Angaben, die ins einzelne gehen. Bei *Citrus aurantium* enthält das flüchtige Öl der jungen Blätter etwa 70% Linalool- und Geraniolester und 25—30% freie Alkohole. Limonen ist bei Vegetationsbeginn nur wenig zugegen. Bei der Blattentwicklung werden keine weiteren Ester gebildet, sondern der cyclische Kohlenwasserstoff Limonen. In den Blüten findet man viel Limonen und wenig Alkohole (vgl. CZAPEK, Bd. III). In den Fruchtschalen schließlich sind die genannten Alkohole fast ganz verschwunden und das Limonen ist stark vermehrt. Diese Daten stützen die oben skizzierte Vorstellung, daß die primären Terpenvertreter offene Alkohole sind, aus denen dann erst die ringförmigen Kohlenwasserstoffe sich entwickeln.

Für die Einordnung aromatisch gebauter Abkömmlinge der Terpene sind einige kurze Angaben über die Bestandteile des Öles aus *Carum copticum* wichtig. Das Öl enthält neben Pinen, Cymol und Dipenten das mit einem echten Benzolkern ausgestattete, also gegenüber den normalen Terpenen dehydrierte Thymol, das zugleich ein phenolisches Hydroxyl trägt. Der Phenolgehalt des Öles nimmt mit der Anhäufung des Öles zu, aber so, daß die Phenolbildung auch noch fortschreitet, wenn das Maximum der Ölansammlung schon erreicht ist. Die aromatischen Verbindungen in den flüchtigen Ölen sind also sekundäre Umwandlungsprodukte der zunächst abgeschiedenen alicyclischen.

In anderen Fällen, z. B. bei *Magnolia*, sind histochemisch Unterschiede zwischen den Öltröpfchen, die sich noch im Plasma der sezernierenden Zellen befanden, und den in die angrenzenden Ölbehälter abgeschiedenen festgestellt worden. Wenn diese zunächst färberisch beobachteten Differenzen chemisch ausgedeutet werden könnten, würde sich auch hier ein Weg zu den Primärsubstanzen bei der Terpenpolymerisation bahnen lassen.

Jetzt, da die Chemie der Terpene bis zu einem so hohen Grad entwickelt und geklärt ist, wäre es an der Zeit, mit zuverlässigen analytischen Mitteln und nach modernen physiologischen Gesichtspunkten die Pflanze selbst nach den Wegen zu befragen, die sie bei dem Aufbau der flüchtigen Öle und Harze einschlägt. Viele der früher kostbaren und unersetzlichen natürlichen Terpenkörper sind jetzt durch künstliche Synthese zugänglich. Trotzdem haben noch viele aus den natürlichen Quellen ihre Bedeutung behalten, sei es als Heilmittel und als Riechstoffe oder in Form des Terpentinöls und des Colophoniums für mannigfache Zwecke der Technik.

Das ursprüngliche und auch heute noch allgemein geübte Verfahren, die flüchtigen Öle durch Wasserdampfdestillation zu gewinnen, liefert Produkte, die durchaus nicht mit den in der Pflanze nativ vorliegenden identisch sind. Die Blüten duften meist feiner als die aus ihnen destillierten Öle. Das rührt in erster Linie von der verseifenden Wirkung des erhitzten Wasserdampfes her. Die Ester, die sich als besondere Duftträger erwiesen haben, werden bei der Destillation zerlegt. Auch Ringschlüsse und andere Umwandlungen der Terpenmoleküle werden durch den Wasserdampf veranlaßt. Die Riechstoffindustrie hat deshalb schon frühzeitig schonendere Verfahren, vor allem die Extraktion angewendet. Noch vorteilhafter erweist sich die allerdings umständlichere und langwierigere „Enfleurage", bei der die ölhaltigen Pflanzenteile, meist Blütenblätter, auf fettbestrichenen Glasplatten ausgebreitet werden. Die ätherischen Öle diffundieren im Laufe von einigen Tagen in das Fett. Daraus wird das Öl dann durch kalten Alkohol ausgeknetet. Die auf diese Weise gewonnenen Öle haben nicht nur eine andere Qualität als die durch Destillation abgetrennten, sondern es sollen auch aus dem gleichen Pflanzenmaterial größere Mengen erhalten werden, weil die Blütenblätter fortleben und während des mehrtägigen Verweilens auf dem Fett immer neues Öl absondern. Wenn das stimmt, könnte auch aus der zweckmäßigen Verwendung solcher Methoden viel Aufschluß über die physiologischen Fragen der Terpenbildung gewonnen werden. Ganz rätselhaft ist noch die Form des natürlichen Vorkommens von Iron, das sich erst beim Trocknen der *Iris*-Rhizome bildet, und der Azulene, die erst durch Wasserdampf zu entstehen scheinen, weil sie in der charakteristischen Gestalt sonst nicht aus den Pflanzen *(Matricaria, Achillea)* abgetrennt werden können.

Eine starke Stimulierung erfährt die Bildung vor allem von Harzen und Kautschuk in der Pflanze durch das nach Verwundung angeregte pathologische Wachstum, was ja bei der technischen Ausbeutung dieser sekundären Pflanzenstoffe ausgenutzt wird. Die physiologischen Grundlagen sind für Harz- und Kautschukgewinnung verschiedene, weil die Milchröhren der genutzten Gummibäume der Rinde und die reichlich absondernden Harzgänge dem Holz angehören. Die technischen „Harze" sind Balsame, d. h. Mischungen flüchtiger und nichtflüchtiger Bestandteile. Balsame kommen häufig bei Coniferen vor (Canadabalsam aus bestimmten *Abies*-Arten), aber auch bei mehreren Leguminosen, Perubalsam aus *Myroxylon*, bei Anacardiaceen und verschiedenen anderen Bäumen. Jede

Verwundung, die das Cambium verletzt, verursacht bei diesen Bäumen eine länger dauernde Abscheidung von Balsam. Bei diesem „Harzfluß" entleert sich zunächst das in den normalen Exkretbehältern der Rinde und des Holzes aufgespeicherte Harz. Das ist rasch geschehen und nicht sehr ergiebig. Bei Bäumen, die normalerweise überhaupt keine Harzgänge führen, ergießt sich anfangs nichts. Nach einiger Zeit setzt der sekundäre Harzfluß ein, der weit ergiebiger und anhaltend ist. Infolge des Wundreizes bildet das Cambium Neuholz und in diesem werden reichlich Harzkanäle angelegt, die ein anastomosierendes Netz formen und mit ihren offenen Enden bis an die Wundfläche heranreichen. Es liegen somit die gleichen Verhältnisse vor wie beim Gummifluß des Steinobstes (RUHLAND). Die Rinde beteiligt sich an diesem sekundären Harzfluß nicht. Sehr eigentümlich und in der ursächlichen Verkettung noch völlig ungeklärt ist die Tatsache, daß in dem nach Verwundung gebildeten Neuholz auch dann Harzgänge entstehen, wenn das normale Holz keine enthält, z. B. bei *Abies pectinata*, der Weißtanne, ja selbst dann, wenn weder in der Rinde noch im Holz vorher Exkretbehälter vorhanden waren, z. B. bei *Liquidambar* und *Styrax* (über Harze und Harzfluß vgl. TSCHIRCH und STOCK).

3. Der Exkretionsvorgang.

Die weitaus meisten flüchtigen Öle und die Balsame werden in anatomisch wohldifferenzierten und für diesen Zweck spezialisierten Behältern ausgeschieden und aufbewahrt. Iron bzw. dessen Vorstufe im *Iris*-Rhizom und die Öle in manchen Blütenblättern sind ohne Bindung an besondere Exkretbehälter über ganze Gewebe verteilt. Im allgemeinen sammeln sich die Terpenexkrete entweder in einzelnen Zellen, aber auch hier deutlich vom Plasma getrennt, oder in Intercellularlücken an. Hier entsteht also das physiologisch wichtige Problem der Ausscheidung von nichtwäßrigen Flüssigkeiten oder vielleicht auch von halbfesten Substanzen aus den Zellen. Die Exkretion wäßriger Flüssigkeiten, Salz- und Zuckerlösungen, und die dafür ausgebildeten Organe lassen sich sowohl ihrem Wesen nach als auch entwicklungsgeschichtlich zwanglos mit der den pflanzlichen Organismen urtümlichen Fähigkeit zur Abgabe flüssigen Wassers, also mit der Guttation, in Verbindung bringen (vgl. FREY-WYSSLING 1935). Die Exkretion nichtwäßriger, ausgesprochen lipophiler Flüssigkeiten erfordert hingegen physikalisch-chemisch ganz andersartige Mechanismen, und es ist deshalb wohl verständlich, daß diese Fähigkeit phylogenetisch jüngeren Datums ist. Sterine scheiden sich meist mit den fetten Ölen zusammen innerhalb des Plasmas als Tröpfchen oder in Vacuolen aus.

Es war lange Zeit umstritten, ob sich die Terpenverbindungen wirklich im Plasma bilden, was heute erst für bestimmte Fälle als sicher hingestellt werden kann (vgl. dazu die ausführlichere Besprechung bei SPERLICH). Die alte, lange Zeit unangefochtene Auffassung von TSCHIRCH, die aber zum Teil auf ungenauen mikroskopischen Beobachtungen beruhte, sieht die Bildungsstätte für ätherische Öle und Harze in den Membranen der absondernden Zellen. Die Mittellamelle bzw. eine sog. „resinogene Schicht" der Zellwand soll aus Substanzen, die das Plasma zur Verfügung stellt, die nicht wasserlöslichen Terpenverbindungen aufbauen und abstoßen. Die Zellmembranen werden als „Stätten chemischer Arbeit" angesprochen, bei der das Plasma nicht direkt mitzuwirken hätte. Die häufig auftretenden Verschleimungen von Membranen, vor allem auch bei der Ausbildung der "lysigenen" Exkretbehälter, sowie die Analogie in der Anlage von Schleim- und Ölzellen in der Zimtrinde oder im Campherbaum stützten diese Auffassung; das Auswachsen von Thyllen, die Bildung und Ausscheidung von Cutin, Wachs und anderen offensichtlich durch die Membran abgesonderten

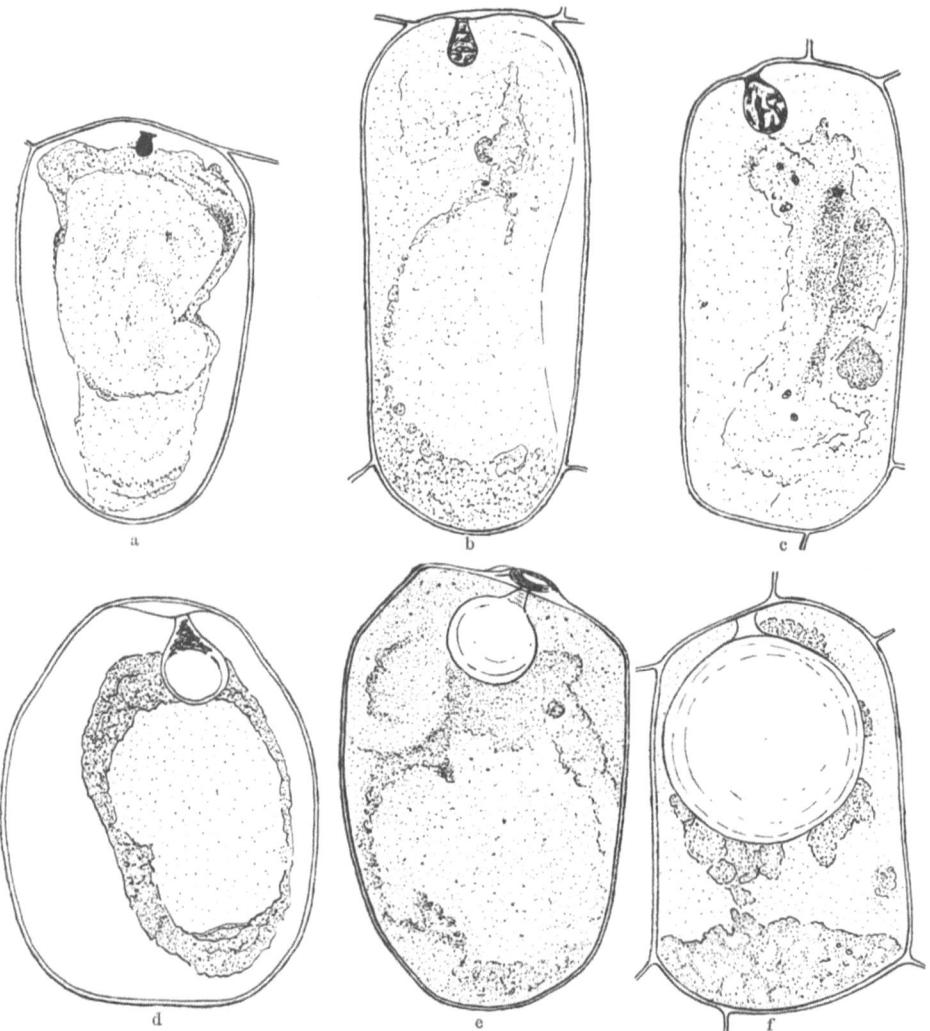

Abb. 11 a—f. Entwicklung der Ölblase in den Exkretzellen bei *Persea indica*. (Aus LEEMANN.)

Stoffen sprachen zu ihren Gunsten. Und doch hat sich in allen bisher genauer untersuchten Fällen diese Anschauung als unhaltbar erwiesen (vgl. HABERLANDT; HANNIG; LEEMANN; LEHMANN; FREY-WYSSLING 1935). Eine resinogene Schicht oder etwas Ähnliches ist nirgends gefunden worden.

Für die einfachste Form der Ansammlung in den idioblastischen Ölzellen ist ein Modus der Absonderung nachgewiesen worden, der diesen scheinbar so einfachen Vorgang doch recht kompliziert erscheinen läßt. Bau und Entwicklung der Ölzellen haben sich bei *Lauraceen*, *Magnoliaceen*, *Piperaceen*, bei *Asarum* und manchen anderen Arten stets als ganz gleichartig herausgestellt. Meist heben sich die späteren Ölzellen schon nahe am

Vegetationspunkt durch ihren reichlicheren Plasmagehalt und dadurch, daß sie die Nachbarzellen an Größe übertreffen, deutlich ab. Später bleiben sie im Streckungswachstum zurück. Die Exkretbildung setzt schon in sehr jugendlichen Stadien ein. Das Plasma wird körnig und an einer Stelle der Membran tritt eine tropfenförmige Aussackung nach innen, der Initialtropfen, auf. Im Plasma finden sich kleine, stark lichtbrechende Tröpfchen, die sich durch Farbreaktionen manchmal von dem späteren Exkret noch unterscheiden. In der tropfenförmigen Membrantasche, die durch ein Stielchen oder ein „Näpfchen" (Cupula) mit der Zellwand verbunden ist, sammeln sich nach einem nicht genauer bekannten Vorgang die im Plasma entstandenen Exkrettropfen (s. Abb. 11). Uneinigkeit herrscht noch über die Substanz, welche die Cupula aufbaut. Sie soll entweder aus Cellulose sein oder Verwandtschaft mit der Kernsubstanz haben. Der als Ausgang für die Beutel- bzw. Hautbildung dienende Initialtropfen zeigt Ähnlichkeit mit Phosphatiden. Das Exkret ist also innerhalb der Zelle von einer gesonderten Haut umhüllt, über deren chemische Beschaffenheit und submikroskopische Struktur allerdings noch nichts Genaues bekannt ist. Das ätherische Öl fließt also nicht einfach aus den im Plasma auftauchenden Tröpfchen zusammen, sondern es durchdringt die genannte Haut und sammelt sich in einem besonderen intracellulären Behälter.

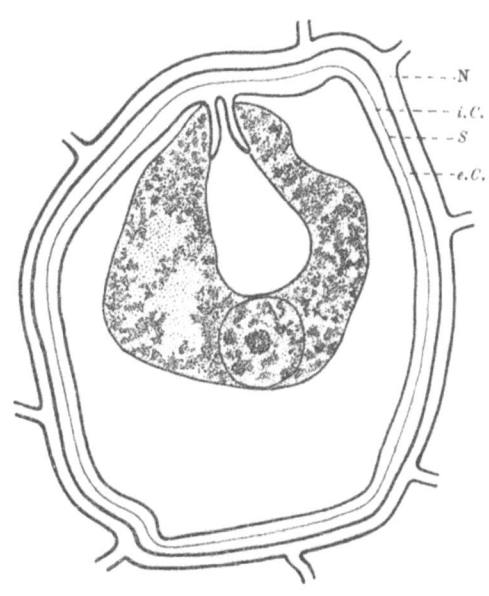

Abb. 12. Ältere Ölzelle von *Magnolia grandiflora* (fixiertes Material). (Aus LEHMANN.) *N* Wand der Nebenzelle; *i.C.* innere, *e.C.* äußere Celluloselamelle; *S* Suberinlamelle.

Schon in frühen Stadien der Exkretabsonderung umgibt sich die ganze Ölzelle mit einer dünnen Korkhaut, deren Bildung offenbar von der Anheftungsstelle der Cupula ihren Ausgang nimmt, die aber stofflich mit der Blasenhaut nichts zu tun hat (s. Abb. 12). Der relativ große Zellkern der Ölzelle bleibt während der Exkretbildung lange erhalten. Er liegt dabei meist der Blase unmittelbar an und wird von dieser schließlich an die Wand gedrängt, wo er sich am Ende auflöst. Der ganze Vorgang ist eine Nekrobiose, er endet mit der Auflösung des Protoplasten und Zellkerns und stimmt darin mit der lysigenen Bildung von Drüsen aus mehreren Zellen überein.

Die Ausbildung einer korkähnlichen Lamelle um die Ölzelle braucht nicht zu bedeuten, daß die Zelle vom Stoffaustausch mit ihrer Umgebung abgeschnürt ist. Damit wäre ihr weiteres Verhalten gar nicht vereinbar. Zudem ist es nicht gut vorstellbar, daß aus dem abgeschlossenen wäßrigen plasmatischen Inhalt eine das ganze Zellvolumen ausfüllende Menge ätherischen, also wasserfreien Öles sich entwickelt. Die Zufuhr kohlenstoffhaltiger — und der Abtransport sickstoffhaltiger — Verbindungen sind dafür nötig. Die Hypothesen, die noch bis in die neueste Zeit (vgl. LEEMANN, DRETSCH, FREY-WYSSLING 1938) gerade unter Bezug auf die Korkmembran, die festgestellt, aber nicht auf ihre physikalisch-chemischen Eigenschaften untersucht wurde, glauben, eine Entstehung der ätherischen Öle aus Aminosäuren des von seinen Verbindungen mit der Umwelt abgeschlossenen Protoplasten annehmen zu müssen, stehen also auf sehr schwachen Füßen. Daß die Ölzellen während der Exkretbildung arm an Kohlenhydraten und reich an Eiweiß gefunden werden, ist auch nur ein sehr zweifelhaftes Argument für diese Hypothesen; denn man könnte damit auch die entgegengesetzte Meinung stützen, weil die Armut an Kohlenhydraten gerade daher rühren kann, daß diese in den auf Ölbildung spezialisierten Zellen laufend in solche Exkrete umgewandelt werden.

Wie bei den extracellulären Behältern, so besteht also auch bei den intracellulären Ölbeuteln das Problem des Überganges der nicht wasserlöslichen Substanzen, und zwar, wie man jedenfalls vermutet, in Tröpfchenform durch eine Membran. TSCHIRCHS Suchen nach Terpenbildung in der Zellwand war nicht zuletzt dadurch angeregt, daß man eine mit Wasser imbibierte Membran als undurchlässig für die mit Wasser nicht mischbaren ätherischen Öle, Fette, Wachse, Harze usw. ansah. Bei zahlreichen Pflanzen, welche Terpenverbindungen später in Intercellularlücken oder sonstwie außerhalb der Cellulosewand, z. B. unter oder auf der Cuticula, ansammeln, ist dennoch einwandfrei festzustellen, daß die Exkrete vorher in sichtbarer Menge im Plasma auftreten (vgl. HANNIG, FRANCK, POPOVICI, WENZL). Der mikroskopisch sichtbaren Zusammenballung der Öle oder Harze im Protoplasten der Drüsenzelle geht sicherlich eine Sättigung der lipoiden Phase des Plasmas voraus. Eine Abkapselung der Exkrettröpfchen durch eine neugebildete Zellwand, an die man auch gedacht und geglaubt hatte, findet nicht statt.

Der entscheidende Vorgang des Austrittes der mehr oder weniger leicht flüssigen Exkrete aus dem Plasma durch die Zellwand hindurch bietet sich nach unserer jetzigen Einsicht folgendermaßen dar: Die Tröpfchen versammeln sich im Plasma vor allen an der dem Exkretbehälter zugekehrten Seite, im „Sekretfeld", in oberflächlichen Vacuolen. Diese sollen dann aufreißen und das Exkret in den Raum zwischen Plasma und Cellulosewand „ausstoßen". Das Vorhandensein von flüssigem Exkret an dieser Stelle zwischen Plasma und Wand ist für normale lebende Zellen jedoch noch nicht nachgewiesen worden. Auf den zwischen Protoplastenoberfläche und Zellwand angelangten Tropfen würde der Turgordruck lasten, der die Filtration durch die Membran in die Exkretbehälter besorgen müßte. Die Harzgänge z. B. stehen tatsächlich unter beträchtlichem Druck, so daß die Ausscheidung gegen einen Außendruck vor sich gehen muß. Gegen die eben beschriebene Vorstellung vom Exkretionsvorgang ist einzuwenden, daß die Ausstoßung aus dem Plasma schon gegen den Druck der Cellulosewand, der ja in Höhe des Turgors von außen auf dem Protoplasten lastet, geschehen müßte und daß dafür irgendeine Kraft aufzubringen wäre.

Physikalisch-chemisch ist die entscheidende Leistung wahrscheinlich auf die Umwandlung arbeitsfähiger Grenzflächenenergie in mechanische zurückzuführen (vgl. STERN). Die ätherischen Öle sind stark capillar- und oberflächenaktiv (A. MÜLLER). Der Austritt der Terpenexkrete kommt dann so zustande, daß diese das Wasser von der Berührungsfläche Membran mit dem wäßrigen Poreninhalt und ebenso die Luft von der Grenzfläche Luft-Membran in den Intercellularen verdrängen. Wichtig ist in diesem Zusammenhang auch die Tatsache, daß Substanzen mit den gleichen physikalischen Eigenschaften wie Öle und Harze eine außerordentlich hohe Ausbreitungsgeschwindigkeit auf Oberflächen entfalten, die die Diffusionsgeschwindigkeit um das Vielfache übertrifft. Darin könnte sich eine physikalisch-chemische Grundlage für die vor allem von CHARABOT vertretene „Wanderungstheorie" der ätherischen Öle finden lassen. Danach würden die Exkrete nicht nur am Ort ihrer Ablagerung synthetisiert, sondern vor allem im Assimilationsparenchym aufgebaut und von dort weggeführt, um in den Exkretbehältern angehäuft zu werden. Eine Bestätigung oder Anerkennung hat diese Theorie jedoch bisher noch nicht gefunden.

Es ist sehr wahrscheinlich, daß physikalisch-chemisch der Ausscheidungsvorgang mehr Einheitlichkeit aufweist als das histologische Bild der Ausscheidungsform (Cuticulartaschen, Ölzellen, Öldrüsen, Intercellulargänge usw.). Vielleicht reiht sich sogar die Wachsausscheidung auf die Oberfläche der Organe und in die Zellen (s. S. 86) diesen Vorgängen unmittelbar an. Recht interessant ist in dieser Beziehung *Plectranthus fruticosus*. Im jugendlichen Stengel wird das Öl in Drüsenhaaren abgeschieden. Wenn diese durch ein subepidermales Korkgewebe außer Funktion gesetzt sind, findet die Speicherung in Ölzellen statt, die ganz analog den oben beschriebenen mit einem Ölbeutel usw. ausgestattet sind (KISSER). Die Ausscheidung ätherischer Öle zwischen Cellulosewand und Cuticula in Drüsenhaaren der verschiedensten Formen bietet prinzipiell keine anderen Verhältnisse als die oben beschriebenen. „Die Frage, warum Drüsenhaare entstanden sind und nicht einzelne Epidermiszellen selbst deren Funktion übernommen haben, müssen wir wohl in Bescheidenheit ungelöst lassen" (WENZL).

Eingehendere Untersuchungen des Saponinstoffwechsels liegen kaum vor (vgl. KOFLER; H. RICHTER). Von den höheren Terpenpolymeren kommen die Carotinoide im allgemeinen an Plastiden gebunden und Kautschuk ausschließlich im Milchsaft vor. Der Milchsaft hat mit den bisher besprochenen Exkreten so viel gemeinsam, daß er sowohl in parenchymatischen Einzelzellen, z. B. bei *Parthenium argentatum*, als auch in schlauchartigen Exkretbehältern, den ungegliederten und gegliederten Milchröhren auftritt. Nicht nur wegen der technischen Bedeutung, die der Naturkautschuk bisher hatte, sondern auch wegen der physiologischen Eigentümlichkeit, daß wir im Milchsaft eine emulsionsartige Ausscheidung der Pflanze vor uns haben, soll die Kautschukbildung noch ausführlicher getrennt behandelt werden. Über den Umsatz der Carotinoide ist oben schon das Wichtigste berichtet worden. Das Vorkommen von Carotinpigmenten bei der Hefe und anderen Pilzen bezeugt, daß die Carotinsynthese nicht notwendig an Plastiden geknüpft ist. Bei niederen Pflanzen häufiger, bei höheren seltener, z. B. im Fruchtfleisch von *Elaeis*, finden sich Carotinfarbstoffe, die dann als Lipochrome bezeichnet werden, in Öltröpfchen gelöst. Sie schließen sich in diesem Verhalten den Sterinen an, die ja gleichfalls oft mit fetten Ölen vereint vorgefunden oder jedenfalls mit diesen extrahiert werden.

4. Die Physiologie der Polyterpene (Kautschukbildung).

Außer einigen sehr bescheidenen Ansätzen zur Milchsaftbildung bei den Agaricaceen und nur wenigen Fällen bei den Monokotylen tritt die Absonderung milchig weißer Säfte in Pflanzen erst bei den Dikotylen als weit verbreitete Erscheinung auf. Der Milchsaft oder Latex besteht immer aus einer wäßrigen Flüssigkeit, in der neben echt gelösten Anteilen und Kolloiden kleinste Teilchen suspendiert oder emulgiert sind. Das weiße

Aussehen hängt nicht unmittelbar mit der chemischen Beschaffenheit der Latexpartikelchen zusammen, sondern entsteht analog der Farbe der Säugetiermilch durch die Lichtdispersion an den Teilchen, deren Lichtbrechungsindex stark von dem der wäßrigen Suspensionsflüssigkeit abweicht.

Innerhalb der Dikotylen gibt es keinerlei Anhaltspunkte für eine engere systematische Zusammengehörigkeit milchsaftführender Arten. Sie finden sich sowohl in den weniger differenzierten Familien, z. B. bei Papaveraceen, als auch in den hoch entwickelten Compositen. Durch ein gehäuftes Vorkommen, vor allem von kautschukreichen Milchsäften, zeichnen sich Moraceen, Asclepiadaceen, Euphorbiaceen, Papaveraceen und Compositen aus. Es sind aber nahezu 500 Pflanzenarten bekannt, aus deren Milchsaft mit mehr oder weniger reicher Ausbeute Kautschuk gewonnen wurde (vgl. WIESNER). Nur wenige von ihnen haben wirklich praktische Bedeutung erlangt (vgl. Tabelle 21).

Tabelle 21. *Die hauptsächlichen technisch genutzten und einige der für die Nutzung aussichtsreichen Kautschukpflanzen.* (Nach BONNER und GALSTON.)

Art	Familie	Heimatland	Wuchsform
Asclepias spec.	Asclepiadaceen	Nordamerika	Kraut
Castilloa elastica	Moraceen	Zentralamerika	Baum
Cryptostegia grandiflora	Asclediadaceen	trop. Afrika	Liane
Euphorbia Intisy	Euphorbiaceen	Madagaskar	Strauch
Ficus elastica	Moraceen	Asien, Afrika	Baum
Hevea brasiliensis	Euphorbiaceen	Südamerika	Baum
Manihot alaziovii	Euphorbiaceen	Südamerika	Baum
Parthenium argentatum	Compositen	Mexiko, Texas	Strauch
Scorzonera tau saghyz	Compositen	Zentralasien	Kraut
Solidago spec.	Compositen	Nordamerika	Kraut
Taraxacum kok saghyz	Compositen	Zentralasien	Kraut

Die gesperrt gedruckten Arten lieferten bisher die Hauptmenge des Naturkautschuks. In den gemäßigten Zonen sind gummiliefernde Pflanzen also selten. Auch bei einer bestimmten Gattung, z. B. *Euphorbia*, sind die tropischen Vertreter stets reicher an Kautschuk als die aus unserem Klima. Während des Krieges ist in verschiedenen Ländern die Suche nach lohnenderen Gummipflanzen und die Bemühung um eine Steigerung der Ausbeute bei den mäßigen Kautschuklieferanten der außertropischen Gebiete sehr intensiviert worden. In Nordamerika hat dabei *Parthenium argentatum* und in Rußland *Taraxacum kok saghyz* und seine Verwandten große Bedeutung erlangt. Da die letztgenannte Gummipflanze erst 1931 in den Gebirgen Zentralasiens aufgefunden wurde, sind immer noch Möglichkeiten offen, daß auch andere bisher nicht genutzte kautschukreiche Pflanzen entdeckt werden können. Die Guttapercha wird aus Milchsäften von *Palaquium gutta* und die ähnliche Balata aus *Mimusops balata* (beides Sapotaceen) gewonnen. *Evonymus*-Arten sind als Guttaperchalieferanten für gemäßigte Zonen in Betracht gezogen worden. Kaugummi ist der eingedickte Milchsaft des Sapotillbaumes, *Achras sapota* (Sapotaceen), der gleichzeitig wegen seiner Früchte im tropischen Mittelamerika kultiviert wird. Aber auch andere Milchsäfte werden zu Kaugummi verarbeitet. Der Milchsaft des Kuhbaumes, *Brosimum galactodendron*, ist genießbar.

Milchsäfte allein sind noch kein Zeichen, daß die Pflanze wirklich Kautschuk zu bilden vermag. Die festen Anteile der Säfte bestehen oft auch aus anderen chemischen Körpern. Bei *Ficus callosa* sind die suspendierten Partikel Eiweiß, bei *Brosimum galactodendron* Wachs, und manche *Lactuca*-, *Euphorbia*- und *Asclepias*-Arten führen in ihren Milchsäften nur verschwindende Mengen Kautschuk, dafür um so mehr Triterpene und deren Derivate. Die Milchröhren sind also keine Einrichtung der Pflanzen, die zur Aufnahme der Polyterpene geschaffen worden wäre, sondern die Kautschuksynthese scheint sich erst im Anschluß an diese histologischen Gebilde entwickelt zu haben. Die übrigen festen und die gelösten Anteile der Milchsäfte rekrutieren sich aus den allerverschiedensten chemischen Klassen. Neben Kautschuk bzw. den anderen Polyterpenen kommen Stärkekörner oft von trommelschlegel- oder hantelförmiger Gestalt, Zucker, organische Säuren, Eiweiße, Enzyme, Alkaloide, Sterine u. a. m. in willkürlichen Gemengen vor. Der Kautschukanteil variiert von unbedeutenden Mengen bis zu recht hohen Prozentsätzen der Trockensubstanz im Latex. Als Beispiel für die Zusammensetzung eines regelmäßig gezapften *Hevea*-Baumes seien folgende Zahlen gegeben (nach FREY-WYSSLING 1935).

Wasser	60%	Eiweiß	0,34%	Quebrachit	1,45%
Kautschuk	37%	Zucker	0,25%	Asche	0,53%

Soweit Milchröhren vorhanden sind — der Milchsaft kommt auch in kurzen Schläuchen, z. B. bei *Stapelia*, oder in Einzelzellen, z. B. bei *Parthenium*, vor — durchsetzen sie entweder nur bestimmte Grundgewebe, Rinde oder Mark, oder aber sie sind in allen primären Geweben anwesend. Bei *Hevea* und den anderen Bäumen werden sie durch das sekundäre Dickenwachstum auch in der sekundären Rinde neugebildet. Bei der technischen Latexgewinnung wird im Gegensatz zur Harzabzapfung das Cambium nicht verletzt. Der ausfließende Saft ist der Vacuoleninhalt, aber eine scharfe Abgrenzung zwischen Protoplast und Vacuole besteht bei ausgewachsenen Milchröhren gar nicht mehr. Nach dem Sammeln des Latex wird dieser durch Zusatz von Essigsäure, durch Räuchern oder auf andere Art zur Koagulation gebracht und als „Rohkautschuk" verschickt.

Die Kautschukpartikelchen, von denen die größeren stets aus mehreren kleineren zusammengesetzt sind, wie elektronenoptische Beobachtungen ergaben, werden höchstwahrscheinlich in Plastiden gebildet und dann bei teilweiser Auflösung des Protoplasten in die Vacuolen abgestoßen. Sie haben für die einzelnen Pflanzenarten charakteristische Formen und sind zum Teil noch von einem dünnen Eiweißfilm überzogen, von dem vor allem ihr Verhalten beim Koagulieren bestimmt wird. Die Struktur der Latexpartikelchen ist nicht homogen. Eine festere Rinde scheint sich um einen flüssigeren Kern zu legen.

Daß der Rohstoff, aus dem die Pflanze Kautschuk synthetisiert, unter den Kohlenhydraten zu suchen ist, läßt sich heute nicht mehr bezweifeln. Die regelmäßig gezapften Bäume regenerieren Kautschuk auf Kosten der Stärkevorräte in der Rinde und im Holzparenchym. Bei *Hevea* und *Cryptostegia* besteht ein inverser Zusammenhang zwischen dem Kautschukgehalt und dem Gehalt an einer in Aceton und Benzol unlöslichen kristallisierbaren Substanz im Milchsaft (STEWART und HUMMER); auch das könnte ein Kohlenhydrat, vielleicht einer der in Milchsäften häufig angetroffenen cyclischen Abkömmlinge der Zucker, Inosit, Quebrachit, Dambonit usw. sein (s. S. 153).

In manchen Pflanzen, die Milchsaft führen, z. B. in *Hevea*, ist Kautschuk der einzige Terpenvertreter, der aufgebaut werden kann (immer außer

Carotinoiden, Sterinen, Phytol und ähnlichem). In anderen Arten und Gattungen, z. B. bei *Parthenium*, von dem *P. argentatum* dadurch interessant ist, daß es zwar den Milchsaft in parenchymatischen Zellen enthält, aber daneben ein wohlausgebildetes Harzkanalsystem führt, wird neben Kautschuk auch ätherisches Öl oder in *Cryptostegia*-Arten ein amyrinähnliches Triterpen produziert, und zwar immer in solchen Mengen, daß ein antagonistisches Verhältnis zwischen beiden Terpenabkömmlingen besteht. Durch Kreuzungen der betreffenden Arten miteinander ließ sich wahrscheinlich machen, daß die beiden Terpenglieder jeweils von der gleichen Muttersubstanz ihren Ausgang nehmen und daß offenbar genetisch gebundene Enzyme entscheiden, in welcher Weise und bis zu welchem Grade die noch unbekannten Bausteine polymerisiert werden (vgl. dazu BONNER und GALSTON). Bei zwei *Cryptostegia*-Arten, von denen die eine Triterpene und die andere Kautschuk aufbauen konnte, vererbten sich diese Fähigkeiten monofaktoriell mit Dominanz der Kautschukbildung, was sehr schön zu der allgemeinen Vorstellung stimmt, daß immer der kompliziertere chemische Prozeß dominiert.

In einem gewissen Gegensatz zu den niedermolekularen Terpenen, die vorzugsweise in intensiv wachsenden jungen Organen entstehen, wird Kautschuk am ausgiebigsten in ausgewachsenen Organen aufgebaut. Trotz der Verletzungen beim Anzapfen der Gummibäume kann hier der Wundreiz nicht der Anlaß zur intensiven Kautschukbildung sein; denn erstens wird das Cambium geschont, so daß auch keine wesentlichen Neubildungen von Geweben einsetzen, und dann sind die Verwundungen so eng begrenzt, daß sie kaum die reichliche Gummiproduktion stimulieren können. Bei *Parthenium* sammelt sich Kautschuk vor allem unter Bedingungen an, welche die Assimilation begünstigen, aber das vegetative Wachstum zurückhalten. Während des Wachstums fallen zwar auch Terpene an, aber zumeist nur ätherische Öle. Immer wenn die Pflanzen Assimilate zu anderen Zwecken verbrauchen, wird die Kautschukbildung zurückgesetzt. Bei *Hevea* wird das Austreiben der Blätter von einem Rückgang der Latexproduktion begleitet. Zwei Monate nach der Belaubung erreicht die Milchsaftabscheidung ihr Maximum. In Kok-saghyz steigt der Kautschukgehalt der Wurzeln am Ende der Vegetationsperiode kurz vor Einsetzen der Ruhe zugleich mit einer intensiven Kohlenhydratansammlung besonders rasch an (s. Tabelle 19, S. 99). Isolierte Wurzeln sollen hier bei genügender Kohlenhydratversorgung ihren Kautschukgehalt vermehren. Gewelkte, aber noch lebende Wurzeln setzen die Kohlenhydratvorräte (Inulin) ebenfalls in Kautschuk um. Wenn auch die N-Düngung vor allem auf stickstoffarmen Böden die Gummiproduktion steigert, so besteht doch keine direkte Beziehung zwischen Stickstoffverbindungen und Kautschukbildung, sondern die Blattfläche und damit die Assimilationsintensität wird primär erhöht. Bei *Hevea* wird der aus ausgewachsenen Milchröhren abgezapfte Latex bald regeneriert, wohingegen bei *Cryptostegia* keine Anzeichen dafür vorliegen, daß ausgewachsene Milchröhren noch Kautschuk im Saft neu zu bilden vermögen. Samen von *Cryptostegia* enthalten keine Polyterpene, während in 3 Wochen alten Keimlingen eine beträchtlicher Anteil der Trockensubstanz des Milchsaftes auf den Kautschuk entfällt (STEWART und Mitarbeiter).

Der Kautschuk kann in keiner der bisher untersuchten Pflanzen wieder mobilisiert und in den Stoffwechsel einbezogen werden. Entgegengesetzte Angaben haben sich als irrig erwiesen. Selbst bei extremem Hunger können die im Kautschuk niedergelegten Energiereserven nicht wieder nutzbar gemacht werden. Andere Anteile der Milchsäfte, z. B. Stärke, Quebrachit, unterliegen Schwankungen, die auf einen Stoffwechsel zurückzuführen sind. Aus höheren Pflanzen sind keine Enzyme bekannt, die Kautschuk angreifen können, jedoch müssen sich unter den niederen Organismen Spezialisten finden, da Gummierzeugnisse durch mikrobielle Angriffe zerstört werden können.

Über die ökologische Bedeutung der Milchsäfte im allgemeinen und des Kautschukgehaltes im besonderen bestehen viele und widersprechende Auffassungen. Es ist durchaus möglich, daß in bestimmten Fällen der Milchsaft abschreckend auf Tiere beim Versuch, die Pflanze zu fressen, wirkt, aber dann wahrscheinlich am ehesten dort, wo der Saft Bitterstoffe, Alkaloide oder ähnliches enthält. Es ist auch möglich, daß in einzelnen Fällen die Heilung einer Wunde durch einen Abschluß mit erstarrendem Kautschuk begünstigt wird, wenn auch experimentell durchaus das Gegenteil nachgewiesen wurde. Eine allgemeine einheitliche Bedeutung des Kautschuks für die Milchsaft führenden Pflanzen besteht sicher nicht.

E. Die Bedeutung der Terpenverbindungen für die Pflanze.

1. Allgemeines.

Die Vielgestaltigkeit der Terpenverbindungen in chemischer Hinsicht und in ihrer histologischen Lokalisierung machen es von vornherein unwahrscheinlich, daß ihnen irgendeine einheitliche Funktion in den Pflanzen zukommt. Schematisierungen in dieser Richtung sind versucht worden. Sie sind immer fehl gegangen. Selbst die Bewertung aller Terpene als Abfall, als „Auswürflinge" des Stoffwechsels, von denen sich die Pflanze befreien müßte, trifft nicht das Richtige. Auf alle Fälle sind es keine notwendigen Endprodukte, die unausweichlich bei den lebenswichtigen Umsetzungen der pflanzlichen Zelle entstehen müßten, wie etwa CO_2, NH_3 oder die Gärprodukte. Daß neben den Pflanzen mit viel ätherischem Öl oder mit Milchsaft solche der gleichen systematischen Stellung in gleicher Vollkommenheit gedeihen, die — außer den geringen Mengen an Carotinoiden und Sterinen — keine Terpenabscheidungen vornehmen, zeigt, daß diese eben nicht unerläßliche Abfälle im Betrieb der höheren Pflanze sind; denn in den grundlegenden Vorgängen unterscheidet sich ein Spinatblatt nicht wesentlich von einem *Digitalis*- oder *Salvia*-Blatt. Wir müssen die Terpene ebenso wie die meisten übrigen sekundären Stoffe als Zeugen eines luxurierenden Umsatzes betrachten, dürfen sie also höchstens als Abfälle einer verschwenderischen Lebensführung ansehen. Die aus einer überreichlichen Versorgung mit Kohlenstoffverbindungen über den zum Wachstum notwendigen Bedarf, der durch andere Faktoren begrenzt ist, hinausschießenden Produkte treten in einer spielerischen Mannigfaltigkeit hervor: in den einen Pflanzen größere Mengen der niederen Carbonsäuren, in der anderen Kautschuk oder Harze und in einer dritten Gerbstoffe oder andere aromatische Verbindungen, oftmals auch verschiedene dieser Kategorien nebeneinander. Sie sammeln sich im Zellsaft, in den Plastiden oder in der Zellwand an. Wenn sie dem Plasma gegenüber aggressiv sind, haben sie sich nur erhalten können, wenn der Organismus gleichzeitig über Einrichtungen oder Fähigkeiten verfügte, durch die sie abgekapselt, ausgeschieden oder in anderer Weise der unmittelbaren Berührung mit dem Plasma entzogen wurden. Wenn auch, wie unten betont werden wird, die ätherischen Öle in Dampfform die eigene Stammpflanze meist weniger schädigen als andere Pflanzen, so fehlen doch noch Versuche über die Schädlichkeit der flüssigen Exkrete für das Plasma, die etwa analog den oben erwähnten sauren Zellsäften letal wirken könnten. Im Gegensatz zu den Behältern mit ätherischen Ölen und Harzen finden sich in den Milchröhren häufig nur sehr geringe Mengen Terpenabscheidungen, manchmal kaum 1% der Trockensubstanz, aber viel Eiweiß, Zucker und andere harmlose Stoffe, so daß man hieraus entnehmen möchte, daß die Exkretbehälter eher ausgebildet waren, ehe eine Produktion von Exkreten einsetzte. Aber es könnte sich natürlich auch um Reduktionserscheinungen im Stoffwechsel handeln.

So wenig wir eine einheitliche Funktion der Terpenabkömmlinge in den Pflanzen erwarten, so sicher sind wir doch davon überzeugt, daß diese meist durch sehr prägnante physikalische und chemische Eigenschaften (Farbe, Lipoidlöslichkeit, Oberflächenaktivität) ausgezeichneten Stoffe der Pflanze ebenso dienlich im Kampf ums Dasein werden können wie irgendwelche anatomischen oder morphologischen Strukturen. Für hundert Arten mag der Besitz ätherischer Öle, Harze oder Saponine ein indifferentes Merkmal sein, aber für eine kann er doch in dem betreffenden Biotop einen Vorteil für ihre Erhaltung bieten. Wir müssen uns also aller Verallgemeinerungen bei der Beurteilung des ökologischen Wertes auch der auffälligsten sekundären Stoffe enthalten. Die Großexperimente der menschlichen Auslese der Kulturpflanzen, die entweder auf Steigerung des Gehaltes, z. B. von ätherischen Ölen bei Heil- und Gewürzpflanzen, oder auf Senkung bzw. Ausschaltung bei Alkaloiden hinarbeiteten, zeigen, wie indifferent das Gedeihen der Pflanzen sich gegen solche sekundären Stoffe verhält (s. unten bei Alkaloiden).

An keiner Stelle sind bisher Terpene als Bausteine für die Zellhaut oder für plasmatische Strukturen nachgewiesen worden, obwohl mindestens Kautschuk und Guttapercha dafür geeignet erscheinen. Ihre völlige Hydrophobie widerspricht aber wohl diesem Zweck; denn die Lipoide des Plasmas zeichnen sich gerade dadurch aus, daß sie sowohl hydrophile als auch lipophile Eigenschaften vereinen.

Das Überraschendste ist jedoch, daß die kohlenstoff- und energiereichen Terpenverbindungen sich nirgendwo im Pflanzenreich in größerem Ausmaß als Reservestoff eingebürgert haben. Sogar Carotinoide werden nur schwerfällig mobilisiert. Die Gründe für diesen erstarrten Zustand der Terpene im Stoffwechsel sehen wir noch nicht ein. Abweichende Fälle, in denen z. B. ein Verbrauch an Harzsubstanzen wahrscheinlich gemacht wurde, stehen vereinzelt da (vgl. SPERLICH). Charakteristisch für ihre Starrheit ist die Tatsache, daß die meisten natürlichen Terpenverbindungen nicht einmal von Pilzen und Bakterien als Kohlenstoffquelle erschlossen werden können, einige wenige Spezialisten ausgenommen. Häufig wird beobachtet, daß an verwesenden Teilen höherer Pflanzen die Behälter mit ätherischen Ölen und Harzen am längsten erhalten bleiben.

Es ist deshalb nicht verwunderlich, daß auch solche Samen, die sehr reich an ätherischen Ölen sind, z. B. Umbelliferen, beim Keimen weder qualitativ noch quantitativ eine Veränderung des Öles erleiden. Nicht einmal bei der Keimung im Dunkeln, also beim Hungern, wird das Öl ausgenutzt (IWANOFF und GRIGORJEWA). Das gleiche gilt für den Kautschukgehalt keimender *Hevea*-Samen. (Für Salvia s. oben.)

Es ist ziemlich sicher, daß Carotine wieder „mobilisiert" werden können, z. B. bei der herbstlichen Blattvergilbung. Bis zu welchen Bruchstücken sie abgebaut und ob sie aus den Blättern weggeführt werden, steht noch offen. Sehr interessant wären quantitative Angaben über das Verhalten des Carotins in den Karottenwurzeln beim Austreiben des Blütenstandes.

Im folgenden sollen noch die physiologischen Wirkungen einiger Gruppen unter den Terpenabkömmlingen besprochen werden, für die mehr zufällig schon Angaben vorliegen. Es ist durchaus möglich, daß andere, z. B. Carotinoide oder Sterine, viel bedeutungsvollere Funktionen im Organismus ausüben, aber darüber haben wir noch keine Klarheit.

2. Die Äthylenwirkung.

Äthylen, eine Verbindung, die wir bisher in unserem System der sekundären Stoffe noch nicht genannt haben und die vorerst auch nicht sicher dem einen oder anderen großen Stoffgebiet einzugliedern ist, soll hier an den Anfang gestellt werden, weil es chemisch wenigstens lose durch die „Äthylenbindung", die C-C-Doppelbindung, mit den Terpenen verknüpft ist und seine physiologischen Wirkungen auch viel Gemeinsames mit denjenigen gewisser Terpengruppen aufweisen.

Äthylen, der einfachste ungesättigte Kohlenwasserstoff, $CH_2=CH_2$, ist als normales gasförmiges Stoffwechselprodukt zunächst bei reifenden Äpfeln sichergestellt (GANE 1935), inzwischen aber auch in vielen anderen Früchten, in Blüten (Löwenzahn), bei Spargel usw. nachgewiesen worden. Auch Schimmelpilze, z. B. *Penicillium digitatum*, das häufig auf verschimmelten Früchten sich ausbreitet, geben Äthylen ab. Bei anderen, z. B. *Aspergillus niger*, der sicher neben CO_2 auch andere gasförmige Stoffe ausscheidet, kommt Äthylen nicht vor (BIALE). Ein Apfel produziert während der ganzen Reifezeit nur winzige Mengen, ungefähr 1 cm³ reines Äthylen, das ist etwas mehr als ein Milligramm.

Der Ursprung des Äthylens im Stoffwechsel ist noch unbekannt. Vielleicht entsteht es unter bestimmten Bedingungen bei der Atmung, wenn Acetaldehyd als H_2-Acceptor fungiert, aber gleichzeitig dehydratisiert wird. Auf dem Papier kann man es auch durch Abspalten von NH_3 und durch

$$CH_3 \cdot CHO \xrightarrow[-H_2O]{+H_2} CH_2=CH_2 \quad CH_3 \cdot CH(NH_2) \cdot COOH \xrightarrow[-NH_3]{-CO_2} CH_2=CH_2$$
Acetaldehyd $\qquad\qquad\qquad\qquad\qquad$ Alanin

Decarboxylierung aus Alanin herleiten. Doppelte Decarboxylierung von Fumarsäure ergäbe ebenfalls Äthylen. Bemerkenswert ist, daß Äthylamin, das nach Decarboxylierung aus Alanin entstehen müßte, nicht unter den biogenen Aminen gefunden worden ist (s. S 204). Vielleicht wird es durch Desaminierung zu Äthylen weiterverarbeitet.

In abgetöteten Früchten wird Äthylen nicht mehr gebildet. Es handelt sich also nicht um einen autolytischen Vorgang.

Die sehr kräftige physiologische Wirkung des Äthylens kann verschiedenartig sein. Einige Komponenten waren schon lange erkannt, ehe man dieses Gas als normales Stoffwechselprodukt entdeckte. Die experimentell erzeugten Folgen der Äthylenbegasung sind in der Hauptsache:

1. Hemmung des Längenwachstums, Förderung des Dickenwachstums, damit Entwicklung knollenförmiger Gebilde (als Nachwirkung Wachstumsbeschleunigung),

2. Auslösung von epinastischem Wachstum bei den Blättern bestimmter empfindlicher Pflanzen,

3. Beschleunigung der Fruchtreife,
4. Unterbrechung der Ruheperiode bei Knollen nach kurzer Einwirkung und Hemmung des Austreibens bei Dauerbehandlung,
5. Anregung der Atmung bei Früchten; Hemmung während der Behandlung bei vegetativen Organen, besonders Keimlingen, Förderung und anschließende Beschleunigung hydrolytischer Prozesse.

Außerdem sind noch eine ganze Reihe verschiedenartiger Äthylenwirkungen beschrieben worden (MOLISCH 1937). Es ist aber dabei zu berücksichtigen, daß es sich meist um Bedingungen handelt, die nie in der Natur verwirklicht sind, wenn man nicht die durch Leuchtgasspuren verseuchte Laboratoriumsluft und Tabakrauch zu der natürlichen Umgebung von Pflanzen rechnen will. Viele der durch Äthylen verursachten Morphosen werden auch durch unphysiologisch hohe Konzentrationen von Wuchsstoffen hervorgerufen. Die Wirkung auf das Wachstum ist komplex (BORRISS). Es besteht kein Antagonismus zwischen Wuchsstoff und Äthylen. Bei altem, schlecht keimendem Samenmaterial wird durch Äthylen die Keimgeschwindigkeit erhöht. Bei jungen Tomaten- und Kartoffelpflanzen, auch bei *Bryophyllum tubifolium*, genügen schon sehr geringe Äthylenmengen, die z. B. von einigen reifenden Äpfeln abgegeben werden und die analytisch nicht faßbar sind, um eine kräftige epinastische Bewegung der Blätter hervorzurufen. Die meisten nachteiligen Wirkungen der „Laboratoriumsluft" auf Wachstum und Verhalten empfindlicher Pflanzen sind sicher auf das aus dem Leuchtgas stammende Äthylen zurückzuführen. Besonders Leguminosenkeimlinge (Gramineen reagieren grundsätzlich gleich, sind aber weniger empfindlich) und austreibende Sprosse erleiden unter dem Einfluß von Äthylenspuren bzw. „Apfelluft" Wachstumshemmungen, Sproßverdickungen und andere Anomalien. Allen diesen Effekten kommt aber wohl kaum biologische Bedeutung zu. Allein die reifebeschleunigende Wirkung bei Früchten tritt wenigstens für unsere Kultursorten auch unter normalen Verhältnissen in Erscheinung.

Die Praxis machte schon frühzeitig die Erfahrung, daß von lagernden Äpfeln und Birnen bestimmter Sorten flüchtige toxische Substanzen abgegeben werden, die bei einer Ansammlung in den Obststapeln physiologische Schädigungen der Fruchtschale verursachen.

Auf der anderen Seite bediente man sich schon lange geringer Äthylenkonzentrationen (1:5000 bis 1:1000000 in der Luft) um Früchte, die grün geerntet und transportiert werden müssen, vor allem Bananen und Citronen, rasch zur Nachreife anzuregen. Der primäre Effekt dieser Äthylenbehandlung besteht in einer außerordentlich raschen und starken Steigerung der Atmung, und zwar in einer Form, wie sie in den letzten Reifestadien der meisten Früchte als sog. „climacteric rise" auftritt (vgl. dazu PAECH 1939). Auch andere normale Reifevorgänge, der Chlorophyllabbau, die Stärkehydrolyse und Zuckeransammlung, werden durch Äthylen eingeleitet, so daß sich die „künstlich" gereiften Früchte in ihrer Qualität von den natürlich nachgereiften nicht unterscheiden.

Physiologisch ist dabei interessant, daß normal reifende Äpfel, Tomaten usw. gerade vor Einsetzen des charakteristischen Atmungsanstieges mit einer gesteigerten Äthylenproduktion beginnen, die sie bis zum Abschluß der Reife fortsetzen. Da Äthylen seinerseit die Atmung anregt, kann es als eine Art Autostimulans der Fruchtreifung betrachtet werden. Das hat nun zur Folge, daß in einer Population von Äpfeln, die eng beieinander ohne reichliche Belüftung lagern, die Reifegeschwindigkeit aller durch diejenigen Früchte bestimmt wird, die zuerst mit dem klimakterischen Atmungsanstieg einsetzen. Isoliert gelagerte Äpfel zeigen dagegen eine sehr weite Streuung der Reifezeiten. Vor allem bei niederen Temperaturen ist es deshalb möglich, die am langsamsten reifenden Individuen von Äpfeln z. B. 18—20 Monate nach der Ernte noch im grünen Zustand zu erhalten. Zucker und Säuren sind dann meistens so weit aufgebraucht, daß der Geschmack fade, aber durchaus noch saftig ist, und daß die Frucht dann eher einen Hunger- als einen Alterstod stirbt.

Die Äthylenaushauchung durch reifende Früchte und dessen reifebeschleunigende Wirkung erklären auch die alte Erfahrung der Praxis, daß frühreifende und spätreifende Sorten nicht im gleichen Raum oder gar in der gleichen Kiste gelagert werden sollen, weil sonst die normal frühreifende die spätreifende „ansteckt" und vorzeitig zur Reife bringt.

Über die genaueren Angriffspunkte des Äthylens in der Zelle sind wir noch nicht unterrichtet. Äthylen erhöht die Permeabilität und beschleunigt, ob unmittelbar oder mittelbar ist nicht bekannt, enzymatisch hydrolytische Prozesse.

3. Die Wirkung ätherischer Öle und Harze.

Die starke physiologische Wirksamkeit der meisten ätherischen Öle beruht wohl in erster Linie auf ihrer hohen Flüchtigkeit und Lipophilie. Diese beiden Eigenschaften sind wahrscheinlich auch die Ursache für ihre intensive Geruchswirkung. Die aus dem Tierreich stammenden wohlriechenden Exkrete, die für die Parfümindustrie von Bedeutung sind, z. B. Muscon und Zibeton, haben in ihrem chemischen Aufbau mit den Terpenen nichts zu tun. Sie sind als einfache Umwandlungsprodukte höherer Fettsäuren aufzufassen.

Den oben beschriebenen schädigenden Einwirkungen des Äthylens auf Keimpflanzen schließt sich die lange bekannte Giftigkeit der ätherischen Öle sowohl für höhere Pflanzen als auch für Mikroorganismen an. Besonders stark bactericid wirkt bekanntlich Thymol, das aus *Thymus* und anderen natürlichen Ölen gewonnen wird. Terpentinöl hemmt das Wachstum von Schimmelpilzen noch in einer Verdünnung 1:50000. Die desinfizierende Wirkung des Camphers, Menthols und der Bestandteile des Eucalyptusöls sind der Grund für deren therapeutische Verwendung. Die Giftigkeit ist wie in anderen Fällen deutlich abhängig von feineren Unterschieden in der chemischen Konstitution. Alkohole und deren Ester stehen im allgemeinen den Terpenkohlenwasserstoffen nach, die ihrerseits von Ketonen und Aldehyden übertroffen werden. Stoffe mit Doppelbindungen sind giftiger als gesättigte, auch die Lage der Doppelbindung im Molekül beeinflußt die Wirksamkeit. Ob und wie diese antiseptische Wirkung der ätherischen Öle im Dasein der Pflanzen eine Rolle spielt, ist nicht leicht einzusehen. Besondere Untersuchungen über solche Möglichkeiten fehlen.

Bei den höheren Pflanzen werden durch ätherische Öle ebenso wie durch Äthylen die Keimpflanzen geschädigt. Auch hierbei gibt es alle möglichen Abstufungen. Die ölproduzierenden Pflanzen sind gegen das eigene Öl widerstandsfähiger als fremde Pflanzen. Citronenöl scheint stärker zu schädigen als die Ausdünstungen von reifen Orangen. Eine sehr deutliche Wachstumshemmung macht sich bemerkbar, wenn man Wickenkeimlinge mit Sprossen, die ätherische Öle enthalten, z. B. *Picea, Laurus, Lavandula, Mentha*, zusammen für einige Tage unter eine Glasglocke bringt

(MOLISCH). Ökologisch bedeutsamer sind wahrscheinlich die Wachstumshemmungen. die Keimlinge von Fenchel und anderen Umbelliferen, auch von Labiaten in der Nähe von Wermutpflanzen erleiden (BODE). Hierdurch hindert die ölführende Pflanze ihre Konkurrenten hoch zu kommen.

Recht heftige, sogar toxische Wirkungen können von den Ölen auch auf die Samenkeimung ausgehen (SIGMUND), und zwar sowohl im dampfförmigen Zustand als auch im Einquellwasser gelöst bzw. ihm beigemengt. Anis-, Fenchel-, Geranium- und andere Öle setzen die Keimprozente herab und schränken auch das Wachstum der Keimwurzeln ein. Andere Öle hatten bei den geprüften Samen (Weizen, Raps, Wicke) keine so nachhaltige Wirkung.

Man hat den ätherischen Ölen aber noch ganz andere ökologische Bedeutung zugedacht. Ein Schleier von ihnen sollte die Pflanze vor zu starker Erwärmung durch Absorption der Wärmestrahlen schützen und gleichzeitig die Transpiration einschränken. Beides spielt unter den natürlichen Bedingungen keine Rolle. Der Gedanke daran ist wohl vor allem dadurch angeregt worden, daß ölführende Pflanzen an warmen und sonnigen Standorten besonders hervortreten.

Ob der Beobachtung, daß Campherdämpfe polyploidisierend bei Hefe wirken, eine biologische Bedeutung zukommt, müßte erst noch durch besondere Versuche entschieden werden (BAUCH).

Wegen der hervorstechenden sinnesphysiologischen Eigenschaften der ätherischen Öle ist auch an die Beziehungen zwischen Pflanzen und Tieren zu denken. Die Exkrete können anlockend als Duft oder abstoßend, vielleicht sogar schädigend auf Pflanzenfresser wirken. Neben anderen Bestandteilen, z. B. Aminen, sind Terpenexkrete sicher in vielen Blüten entscheidend an der Duftbildung beteiligt. Vielleicht wirken sie auch bei manchen Früchten anlockend auf die für die Verbreitung erwünschten Tiere.

Durch einfache Versuche (Bestreichen der den Kaninchen als Futter vorgelegten Möhren mit den Blättern verschiedener Pflanzen, die Öldrüsen tragen), ist für herbivore Säugetiere nachgewiesen, daß ätherische Öle abstoßend wirken können (PEYER). Es wird oft darauf hingewiesen, daß Pflanzen mit kräftig duftenden Exkreten, z. B. Labiaten, *Geranium*, auf den von Vieh begangenen Weiden regelmäßig fast ungeschädigt zum Blühen und Fruchten schreiten, während Gramineen, Leguminosen und andere meist wie geschoren daneben stehen (DETTO). Von Schnecken wird nach Versuchen eine ähnliche Meidung oder wenigstens Zurücksetzung der Kräuter mit ätherischen Ölen bei der Nahrungsauswahl berichtet. Daß gerade gegen kleinere Tiere die Ausscheidung der Öle in Drüsenhaaren einen Vorteil bietet, leuchtet ohne weiteres ein.

Eindeutig und allgemein gültig bzw. unfehlbar ist die abstoßende Wirkung aber auch dort nicht, wo sie Schutz bieten könnte. Campherholz ist bewährt für Kleiderkisten, aus denen die Motten ferngehalten werden sollen, jedoch wird der Campherbaum z. B. in Ostafrika von allerlei Insekten (Milben, Heuschrecken, Schildläusen) befallen und von verschiedenen Käfern angefressen (Rüsselkäfer, Bockkäfer). Diesen verfehlten Schutzwirkungen schließen sich nun die direkten Anlockwirkungen ätherischer Öle auf „Schädlinge" an. Sehr interessant ist der genauer untersuchte Hausbockkäfer *(Hylotropus bajulus)*. Auf dessen eiablegende Weibchen wirken bestimmte Kohlenwasserstoffe unter den ätherischen Ölen, am stärksten α- und β-Pinen, schwächer d-Carven, anlockend. Andere Terpene, vor allem sauerstoffhaltige Abkömmlinge haben keine Wirkung (BECKER

1942). Den analytischen Chemiker wird verwundern, daß dieses Weibchen zwar auf d-Carven, nicht aber auf d-Limonen reagiert, obwohl sich beide ja nur durch die Lage der Doppelbindung im Ring unterscheiden. Unser eigener Geruchsinn demonstriert uns allerdings auch manchmal die geringfügigsten Unterschiede im chemischen Bau durch unverwechselbare Eindrücke.

Wenn wir diese positiven und negativen Fälle der Funktion ätherischer Öle, d. h. die einmal abstoßende und auf der anderen Seite anlockende Wirkung auf Schädlinge, unter einem einheitlichen Gesichtspunkt verstehen wollen, dürfen wir sie nicht vom einzelnen Individuum her, sondern als Faktoren eines Gleichgewichtes, das in jeder Biozönose herrscht, betrachten. Für den Spezialisten ist gerade das anlockend, was die Allgemeinheit abstößt, weil er hier die Konkurrenz der anderen am ehesten aus dem Feld schlägt. Hier liegt für ihn der Punkt geringsten Widerstandes („Gegenanpassung" gegen die Schutzmittel).

Ob der Wundverschluß durch Harze und Kautschuk für die Pflanze immer von Vorteil ist, bleibt noch fraglich. Auf alle Fälle ist er nicht unerläßlich; denn die Wunden an Bäumen ohne Harz- oder Kautschukbildung verheilen und überwallen auch. Beobachtungen über förderliche Wirkung bei den einen Pflanzen stehen entgegengesetzte bei anderen gegenüber. Sehr zur Vorsicht bei solchen teleologischen Deutungen mahnen Versuche, die zur Nachprüfung der Gepflogenheit der Kautschukpflanzer, die Zapfwunden an den Bäumen von Milchsaftresten zu reinigen und zu teeren, angestellt wurden und die tatsächlich erwiesen haben, daß die gesäuberten Wunden besser vernarben als die von Milchsaft bedeckten. Natürlich darf auch dieser negative Befund nicht verallgemeinert werden (vgl. SPERLICH). Die übermäßige Harzproduktion der Coniferen nach Verwundung könnte man sogar als eine recht unzweckmäßig „gesteuerte" Wundreaktion auffassen, denn das Exkret wird häufig noch so intensiv und lange weiter gebildet, nachdem die Wunde sich schon geschlossen hat, daß es sich in große Räume unter der Rinde, die „Harzgallen", ergießt, die kaum anders denn als pathologische Bildungen gedeutet werden können. Auch in dieser Hinsicht besteht wieder volle Übereinstimmung mit den Verhältnissen beim Gummifluß des Steinobstes, wo sich in anatomisch wohl charakterisierten Gummilacunen der aus den Kohlenhydraten der Rinde gebildete „Gummi", das ist Kohlenhydratschleim, ergießt (RUHLAND).

Weitere allgemeine und mit Einzeldaten belegte Ausführungen über die biologische bzw. ökologische Bedeutung von Exkreten finden sich bei SPERLICH; STAHL 1920; DETTO; PEYER.

4. Die Saponine, Digitalisglykoside u. ä.

Die natürlichen Steranabkömmlinge stellen eine sehr vielseitig wirksame Gruppe dar, wobei allerdings in erster Linie die pharmakologischen Wirkungen und tierphysiologischen Funktionen ins Auge springen. Für die Pflanze könnten am ehesten die Saponine und die ihnen ja gleichzustellenden Digitalisglykoside und ähnliche eine physiologische und ökologische Bedeutung haben. Die hervorstechendste physikalische Eigenschaft der Saponine ist ihre außerordentliche Oberflächenaktivität. Sie verdrängen andere an der Oberfläche vorhandene Stoffe und erniedrigen die Oberflächenspannung von Flüssigkeiten. Darauf beruht ihre Schaumbildung und ihr Gebrauch als Waschmittel (Waschholz, Seifenwurzel, „Seifenbeeren" von *Sapindus*). Schon seit Urzeiten und überall auf der Erde werden Saponinpflanzen zum Fischefangen benutzt. Durch ihre Wirkung auf das Kiemenepithel verursachen sie Sauerstoffmangel bei den Fischen, die dann gelähmt an der Oberfläche der Gewässer treiben. Wenn sie in die Blutbahnen der Tiere injiziert werden, wirken Saponine schon in geringsten Dosen tödlich. Sie lösen die roten Blutkörperchen auf (Hämolyse). Eigenartigerweise wirkt der Saponinhämolyse antagonistisch das chemisch ganz ähnlich gebaute Cholesterin entgegen. Durch den Darm werden Saponine normalerweise nicht in die Blutbahnen aufgenommen. Pharmakologisch wird bei Saponinen die sekretionsanregende Wirkung auf die Schleimhäute ausgenutzt.

Zellphysiologisch zeigen die Saponine eine hohe Affinität zu den Lipoiden und Permeabilitätssteigerung. Außer einer erhöhten Permeabilität erfahren aber Algen und höhere Pflanzen auch bei tagelangem Aufenthalt in Lösungen mäßiger Saponinkonzentration keine deutlichen Schädigungen (MUNTHIU). Da in *Spirogyra*-Zellen nicht nur die Permeabilität gefördert, sondern auch die Viscosität vermindert wird, greifen die Saponine also sowohl in die Plasmahaut, als auch in die Struktur des ganzen Protoplasten ein. Daß die saponinhaltigen Zellen selbst nicht diesen aggressiven Saponinwirkungen unterliegen, dürfte wieder auf die oben (s. S. 70, 158) erwähnte hohe Resistenz des Tonoplasten gegen alle möglichen Einflüsse, die das Plasmainnere schädigen, zurückzuführen sein. Im übrigen entfalten Saponine und Digitalisglykoside eine Wirkung, die derjenigen der zahllosen „Hemmstoffe" analog geht. Bei Keimlingen von Gerste und Kresse *(Lepidium sativum)* hemmen sie das Wachstum der Keimwurzeln stark, ohne die Koleoptile zu beeinträchtigen (EULER 1946).

VI. Die stickstofffreien aromatischen Verbindungen.

A. Allgemeines.

Im System der organischen Chemie wird eine Scheidung in aliphatische und aromatische Verbindungen heute in erster Linie aus didaktischen Gründen aufrechterhalten. Die chemischen Gesetzmäßigkeiten, denen die Kohlenstoffverbindungen unterworfen sind, gestehen den Benzolderivaten eine tiefer wurzelnde Sonderstellung nicht zu. Unter physiologischen Gesichtspunkten betrachtet läßt sich jedoch eine strengere Abtrennung der Stoffe mit aromatischen Kernen, im chemischen Sinne natürlich verstanden, auch sachlich sehr wohl rechtfertigen. Die Assimilation des Kohlenstoffs in den autotrophen Pflanzen führt, jedenfalls nach unseren heutigen Kenntnissen, nie unmittelbar zu Derivaten des Benzolringes. Auf der anderen Seite zeichnen sich die aromatischen Verbindungen in den Pflanzen durch eine die chemische Stabilität noch übertreffende, hartnäckige Unangreifbarkeit aus. Der Benzolkern wird im allgemeinen nur durch spezialisierte Organismen wieder gesprengt. Für höhere Pflanzen steht der Nachweis, daß der Benzolring überhaupt abgebaut werden kann, noch aus.

Im übrigen führt auch bei den aromatischen Verbindungen eine vielfältige Kondensation und Substituierung, die sich im allgemeinen allerdings nur einiger weniger Gruppen bzw. Radikale bedient, zu einer unübersehbaren, in ihren chemischen und physikalischen Erscheinungsformen sehr bunten Schar von Substanzen. Da Benzolkerne schon in den für fast alle Eiweiße unerläßlichen Aminosäuren Tyrosin und Tryptophan vorkommen, muß die Fähigkeit zum Aufbau des aromatischen Ringes zu den urtümlichen Funktionen der Lebewesen gerechnet werden. Heute ist die Synthese von Benzolderivaten charakteristisch für die pflanzlichen Organismen. Das geht so weit, daß Tryptophan von den höheren Tieren notwendigerweise mit der Nahrung aus dem Pflanzenreich aufgenommen werden muß. Unter den Pflanzen hat die Bedeutung aromatischer Körper ohne Zweifel mit fortschreitender phylogenetischer Entwicklung beständig zugenommen. Das Lignin, dessen Bausteine ja im wesentlichen Phenolderivate sind, ist dafür ein sprechender Beleg. Ein entwicklungsfähiges Skeletsystem sowie die Wasserleitbahnen und damit die ganze Entfaltung der höheren Landpflanzen bauen auf der „Erfindung" der Verholzung auf. Das anorganische Skelet der Equiseten scheint keine ausbaufähige Grundlage abgegeben zu haben.

Obwohl aromatische Verbindungen nicht gerade selten und manchmal sogar in größeren Mengen bei Heterotrophen vorkommen, stimmt im großen ganzen die Verbreitung der hierhergehörenden Substanzen mit dem überein, was auch sonst für andere sekundäre Stoffe beobachtet wird: in Pilzen sind sie seltener als in grünen Algen; die phanerogamen Saprophyten und Parasiten sind ärmer an aromatischen Verbindungen als die grünen höheren Pflanzen, jene sind deshalb auch weniger stark verholzt als diese; die Schattenpflanzen erzeugen im allgemeinen einen geringeren Überschuß an Benzolderivaten als die Sonnenpflanzen usw.

Die Pflanzenzelle baut mit größter Leichtigkeit aus aliphatischen Verbindungen aromatische auf. Sie beschreitet dabei sicher verschiedene Wege, obwohl es uns noch nicht gelungen ist, einen davon aufzudecken. Wahrscheinlich sind die Methoden der phytochemischen Benzolringsynthese so eigenwillig, daß sie mit keiner der im Laboratorium gebräuchlichen übereinstimmen. So leicht aromatische Körper aufgebaut werden, so schwer sind sie durch die Zelle angreifbar. Sie bleiben vom Stoffumsatz meist ganz ausgeschlossen, und wir finden sie deshalb als träge Bestandteile gewöhnlich mit dem Alter der Pflanze zunehmend oft in großen Mengen aufgestapelt.

Die chemischen Eigenschaften des Benzolkerns machen ein solches Verhalten ja durchaus verständlich. Er ist trotz der konjugierten Doppelbindungen sowohl gegen reduzierende als auch gegen oxydierende Einwirkungen außergewöhnlich beständig. Seitenketten werden leicht abgespalten, aber der Benzolring selbst zeigt „eine unüberwindliche Neigung, sich zu erhalten".

Im Hinblick auf die chemische Trägheit und Stabilität des aromatischen Kernes sind die Fähigkeiten derjenigen Organismen, die ihn trotzdem sprengen können, um so erstaunlicher. Für höhere Pflanzen hegt man nur die Vermutung, daß sie in gewissen Fällen Phenole, z. B. Brenzkatechin in der Weidenrinde, „zerstören" können (WEEVERS 1910). Ein sicherer Nachweis dafür fehlt aber noch. *Aspergillus niger* kann mit aromatischen Verbindungen, z. B. Gallussäure, als einziger Kohlenstoffquelle gedeihen. Er verwendet die Bruchstücke zum Aufbau seiner Körpersubstanz, er wandelt also den Benzolkern wieder in Kohlenhydrate um. Viel besseres Wachstum gestatten ihm allerdings die Hydrobenzolderivate wie Chinasäure, Inosit, Quercit usw. Eine Reihe von Bodenbakterien können kondensierte Benzolkohlenwasserstoffe, z. B. Naphthalin, Phenanthren, als einzige Kohlenstoffquelle benutzen (TAUSSON). Es ist sehr wohl möglich, daß dem Abbau des Benzolringes durch Pilze eine Hydrierung vorausgeht. Der Tierkörper baut den aromatischen Kern meist über Muconsäure, eine C_6-Dicarbonsäure mit konjugierten Doppelbindungen, ab. Bei den Pflanzen liegen weder für diesen noch für einen anderen Weg Anhaltspunkte vor. Die physiologische Angreifbarkeit und Zugänglichkeit entspricht nicht immer der chemischen Stabilität. Phenanthren besitzt ein etwas festeres Gefüge als Anthracen, aber Bakterien oxydieren das erste leichter als das zweite und jenes sogar rascher als Naphthalin. Paraffine werden jedoch von den gleichen Bakterien nicht angegriffen. Resorcin, Phloroglucin, Pyrogallol, Phthalsäure und ähnliche Oxyderivate sind offenbar keine Zwischenstufen beim Abbau der einfachen und kondensierten Benzolkerne; denn sie können von den Bakterien, die die Kohlenwasserstoffe angreifen, nicht verwertet werden. Hydrochinon und Phenol werden schwerfällig verarbeitet. Die Phenole sind im übrigen meist schon in geringen Konzentrationen giftig sowohl für höhere als auch für viele niedere Organismen. Eine genauere Analyse des Angriffs auf Benzolderivate mit Hilfe der fermentativen Adaptation bei *Pseudomonas fluorescens* zeigt, daß die Bakterien offenbar über mehrere Wege je nach der Seitenkette am Benzolkern verfügen. Einer führt von der Mandelsäure über Benzaldehyd zu Benzoesäure. Die nächste Stufe ist aber nicht p-Oxybenzoesäure, wie rein chemisch zu erwarten wäre (STANIER). Die Ringsprengung, die den Bakterien irgendwie möglich sein muß, denn sie können mit Benzolderivaten als einziger C-Quelle wachsen, ist auch hierbei noch völlig ungeklärt.

B. Die hydroaromatischen Verbindungen.

Auf der Suche nach Übergängen von den in Pflanzen üblichen Kohlenhydraten zu aromatischen Verbindungen wurde bisher der Blick wahrscheinlich zu Unrecht von der in den Hexosen und im Benzolring identischen Zahl von Kohlenstoffatomen gefangen genommen. Man vermutete eine unmittelbare Zusammenfügung des Ringes aus der C_6-Kette. Mit der zunehmenden Bedeutung, welche die C_2- und C_3-Bruchstücke des normalen Kohlenhydratabbaues für die Genese der sekundären Stoffe gewinnen (vgl. oben bei Fetten und Terpenen), muß die Möglichkeit, daß auch die Benzolderivate sich aus solchen kleinen Bausteinen ableiten, ins Auge gefaßt werden (s. S. 256). Die Gesamtheit der aromatischen Verbindungen in den Pflanzen fließt höchstwahrscheinlich aus verschiedenen Quellen zusammen. Sie sind nicht einheitlichen Ursprungs. Eine der möglichen Bahnen wurde oben bei den Terpenen schon aufgezeigt. Vom aliphatischen Citral führt ein leicht gangbarer Weg zum p-Cymol, einem Benzolderivat. Die regelmäßige Vergesellschaftung von Zimtaldehyd, Eugenol und anderen aromatischen Anteilen der ätherischen Öle mit den kettenförmigen und alicyclischen Terpenen, auch das vikariierende Auftreten der einen Klasse von Verbindungen mit der anderen in systematisch nahe verwandten Arten weist auf eine Entstehung des Benzolkerns im Anschluß an die Terpensynthese und damit auch auf die dabei verwendeten Rohstoffe hin.

1. Inosit.

Immer wieder vermutet, aber für Pflanzen noch niemals wirklich belegt, wurde der Übergang von Hexosen über hydroaromatische Verbindungen zu Benzolringen. Obwohl der genetische Zusammenhang dieser alicyclischen Körper, die in Pflanzen außerordentlich weit verbreitet sind, mit den aromatischen noch ganz ungewiß ist, sollen jene doch an dieser Stelle unserer Betrachtungen eingereiht werden, wei sich ein anderer, besser begründeter Platz in einem natürlichen System der Pflanzenstoffe zur Zeit kaum ausfindig machen läßt. Schon seit MAQUENNE stellte man sich den Inosit immer wieder als Bindeglied zwischen Kohlenhydraten und Benzolderivaten vor (vgl. CZAPEK). Diese recht merkwürdige Substanz wurde vor 100 Jahren zunächst in Muskeln, dann bald auch in Bohnen („Phaseomannit") und vielen anderen Pflanzenteilen gefunden. Die Summenformel des Inosits $C_6H_{12}O_6$ und sein Aufbau aus CHOH-Gruppen rückt ihn den Hexosen nahe, und ganz formal läßt er sich tatsächlich leicht an eine Aldohexose anknüpfen, aus der er durch innere Aldolkondensation entstanden gedacht werden kann. Eine solche Umwandlung und die rückläufige ist im Tierkörper sehr wahrscheinlich gemacht (NEEDHAM; STETTEN

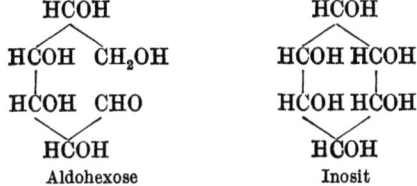

und STETTEN), aber in vitro noch nicht realisiert worden. Wegen der Ringkonstitution wird er gelegentlich als Ringzucker bezeichnet, aber er weicht in manchen Eigenschaften von den Zuckern wesentlich ab. Er schmeckt zwar süß, wird aber nur von wenigen Organismen, z. B. *Aspergillus*, vergoren. *Bacillus lactis aerogenes* baut Inosit in der gleichen Weise wie Glucose ab mit Acetaldehyd als Zwischen- sowie Milch- und Bernsteinsäure als Endprodukt (KUNGAWA). Im Gegensatz zu den Monosen, die ja stets entweder Aldehyde oder Ketosen sind, ist der Inosit ein sechswertiger Alkohol. Die angelsächsische Bezeichnung „inositol" folgt daher exakter als die deutsche der rationellen Nomenklatur.

In pflanzlichen Organen wird nur optisch inaktiver i-Inosit (Meso-Inosit) frei gefunden. Dieser läßt sich auch nicht in optisch aktive Komponenten spalten, was bei seinem völlig symmetrischen Bau einleuchtend erscheint; und doch gibt es vom Inosit optisch aktive Isomere, die in der Natur jedoch nur als Methyläther vorkommen. Vorzugsweise junge Organe enthalten oft große Mengen Inosit, z. B. Rosenknospen *(Rosa gallica rubra)* und junge Bohnenhülsen, aus denen er bei der Reifung der Samen verschwindet. Andere Früchte bringen andere Zuckeralkohole hervor, z. B. Birnen recht viel Sorbit. Ob allerdings eine innere Analogie in der Entstehung dieser Zuckerabkömmlinge besteht, muß noch dahingestellt bleiben. Häufig liegt Inosit als ein Hexaphosphorsäureester, die sog. Phytinsäure, vor, deren Calcium-Magnesiumsalz, das Phytin, in den Globoiden der Nährgewebe von Samen die Phosphorsäurereserve des Embryos darstellt. Diese Speicherform dürfte wegen der schweren Mobilisierbarkeit des Calciumphosphates einer anorganischen Reserve überlegen sein. Ein besonderes Ferment, die Phytase, spaltet den Phosphor aus dieser Verbindung ab. Aus Phytin stammt der technisch bei der Fabrikation von Maisstärke aus dem Einquellwasser des Maises gewonnene Inosit (GRIFFIN und NELSON). Phytinsäure kann auch als erstes Assimilationsprodukt unmittelbar nach Aufnahme des Phosphors in den Wurzeln nachgewiesen werden.

Über andere Funktionen und über den Stoffwechsel des Inosits in höheren Pflanzen fehlen noch experimentelle Unterlagen, obwohl man ihm die außerordentlich wichtige Rolle eines Mittlers zwischen aliphatischen und aromatischen Naturstoffen zuweist. Nach unseren modernen Erfahrungen dürfen wir fast annehmen, daß es sich bei einer oft so reichlich angehäuften Substanz nicht um ein umwandlungsfähiges Zwischenglied, sondern eher um ein stabilisiertes, vielleicht auf einem Seitenweg erzeugtes Produkt handelt, etwa ähnlich der Citronensäure im Tricarbonsäurekreislauf. An dieser mangelhaften Kenntnis dürften vor allem die technischen Hindernisse bei der Inositbestimmung schuld sein. Da er in Pflanzenextrakten immer in einem Gemenge mit ähnlich reagierenden Substanzen vorliegt, war es bisher auf rein chemischem Wege nicht gelungen, eine hinreichend genaue analytische Methode auszuarbeiten. Das ist jetzt durch einen biologischen Test möglich. Für bestimmte Hefen und andere Pilze stellt Mesoinosit („Bios I") einen Wuchsstoff dar, der zwar nicht für sich allein, aber in Gemeinschaft mit Biotin stark wachstumsfördernd wirkt. Spezielle Heferassen und Stämme von *Neurospora crassa* sind in ihrer Wachstumsintensität so streng an den Inositgehalt des Substrates gebunden, daß diese Mikroorganismen zur quantitativen Bestimmung von Inosit verwendet werden können (WOOLLEY; BEADLE).

Eine eigenartige Umwandlung erfährt der Inosit durch das Bacterium *Pseudomonas Beijerinkii*, das besonders auf gesalzenen Bohnen gedeiht und dort ein kräftig rotes Pigment bildet (KLUYVER und Mitarbeiter 1939). Mesoinosit ist die notwendige Muttersubstanz dafür. Die genaue Konstitution des Farbstoffes ist zwar noch nicht bekannt, aber er scheint das Calcium-Magnesiumsalz des Tetraoxy-Chinons zu sein. Das Bacterium oxydiert Inosit zu Triketoinosit (Hexaoxy-Benzol) unter Entnahme von 6 H-Atomen, und diese fast farblose Verbindung geht erst nach Diffusion aus der Zelle in das umgebende Medium durch Autoxydation (— 2 H-Atome)

in das Tetraoxy-Chinon über. Das Bacterium deckt also seinen Wasserstoffbedarf zur Energiegewinnung aus dem Inosit, den es dabei in eine aromatische Verbindung überführt. Vorausgesetzt, daß sich die gut begründeten Vermutungen über den Reaktionsverlauf bestätigen, so wäre dies der erste Fall, in dem nachweislich Inosit die Vorstufe einer aromatischen Verbindung in Pflanzen darstellt. Da das Pigment in allen Lösungsmitteln praktisch unlöslich ist, bietet die Umformung des leicht löslichen Inosits ein schönes Beispiel für die sicher nicht seltene Entstehung schwer löslicher oder unlöslicher und deshalb ausgeschiedener Körper aus einem ganz gewöhnlichen wasserlöslichen Zellinhaltsstoff. Die Dehydrierung einer anderen hydroaromatischen Verbindung (Cyclohexan) zu Benzol scheint mit Enzymen aus *Allium cepa*-Wurzeln möglich zu sein (PACAULT und CARPENTIER).

Verschiedene Methyläther des Inosits sind in höheren Pflanzen verbreitet. Pinit im Harz von *Pinus Lambertiana*, der „Zuckerkiefer" aus dem westlichen Nordamerika, und im Cambialsaft anderer Coniferen ist ein optisch aktiver Monomethyläther, der nach Abspaltung des Methylalkohols den aktiven d-Inosit zurückläßt. Sennit aus Sennesblättern und Abietit aus den Nadeln der Weißtanne *(Abies pectinata)* sind mit Pinit identisch. Bornesit, ein Monomethyläther, und Dambonit, ein Dimethyläther des Mesoinosits, kommen in den Milchsäften verschiedener kautschukführender Pflanzen vor. Quebrachit schließlich ist ein weit verbreiteter optisch aktiver Methyläther des l-Inosits. Sein Auftreten innerhalb des Systems der Pflanzen zeigt eigenartige Unstetigkeiten, z. B. unter den *Gruinales* (vgl. PLOUVIER).

Die Existenz optisch aktiver Formen des Inosits beruht nicht auf asymmetrischen Kohlenstoffatomen, die ja nicht vorhanden sind, sondern auf einem im ganzen asymmetrischen Molekülbau (Molekülasymmetrie). Von allen möglichen Konfigurationen sind es die beiden folgenden (I und II), die nicht symmetrisch gebaut sind und deshalb den beiden beobachteten optischen Antipoden gegeben werden müssen. Für den natürlichen Meso-Inosit trifft die Konfiguration III zu (POSTERNAK; DANGSCHAT).

l-Inosit (I) d-Inosit (II) Meso-Inosit (III)

Der Übersichtlichkeit wegen sind jeweils nur die Valenzen angedeutet, welche die OH-Gruppen tragen. An jedem C-Atom ist in entgegengesetzter Richtung dazu eine mit einem H-Atom besetzte zu ergänzen.

Ein fünfwertiger, optisch aktiver alicyclischer Alkohol, der Quercit, $C_6H_{12}O_5$, stimmt in seiner Struktur mit den aktiven Inositen überein, von denen er sich lediglich durch den Verlust eines Sauerstoffatoms unterscheidet. Er wurde zunächst in den Früchten, in den Blättern und im Cambialsaft von Eichen, später aber auch in vielen anderen Pflanzen gefunden. *Aspergillus* kann sich von ihm gut ernähren, Hefe vergärt ihn jedoch nicht. Durch Oxydation in vitro entsteht aus ihm Schleimsäure.

2. Chinasäure.

Neben dem Inosit ist eine andere ebenfalls ungewöhnlich weit verbreitete alicyclische Verbindung, die Chinasäure, immer wieder als Zwischenglied zwischen Hexosen und aromatischen Körpern erwogen worden. Der enge konfigurative Zusammenhang dieser Hexahydro-Tetraoxy-Benzoesäure, $C_7H_{12}O_6$, mit der d-Glucose könnte auf eine genetische Verbindung hindeuten (DANGSCHAT und FISCHER). Bislang fehlt dafür allerdings noch der physiologische Nachweis. Chinasäure scheint in kleinen Mengen ein universeller Pflanzenbestandteil zu sein. Bedeutende Konzentrationen erreicht sie in jungen Trieben von *Picea excelsa* (KIESEL 1928) und in den Blättern von *Arctostaphylos uva ursi*. Kaffeebohnen und Chinarinde sind andere reiche Fundstätten.

Für Chinasäure als Vorstufe der aromatischen Verbindungen in Pflanzen sprechen sowohl einige rein chemische als auch mehrere physiologische Tatsachen. Sie kann in vitro leicht zu Hydrochinon und Protokatechusäure, zwei häufigen sekundären Stoffen aromatischer Struktur, oxydiert werden, mit denen sie oft vergesellschaftet vorgefunden wird, z. B. in den Bärentraubenblättern mit reichlich Hydrochinon und in *Vitis vinifera* mit Protokatechusäure. Auf Chinasäure kultiviert bringen *Aspergillus niger* und manche andere Pilze und Bakterien Protokatechusäure und Brenzkatechin hervor (BUTKEWITSCH 1925; BERNHAUER und GÖRLICH). Eine analoge Umsetzung des Inosits, etwa zu Phloroglucin, wird durch die untersuchten Mikroorganismen nicht bewerkstelligt. Als mögliche Brücke zwischen die Chinasäure und die Benzolderivate, etwa die Gallussäure, könnte sich die in Pflanzen nicht seltene Shikimisäure, die bereits eine Doppelbindung im Ring besitzt, einschieben. Für diese recht plausible Möglichkeit fehlt allerdings auch noch der Nachweis ihrer Realisierung in den Pflanzen.

$$\underset{\text{Chinasäure}}{\begin{array}{c} \text{COOH} \\ | \\ \text{COH} \\ \text{H}_2\text{C} \quad \text{CH}_2 \\ \text{HCOH} \; \text{HCOH} \\ \text{HCOH} \end{array}} \qquad \underset{\text{Shikimisäure}}{\begin{array}{c} \text{COOH} \\ | \\ \text{C} \\ \text{HC} \quad \text{CH}_2 \\ \text{HCOH} \; \text{HCOH} \\ \text{HCOH} \end{array}} \qquad \underset{\text{Gallussäure}}{\begin{array}{c} \text{COOH} \\ | \\ \text{C} \\ \text{HC} \quad \text{CH} \\ \text{HOC} \quad \text{COH} \\ \text{COH} \end{array}}$$

Die wesentlichste Lücke in der Überleitung von Zuckern zu aromatischen Körpern auf dieser Bahn klafft jedoch noch zwischen den Hexosen und der Chinasäure selbst, die nur durch die konfigurative Übereinstimmung der Chinasäure mit der d-Glucose hypothetisch überbrückt wird. Das Interesse muß sich also in erster Linie auf die Biogenese der Chinasäure konzentrieren. Auch hier verfügen wir noch über keine experimentell gesicherte Einsicht. Die Spekulationen lassen recht willkürlich drei Glucosemoleküle zu einem mit Kohlenstoffringen versehenen Gebilde zusammentreten, dessen Hälfte, ein C_9-Bruchstück, das schon den sechsgliedrigen Ring enthielte, dann der unmittelbare Vorgänger der Chinasäure sein sollte (EMDE 1932). Daß diese nicht selten mit C_9-Verbindungen, z. B. der Kaffeesäure (s. unten), sogar verestert vorgefunden wird, stützt diese Vorstellung. Das Befremdliche an dieser Hypothese ist jedoch die Verkettung von Hexosemolekülen über C-C-Bindungen. Als natürliche Produkte, in die ganze Zuckermoleküle eingehen, kennen wir bisher nur die über eine Sauerstoffbrücke gebundenen Glykoside, abgesehen von den hier unwesentlichen Methylpentosen. Nach unserer jetzigen Kenntnis des intermediären Stoffwechsels müssen wir wohl auch hier damit rechnen, daß nicht die unveränderten C_6-Ketten der Zucker das Rohmaterial für die Synthese der Chinasäure abgeben, sondern daß Bruchstücke des normalen Zuckerabbaues (Glycerinsäure, Dioxyaceton, Brenztraubensäure, Acetaldehyd u. ä.) vielleicht noch mit der synthesebegünstigenden Phosphorsäure gekoppelt, die Bausteine sind, aus denen Chinasäure kondensiert wird. Rein formelmäßig ließen sich dafür leicht Schemata aufstellen, die aber wegen ihres zunächst rein hypothetischen Charakters hier nicht diskutiert werden sollen.

C. Die Phenole.

Die phenolischen, also direkt an einen aromatischen Ring gebundenen Hydroxylgruppen sind den alkoholischen sehr unähnlich. Sie verestern nicht so leicht wie diese und zeigen ausgesprochen saure Eigenschaften, worauf z. B. die Bildung grüner, blauer, schwarzer und brauner Eisensalze der Gerbstoffe und anderer natürlicher Polyphenole beruht. Durch Verätherung der Phenole mit aliphatischen Alkoholen entstehen ohne Schwierigkeiten gemischte Äther. Die in Pflanzenstoffen sehr häufig auftauchenden Methoxylgruppen an den aromatischen Ringen haben wohl darin ihren Ursprung. Die genannten Eigenschaften des phenolischen Hydroxyls scheinen also auch für das Verhalten der Phenole und ihrer Abkömmlinge in den Pflanzen ausschlaggebend zu sein. Ob die Phenol-Hydroxyle der sekundären Stoffe sich direkt von den alkoholischen der Zucker etwa über Inosit oder Chinasäure bzw. über Triosederivate herleiten lassen oder auf eine andere Weise entstanden sind, läßt sich heute noch nicht entscheiden. Vielleicht führen auch hier verschiedene Wege zu ähnlichen Endprodukten. Phenole reagieren mit CO_2 leicht zu Carbonsäuren bzw. aus aromatischen Carbonsäuren gehen durch CO_2-Abspaltung leicht Phenole hervor. Auch diese Umsetzung scheint den Zellen nicht fremd zu sein, denn China- und Protokatechusäure finden sich häufig mit Phenolen vergesellschaftet.

1. Phloroglucin.

Von den mehrwertigen Phenolen, die frei oder gebunden in den Pflanzen häufig angetroffen werden, ist sicher das Phloroglucin das wichtigste und interessanteste. Seine phytochemische Entstehung stellt man sich im allgemeinen durch Abspaltung von drei Molekülen Wasser aus Inosit vor. Allein auch dieser Weg verläuft vorläufig noch auf dem schwankenden Grund der Hypothese. Nicht einmal in vitro ist diese Umwandlung geglückt, und *Aspergillus*, der Chinasäure in Brenzkatechin überführt, vermag Inosit nicht in Phloroglucin oder einen anderen aromatischen Körper umzusetzen. Über die Herkunft des Phloroglucins sind wir also noch ganz im unklaren.

Phloroglucin ist histochemisch in vielen Früchten, z. B. Preißelbeeren, Zwetschen, und in Samen nachgewiesen worden, wobei im einzelnen noch unentschieden bleibt, ob es tatsächlich frei oder, was wohl sehr häufig der Fall ist, glykosidisch gebunden vorliegt (NIETHAMMER; KLEIN II, 299). Wenn Phloroglucin oder seine Glykoside verholzte Membranen imbibieren, lassen sich diese allein mit Salzsäure rot anfärben, woraus man früher irrtümlich auf besondere Farbstoffe in diesen Hölzern geschlossen hat. Das bekannteste Glykosid, welches Phloroglucin enthält, ist Phlorrhizin vor allem in der Rinde der Pomoideen. Nach Abspaltung des Zuckers bleibt ein komplexer Körper, Phloretin, das in Phloroglucin und „Phloretinsäure" zerlegt werden kann. Die beiden Partner sind nicht verestert, sondern durch eine C-C-Bindung kondensiert, womit Phloretin ein sehr wichtiges Übergangsglied zu der großen Gruppe der Flavanderivate abgibt, deren phytochemische Synthese bisher nicht leicht verständlich war. Phloretinsäure ist identisch mit p-Hydrocumarsäure (s. unten) und damit eng verwandt mit der Aminosäure Tyrosin.

Die tautomere Form des Phloroglucins, in der es als alicyclische Verbindung mit drei Carbonylgruppen reagiert, neigt sehr leicht zur Anlagerung von Wasserstoff. Wieweit diese Eigenschaft physiologische Bedeutung hat, muß noch dahingestellt bleiben. Die entgegengesetzte, bekannte oxydative Umwandlung der Polyphenole, die in chinoiden, mehr oder weniger tiefgelb bis braun gefärbten Körpern endet, dürfte in den Pflanzen, vor allem in abgestorbenen Teilen, regelmäßig vor sich gehen. Phloroglucin ist mit anderen mehrwertigen Phenolen wesentlich an den recht vielgestaltigen Gerbstoffen beteiligt, aus denen die Rindenfarbstoffe (Phlobaphene) und andere braune Pigmente hervorgehen, so z. B. die mit großer Regelmäßigkeit als Mantel um die Samen gelegten „Gerbstoffhorizonte". Bei der Samenkeimung diffundiert häufig Phloroglucin aus der Testa in das Keimmedium. Im Licht wird im allgemeinen mehr Phloroglucin aufgebaut als im Dunkeln. Etiolierte Keimlinge von *Fagopyrum* enthalten trotzdem große Mengen davon (WAAGE), was vielleicht mit ihrer ausgeprägten Fähigkeit zur Anthocyanbildung zusammenhängt. Grüne Blätter von *Quercus*, *Platanus* u. a. erzeugen im Dunkeln auf Zuckerlösung schwimmend viel Phloroglucin neben reichlich Stärke.

Phloroglucin

Pyrogallol und Oxyhydrochinon, die beiden anderen dreiwertigen Phenole, sind bisher nicht in Pflanzen nachgewiesen worden, aber die dem Pyrogallol entsprechende Oxysäure, die Gallussäure, ist in Gerbstoffen aus Gallen, Rinden, Holz, Blättern und Früchten reichlich vertreten. In Eichenrinde und Teeblättern ist stets etwas freie Gallussäure, daneben der größte Teil verestert oder glykosidisch gebunden, vorhanden. Der mögliche Anschluß der Gallussäure, deren Eisensalze früher als Gallustinte Verwendung fanden, an die alicyclische Chinasäure wurde oben bereits erwähnt (s. S. 154).

2. Die Gerbstoffe.

Gerbstoffe stellen chemisch keine einheitliche Gruppe von Verbindungen dar. Physiologisch sind sie bisher meist ohne Rücksicht auf ihre chemische Konstitution betrachtet worden. Ob das angängig ist, erscheint zweifelhaft, da sie zu verschieden gearteten anderen Stoffen in nächster Verwandtschaft stehen und dementsprechend die Bedingungen für ihre Entstehung nicht einheitlich sein werden.

Ihre allgemeine Charakteristik bezieht sich mehr auf technische und tierphysiologische Eigentümlichkeiten. Sie sind von herbem, adstringierendem Geschmack, fällen Leim und Eiweiß aus Lösungen, indem sie mit diesen Stoffen schwerlösliche Verbindungen eingehen. Sie verwandeln im Zusammenhang damit tierische Häute in Leder, und die meisten von ihnen geben grüne, blaue und schwarze Niederschläge mit Eisenionen. Alle diese Merkmale sind jedoch nicht eindeutig; denn auch Chinon vermag Häute zu gerben, und die Eisenreaktion wird auch von Vanillin, Morphin und anderen Pflanzenstoffen gegeben. Durch Oxydation gehen die meisten Gerbstoffe in rotbraune Stoffe, die sog. Phlobaphene, über, die Pigmente der meisten Borken.

Chemisch lassen sich die Gerbstoffe in der Hauptsache in 3 Gruppen zusammenfassen, die zwar alle den aromatischen Verbindungen angehören und stets mehrere phenolische Hydroxylgruppen im Molekül enthalten, im einzelnen aber doch recht bemerkenswerte Unterschiede in ihrem Bau aufweisen (FREUDENBERG 1933).

1. Depside, zuckerfrei
2. Tannine, Zuckerester } durch Hydrolyse spaltbare Gerbstoffe,
3. Katechingerbstoffe (Flavanderivate), kondensierte, nicht spaltbare Gerbstoffe mit zusammenhängendem Kohlenstoffgerüst.

Das „Tannin", der Gerbstoff der Eichengallen, des schwarzen Tees, der Rinde und des Holzes der Edelkastanie *(Castanea vesca)* und vieler anderer Pflanzen, ist eine mehrfach mit Gallus- und Digallussäure veresterte Glucose. Im „chinesischen Tannin", ebenfalls einem Gemisch aus verschieden stark veresterten Glucosen aus den Gallen von *Rhus semialata*, entfallen auf ein Molekül Glucose durchschnittlich 9 Moleküle Gallussäure. Als sehr wichtiges Anfangsglied einer Reihe von veresterten Glucosen wurde im Rhizom von *Rheum palmatum* die 1-Galloylglucose, das „Glucogallin", gefunden, das analog der universell als Zwischenprodukt beim Zuckerabbau gebildeten Glucose-1-Phosphorsäure gebaut ist.

Aus Tanninlösungen wird durch verschiedene Schimmelpilze *(Aspergillus, Penicillium)* die Zuckerkomponente vergoren. Es bleibt Gallussäure übrig (Tanningärung). Das Enzym Tannase spaltet die Gallussäure-Glucoseester in die beiden Partner.

Zusammen mit den Tanninen kommt Ellagsäure vor, eine aus zwei Molekülen Gallussäure durch Kondensation und Sauerstoffbrücken aufgebaute polycyclische Verbindung mit reichlich phenolischen OH-Gruppen, die ihre Entstehung wohl einem ähnlichen Prozeß wie die später zu besprechenden Katechine verdankt.

Von den Depsiden, das sind Ester aromatischer Oxysäuren untereinander oder mit anderen Oxysäuren, ist die Chlorogensäure, ein Ester aus China- und Kaffeesäure (s. unten), in höheren Pflanzen außerordentlich weit verbreitet und oft in hoher Konzentration angehäuft. In den Kaffeebohnen liegt das Coffein zum Teil als Salz der Chlorogensäure vor („Kaffeegerbsäure"). Auch andere Alkaloide, z. B. in *Strychnos*-Samen, sind in den Zellen an dieses Depsid gebunden. Im Tabak ist Chlorogensäure nachgewiesen. Manche älteren histochemischen Nachweise können nicht als eindeutig angesehen werden. Ausnahmsweise beherbergt auch ein Schmarotzer *(Orobanche)* größere Mengen dieses sekundären Stoffes. Die enge Kopplung der China- mit der Kaffeesäure im Depsid hat den Gedanken an einen genetischen Zusammenhang der beiden Säuren aufkommen lassen (EMDE 1932), der aber noch durch keine experimentellen Unterlagen gestützt ist. Schimmelpilze spalten Chlorogensäure in ihre beiden Komponenten, verbrauchen die Chinasäure und lassen Kaffeesäure übrig. Andere Depside stellen den Hauptanteil der sog. Flechtensäuren bzw. Flechtenstoffe (s. S. 160).

Gerbstoffe tauchen schon bei verschiedenen Grünalgen auf. In Pilzen sind sie wie alle sekundären Stoffe seltener. Bei Moosen und Farnen scheinen sie häufig zu sein, und von den Gymnospermen ab sind die schon erwähnten oder die noch zu besprechenden Katechingerbstoffe wohl regelmäßige Bestandteile aller Arten. Quantitative Bestimmungen liegen in der Hauptsache bei den höheren Pflanzen vor. Vor allem bei niederen Pflanzen werden die Untersuchungen über Gerbstoffe oft dadurch erschwert, daß sie sich durch Adsorption an die Zellwände oder das Plasmaeiweiß der Erfassung entziehen. Durch solche Adsorption werden Gerbstoffe oftmals nur maskiert und nach Wegfall der Komplexbildung, z. B. in einem anderen Entwicklungszustand oder unter anderen Außenbedingungen, werden sie wieder freigesetzt und täuschen dadurch einen Verbrauch oder einen Umsatz im Stoffwechsel vor.

In der Zelle liegen Gerbstoffe stets scharf vom Plasma getrennt vor, dessen kolloidalen Zustand sie gerbend zerstören würden. Im Zellsaft, dem bevorzugten Speicherplatz, gegen den die Zellwände zurücktreten, gehen sie oft Adsorptionsverbindungen mit Kolloiden ein, die physiologisch nicht mehr oder weniger aktiv sind. Auf Hefe, die durch freie Tannine geschädigt wird, wirken Gelatine-Tannin-Komplexe nicht mehr toxisch. In Eicheln und den Schalen von Bananen sind solche Eiweiß-Gerbstoff-Komplexe natürlich nachgewiesen worden. Der Tonoplast gerbstoffhaltiger Zellen ist offenbar mit besonderer Resistenz gegen die physiko-chemischen Wirkungen der Gerbstoffe ausgestattet, was seiner hohen Widerstandsfähigkeit gegen alle möglichen anderen Einwirkungen entspricht (s. S. 70). Nur mit einer derartig schützenden Vacuolenhaut ist in der lebenden Zelle eine Anhäufung von Gerbstoffen möglich. Bei *Spirogyra* tritt sofort nach Zerreißen des Tonoplasten ein Niederschlag im Cytoplasma ein. Wenn Gerbstoffe als kleine Tröpfchen im Plasma verteilt erscheinen, muß man wohl ebenfalls eine Abkapselung voraussetzen. Gerbstoffhaltige Zellen begleiten manchmal ähnlich wie Zellreihen mit anderen sekundären Stoffen (Calciumoxalat, Anthocyan) idioblastisch die Leitbündel.

Neben den pathologischen Gallen sind die Rinden und Borken der Holzgewächse die gerbstoffreichsten Teile von Pflanzen. Die tropischen Bäume übertreffen auch darin wie in vielen anderen sekundären Stoffen diejenigen aus gemäßigten Klimaten. Der Gerbstoffgehalt von *Acacia*- und *Eucalyptus*-Rinden kann 20—40% der Trockensubstanz ausmachen. Eichenrinde enthält durchschnittlich 9—12%. Der Hauptteil der Gerbstoffe ist in den Vacuolen des Parenchyms abgelagert. Die Zellwände sind von Phlobaphenen, tiefbraunen bis roten Oxydationsprodukten der Gerbstoffe, gefärbt.

Auch der Holzkörper kann größere Mengen von Gerbstoffen oder ihren Oxydationsprodukten enthalten. Besonders reich ist das Quebracho-Holz *(Schinopsis balansae)*. Im Holz von *Acacia catechu* krystallisieren die Katechingerbstoffe sogar aus. Die charakteristische Farbe des Mahagoniholzes rührt ebenfalls von Katechinen her. Ursprünglich wird der Gerbstoff vor allem im Markstrahlparenchym gebildet. Erst später imprägniert er die Wände des Kernholzes, z. B. bei *Acacia*, Eiche, und erhöht die Resistenz dieser Hölzer gegen Pilzbefall, dem das Kernholz von Linde, Weide und anderen nicht durch Gerbstoffe geschützten Stämmen schon bei Lebzeiten der Bäume anheimfällt. Durch die bactericide und fungicide Wirkung der Gerbstoffe ist das Eichenbauholz gegen den Hausschwamm und gegen Fäulnis bei Wasserbauten gut geschützt.

Untersuchungen über den Gerbstoffgehalt zu verschiedenen Vegetationszeiten und bei bestimmten Außenbedingungen liegen zwar vor (vgl. Czapek III), aber ein deutliches Bild über den Gerbstoffumsatz lassen sie nicht entwerfen. Im allgemeinen fallen Gerbstoffe in jungen wachsenden Organen an. Belichtung oder künstliche Zuckerzufuhr zu den Blättern erhöhen deren Gerbstoffgehalt; panaschierte und etiolierte Blätter enthalten weniger als grüne. Manche Laubblätter weisen ein Gerbstoffminimum am frühen Morgen und ein Maximum gegen Abend auf (Cavazza). In Zweigen wird im Frühjahr weniger Gerbstoff gefunden als im Herbst. Wohin er im Laufe des Winters verschwindet, ist unbekannt. Während des Wachstums der Blätter bleibt der Gerbstoffgehalt der Stengel niedrig, so daß auch hierbei der Gerbstoffgehalt mit dem Zuckergehalt konform geht. Andererseits nimmt beim Austreiben der Knospen und bei der Keimung die Menge der Gerbstoffe im allgemeinen zu. Ob das einer wirklichen Neubildung oder nur einer Freisetzung von Gerbstoff aus einer in den ruhenden Organen vorhandenen Adsorptionsverbindung entspricht, ist nur selten entschieden worden (HUBER 1929). Eicheln *(Quercus ballota)* schmecken in gequollenem Zustand bitterer als trocken. Dabei werden Gerbstoffe aus den genannten Komplexen freigesetzt. Bei der Keimung geht Gerbstoff aus den Resevestoffbehältern in die Achsenteile über. Man hat auch guten Grund anzunehmen, daß Gerbstoffe aus assimilierenden Blättern in die Stengel wandern, aber die näheren Umstände dieser Wanderung sind in Anbetracht der schädigenden Wirkung der Gerbstoffe auf das Plasma noch ganz rätselhaft.

Einer besonderen Erwähnung bedürfen die Gerbstoffe in Früchten, wo sie manchmal in so großen Mengen auftreten, daß sie technische Verwendung finden (*Acacia*- und andere Leguminosenarten). Im Fruchtfleisch von *Paullinia sorbilis* scheint vor allem Chlorogensäure vorzuliegen. Die Gerbstoffe vieler Obstfrüchte sind dagegen glykosidischer Natur. Während der Fruchtreifung bleibt der Gerbstoffgehalt entweder konstant, z. B. in der Bananenschale, oder er nimmt fast bis zum völligen Verschwinden ab, was ja durch den milderen Geschmack sinnlich wahrnehmbar hervortritt. Dabei handelt es sich jedoch meist nicht um einen wirklichen Abbau, sondern nur um eine Bindung an Kolloide. Der bittere adstringierende Geschmack der durch Pilzbefall zerstörten Früchte dürfte auf einer Freilegung der Gerbstoffe nach Verwertung des kolloidalen Komplexbildners, der häufig ein Polysaccharid ist, beruhen. In Samenschalen und Fruchtschalen der Karyopsen sind Gerbstoffe meist in einem „Gerbstoffhorizont" lokalisiert. Ob dieses eigenartige Vorkommen eine Funktion im Leben des Samens und Keimlings erfüllt, bleibt noch zu entscheiden.

Über die physiologische Rolle der Gerbstoffe sind viele Vermutungen geäußert worden. Ihre heterogene Natur mahnt bei Vorstellungen über „die" Bedeutung der Gerbstoffe in den Pflanzen zu großer Vorsicht. Mit ziemlicher Sicherheit kann man eine allgemeine Bedeutung als Reservestoffe ablehnen, wenn auch durch Tannase gespalten der Zucker der glykosidischen Tannine wieder in den Umsatz einbezogen werden kann. Bei peripherer Lage in den Organen gewähren die Gerbstoffe wohl in manchen Fällen einen Schutz gegen Tierfraß. Daß sie in die Zellwände eingelagert antiseptisch wirken und eine vorzeitige Zerstörung abgestorbener Teile noch lebender Pflanzen verhindern, wurde schon hervorgehoben. Die weite Verbreitung der Gerbstoffe überblickend dürfen wir wohl den Schluß ziehen, daß hier wie bei vielen anderen sekundären Stoffen die Pflanze zwar in manchen Fällen Vorteile im Kampf ums Dasein aus den zunächst zufällig in ihrem Stoffwechsel entstandenen Produkten gezogen hat, und daß sich solche Formen, in denen die betreffenden Stoffe in einer für diesen Kampf günstigen Menge und Lage auftreten, erhalten und weiterentwickelt haben, daß aber in anderen Formen dieselben Stoffe als indifferente Bestandteile enthalten sind. Selbst wenn sich die verschiedenen Gerbstoffarten in die weite Verbreitung über das ganze Pflanzenreich teilen müssen, bleibt doch noch ein so dichtes Vorkommen der einzelnen übrig, daß wir die Gerbstoffe aus einem recht allgemeinen Stoffwechselvorgang herleiten oder durch einen allgemeinen Mechanismus entstanden denken müssen. Anhaltspunkte für die speziellen Bedingungen ihrer Genese außer der Abhängigkeit von reichlicher Zuckerversorgung liegen bisher nicht vor.

Mehrfache Beobachtungen über das Auftreten phenolartiger, besonders gerbstoffähnlicher Verbindungen in viruskranken Pflanzen (Tabak, Weinreben) führten zu dem Nachweis, daß eine ungeordnete Produktion oder Freisetzung von Gerbstoffen in den virusbefallenen Pflanzen zur Entwicklung der morphologischen Symptome dieser speziellen Viruskrankheiten führen (RESÜHR). Injektion von „Tannin", Gallussäure oder auch von kondensierten Katechingerbstoffen ruft auch in virusfreien Pflanzen die typischen Symptome jener Viruskrankheiten, nämlich Adernaufhellung und asymmetrisches Wachstum, hervor (s. Abb. 13).

Abb. 13 a u. b. Symptome von Viruskrankheiten und Tanninwirkung. a *Lactuca sativa* nach Infektion mit *Lycopersicum*-Virus. b *Brassica pekinensis* nach Tannininjektion in die Sproßachse. (Aus RESÜHR.)

3. Zweiwertige Phenole.

Von den drei möglichen Dioxybenzolen (Brenzkatechin, Resorcin und Hydrochinon) ist Resorcin, also die meta-Verbindung, noch nicht frei in pflanzlichem Material gefunden worden. Ein Methylderivat, das Orcin, kommt als Bestandteil vieler sog. Flechtenfarbstoffe natürlich vor. Die zugehörige Carbonsäure, die Orsellinsäure, liegt meist in Form von Depsiden in den Flechtenfarbstoffen vor. Die Lecanorsäure ist ein Didepsid, die Gyrophorsäure ein Tridepsid, also aus zwei bzw. drei Molekülen der Orsellinsäure aufgebaut. Die Evernsäure ist ein Methylderivat der Lecanorsäure, und so bestehen sicher noch andere Kombinationen ähnlicher Art aus diesen und verwandten Grundkörpern, die in natura mit Zuckern verestert sein können. Aus *Roccella*- und *Lecanora*-Arten wird als technischer Farbstoff die heute nur noch selten verwandte Orseille und der chemisch nicht einheitliche Indicatorfarbstoff Lackmus gewonnen. Für beide ist das in den Flechten vorhandene Orcin mit seinen Derivaten die Muttersubstanz, aus der die Farbstoffe durch Gärung und Behandlung mit schwachen Alkalien allmählich entstehen.

Orcin — Orsellinsäure — Protokatechusäure — Brenzkatechin — Veratrumsäure — Saligenin = Salicylalkohol

Brenzkatechin, das ortho-Dioxybenzol, Catechol der angelsächsischen Literatur, ist nur selten frei in Pflanzen nachgewiesen worden. Es entsteht durch Decarboxylierung aus der **Protokatechusäure**, die jedoch auch nur in wenigen Quellen frei vorkommt, z. B. in den Früchten von *Illicium anisatum*, dem Sternanis, und in Blättern von *Vitis vinifera*, die aber häufig bei der trockenen Destillation von Gerbstoffen und anderen polyphenolartigen Pflanzenstoffen, z. B. auch bei der Alkalischmelze bestimmter Anthocyanidine, anfällt. Bakterien und Pilze führen Chinasäure durch Vergärung in Protokatechusäure über. Im Sternanis kommt vielleicht als Zeuge einer genetischen Zusammengehörigkeit neben der Protokatechusäure die oben genannte Shikimisäure vor, die ihrerseits in naher Verwandtschaft zur Chinasäure steht. Der Dimethyläther der Protokatechusäure, die **Veratrumsäure**, im Samen von *Sebadilla veratrum*, wird als Abbauprodukt von Alkaloiden angegeben (s. S. 224).

Freies **Brenzkatechin** ist in Platanenrinde und in Salixrinden, in diesen neben Salicin, gefunden worden, zu dessen Aglucon, dem **Saligenin** (= Salicylalkohol), es in genetischer Beziehung stehen könnte. Nach Spaltung des Salicins wird immer auch etwas Brenzkatechin erhalten. Eine Überführung des Salicylalkohols in Brenzkatechin ist mit Enzymen aus *Salix* möglich. Rein chemisch würde man eine Oxydation zu Salicylsäure als nächsten Umwandlungsschritt erwarten. Beim Austreiben von Weidenzweigen im Dunkeln wird Salicin in der Rinde abgebaut und der Brenzkatechingehalt nimmt zu, wenn auch nicht in dem Maße wie Glucosid verschwindet (WEEVERS 1910). Brenzkatechin scheint somit das Endprodukt oder mindestens eine notwendige Durchgangsstufe des pflanzlichen Salicylalkoholabbaues zu sein. Dieser Alkohol ist chemisch dadurch interessant, daß er die einfachste Verbindung darstellt, die neben einer phenolischen auch eine alkoholische Hydroxylgruppe enthält. Salicin läßt sich durch Behandlung äquimolekularer Mengen von Salicylalkohol und Glucose in wäßriger Lösung mit Emulsin (= β-Glucosidase) aufbauen. Nach Infiltration von Salicylalkohol in Maisblätter wird das dem Mais fremde Aglykon zum Teil in Salicin, das Glucosid, verwandelt (vgl. RIJN-DIETERLE). Normal enthält das Maiskorn ein Glykosid des Benzylalkohols.

Die **Salicylsäure**, die in kleinen Mengen häufig in Pflanzen gefunden wird, steht zum Brenzkatechin in dem Verhältnis der aromatischen Oxysäure zum Phenol, die beide leicht ineinander überführbar sind. Salicylsäuremethylester werden oft in ätherischen Ölen angegeben.

In der Rinde und in Blättern mancher *Populus*-Arten kommt neben Salicin das Glucosid **Populin** vor, in dem eine Hydroxylgruppe des Zuckers vom Salicin mit Benzoesäure verestert ist, ein auffälliges Zusammenspiel von Phenol und aromatischer Säure in der gleichen Verbindung.

Guajacol, der Monomethyläther des Brenzkatechins, ist zwar noch nicht frei gefunden worden, es fällt aber als Produkt bei der trockenen Destillation von Buchenholz wahrscheinlich als ein Bruchstück des Lignins an (s. S. 170). Es findet medizinisch Verwendung und dient wegen seiner nahen Verwandtschaft zum Vanillin als Muttersubstanz für dessen technische Darstellung.

Hydrochinon schließlich, das para-Dioxybenzol, ist ein weitverbreiteter Pflanzenstoff der frei oder als Glucosid (Arbutin) seit langem bekannt und pharmakologisch genutzt ist. Arbutin, zunächst aus Blättern von *Arctostaphylos uva ursi* dargestellt, ist charakteristisch für eine ganze Reihe von Familien, z. B. Saxifragaceen, Ericaceen, Proteaceen, Rosaceen und für *Pirola*-Arten. Die letzten enthalten auch viel freies Hydrochinon; noch mehr wird in Birnenblättern angegeben, wo ungefähr gleichviel freies wie glucosidiertes vorhanden sein soll. Die bekannte Schwarzfärbung der Birnenblätter beim Blattfall im Herbst beruht auf der Oxydation des Hydrochinons zum Chinon nach Zutritt des Luftsauerstoffes zu den abgestorbenen Zellen. Das glucosidische Hydrochinon wird in den toten Zellen ebenfalls abgespalten und für die Oxydation freigelegt. Der Arbutinumsatz ist mehrfach untersucht worden (WEEVERS 1910; DANNER). Beim Austreiben der Zweige geht nicht nur der Gehalt an Glucosid zurück, sondern auch das Hydrochinon selbst verschwindet zum Teil aus den Achsenteilen, so daß entweder ein Einbau des Benzolringes in die für die jungen Teile hergestellten Verbindungen oder ein Abbau des aromatischen Kernes stattfinden muß. Das sind die einzigen Hinweise darauf, daß in höheren Pflanzen überhaupt der Benzolring wieder gesprengt werden kann. Bei starker Assimilation in den Blättern und im Laufe des Sommers in der ganzen Pflanze häuft sich Arbutin an. Bei Verdunklung junger Blätter wird es gespalten, so daß der Zucker dieses Glucosides tatsächlich als Reservestoff dienen kann, was aber für das gleiche Glucosid in anderen Pflanzenteilen nicht zutrifft. Recht aufschlußreich sind die Versuche, in denen durch Fütterung mit Fructose, Glucose und auch mit Glycerin in Blättern von *Saxifraga crassifolia* nicht nur der Arbutingehalt gesteigert, sondern auch die Bildung von Anthocyan eingeleitet wurde. Künstlich den Blättern zugeführtes Hydrochinon bzw. Arbutin wird meist nicht aufgespeichert, sondern verschwindet zum großen Teil auf einem noch nicht aufgedeckten Wege. Für Hydrochinon steht es also im Gegensatz zu den meisten übrigen Aglykonen fest, daß die Glucosidierung in der lebenden Pflanze reversibel ist, und daß die pflanzliche Zelle auch relativ große Mengen dieses physiologisch recht aktiven Aglykons ohne Bindung und „Entgiftung" durch Zucker speichern kann. Für die mögliche Entstehung kann das gleichzeitige Vorkommen von Chinasäure und Hydrochinon in Ericaceen und anderen Arbutinpflanzen einen Fingerzeig geben. In Ericaceen tritt als Begleiter des Arbutins meist in kleineren Mengen das Methylarbutin auf, in dem die eine Hydroxylgruppe des Hydrochinons durch Methylalkohol veräthert ist.

4. Polyphenolasen.

Unter Pilzen und wirbellosen Tieren ist eine Monophenoloxydase oder Tyrosinase weit verbreitet, die auf Tyrosin, Dioxyphenylalanin und eine Reihe anderer Mono- und Polyphenole eingestellt ist. Sie führt eine zweite bzw. weitere Hydroxylgruppe in die ortho-Stellung zu einer schon vorhandenen ein und oxydiert die entstehende Verbindung zum entsprechenden o-Chinon. Viel allgemeiner als dieses Enzym findet man jedoch im Pflanzenreich die Polyphenolasen bzw. Polyphenoloxydasen, die zum Teil auf ortho-, zum Teil auf para-Polyphenole eingestellt sind und zu den häufigsten Oxydationsenzymen in Pflanzen gehören. Das Nachdunkeln vieler Pflanzensäfte und verletzter Pflanzenteile an der Luft ist ihr Werk, auch die auffällige Verfärbung vieler Hutpilze beim Zerschneiden geht auf ihre Tätigkeit zurück. Sie führen mehrwertige Phenole durch Dehydrierung in die entsprechenden Chinone über. In vitro können ihnen auch Aminophenole und sogar aromatische Diamine als Substrat dienen. Als natürliche Enzymsubstrate kommen Derivate der Gallussäure und des Brenzkatechins,

Polyphenolasewirkung   Urushiol   Boletol

Chlorogensäure und andere oft sehr speziell gebaute Körper in Betracht. Der Milchsaft von *Rhus vernicifera* enthält Urushiol (mit einer verzweigten, ungesättigten Seitenkette), aus dem beim Eintrocknen an der Luft durch Oxydation unter Mitwirkung der Laccase, einer Polyphenolase, der technisch verwertbare dunkle Japanlack wird. Die Ausgangssubstanz für das blaue Anlaufen mancher *Boletus*-Arten ist das Boletol, ein rötlicher Farbstoff der *lebenden* Pilzhyphen. Die Polyphenolase des Pilzes dehydriert die beiden paraständigen Hydroxylgruppen und die dabei entstehende Oxy-Anthra-Dichinon-Carbonsäure, das Boletochinon, liefert blaue Alkalisalze, welche die Verfärbung nach dem Verletzen der Hyphen verursachen (KÖGL und DEIJS).

Die Polyphenolasen sind spezifisch auf molekularen Sauerstoff als Acceptor eingestellt. Der von ihnen dem Substrat entnommene Wasserstoff kann nicht auf Peroxyde übertragen werden. Sie weisen also eine bei den meisten Enzymen nicht so deutlich ausgeprägte Acceptorspezifität auf. Im normalen Stoffumsatz der pflanzlichen Zellen sind die Polyphenolasen als letztes Glied in die oxydative Energiegewinnung eingeschaltet. Sie bringen den Sauerstoff dem durch die Dehydrasen bewegten Wasserstoff entgegen. Im höheren tierischen Organismus wird dieser Vorgang ausschließlich durch das System Cytochrom-Cytochromoxydase ausgeführt. In den Pflanzen steht für diesen letzten Schritt der Atmung kein einheitliches System zur Verfügung, sondern neben solche Pflanzen, die nur die Cytochromausstattung besitzen, treten diejenigen, die Polyphenolasen für den gleichen Zweck einsetzen, und andere, die mit beiden Systemen nebeneinander ausgerüstet sind. In vitro haben sich schon immer Chinone als ausgezeichnete Acceptoren für den durch Dehydrasen bereit gehaltenen Wasserstoff erwiesen. In der lebenden Zelle werden die durch Polyphenolasen gebildeten Chinone immer wieder durch diesen Wasserstoff der Dehydrasen reduziert, so daß gefärbte Verbindungen erst in Erscheinung treten, wenn die normale Reduktion durch Schädigung der Zelle unterbunden ist. Die Chinone, die nach Unterbrechung der Wasserstoffübertragung anfallen, bilden dann zusammen mit Aminosäuren oder Eiweißen dunkle Pigmente, die Melanine (vgl. HUSZAK). Ascorbinsäure ist ebenfalls in der Lage, die oxydierten Phenole zu regenerieren. Solange Ascorbinsäure mit Chinonen in der Zelle in Berührung steht, werden diese reduziert. Die Verfärbung geriebener Äpfel tritt erst ein, wenn zuvor alle Ascorbinsäure verbraucht ist (PONTING und JOSLYN). Möglicherweise stellt auch im normalen Geschehen der Zelle die Ascorbinsäure eine Art Reduktionsreserve bzw. einen Reduktionspuffer dar, der beim Nachhinken der Wasserstofflieferung gegenüber der Sauerstoffzuführung durch Polyphenolasen die oxydierten Phenole regeneriert und damit eine Ansammlung der für das lebende Plasma toxischen Chinone verhindert.

5. Phenol und andere einfache Benzolderivate.

Phenol ist in kleinen Mengen aus Stamm, Nadeln und Zapfen von *Pinus silvestris* destilliert worden. Benzol wurde in Pflanzen noch nicht aufgefunden. Im Tierkörper werden zugeführte Benzolkohlenwasserstoffe in Phenole umgewandelt und diese als Phenolschwefelsäure ausgeschieden. Ob auch die Pflanze die Oxydation von Benzolkohlenwasserstoffen zu Phenolen auszuführen vermag, ist noch recht zweifelhaft. Gewisse spezialisierte Bakterien aus dem Boden und aus den Faeces können auf mineralischen Nährböden allein mit Phenol oder Benzoesäure als Kohlenstoffquelle auskommen. Als erstes Oxydationsprodukt erscheint m- oder p-Oxybenzoesäure und Protokatechusäure (EVANS). Ob diesen Umwandlungen, die im Anfügen von phenolischen Hydroxylen an den Benzolkern bestehen, eine allgemeine Bedeutung zukommt oder ob es sich um einzeln stehende Fähigkeiten handelt, steht noch offen (s. oben S. 150).

Benzoesäure ist ein verhältnismäßig häufiges Pflanzenprodukt. Preißelbeeren, auch die Stengel und Blätter der Pflanze, enthalten bemerkenswerte Mengen davon. Im übrigen sind Ester der Benzoesäure in ätherischen Ölen nicht selten. In vielen Balsamen stellen sie einen Hauptanteil dar, z. B. im Tolu- und Perubalsam, im Benzoeharz aus *Styrax*-Arten.

Auch Benzylalkohol findet sich in ätherischen Ölen: frei und als Acetat im Jasminblütenöl, mit Zimtsäure verestert im Perubalsam, im Nelken- und Hyacinthenblütenöl u. a. Im Maiskorn liegt ein Glykosid des Benzylalkohols vor. In ätherischen Ölen kommt in Gesellschaft mit dem Alkohol auch der Benzaldehyd vor. Mit HCN und Glucose zusammen bildet er das Glucosid Amygdalin, das eigenartigerweise auf die Rosaceen beschränkt ist und hier vor allem in den Rinden, Blättern und Samen der Prunoideen und Pomoideen auftritt (s. S. 250). In den Samen der Birne und in den süßen Varietäten der Mandel sind nur Spuren davon vorhanden.

Das gemeinsame Auftreten dieser einfachen Benzolderivate mit anderen sekundären Stoffen könnte sie genetisch an die gleich zu behandelnden C_3-Körper anschließen, aus denen sie durch eine partielle, leicht mögliche Oxydation der Seitenkette hervorgegangen wären. Sie würden sich dann an zahlreiche andere Verbindungen anschließen, die am Ring noch mit Hydroxyl- und Methoxylgruppen behaftet sind, z. B. Vanillin.

D. Die Phenyl-Propan-Abkömmlinge.

Das Grundskelet einer recht mannigfachen Gruppe von Pflanzenstoffen gliedert sich in einen Benzolring und eine angehängte C_3-Kette. Ihrer weiten Verbreitung wegen hat man auf einen sehr engen Zusammenhang mit den Zuckern geschlossen, und EMDE (1932) versuchte in einer allerdings durch keine Versuche erhärteten Vorstellung, diese C_3-Körper als die Hälfte einer aus 3 Hexosemolekülen kondensierten, spiralig angeordneten Kette anzusehen. Heute, da wir sehen, welche Rolle die Intermediärprodukte der Zuckerspaltung spielen, kommt dieser Hypothese wohl kaum mehr große Wahrscheinlichkeit zu.

Da wir über die Genese dieser sehr charakteristischen Gruppe von Pflanzenstoffen noch nichts wisssen, ist es nicht möglich zu entscheiden, welche von ihnen ursprünglich und welche als abgeleitet anzusehen sind. Die Folge, in der sie natürlicherweise aneinandergereiht werden sollten, ist noch nicht festzulegen, und sie müssen deshalb zunächst ziemlich willkürlich angeordnet werden. Die Zimtsäure bietet sich aus mehreren Gründen als Ausgangspunkt an.

1. Die Zimtsäure und ihre Verwandten.

Wegen der Doppelbindung in der Seitenkette besteht für die Zimtsäure eine cis-trans-Isomerie. Gewöhnlich findet man in Pflanzen die trans-Zimtsäure. Von der cis-Form sind noch einige weitere physikalische Isomeren, die Allo- und Isozimtsäure, bekannt geworden. Zimtsäure ist meist verestert in ätherischen Ölen vornehmlich tropischer Pflanzen häufig. Bemerkenswert ist ihre direkte Beziehung zu Phenylalanin, einer genuinen Aminosäure.

$$CH=CH \cdot COOH \qquad CH=CH \cdot CHO \qquad CH=CH \cdot CH_2OH$$

Zimtsäure — Zimtaldehyd — Zimtalkohol

Zimtaldehyd ist der Hauptbestandteil des Sekretes der Zimtrinde und der Träger des Zimtaromas. Im Zimtrindenöl sind durchschnittlich 60—75% Zimtaldehyd enthalten. Jedoch führen nicht alle *Cinnamomum*-Arten vorwiegend Zimtaldehyd. Eine Beimengung oder sogar ein Überwiegen von o-Cumaraldehyd-Methyläther und von Eugenol lassen auf einen genetischen Zusammenhang des Zimtaldehyds mit diesen und anderen oxydierten Abkömmlingen des Grundskelets schließen. In *Cinnamomum camphora*, dem Campherbaum und seinen Varietäten, treten an Stelle der aromatischen Verbindungen Terpene auf (s. S. 103).

Zimtalkohol, auch Styron genannt, tritt verestert mit Zimtsäure reichlich im Wundsekret der Liquidambar-Rinde auf. Auch in anderen Balsamen wird er angegeben, aber er scheint nicht weit verbreitet zu sein, im Gegensatz zu seinem Oxyderivat, dem Coniferylalkohol.

Wie die Zimtsäure selbst existieren ihre Oxyderivate auch in 2 stereoisomeren Formen. Die cis-ortho-Oxyzimtsäure oder Cumarinsäure ist als freie Säure nicht beständig. Sie geht spontan, wie das bei der in cis-Stellung einander angenäherten Carboxyl- und Hydroxylgruppe zu erwarten ist, in das Lakton Cumarin über. Cumarin ist im Pflanzenreich außerordentlich weit verbreitet, wenn es auch immer nur sporadisch auftritt: bei einigen *Adiantum*-Arten unter den Farnen, bei verschiedenen Gräsern (*Anthoxanthum, Milium effusum*), bei Orchideen (*Angraecum, Nigritella*) und unter den Dikotylen bis hinauf zu den Compositen. Da der Geruch, der vom Waldmeister bekannt ist, meist erst nach Zerreiben oder Verletzen der Zellen wahrnehmbar wird, dürfte Cumarin nicht frei in der lebenden Zelle, sondern in irgendeiner Form, vielleicht sogar als Glykosid gebunden vorliegen. Physiologisch ist bemerkenswert, daß das trans-Isomere, die o-Cumarsäue, nicht riecht. Der Geruch ist also an den Laktonring gebunden. Die hervorstechende keimungshemmende Wirkung kommt ebenfalls nur dem Cumarin zu. Öffnen und Hydrieren des Laktonringes hebt sie auf. Den ungesättigten Laktonen ist offenbar stets eine besondere physiologische Aktivität eigen (Digitalisglykoside, s. S. 116).

Cumarin — p-Cumarsäure — Tyrosin

In den Blüten von *Trifolium pratense* und eingebaut in bestimmte Anthocyane (s. unten), z. B. aus *Monarda didyma* und *Gentiana acaulis*, kommt p-Cumarsäure (= p-Oxyzimtsäure) vor, die wegen ihres analogen Baues zur universellen Aminosäure Tyrosin bemerkenswert ist. Bakterien bilden durch Desaminierung aus Tyrosin p-Hydrocumarsäure, in der die Seitenkette durch Hydrierung gesättigt ist.

Die 3,4-Dioxy-Zimtsäure oder Kaffeesäure wurde oben schon als Partner der Chinasäure im Depsid (Chlorogensäure) erwähnt. Sie ist wahrscheinlich weiter verbreitet als bisher bekannt geworden ist; denn auch die Chlorogensäure wird immer wieder an neuen Stellen entdeckt. Frei ist Kaffeesäure unter anderen in *Conium maculatum*, *Clematis vitalba* und in den Blüten von *Anthemis nobilis* nachgewiesen worden. Von den beiden möglichen Methyläthern ist der eine die Ferulasäure aus *Asa foetida* und dem sog. „Schwarzföhrenharz" und der andere die unten noch zu besprechende Hesperetinsäure (s. S. 177).

Eine durch Laktonbildung umgewandelte 2,4-Dioxyzimtsäure stellt das Umbelliferon dar, aus der Rinde des Seidelbastes *(Daphne Mezereum)* und aus den Produkten der trockenen Destillation von Umbelliferenharzen. Die wäßrige Lösung dieses Oxycumarins fluoresciert intensiv blau, ähnlich wie verschiedene andere stärker mit Hydroxylgruppen beladene Cumarine, die alle als Derivate der cis-Zimtsäure anzusehen sind.

Kaffeesäure — Umbelliferon — Äsculetin

* Anheftung der Glucose im Äsculin.

Das bekannteste von ihnen, das Äsculetin, kommt in geringen Mengen frei, in der Hauptsache aber glucosidiert als Äsculin in der Rinde und den Blättern der Roßkastanie *(Aesculus Hippocastanum)* und in verschiedenen anderen nicht näher verwandten Arten vor, z. B. in den Samen von *Euphorbia lathyris* und in Früchten von *Prunus spinosa*. Ebenfalls zwei freie Hydroxyle hat das Daphnetin, das als Glucosid Daphnin bisher nur aus der Rinde verschiedener *Daphne*-Arten bekannt ist, wo es mit dem um ein Hydroxyl ärmeren Umbelliferon vereint vorkommt. Durch Verätherung eines Hydroxyls mit Methylalkohol unterscheidet sich Scopoletin aus *Scopolia* und *Atropa belladonna* vom Äsculetin. Gemeinsam mit Äsculetin findet sich manchmal ein teilweise methoxyliertes Lakton einer Tetraoxyzimtsäure, das Fraxetin. So entwickelt sich also eine ganze Reihe von gemeinsam oder vikariierend auftretenden sekundären Stoffen durch immer stärkere Beladung des Benzolkernes der Zimtsäure mit Hydroxylen. Es wäre eine sehr wichtige und interessante Aufgabe, einmal zu klären, ob die hydroxylarmen oder die hydroxylreichen Vertreter die ursprünglichen sind.

Durch Anfügen eines weiteren Heterocyclus von den Phenyl-Propanderivaten weiter entfernt und im Bau etwas komplizierter sind die nicht mehr phenolischen Cumarine Bergaptol, Xanthotoxin (aus *Fagara* [Rutaceen] und *Ammi majus* [Umbelliferen]) und verschiedene ähnlich konstituierte, zerstreut auftretende Verbindungen, die fast alle stark toxisch besonders auf Fische wirken. Bemerkenswert ist der Geranyläther des Bergaptols, das Bergamottin, aus dem Öl der Früchte von *Citrus bergamina*. Solche Kombinationen zwischen Cumarinen und Mono- oder Sesquiterpenen finden sich nicht selten in ätherischen Ölen (vgl. SPÄTH und Mitarbeiter 1937, 1938). Ein anderer dieser Äther aus Terpen- und

Fraxetin

Bergamottin

Xanthotoxin

aromatischem Alkohol, das Foeniculin, wurde oben bereits erwähnt (s. S. 94). Die Entstehung solcher heterogener Komplexe müssen wir uns wohl so vorstellen, daß die beiden Teilstücke getrennt anfallen, dann aber im gleichen Reaktionsraum auftauchen (wegen ähnlicher Löslichkeits- oder anderer physikalischer Eigenschaften) und hier aneinander gekoppelt werden.

Über den Stoffwechsel des Äsculins, das in allen Organen der Roßkastanie, aber in den Samen nur in Spuren vorkommt, weiß man, daß das in der Rinde gebildete Glucosid kaum mehr zu mobilisieren ist. Der geringe Äsculingehalt des Holzes wird beim Austreiben der Knospen zwar angegriffen, er ist aber viel zu unbedeutend, um etwa als Reservestoff gelten zu können. In den Blättern hingegen unterliegt der Äsculinspiegel, ähnlich wie das oben für Gerbstoffe erwähnt wurde, stärkeren täglichen Schwankungen, die parallel zu denen des Gesamtkohlenhydratgehaltes verlaufen. Über das Schicksal des Aglucons, das hier in erster Linie interessiert, wurde dabei allerdings noch kein Aufschluß erhalten (KERSTAN).

Auch vom Zimtalkohol leiten sich verschiedene Oxy- und Methoxyderivate ab, die im allgemeinen viel weiter verbreitet sind als der Zimtalkohol selbst. Relativ selten ist der 3,4-Methylenäther des Zimtalkohols, das Cubebin, ursprünglich aus den Früchten von *Piper cubeba* gewonnen. Cubebin steht durch seine Ringsubstituenten in sehr naher Verwandtschaft zu verschiedenen anderen aromatischen sekundären Stoffen, z. B. Safrol, Piperonal.

Die stickstofffreien aromatischen Verbindungen.

[Structures: Cubebin, Coniferylalkohol, Eugenol, Isoeugenol]

* Anknüpfung der Glucose.

Coniferylalkohol, der 3-Methoxy-4-Oxy-Zimtalkohol, von dem sich Cubebin also nur durch die Methylenbrücke unterscheidet, ist an den verschiedensten Stellen im Pflanzenreich gefunden worden. In der Form seines Glucosides Coniferin kommt er im Cambialsaft von Coniferen, in der Zuckerrübe, im Spargel, in der Schwarzwurzel usw. vor. Wahrscheinlich ist mit seiner Anwesenheit überall dort zu rechnen, wo Verholzung stattfindet.

Aus Coniferylalkohol läßt sich in vitro durch Reduktion der Seitenkette leicht Eugenol gewinnen, das in der Natur im Zimtöl und neben ähnlich gebauten Verbindungen in vielen ätherischen Ölen vorkommt. Im Nelkenöl sind 70—80% Eugenol enthalten, das jedoch im reinen Zustand nicht den typischen starken Nelkengeruch der Gewürznelken *(Eugenia caryophyllata)* aufweist. Eugenol ist außer bei den Myrtaceen auch bei den Lauraceen und bei einigen Familien der Ranales zu Hause. In den Blüten von *Dianthus caryophyllus* und anderen Nelken, wo es wahrscheinlich auch vorkommt, ist es noch nicht nachgewiesen worden. Sehr bemerkenswert ist die Auffindung eines Eugenolglykosides in den Wurzeln von *Geum urbanum*, die es durch den Geruch anzeigen. Methyleugenol, bei dem auch die zweite Hydroxylgruppe mit Methylalkohol veräthert ist, begleitet das Eugenol fast regelmäßig. Isoeugenol, das in verschiedenen ätherischen Ölen zusammen mit Eugenol vorliegt und das von ihm nur durch eine andere Lage der Doppelbindung in der Seitenkette abweicht, ist auf einen engeren Verwandtschaftskreis im Pflanzenreich beschränkt. Das muß wohl so gedeutet werden, daß die chemisch außerordentlich leichte Umlagerung der Doppelbindung doch erblich fixiert ist. Die ungesättigte Seitenkette und der meist hohe Gehalt an Methylgruppen der hier genannten Verbindungen deutet ebenso wie ihr Vorkommen in ätherischen Ölen auf engere Beziehungen zu den niederen Terpenen hin.

Durch Vertauschung von Hydroxyl- und Methoxylgruppen am Ring, durch Anfügung weiterer Hydroxyle oder durch andere geringfügige Abwandlungen hervorgebracht, schließen sich noch eine ganze Reihe von ähnlichen Verbindungen an die hier besprochenen an. Ihr Vorkommen ist meist sporadisch, wenigstens soweit es bisher mehr zufällig bekannt geworden ist. Safrol aus den Ölen verschiedener *Cinnamomum*-Arten, aus anderen Lauraceen, aus Magnoliaceen und aus *Asarum*, also auch aus einem engen Verwandtschaftskreis, trägt wieder die Methylenäthergruppierung. Apiol aus Petersilie, Asaron aus *Asarum europaeum* und einigen anderen Quellen, Chavibetol aus *Piper betle*, Myristicin aus Muskatnußöl und andere gehören hierher. Elemicin als Trimethoxyverbindung, das den Hauptteil des Elemiöls ausmacht, stellt die Endstufe von Substitutionen dar, die an Naturstoffen dieser Reihe realisiert sind.

Safrol   Myristicin   Elemicin

Man darf die Mannigfaltigkeit dieser Stoffwechselprodukte wohl als Zeugen dafür werten, daß der Prozeß, der in Pflanzen zu den Oxyderivaten der Phenyl-Propan-Abkömmlinge führt, recht allgemeiner Natur und in einzelnen, vielleicht den letzten Schritten recht variabel ist.

2. Ligninbildung.

a) Der chemische Bau des Lignins. Wie bereits angedeutet, bestehen Beziehungen zwischen dem Coniferylalkohol und der Verholzung in den Pflanzen. Man kann Polymerisate vom Coniferylalkohol herstellen, die zwar große Ähnlichkeit mit dem genuinen Lignin haben, ohne ihm aber ganz zu gleichen. Näher kommt man der natürlichen Ligninstruktur offenbar, wenn der Coniferylalkohol mit Hilfe eines Enzyms aus *Psalliota campestris* dehydrierend polymerisiert wird (FREUDENBERG 1949). Dieses Dehydrierungspolymerisat weist nach verschiedenen Farb- und anderen Reaktionen beurteilt die größte Ähnlichkeit mit dem Lignin im Holz auf. Die restlose Klärung der Konstitution der Holzsubstanz, wie sie in der Zellmembran vorliegt, ist noch nicht gelungen, aber gerade auf Grund jüngster Beobachtungen können wir uns doch ein bis in Einzelheiten zuverlässiges Bild davon machen. Die eigentlichen Farbreaktionen auf Verholzung, z. B. die Rotfärbung mit Phloroglucin-Salzsäure, sind ganz unspezifisch, da sie mit den verschiedensten Methoxy- und Oxybenzolderivaten auch eintreten, z. B. mit Coniferylalkohol, wenn auch nicht mit den anderen bekannten Bestandteilen pflanzlicher Zellwände, z. B. Pektinen, Suberin u. ä.

Es ist bisher noch nicht möglich, unverändertes Lignin aus der verholzten Membran zu isolieren. Die Hindernisse, die dem entgegenstehen, ergeben sich daraus, daß Lignin nirgends frei, sondern stets nur inkrustiert in die Cellulosewand abgelagert wird. Ein Teil liegt mit Zuckern und Hemicellulosen glykosidisch verknüpft vor. Die Spaltung dieser Bindung zur Befreiung des Lignins verändert aber dieses selbst. Lignin kommt offenbar in verschieden hohen Polymerisationsstufen vor, und die Säurebehandlung zur Freilegung aus der Membran kondensiert die niederen Stufen, so daß auch dadurch eine Verschleierung der Struktur des natürlichen Lignins erfolgt. Eine Trennung der beiden Wandbestandteile Cellulose und Lignin, etwa durch Weglösen der Cellulose, gelingt deshalb nicht, weil dabei die Cellulosemoleküle so verquellen, daß sie sich in dem Ligningerüst verklemmen und nicht herausdiffundieren. Der Einsatz von Pilzen (z. B. *Merulius lacrymans*), die aus verholztem Gewebe nur Cellulose zerstören und Lignin unangetastet lassen (s. unten), hat der Strukturaufklärung des Lignins auf ihrem schwierigen Weg offenbar auch nicht wesentlich weiter geholfen (BARTON-WRIGHT und BOSWELL). Ein Lösungsmittel für genuines Lignin ist noch nicht bekannt.

Obwohl man aus diesen Gründen bei der Aufklärung der chemischen Konstitution des Lignins häufig mit Artefakten, die sich von der genuinen

Substanz mehr oder weniger weit entfernten, arbeiten mußte, herrschte schon seit längerem Einmütigkeit darüber, daß der Baustein des polymeren Lignins reichlich Methoxylgruppen enthält und ein Derivat des Phenylpropans mit 3 Sauerstoffäquivalenten in der Seitenkette sein müsse (FREUDENBERG). Lignin setzt sich nicht, wie z. B. hochpolymere Kohlenhydrate, aus einheitlichen Elementen zusammen, sondern ist nachweislich oft ein Mischpolymerisat. Als Bausteine kommen die folgenden in Betracht.

Buchenlignin besteht zu 30—50% aus der Syringylkomponente, die im Fichtenlignin nur einen verschwindenden Anteil stellt. Im Fichtenlignin kommt dem ziemlich einheitlichen Baustein die Formel $C_9H_9O_3 \cdot OCH_3$ und die Konstitution des Guajacylrestes zu. Durchschnittlich 36 dieser Elemente sind zu einem Makromolekül mit einem Molekulargewicht von etwa 7000 kondensiert (GRALÉN). Möglicherweise haben die niederen Glieder des Pflanzenreiches höher polymeres Lignin, und soweit sich heute überblicken läßt, scheinen systematisch tiefer stehende Gefäßpflanzen im allgemeinen methoxylärmeres Lignin (Nadelholztyp mit Guajacylresten), höher stehende dagegen methoxylreicheres (Laubholztyp mit Syringylresten) zu erzeugen. Es bedeutete trotzdem eine gewisse Überraschung, als man aus Fichtenholz in reichlicher Ausbeute Vanillin gewann (s. S. 173).

Das Gerüst des nativen Gymnospermenlignins dürfte sich durch Wiederholung des folgenden Gliedes aufbauen (RITTER und Mitarbeiter; RUSSELL).

Glied des Gymnospermen-Lignins

Aus dieser Polyflavanonstruktur (s. S. 176) wird die Unbeständigkeit des nativen Lignins gegen Säureeinwirkung sehr gut verständlich; denn im Gegensatz zu dem viel stabileren Flavonring läßt sich der Flavanonring leicht öffnen (s. Hesperetin, S. 177). Inzwischen wurde aus dem Holz der DOUGLAS-Tanne *(Pseudotsuga Douglasii)* eine relativ große Fraktion von 3,5,7,3',4'-Pentaoxy-Flavanon isoliert (GRAHAM und KURTH). Die hohe biologische Beständigkeit des Lignins gegen den Angriff durch Mikroorganismen, verglichen mit der leichteren Zugänglichkeit der Pektine und Cellulose, rührt sicher daher, daß das Lignin nicht leicht hydrolysierbar ist.

Die Frage nach dem Ursprung des Rohmaterials für die Verholzung fällt also zusammen mit der Frage nach der Entstehung der Phenyl-Propan-Abkömmlinge in den Pflanzen überhaupt. Und darüber sind heute höchstens Vermutungen möglich (vgl. S. 256). Ob eine Substanz, an deren

Aufbau speziell Aldehyde, vielleicht von der Art des Coniferylaldehyds, beteiligt sein sollen und die deshalb **Hadromal** genannt wurde, wirklich existiert und welche Rolle sie gegebenenfalls bei der Lignifizierung spielt, ist noch umstritten (vgl. KALB).

b) Der Vorgang der Verholzung. Charakteristisch für das Lignin ist, daß es nie allein zellwandbildend auftritt, sondern immer erst abgelagert wird, wenn der eigentliche Zellkörper schon aus Cellulose geformt ist. Welche Ursachen diesen Funktionswechsel der Zelle, der zur Bildung einer andersgearteten Wandsubstanz führt, hervorrufen, wissen wir nicht. Es scheint eine Induktion von den bereits fertigen Holzteilen auszugehen. Lignin ist im Zellinnern unabhängig von der Membran noch nicht nachgewiesen worden.

Die Inkrustierung der Cellulosemembran mit Lignin ist im Prinzip mit einer kräftigen irreversiblen Quellung zu vergleichen, d. h. einer Einlagerung eines amorphen Körpers in die Intermicellarräume, die das Gerüst der Cellulose aber völlig intakt läßt. Die Quellbarkeit für Wasser wird dadurch herabgesetzt, die Wasserdurchlässigkeit ist gegenüber einer reinen Cellulosehaut eher erhöht. Die verholzte Membran ähnelt in mancher Beziehung, vor allem im Hinblick auf ihre Festigkeitseigenschaften, dem Eisenbeton. Das zusammenhängende Celluloseskelet wird von einer ebenfalls zusammenhängenden Masse des Lignins umgeben. Manches spricht dafür, daß die Ligninmoleküle sich nicht in Ketten oder Stäbchen, sondern baumförmig verzweigt zwischen die Cellulosemicelle schieben.

Die Verholzung, z. B. junger Tracheiden, findet immer im lebenden plasmaerfüllten Zustand der Zellen statt und beginnt in Schraubenleisten, während die dazwischenliegende Membran zunächst noch ligninfrei bleibt. Mit dem Aufhören des Wachstums ist die Verholzung beendet. Es bestehen keine sicheren Anzeichen dafür, daß der Ligningehalt mit dem Alter des Gewebes ansteigt oder daß eine qualitative Veränderung etwa durch allmähliche Zunahme des Methoxylgehaltes vor sich geht (vgl. KALB).

Die Frage, warum die Fähigkeit zur Verholzung erst so spät in der Entwicklungsgeschichte der Pflanzen, in der typischen Form erst mit den Pteridophyten, auftritt, läßt sich heute nicht einmal durch Vermutungen beantworten. Bei den am höchsten stehenden Moosen kommen Wandsubstanzen vor, die zwar mehr Ähnlichkeit mit Pektinen haben, aber wegen eines geringen Methoxylgehaltes auch schon als ein unvollkommener Versuch der Ligninbildung aufgefaßt werden können. Die „Erfindung" des Lignins im Stoffwechsel der Pflanzen war die entscheidende Grundlage für die Entwicklung aller höheren Pflanzen, auch im wörtlichen Sinne. Lignin ist die einzige bedeutende Skeletsubstanz der Pflanzen. Die Kieselsäurepanzer der rezenten Equiseten treten demgegenüber völlig zurück, und das aus Celluloseleisten bestehende Collenchym hat auch nur akzessorische Funktion, ähnlich wie der Knorpel an einigen Stellen des Knochenskeletes. Die Entwicklung des Leitsystems in einer für die Landpflanzen leistungsfähigen Form ist ebenfalls an die Verwendung des Lignins gebunden.

Die Reduktion der Verholzung bei submersen Phanerogamen beruht sicher auf der Selektion ligninfreier Formen, die auf ein ausgebautes Wasserleitsystem verzichten können und mit einem flexiblen Körper besser dem Wasserleben angepaßt sind. Landpflanzen mit mangelhafter Holzproduktion können sich als Ranken- oder Windepflanzen erhalten. Die saprophytischen und parasitischen Phanerogamen mit geringem Vermögen zur

Ligninbildung müssen sich zur Gestalterhaltung auf den Turgor verlassen und erreichen deshalb nie beträchtliche Höhen. Das Zurücktreten der Verholzung bei etiolierten Organen ist wohl ebenfalls auf einen allgemeinen Mangel an Kohlenstoffreserven zurückzuführen. In etiolierten Pflanzen, z. B. Kartoffeltrieben, kann durch die Phloroglucin-Salzsäurereaktion „Verholzung" nachgewiesen und methoxylhaltige wasserlösliche Verbindungen können erfaßt werden, so daß auch unter Lichtausschluß die Fähigkeit zur Ligninbildung erhalten sein muß (KRATZL); auch das spricht dafür, daß nur der Mangel an Rohstoff die Verholzung unterbindet.

Bei krautigen Gewächsen wirkt hohe Luftfeuchtigkeit der Verholzung entgegen, Trockenheit begünstigt diese. Auch die Verdornung bzw. die Verlaubung dorniger Sprosse ist meist stark von der Luftfeuchtigkeit abhängig, wenn auch hierbei die erbliche Anlage die Plastizität des Stoffwechsels stets mehr oder weniger beschränkt.

Verschiedentlich ist eine „Entholzung" bei höheren Pflanzen beschrieben worden (ALEXANDROW und Mitarbeiter 1927, 1929), z. B. auch bei den Steinzellen in Früchten der Quitte. Eigene Untersuchungen an diesem Objekt haben jedoch keine derartige Erscheinung feststellen lassen, so daß eine Entholzung durch höhere Pflanzen, wenn überhaupt, dann nur unter besonderen pathologischen Verhältnissen vorkommen dürfte (vgl. JAEGER). Die Fähigkeit zur Ligninbildung und Ablagerung ist jedoch auch ausgewachsenen Zellen und auch solchen eigen, die normalerweise nie verholzen würden. Auslösend wirken meist starke Verletzungen.

Ligninauflösung durch holzzerstörende Pilze ist eine bekannte und weitverbreitete Erscheinung. Allerdings gibt es unter den Pilzen, die den Holzkörper angreifen, auch solche, die gerade das Lignin unversehrt lassen und nur das Cellulosegerüst der Membran verwenden. Zu diesen cellulosezerstörenden Pilzen, die eine „Braunfäule" oder Destruktion verursachen, gehören unter anderen *Trametes lactinea, Polyporus zonalis*. Auch *Merulius lacrymans* verzehrt in erster Linie Cellulose und baut aus der Ligninsubstanz nur den Kohlenhydratanteil (Hemicellulosen) ab. Die polymeren aromatischen Komplexe bleiben zurück (FALCK; KÜRSCHNER). Sogar das stark mit Lignin inkrustierte Kernholz der Eiche kann auf diesem Wege durch *Telephora perdix* befallen werden. „Weißfäule" oder Korrosion des Holzes durch Herausspalten des Lignins wird z. B. von *Polystictus sanguineus, Trametes Pini* (Kiefernfäule) hervorgerufen. Diese Pilze greifen zunächst ausschließlich und auch später vorwiegend Lignin an, wenn sie schließlich auch einen Teil der Cellulose einschmelzen, so bleibt am Ende doch immer ein mehr oder weniger großer Teil unangetastet zurück. Diese Pilze verfügen also über Ektoenzyme, die das genuine Ligninmolekül angreifen und wenigstens bis zu wasserlöslichen diffusiblen Bruchstücken zerteilen können. Solche Enzyme werden besonders von jungen wachsenden Mycelspitzen ausgeschieden (BOSE). Die Korrosion ist somit der dem Ligninaufbau in der höheren Pflanze entgegengesetzte Vorgang, zu dem nur Spezialisten unter den Mikroorganismen befähigt sind.

Das Schicksal des mit den abgestorbenen Pflanzenteilen in den Boden gelangenden Lignins ist erst lückenhaft aufgeklärt. Vielleicht beteiligen sich an der Sprengung der aromatischen Kerne nicht nur Bakterien, sondern in besonderem Maße Proactinomyceten, deren Stoffwechsel allerdings noch völlig unzureichend bekannt ist. Beim Kreislauf des Kohlenstoffes in der Natur ist uns noch immer die Einsicht in jenen Schritt verschlossen, der von den in höheren Pflanzen massenhaft angesammelten aromatischen Verbindungen zum assimilierbaren Kohlendioxyd führt, soweit dabei nicht der Mensch mit Verbrennungsvorgängen eingreift.

Bei der technischen „Holzverzuckerung" wird bekanntlich nur der Kohlenhydratanteil (Cellulose und Hemicellulose) hydrolysiert, während das Lignin in denaturiertem Zustand zurückbleibt.

Die biologische Bedeutung des Lignins ist mit seinen beiden wichtigsten Funktionen als Skelet und zum Ausbau der Wasserleitbahnen oben schon erwähnt worden. Dazu sind die verholzen Wände schwerer angreifbar für Mikroorganismen, aber antiseptisch wirkt das Lignin keineswegs.

3. Vanillin und ähnliche natürliche Benzolderivate.

Wir greifen zurück auf den Coniferylalkohol. Mit den gleichen Substituenten am Benzolkern aber mit einer um 2 C-Atome verkürzten Seitenkette ist das Vanillin ein recht häufiger aromatischer Aldehyd im Pflanzenreich, der nicht nur in der klassischen Quelle, den Vanillefrüchte, sondern auch in anderen Orchideen, in Kartoffelblüten, im rohen Rübenzucker, in Spargelsprossen neben Coniferylalkohol, ja sogar in keimenden Weizenkörnern und nicht zuletzt im Humus wahrscheinlich als Bruchstück des Lignins aufgefunden wurde. Vanillin ist im allgemeinen nicht frei in der Zelle vorhanden, denn frische Vanillefrüchte haben bekanntlich kein Vanillearoma; dies tritt erst nach einer Art Fermentation gleichzeitig mit der Ausscheidung kristallisierten Vanillins auf. Wahrscheinlich liegt nativ ein Glykosid vor. In ätherischen Ölen findet man in sehr kleinen Mengen freies Vanillin. Mit einer gewissen Überraschung entdeckte man vor einigen Jahren, daß aus Fichtenholz in reicher Ausbeute Vanillin gewonnen werden kann (FREUDENBERG und RICHTZENHAIN), womit die oben erörterte Formel des Ligninbausteins eine Bestätigung findet.

$$
\underset{\text{Vanillin}}{\text{CHO-C}_6\text{H}_3(\text{OCH}_3)(\text{OH})} \qquad \underset{\text{Piperonal}}{\text{CHO-C}_6\text{H}_3(\text{O-CH}_2\text{-O})} \qquad \underset{\text{Anisaldehyd}}{\text{CHO-C}_6\text{H}_4(\text{OCH}_3)}
$$

Als Begleiter von Vanillin stellt sich oft Piperonal (= Heliotropin) ein, aus dem im Laboratorium durch Anlagerung von Acetaldehyd Piperinsäure mit einer um 4 C-Atome reicheren Seitenkette gewonnen wird. Es ist nicht unwahrscheinlich, daß dieser Vorgang auch physiologisch Bedeutung hat, weil die Piperinsäure (s. S. 221) sonst kaum andere Verwandte unter den Naturstoffen findet.

Vom Vanillin ist über den in einigen ätherischen Ölen gefundenen Anisaldehyd der Anschluß zu dem oben bereits besprochenen Benzaldehyd und zu anderen einfachen Benzolderivaten in den Pflanzen zu suchen.

E. Verbindungen mit kondensierten Benzolkernen.

1. Naphthalinderivate.

Obwohl es im Laboratorium sehr leicht ist, von bicyclischen Sesquiterpenen (s. S. 109) zu Naphthalinderivaten zu kommen, findet man diese auch in terpenreichen Pflanzen nicht in größerer Menge und Mannigfaltigkeit.

Das bereits beim Vitamin K_1 erwähnte Naphthochinon (s. S. 95) ist allerdings ein fast regelmäßiger Bestandteil aller grünen Pflanzen und im Vitamin K_2 auch vieler Bakterien.

In allen grünen Teilen des Walnußbaumes und in anderen Juglandaceen ist Juglon, ein 5-Oxy-α-Naphthochinon, zu finden (LANG). Juglon ist für die Braunfärbung der Haut durch grüne Schalen der Walnüsse verantwortlich.

Andere Naphthochinonderivate sind als färbende Anteile der sog. Farbhölzer bekannt geworden, z. B. das Lapachol, der Farbstoff des Holzes von *Tecoma radicans* und anderer tropischer Hölzern. Lapachol enthält den oben schon erwähnten, sehr interessanten und wahrscheinlich für die Genese der Terpene wichtigen Prenylrest (s. S. 93).

Aus verschiedenen *Drosera*-Arten sind neben einfachen Chinonen auch gelbe und rote Pigmente von Naphthochinonstruktur isoliert worden. Hier und in den Juglandaceen sind Naphthachinone natürlicherweise nicht an Zucker gebunden, sie liegen frei und nicht glykosidiert vor.

2. Anthrachinonderivate.

Merkwürdigerweise finden sich häufiger als die Verbindungen mit zwei kondensierten Benzolkernen solche mit 3 Ringen, und zwar meist als Abkömmlinge des Anthracens. Zum Teil frei, zum Teil glykosidiert sind eine ganze Reihe von Anthrachinonen als gelbe oder rote Pigmente von den Pilzen an über das ganze Pflanzenreich verbreitet. Für gewisse Familien sind Anthrachinone sehr charakteristisch, z. B. für Polygonaceen, Rhamnaceen, Rubiaceen, für manche Unterfamilien der Leguminosen, auch in Flechten und Pilzen sind sie nicht selten, hingegen treten sie in Moosen und Farnen mehr zurück.

Unter den Oxyanthrachinonen hat wegen seiner technischen Bedeutung das Alizarin aus dem Wurzelstock von *Rubia tinctorum*, der „Krappwurzel", und aus anderen *Rubia*-Arten die größte Aufmerksamkeit erregt. Früher gab es zur Gewinnung dieses sehr geschätzten Farbstoffes ausgedehnte Krappkulturen, z. B. auch im Elsaß. Das 1871 auf den Markt gebrachte „synthetische" Produkt, das den natürlichen Farbstoff sehr bald völlig verdrängte, war das erste großartige Beispiel für die Ausschaltung eines uralten Naturstoffes durch das technisch hergestellte Präparat. In der Pflanze liegt Alizarin mit dem Disaccharid Primverose (= Glucose + d-Xylose) glykosidiert vor. Die Krappwurzel und die Wurzelstöcke einiger anderer *Rubia*-Arten enthalten daneben noch Purpurin, einen roten Farbstoff, der eine Hydroxylgruppe mehr als das Alizarin am Ringsystem trägt. Auch bei den Anthrachinonen leitet sich vom Grundskelet durch mehr oder weniger reiche Beladung mit Hydroxylgruppen und durch teilweise Methylierung, seltener durch Methoxylierung, eine ganze Serie von Stoffen ab, die entweder getrennt oder nebeneinander vornehmlich in den oben genannten Familien vorkommen. Im chemischen Bau ganz analoge, etwas reichlicher substituierte Anthrachinonderivate stellen die Pigmente von gewissen Schildläusen dar, die den prächtigen Cochenille- und Kermesfarbstoff für Seide- und Wollfärberei liefern.

Das der Gattung *Boletus* eigene Pigment von Anthrachinonnatur, das Boletol, wurde bereits erwähnt (s. S. 163). Andere derartige Farbstoffe, z. B. das Physcion aus *Aspergillus glaucus*, gehören ebenfalls hierher (vgl. RAISTRICK 1940).

Eine Reihe pharmakologisch wichtiger Anthrachinone, die sog. Emodine, sind im Rhizom verschiedener *Rheum*-Arten und in anderen abführenden Drogen, z. B. *Aloe* und Sennesblättern, enthalten. Sie geben mit Alkalien blutrote Färbung und sind das wirksame Agens der genannten Drogen. Das Rhein aus *Cassia reticulata* hat sich als Antibioticum gegen verschiedene Bakterien erwiesen (ANCHEL). Der charakteristische Farbstoff der Flechte *Xanthoria parietina* ist ebenfalls ein Emodinmethyläther. Von den Anthrachinonderivaten des Rhabarberrhizoms seien die folgenden mit ihren Formeln angeführt.

Chrysophansäure   Emodin   Rhein

In frisch geernteten, schonend aufgearbeiteten Rhabarberrhizomen trifft man diese Anthrachinone nur in glykosidischer Bindung, meist mit Glucose. Anthrachinone häufen sich schon in ganz jungen wachsenden Organen, z. B. in den Blattstielen mit noch nicht ergrünten Spreiten, dann aber besonders mit zunehmender Assimilationsintensität an. Andererseits treten sie besonders beim Welken, Hungern und Vergilben in den Rhabarberblättern hervor (HIEKE 1940). Aus den Blättern scheint Ableitung ziemlich sicher stattzufinden. In den Siebteilen der Blattstielleitbündel finden sich in hoher Konzentration Anthranole, die reduzierte Form der Anthrachinone. Als Glykoside solcher Anthranole überdauern die Emodine den Winter im lebenden Rhizom.

Über die Synthese dieser kondensierten Ringsysteme in der Pflanze wissen wir auch nur, daß mobilisierte, wahrscheinlich in den Umsatz einbezogene Kohlenhydrate eine unerläßliche Voraussetzung dafür sind. Zuführung einfacher Substanzen, die schon einen Benzolkern besitzen, auch von Chinasäure, konnte im Rhabarberblatt keine Anthrachinonsynthese erzwingen. Der Aufbauweg scheint also nicht über solche definierte einfache aromatische Körper zu führen. Ein Abbau der einmal gebildeten Anthrachinone ist in der lebenden Pflanze noch nicht mit Sicherheit nachgewiesen. Der Anthracenkern erweist sich also in der Pflanze als ähnlich stabil wie bei rein chemischen Umsetzungen.

Die im Endokarp der Früchte von *Rhamnus cathartica* reichlich enthaltenen Anthrachinonglykoside nehmen bis zum Einsetzen der Blaufärbung der Früchte zu, dann tritt eine fortlaufende Spaltung ein. In unreifen Früchten sind die Anthrachinone überwiegend gebunden, in reifen sind sie zum größten Teil frei vorhanden (GRAHLE).

Phenanthrenderivate scheinen wesentlich seltener als die des Anthracens gebildet zu werden. In den noch unvollständig aufgeklärten Aconit-Alkaloiden und im Morphin ist der Phenanthrenkern enthalten (HUEBNER und JACOBS).

F. Die Flavan-Abkömmlinge.

(Flavone, Anthocyane, Katechingerbstoffe)

Die beiden bisher besprochenen umfangreichen Gruppen weitverbreiteter aromatischer Verbindungen in Pflanzen, die Polyphenole und die Phenyl-Propanabkömmlinge, umfassen zum großen Teil chemisch recht aktive Vertreter, die zu Kondensationen und Polymerisationen mit ihresgleichen neigen, z. B. die Gerbstoff- und Rindenfarbstoffbildung aus Phenolen und die Ligninbildung aus Phenylpropanderivaten. Es wäre sehr verwunderlich, wenn nicht auch Glieder der einen Gruppen mit denen der anderen in Reaktion träten. In der Tat können die in allen Familien der Blütenpflanzen häufigsten und unter den niederen Organismen wenigstens sporadisch auftretenden sekundären Pflanzenstoffe als die Erzeugnisse einer Verschmelzung von Bausteinen aus den beiden genannten Gruppen aufgefaßt werden. Auf diesem Wege öffnet sich ein zwar noch nicht gesicherter, aber sehr nahe gelegener Zugang zu diesen Verbindungen mit dem auf den ersten Blick etwas absonderlich gebauten Flavangerüst.

Flavan-Skelet   Phloretin (Phloroglucin + Phloretinsäure)
(* Anheftung der Glucose)

Als Übergang fügt sich hier sehr gut das oben schon kurz erwähnte **Phloretin**, das Aglucon des Phlorrhizins, ein. Dieses Glucosid ist in der Rinde, besonders in der Wurzelrinde von Pomoideen und Prunoideen, aber auch in Apfelblättern und Apfelschalen nachgewiesen worden. Nach jüngeren Angaben ist es auch in Ericaceen sichergestellt (vgl. KLEIN, Handbuch Bd. III). Das Phloretin mit Rhamnose bildet das Glykosid Glycyphyllin aus *Smilax*-Arten, und es ist nicht unwahrscheinlich, daß das Aglykon in weiterer Verbreitung entdeckt wird, da die Phloretinsäure (= p-Hydrocumarsäure) in so enger Verwandtschaft zu der universellen Aminosäure Tyrosin steht. Phloretin wird durch heiße Lauge in Phloroglucin und Phloretinsäure zerlegt. Die beiden Partner sind aber nicht als Ester vereinigt, sondern durch eine C-C-Bindung zu einem Chalkon aneinander gekoppelt (s. die Formel). Andere natürliche Chalkone, z. B. das gelbe Butein aus den Blüten von *Butea frondosa* oder das Carthamin aus der Färberdistel, *Carthamus tinctorius*, sind nur durch die Zahl und Stellung der OH-Gruppen vom Phloretin unterschieden. Neben dem Butein wird das farblose Butin, ein Flavanon (s. unten), gefunden. Die Schließung des Heterocyclus und seine Sprengung sind durch Behandeln mit NaOH bzw. H_2SO_4 leicht zu erreichen.

Diese eigentümliche Kondensation zweier Benzolkerne über eine C_3-Kette ist die Grundlage für den Aufbau des Flavanskeletes, das durch Anfügen von Hydroxyl- und Methoxylgruppen sowie durch Verschiebung des Oxydations-Reduktions-Zustandes des Heterocyclus zu Körpern mannigfaltiger Erscheinungsformen abgewandelt wird.

1. Das Hesperetin und andere Flavanone.

Aus bestimmten *Citrus*-Früchten wurde schon vor mehr als hundert Jahren in größeren Mengen ein farbloses, in kaltem Wasser fast unlösliches

Glykosid **Hesperidin** abgetrennt, dessen Aglykon **Hesperetin** sich leicht in Phloroglucin und **Hesperetinsäure** zerlegen läßt. Auch hier liegt wieder kein Ester, sondern eine C-C-Brücke zwischen den beiden aromatischen Teilstücken vor, die nun aber noch durch eine Sauerstoffbrücke zu der γ-Pyronkonfiguration ergänzt wird. Durch schonende Eingriffe läßt sich zunächst die Öffnung des Pyronringes zur Chalkonform erreichen (vgl. ZEMPLEN und TETTAMANTI), die die volle Übereinstimmung mit Phloretin, Butein, Carthamin u. a. offenbart.

Hesperetin   (Chalkonform)   Phloroglucin + Hesperetinsäure

* Anheftung des Zuckers Rutose (= Rhamnose + Glucose).

Die direkte Verwandtschaft der Hesperetinsäure mit der isomeren Ferulasäure, mit Kaffeesäure und dem Coniferylalkohol geht aus der Formel hervor. Wenn auch die Biogenese des Hesperetins und Phloretins aus den Komponenten, in die sie leicht zerlegt werden können, noch nicht sichergestellt ist, so sprechen doch gerade diese mühelose Spaltbarkeit, die Analogie zum Bau des polymeren Lignins und die Tatsache, daß sowohl Phloroglucin als auch Verwandte der Hesperetin- und Phloretinsäure ganz allgemeine Stoffwechselprodukte in den höheren Pflanzen sind, für diese Bahn der biologischen Synthese. Andere Möglichkeiten des Aufbaues, die mehr der Laboratoriumstechnik nahestehen, haben weniger Wahrscheinlichkeit für sich, da die Ausgangsstoffe den Pflanzen nicht so allgemein zur Verfügung stehen (REICHEL und SCHICKLE).

Das Hesperidin wird für zahlreiche Familien unter den Dikotylen meist im Kraut und in den Früchten der Pflanzen angegeben (vgl. KLEIN, Handbuch Bd. III). Alle *Citrus*-Arten mit Ausnahme von *Citrus decumana*, in dem das nahe verwandte Naringin (s. unten) vorkommt, führen in Blüten, Blättern, Früchten und Zweigen Hesperidin. In den Früchten enthält das Albedo, der weiße filzige Teil des Perikarps, besonders reichlich Glykosid. Hesperidin scheint mit Vorliebe in Familien aufzutreten, die ätherische Öle bilden; es kommt aber nie mit diesen zusammen in Ölbehältern vor.

Vitamin P wurde für ein Gemisch aus zwei ähnlich gebauten Glykosiden gehalten, dem Hesperidin, das den Hauptanteil stellt, und Eriodictin, dessen Aglykon, das Eridictyol, sich nur dadurch vom Hesperetin unterscheidet, daß an Stelle des Methoxyls ein Hydroxyl steht, so daß bei der Hydrolyse Kaffeesäure entsteht. Aus schwarzen Johannisbeeren und Hagebutten ist eine Substanz angereichert worden, die das Citrin an Vitaminwirksamkeit bei weitem übertrifft, und bei der es sich um Rutin, ein Glykosid des Flavonols Quercetin, zu handeln scheint (KÜHNAU, s. u.). Vitamin P gewährleistet beim Menschen die normale Widerstandsfähigkeit der Blutcapillarwände.

Eine weitere analog gebaute Verbindung, die in allen Organen von *Citrus decumana*, der Pampelmuse, das Hesperetin vertritt, das Naringenin, trägt am zweiten Benzolring nur eine Hydroxylgruppe. Bei der Hydrolyse entsteht dementsprechend Paracumarsäure.

Mit Rücksicht auf die Konfiguration des Heterocyclus im Molekül werden das Hesperetin und seine Verwandten als Flavanone zusammengefaßt. Flavanonstruktur liegt, wie oben dargestellt, auch dem Aufbau des genuinen Lignins zugrunde (s. S. 170). Einerseits durch Dehydrierung, andererseits durch Reduktion des Pyronringes lassen sich nun die Baupläne

178   Die stickstofffreien aromatischen Verbindungen.

der übrigen hierher gehörigen Gruppen von Pflanzenstoffen entwickeln. Das Mittelstück des Molekülgerüstes kann folgende Form annehmen, wobei Flavone bzw. Flavonole als die am stärksten oxydierten am zweckmäßigsten in die Mitte gestellt werden.

	Flavanon	Flavon	Flavonol	Flavyliumsalz	Katechin
Beispiele:	Hesperetin	Luteolin	Quercetin	Anthocyanidine	d,l-Epikatechin

Von jedem der im vorstehenden Schema charakterisierten Typen leiten sich durch Substituierung der beiden Benzolkerne mit Hydroxyl- und Methoxylgruppen jeweils eine mehr oder weniger zahlreiche Schar von Einzelverbindungen ab. Die Flavone und Flavonole, die ja auf der gleichen Oxydationsstufe stehen, sind zum Teil gelbe, zum Teil ungefärbte Verbindungen, die außer in Blüten auch in allen anderen Organen vorkommen können. Die Anthocyanidine sind die farbgebenden Anteile der in allen Schattierungen von tiefviolett bis hellrosa variierenden Blüten-, Blätter- und Früchtepigmente. Die Katechine schließlich bilden die oben bereits erwähnte Gruppe der kondensierten Gerbstoffe.

Daß der Bezug auf den Reduktions- bzw. Oxydationszustand des Heterocyclus kein schematischer Vergleich ist, geht daraus hervor, daß die Reduktion von Flavonen zu Anthocyanidinen und weiter zu Katechinen in vitro leicht möglich ist (vgl. FREUDENBERG und Mitarbeiter 1925). Die rückläufige oxydative Umwandlung ist schwieriger, aber auf verschiedene Weise doch durchführbar (APPEL und ROBINSON; vgl. auch BLANK). Sehr bemerkenswert ist eine Beobachtung, die neben einigen anderen unten zu erwähnenden Tatsachen belegt, daß auch der pflanzlichen Zelle solche Dehydrierungen des Pyronringes geläufig sein müssen. In *Hyssopus officinalis* findet man dann, wenn die Pflanze stark von Pilzen befallen ist, statt des Hesperetins ein um zwei Wasserstoffatome ärmeres Derivat, das Diosmetin, als Aglykon. Hier wird also von der pathologisch veränderten Pflanze oder vom Pilz durch Dehydrierung der Übergang vom Flavanon zum Flavon vollzogen.

2. Die Chemie der Anthocyane.

Die weitaus auffälligsten und ökologisch bedeutsamsten Vertreter der Flavanabkömmlinge treten uns in den Anthocyanen, den roten, violetten und blauen Blatt-, Frucht- und Blütenpigmenten entgegen. Die Bezeichnung Anthocyane wurde schon 1835 von MARQUART zunächst für blaue Blütenfarbstoffe eingeführt und bald danach, als man erkannte, daß rote und blaue Pigmente nur verschiedene Erscheinungsformen der gleichen Substanzen sind, auch auf die roten übertragen. Die orangeroten Farbtöne sowohl der Blüten als auch der Früchte und manche tiefrote, z. B. der Tomaten und Paprikafrüchte, beruhen auf Carotinoiden, die fettlöslich und an Plastiden gebunden sind (s. S. 118).

Die Anthocyane oder Anthocyanine, wie sie in der angelsächsischen Nomenklatur genannt werden und strenggenommen auch bei uns heißen sollten, sind Glykoside, deren Aglykone, die Anthocyanidine, auch zuckerfrei wahrscheinlich häufiger in der Natur vorkommen, als bisher angenommen wurde. Als Zuckerpartner erscheinen Monosen oder Disaccharide (dementsprechend Monoside und Bioside). Manchmal sitzen an zwei Hydroxylen des Aglykons Zuckerreste (Dimonoside). Am häufigsten tritt Glucose allein oder gemeinsam mit Rhamnose, einer Methylpentose, auf. Oft kommt auch Gentiobiose vor, seltener beteiligt sich Galaktose.

Gelegentlich treten die natürlichen Anthocyane als komplexe Glykoside auf, die neben Zucker und Aglykon noch eine organische Säure enthalten. Manchmal ist das Äpfelsäure, oft aber eine aromatische Oxysäure des Phenyl-Propan-Typs, was für ein Verständnis der Genese der Anthocyanidine von großer Wichtigkeit sein kann. Das Gentianin aus *Gentiana acaulis* ist zusammengesetzt aus Delphinidin, Glucose und einem Molekül p-Cumarsäure. Solche Komplexe kommen bei allen Typen der Anthocyanidine vor.

Die Aufspaltung der Anthocyane in Zucker und Aglykon gelingt leicht durch Kochen mit verdünnten Säuren. In der Zelle wird der Umsatz wahrscheinlich durch die allgemeinen Glykosidasen durchgeführt (s. S. 20). Doch scheinen in bestimmten Fällen auch spezifische Enzyme vorzukommen (s. unten). Die Glykoside sind im allgemeinen besser wasserlöslich als die freien Aglykone. Nicht immer liegen die Anthocyane völlig gelöst im Zellsaft vor. In *Delphinium, Passiflora, Rubus* u. a. sollen sie kristallisiert oder amorph vorkommen (vgl. auch KÜSTER 1935). Der Pigmentgehalt variiert in sehr weiten Grenzen. Das Cyanin der Kornblume macht ungefähr 0,75% der trockenen Blütenblätter aus. In gewissen tiefroten Dahlienblüten sind 20% vom Trockengewicht Farbstoff, und der Violaningehalt in dunkelblauen Stiefmütterchen soll bis 30% betragen.

Chemisch ist der Grundkörper aller Anthocyanidine die Benzopyryliumbase, welche Salze, z. B. Chloride, oder in der Zelle solche mit organischen Säuren bildet. Da es noch nicht gewiß ist, ob in den natürlichen Farbstoffen ein vierwertiger Sauerstoff oder ein Kohlenstoffatom des Heterocyclus die positive Ladung trägt, wird die folgende Formulierung als Oxoniumbase nur der einfacheren Darstellung wegen verwendet. Analog dem Ammonium vermögen solche Oxoniumbasen echte Salze zu bilden, die gerade im Falle der Anthocyanidine recht stabil und intensiv gefärbt sind. Das in der 2-Stellung durch Phenyl substituierte Benzopyrylium wird als Flavylium bezeichnet, so daß die Anthocyanidine insgesamt Flavyliumsalze darstellen. Die Basen selbst, die in alkalischem Medium freigesetzt werden, sind gelb

Benzopyrylium-Chlorid   Cyanidin-Chlorid

gefärbt. Im Zellsaft liegen sie als Malate, Citrate, Acetate oder wohl auch an anorganische Anionen gebunden vor. Wegen der phenolischen Hydroxyle, die in allen Anthocyanidinen reichlich enthalten sind, können sie auch als Säurereste reagieren. Sie sind ausgesprochen amphoter und vermögen analog den Phenolaten mit Metallionen Salze zu bilden, die ebenfalls intensiv gefärbt sind. Da das gleiche Cyanidin der Farbträger in der Kornblume und in roten Rosen ist, nimmt man an, daß im ersten Falle das blaue Kaliumsalz und im anderen Falle das rote Oxoniumsalz die Farbe bestimmen.

Die natürlich vorgefundenen Anthocyanidine unterscheiden sich durch geringfügige Variationen der Substituenten am Flavyliumgerüst voneinander. Die Anthocyanidine sind also ähnlich wie Kohlenhydrate oder Fette als Stoffklasse anzusehen. Der häufigste Vertreter von ihnen, das Cyanidin, hat die vorstehende Formel, in der gleichzeitig die Stellenbezeichnungen eingetragen sind, die eine leichtere Verständigung über dieses kombinierte Ringsystem möglich machen sollen.

Nach der Zahl und Stellung der Hydroxyl- und Methoxylgruppen lassen sich die natürlichen Anthocyanidine im engeren Sinne (s. unten stickstoffhaltige) in vier Gruppen zusammenfassen; innerhalb jeder einzelnen sind noch durch verschiedene Zuckerpartner Variationen möglich.

1. Pelargonidin: 3,5,7,4'-Tetraoxy-Flavylium,
2. Cyanidin: 3,5,7,3',4'-Pentaoxy-Flavylium.
   Paeonidin: 3'-Monomethyläther des Cyanidins.
3. Delphinidin: 3,5,7,3',4',5'-Hexaoxy-Flavylium.
   Petunidin: 3'-Monomethyläther des Delphinidins.
   Malvidin (= Syringidin): 3',5'-Dimethyläther des Delphinidins.
   Hirsutidin: 7,3',5'-Trimethyläther des Delphinidins.
4. Apigenidin: 5,7,4'-Trioxy-Flavylium.

Dem Apigenidin fehlt die sonst stets vorhandene Hydroxylgruppe in der 3-Stellung. Es ist relativ selten unter den natürlichen Pigmenten. Eine ganze Reihe von Anthocyanidinen mit anderer Substituierung sind synthetisch hergestellt worden. Die Summenformeln der Grundtypen differieren jeweils um ein Sauerstoffatom ($C_{15}H_{11}O_5Cl$, $C_{15}H_{11}O_6Cl$ usw.).

Der Zuckerpartner ist meist an der 3-Stellung angehängt oder je ein Zuckerrest befindet sich an der 3- und 5-Stellung (Dimonoside). In jungen, durch Anthocyane gefärbten Blättern, deren Farbe mit dem Alter verschwindet, verteilten sich bei 200 Pflanzenarten aus 110 Gattungen die Anthocyane, deren Aglykon zu 93% Cyanidin war, entsprechend ihren Zuckerkomponenten in folgender Weise (PRICE und STURGESS): 31% Monoside, 30% 3-Bioside, 9% 3,5-Dimonoside, davon waren 50% Pentoside. In der folgenden Tabelle 22 ist an einigen Beispielen der Aufbau natürlicher Blüten- und Fruchtfarbstoffe gezeigt.

Tabelle 22. *Der chemische Bau einiger natürlicher Anthocyane.*

Name	Herkunft	Konstitution
Pelargonin	*Pelargonium*- und Dahlienblüten	Pelargonidin-3,5-Diglucosid
Callistephin	Sommerastern	Pelargonidin-3-Monoglucosid
Monardaein	*Monarda didyma*, rotblühende *Salvia*-Arten	Pelargonidin-3,5-Diglucosid + 1 Mol. p-Oxyzimtsäure + 2 Mol. Äpfelsäure
Cyanin	Rote Rose, Kornblume, Laubblätter	Cyanidin-3,5-Diglucosid
Mecocyanin	Roter Mohn	Cyanidin-3-Gentiobiosid
Keracyanin	Dunkle Kirschen	Cyanidin-3-Rhamnoglucosid
Idain	Preißelbeeren	Cyanidin-3-Galaktosid
Fragarin	Erdbeeren	Paeonidin-3-Galaktosid

Das Ringsystem der Anthocyanidine ist wesentlich stabiler gebaut als das der Flavanone (s. oben). Durch scharfen Abbau mit KOH entsteht aus allen Anthocyanidinen stets Phloroglucin und eine der Substitution des Ringes B entsprechende aromatische Oxysäure (p-Oxybenzoesäure, Protokatechusäure oder Gallussäure bzw. deren Methyläther, die allerdings bei dem scharfen Abbau schon verseift werden). Zwei C-Atome aus dem Heterocyclus gehen dabei also verloren.

Schema der Aufspaltung eines Anthocyanidins in vitro.

$$\text{Phloroglucin} \leftarrow \text{Delphinidin} \rightarrow \text{Gallussäure}$$

Als eine merkwürdige, im einzelnen noch nicht aufgeklärte und sicher nicht einheitliche Gruppe von anthocyanähnlichen Verbindungen werden die Leukoanthocyane beschrieben (ROBINSON und ROBINSON 1935; SCOTT-MONCRIEFF; ROBINSON 1939), die zum Teil wasserlöslich, zum Teil unlöslich sind und von denen ein Teil wohl als Glykoside, ein anderer zuckerfrei vorliegt. Wie der Name andeutet, sind es farblose Verbindungen, die aber in vitro leicht, z. B. durch Kochen mit alkoholischer verdünnter Salzsäure, in Pigmente übergeführt werden können. Diese haben alle Eigenschaften von Anthocyanen und sind als solche identifiziert worden. Die Leukoverbindungen sind noch weiter verbreitet als die Anthocyane. In Blättern, Blüten, Früchten, in der Rinde und im Holz wurden sie nachgewiesen. Auffallend ist, daß auch bei ihnen diejenige Konstitution vorherrscht, die nach Umwandlung in das Pigment das Cyanidin ergibt. Der Aufbau der in der 3',4'-Stellung substituierten Flavanderivate, deren Vorherrschen uns auch bei den Flavonen und Katechinen begegnen wird, muß also aus irgendeinem noch unbekannten Grunde in der Zelle besonders begünstigt sein. Ein Baustein würde dabei nach der oben dargelegten Vorstellung ihrer Entstehung die Kaffeesäure sein. Oft werden in einem Organ nicht gerade diejenigen Leukoanthocyane gefunden, die ihrer Konstitution nach den gleichzeitig anwesenden Anthocyanen entsprechen. Die Leukoverbindungen dürfen also nicht oder jedenfalls nicht immer als notwendige Vorstufen der Pigmentbildung angesehen werden. Ihre Bedeutung im Stoffwechsel ist noch umstritten (s. unten). Die Beziehung zwischen ihnen und den Anthocyanen ist gewiß nicht so einfach, wie es auf den ersten Blick erscheinen möchte. Sie können natürlich ein Glied im Anthocyanumsatz sein, aber mit Ausnahme des Rotwerdens von Blättern, Sprossen und Blüten durch Verletzung und Krankheit, durch das rasche Wachstum im Frühjahr, durch Austrocknen im Herbst oder durch Kälte, wenn immer sehr rasch Anthocyane auftreten, die vielleicht aus Leukoverbindungen umgebildet worden sind, scheint es so, daß die Leukoanthocyane Endprodukte von Parallelsynthesen sind, die vom gleichen oder einem ähnlichen Ausgangsmaterial zehren wie die Produktion der anderen Flavankörper. Auch in den Fällen, wo Blüten weiß aufblühen und sich erst beim Altern anfärben oder farbig erblühen und entfärbt abfallen, findet wahrscheinlich kein totaler Auf- oder Abbau des Grundskeletes, sondern nur ein Übergang von oder zu einer nicht gefärbten anderen Stufe der Flavanabkömmlinge statt (s. unten).

Einige seltsame, in ihrem Aufbau ebenfalls noch nicht genau aufgeklärte Anthocyane enthalten Stickstoff im Molekül, z. B. das Betanin der roten Rübe (SCHMIDT 1937; PUCHER und Mitarbeiter 1938a). Auch in den roten Hochblättern von *Bougainvillea*, in *Mirabilis jalapa*-Blüten und in Früchten von *Phytolacca acinosa* ist ein N-haltiges Anthocyan vom Typ des Betanins nachgewiesen worden (ROBINSON 1937). In *Papaver nudicaule* und *Papaver alpinum* ist ein gelbes Pigment enthalten, das Stickstoff führt und den Anthocyanen ähnelt, da es Flavyliumstruktur aufweist (PRICE, ROBINSON und SCOTT-MONCRIEFF). Die N-haltigen Anthocyane sind an bestimmte Familien gebunden. Eine recht interessante Anhäufung von Pflanzen mit solchen Anthocyanen wurde in der Flora der Galapagos-Inseln gefunden (TAYLOR). Die Bindungsform des Stickstoffs ist noch nicht sicher bekannt.

Auch unter den Flavanderivaten finden sich also einige Vertreter, die, in einem Merkmal abweichend von der Hauptmenge der nächsten Verwandten, die Verbindung zu anderen großen Gruppen der sekundären Stoffe, hier zu den stickstoffhaltigen, aufnehmen und damit ein Netzwerk der Beziehungen zwischen ihnen herstellen.

3. Die Chemie der Flavone und Flavonole.

Ehe die physiologischen Gesichtspunkte der Anthocyanbildung in Pflanzen erörtert werden, soll die Chemie der Flavone kurz aufgezeigt werden, weil sich dabei die engen Anlehnungen an den Bau der Anthocyanidine offenbaren. Die Flavone sind zwar oft gefärbt, oft aber unter den natürlichen Bedingungen farblos. Von einer gemeinsamen Benennung der im Zellsaft gelösten gelben Farbstoffe mit dem Flavangerüst als Anthoxanthine (ROBINSON 1939) soll hier nicht Gebrauch gemacht werden, weil zu leicht Verwechslungen mit den einem anderen Typ angehörigen Xanthonen (s. S. 185) eintreten könnten und weil nicht alle Flavone und Flavonole als Pigmente vorkommen. Die Flavone sind wahrscheinlich noch weiter verbreitet als die Anthocyane. Häufiger als diese färben sie verholzte Membranen an, z. B. in den sog. Gelbhölzern. Sie herrschen im allgemeinen überall dort vor, wo Anthocyane zurücktreten, also in der Stengelrinde, in Rhizomen und Wurzeln. Aus dem gleichen allgemeinen „Vorläufer" scheinen in dem einen Falle die mehr reduzierten Anthocyane und im anderen die oxydierten Flavone hervorzugehen. Manchmal kommen diese mit Anthocyanen in den gleichen Zellen vor (s. unten bei Copigmenten), oft sind sie gemeinsam im gleichen Organ, aber in gesonderten Regionen enthalten, z. B. im gelben Schlundring roter oder blauer Blüten, in gelbroten Dahlien, in *Antirrhinum*-Blüten usf. In Varietäten der gleichen Art können die einen Pigmente gegen die anderen ausgewechselt sein, und schließlich kann im Laufe der Entwicklung des gleichen Organs ein Übergang von Flavonen zu Anthocyanen stattfinden, z. B. bei Baumwollblüten, die im jungen Stadium gelb gefärbt sind und tiefrot verwelken.

Die natürlichen Flavone lieferten die ältesten technischen Farbstoffe der europäischen Kulturvölker, z. B. Luteolin, und heute noch finden natürliche Flavone, z. B. Quercetin, bei halbzivilisierten Naturvölkern als Beizenfarbstoffe Verwendung.

Ähnlich wie die Anthocyane liegen die Flavonderivate meist als Glykoside in der Natur vor, jedoch ist bei diesen häufiger als bei jenen mit den freien Aglykonen in der Zelle zu rechnen. Das Grundskelet der Flavone und Flavonole, deren Pyronringe sich im gleichen Oxydationszustand befinden, ist das Benzo-γ-Pyron oder Chromon bzw. dessen 2-Phenylderivat, nämlich das Flavon, das von den Anthocyanidinen durch den chinoiden Sauerstoff in der 4-Stellung abweicht.

Der biologisch und technisch wichtigste und am weitesten verbreitete Flavonolabkömmling ist das Quercetin, eine dem Cyanidin analog gebaute Verbindung, die meist in Form des Rhamnosides, des Quercitrins, natürlich vorliegt. Freies Quercetin ist jedoch auch nicht selten und findet sich z. B. in den Früchten von *Rhamnus* und *Hipophaë*, in Weinbeeren, in der Rinde

Benzo-γ-Pyron   Quercetin

des Apfelbaumes, in Blüten von *Prunus spinosa*, in Blüten und Laubblättern von *Aesculus* u. a. Alle diese Organe enthalten daneben auch Vertreter der anderen Gruppen der Flavanabkömmlinge, nämlich Anthocyane oder Katechine. Bemerkenswert ist auch der Wechsel zu rot- oder blaugefärbten Varianten der genannten Organe, z. B. bei Weinbeeren, bei *Aesculus*-Blüten. Etiolierte Pflanzen von *Phaseolus vulgaris* enthalten eine glykosidische Verbindung aus Quercetin + Glucuronsäure, das Quercituron. Zum Aufbau des Quercetins würde ebenso wie beim Cyanidin die weit verbreitete Kaffeesäure beitragen.

Die Mannigfaltigkeit der natürlichen und künstlich hergestellten Flavone kommt wiederum nur durch Variation der Zahl und Stellung der Hydroxyle und Methoxyle am gleichen Grundgerüst zustande. Häufig sind die gleichen Stellen besetzt wie bei den Anthocyanidinen, so daß viele Flavone ihre Analoga unter den Anthocyanen finden. Methoxylderivate sind hier seltener, aber es sind immerhin einige bekannt, z. B. eines der beiden interessanten Flavone aus *Scutellaria baicalensis*, deren Wurzel reichlich Baicalin (5,6,7-Trioxyflavon-7-Glucuronsäure) und wenig Wogonin (5,7-Dioxy-8-Methoxyflavon), beide von intensiv gelber Farbe, enthält.

Die typischen pflanzlichen Flavone und Flavonole geben gelbliche, in kaltem Wasser fast unlösliche Kristalle, die sich in Säuren als Oxoniumsalze lösen und deren Lösungen in Alkalien an der Luft rasch nachdunkeln. Die Oxoniumsalze sind meist stärker gefärbt als die Basen, aus denen sie hervorgehen und sind in wäßrigen Lösungen meist recht unstabil. Deshalb bilden die Flavone in ihren natürlichen Quellen nicht immer kräftige Farbstoffe. Sie verhalten sich in dieser Beziehung anders als die Anthocyanidine.

In Tabelle 23 sind einige der wichtigeren Flavone mit ihren hauptsächlichen Fundorten in der Natur zusammengestellt.

An diesen Beispielen wird deutlich, daß Flavone bzw. Flavonole in allen Teilen der Pflanzen und sogar als Ausscheidungen auf der Epidermis, wie bei den mehligen Überzügen auf Primeln und anderen Pflanzen, vorkommen, und daß sie nur in seltenen Fällen einem ökologischen Zweck als Blütenpigmente dienen. Daß aber auch in Blütenblättern Flavone vorhanden sein können, ohne daß sie normalerweise hervortreten, läßt sich leicht durch die Farbintensivierung durch Alkalien zeigen. In NH_3-Dämpfe gehalten werden viele weiße Blüten intensiv gelb.

Eine sehr charakteristische Reaktion, die vielleicht auch biologische Bedeutung hat, geben alle Flavonole (außer Fisetin) beim Eindampfen mit

Tabelle 23. *Übersicht über Bau und Vorkommen einiger Flavone.*

Name	Konstitution	Fundorte
Flavon	2-Phenylbenzopyron (unsubstituiert)	Mehliger Staub auf Blüten und Blättern best. Primeln, auch in anderen Familien
Chrysin	5,7-Dioxy-Flavon	Knospen verschiedener Pappelarten
Apigenin	5,7,4'-Trioxy-Flavon	Kraut, Blüten von Petersilie, Kamille und anderen Umbelliferen und Compositen
Luteolin	5,7,3',4'-Tetraoxy-Flavon	Kraut, Blüten von *Reseda, Genista tinctoria, Digitalis purpurea*
Flavonole:		
Fisetin	3,7,3',4'-Tetraoxy-Flavon	Holz von *Rhus cotinus*, Quebrachoholz (*Schinopsis*-Arten)
Galangin	3,5,7-Trioxy-Flavon	Rhizom von *Alpinia officinarum* und *A. galanga* („Galangawurzel")
Kämpferol	3,5,7,4'-Tetraoxy-Flavon	Früchte, Blätter, Blüten von verschied. Ranunculaceen, Rosaceen, Leguminosen
Quercetin	3,5,7,3',4'-Penta-oxy-Flavon	Rinde von *Quercus tinctoria*, Zwiebel von *Allium cepa*, in vielen Blättern
Myricetin	3,5,7,3',4',5'-Hexaoxy-Flavon	Wurzel, Rinde von *Myrica gale*, Blätter, Zweige von *Rhus Coriaria* (Gerbersumach)

Ausführliches Verzeichnis über die systematische Verbreitung und das Vorkommen von Flavonen bei HADDERS und WEHMER.

Borsäure. Es entstehen dabei besonders bei Anwesenheit von Oxalsäure stark gelb gefärbte Produkte (WILSON; TAUBÖCK). Manche flavonolführenden Pflanzen, z. B. Citronen- und Rübenblätter, enthalten reichlich Bor und neigen leicht zu Bormangelkrankheiten, vielleicht weil das Bor durch die erwähnte Reaktion auch in der Zelle festgelegt wird. Bei *Chlamydomonas* kann sich die Bor-Flavonol-Reaktion dadurch biologisch auswirken, daß sie den für diese Mikroorganismen als Gynotermon fungierenden Quercetinmethyläther zu einem unwirksamen Komplex bindet und dadurch die zwittrigen Zellen gegenüber weiblichen Gameten kopulationsfähig macht (KUHN, LÖW und MOEWUS).

Beim Überblick über die oben aufgeführten Flavone fällt auf, daß hier abweichend von den Anthocyanidinen auch das völlig unsubstituierte Flavongerüst natürlich vorkommt, und zwar in der recht eigentümlichen Form einer mehligen Ausscheidung. Auch Di- und Trioxyderivate treffen wir bei den Anthocyanidinen nicht. Bestimmte Schlüsse über die Genese der beiden Gruppen von Flavanabkömmlingen sind daraus aber nicht möglich; vielleicht muß man sowohl mit Anheftung als auch mit Abtragung von Hydroxylen als sekundären Reaktionen rechnen.

Ein wegen der Stellung der Hydroxylgruppen etwas aus der Reihe fallendes Flavon ist das Scutellarin aus verschiedenen Labiatengattungen. Es ist ein 5,6,7,4'-Tetraoxyflavon + Glucuronsäure und findet sich besonders reichlich in Laubblättern und Kelchen der Gattung *Scutellaria* (s. oben Baicalin). Es fehlt in den Samen und wird in Keimlingen nur am Licht gebildet (MOLISCH 1913).

Nur eine kleine Gruppe unter den bisher bekannten Naturstoffen gehört ihrem chemischen Bau nach zu den Isoflavonen, die sich von den Flavonen dadurch unterscheiden, daß der Phenylrest nicht an der 2-, sondern an der 3-Stellung des Benzopyrons angeheftet ist. Vorstellungen über die Genese eines solchen Körpers sind wesentlich schwieriger zu entwickeln als für die Flavone, aber die Seltenheit in der Natur deutet wohl darauf hin, daß zu ihrer Entstehung eine ganze Serie spezieller Vorgänge zusammengespielt haben müssen. Hierher gehören unter anderem verschiedene gelbe Farbstoffe, z. B. das Genistein aus Blüten und Blättern von *Genista tinctoria*, *Soja hispida* u. a., in denen es als Glucosid vorliegt. Die Substituierung dieses ungewöhnlichen Grundgerüstes scheint nicht weniger vielfältig zu sein als die des Flavons selbst. Auch Verbindungen, die reichlich mit Methoxylgruppen beladen sind, kommen vor, z. B. das Irigenin (5,7,3'-Trioxy-6,4',5-Trimethoxy-Isoflavon) in *Iris*-Rhizomen.

Genistein   Hämatoxylin

In naher Verwandtschaft zu den Isoflavonen stehen verschiedene, in der Natur meist farblose Verbindungen der sog. Farbhölzer, z. B. des Blau- oder Campecheholzes von *Haematoxylon campechianum*, dessen Extrakt auch heute noch in der technischen Tuchfärberei verwendet wird. Das Hämatoxylin, ein farbloses Produkt, geht erst durch Oxydation in den chinoiden Farbstoff Hämatein über.

Sicher gehören noch manche andere Naturstoffe, von denen bisher nur gewisse Ähnlichkeiten in ihrem Verhalten mit den Flavonen festgestellt sind, nach Identifizierung ihres chemischen Aufbaues hierher, vielleicht als Übergangsglieder zu anderen größeren Gruppen der aromatischen Verbindungen in den Pflanzen.

Auf das Xanthon, einen Körper, der zwei Benzolkerne durch einen γ-Pyronring verbunden enthält, lassen sich verschiedene, meist gelbe Farbstoffe zurückführen, z. B. das Gentisin aus der Wurzel von *Gentiana lutea*. Auch gewisse blaßgelbe, im Zellsaft von Blütenblättern gelöste Pigmente, z. B. aus Georginen und Levkojen, gehören hierzu.

Gentisin

4. Die Chemie der Katechine.

Die Katechingerbstoffe besitzen unter den Naturprodukten den am stärksten reduzierten Typ der Flavanabkömmlinge, sie besitzen das eigentliche Flavanskelet (s. S. 176, 179), das aber stets in 3-Stellung ein Hydroxyl trägt. Katechin selbst, das in mehreren optisch aktiven und inaktiven Isomeren vorkommt, ist kristallisiert und hat nur geringe Gerbstoffeigenschaften. Erst durch Kondensation mehrerer Moleküle wird es zu einem typischen Gerbstoff. Bemerkenswert ist, daß Katechin bzw. Epikatechin, die verbreitetsten Vertreter diese Art von Gerbstoffen, wiederum die gleiche Substituierung wie das Cyanidin und Quercetin aufweisen.

Diese Konfiguration muß also eine ganz besonders bevorzugte Rolle beim Aufbau der Flavankörper in der Zelle spielen, die nach der eingangs erwähnten Häufigkeitsregel darauf schließen läßt, daß die 3,5,7,3',4'-Hydroxyle primären Ursprungs sein dürften. Durch katalytische Hydrierung läßt sich aus Cyanidin leicht d,l-Epikatechin herstellen.

Wenn bei den Katechinen längst nicht die Mannigfaltigkeit der Abkömmlinge wie bei den Anthocyanidinen und Flavonen bekannt ist, so beruht das wohl nicht unbedingt darauf, daß in den Pflanzen weniger Spielarten als bei den anderen Gruppen ausgebildet werden, sondern vielleicht darauf, daß das Pflanzenreich noch nicht systematisch nach diesen Verbindungen abgesucht worden ist, die sich durch keinerlei in die Augen fallende Eigenschaften hervortun. Diese kondensierten, nicht durch Hydrolyse spaltbaren Katechine sind die bereits oben erwähnte dritte Untergruppe der technischen Gerbstoffe.

Das offizinelle Katechin wird durch Kochen aus dem Kernholz von *Acacia catechu* und *A. suma* gewonnen. Andere in Australien heimische *Acacia*-Arten, die jetzt in Südafrika kultiviert werden, liefern gerbstoffreiche Rinden, ,,Mimosenrinde". Gambir aus den Blättern der Rubiacee *Uncaria Gambir* ist fast reines Katechin. Verschiedene Katechine kommen im Rhabarber, Tee, Kakao und in *Areca*-Blättern vor. Die Eichen- und Edelkastaniengerbstoffe sind noch nicht identifiziert, aber der Gerbstoff der Eichenrinde gibt die Reaktionen der Katechine. Der Quebrachogerbstoff, der in *Schinopsis*-Arten neben dem Flavonol Fisetin vorliegt, ist wahrscheinlich das Kondensationsprodukt eines hydroxylärmeren Katechins. Aus dem grünen Tee wurde ein Katechin isoliert, das gegenüber dem Epikatechin eine Hydroxylgruppe in der 5'-Stellung trägt und damit ein Analogon zum Delphinidin unter den Anthocyanidinen darstellt.

5. Die natürlichen Farbtönungen.

Eine bestimmte Anthocyanverbindung kann in ihrem Farbton außerordentlich weit variiert werden, Cyanidin ist der farbgebende Bestandteil sowohl in der blauen Kornblume als auch in der roten Rose. Um so verwunderlicher ist es eigentlich, daß es keine blaue Rose oder blaubäckigen Äpfel gibt, während bei anderen Blüten und Früchten, z. B. bei den Pflaumen, bei *Pulmonaria* u. a., rote und blaue Farbtöne neben- oder nacheinander bestehen. Selbst die fast schwarze Farbe der Beeren von *Fatsia japonica* wird allein durch das Idaein hervorgebracht.

Für die Farbgebung der anthocyanhaltigen Gewebe sind im allgemeinen folgende Faktoren von Bedeutung: 1. das spezielle Anthocyan bzw. die Mischung verschiedener Anthocyane; 2. die Konzentration der Anthocyane; 3. die Acidität des Zellsaftes; 4. die anorganischen Ionen des Zellsaftes; 5. Copigmente; 6. kolloidale Bestandteile des Zellsaftes, die als Stabilisatoren der Anthocyane wirken können.

1. Die spektroskopische Analyse der Anthocyane ergibt stets ein breites, wohlausgebildetes Absorptionsband im sichtbaren Teil des Spektrums und ein oder mehrere schmale Bänder im Ultraviolett (HAYASHI). Anthocyane und Anthocyanidine haben annähernd das gleiche Absorptionsspektrum (vgl. Abb. 14 und 15). Syringidin ist das Aglykon des Malvins. Die Lage der beiden Hauptmaxima (bei Malvin 5190 Å und 2775 Å) ist gegenüber dem Syringidin (5200 Å bzw. 2735 Å) kaum verschoben. Die Intensität der Absorption im Sichtbaren ist beim Malvin jedoch wesentlich schwächer

als bei seinem Aglykon. Im alkalischen Medium (0,001 n NaOH in Alkohol) besitzt Malvin entsprechend dem Farbumschlag von rot nach blau ein stark verändertes Spektrum. Auch im Ultraviolett treten wesentliche Verschiebungen auf, die für die ökologische Funktion nicht unwesentlich sein dürften, da bekanntlich die Bienen Ultraviolett sehen können. Der blaue Farbton steigt im allgemeinen mit zunehmender Anzahl der OH-Gruppen im Molekül und beim Übergang von den 3-Mono- zu 3,5-Diglykosiden an. Auch bei den Flavonen ist eine ähnliche bathochrome Wirkung der Hydroxylgruppen bemerkbar, wie vor allem bei der Aufnahme des Spektrums im Ultravioletten hervortritt (vgl. SKARZYNSKI). Die Methylierung der einen oder anderen Hydroxylgruppe in den Anthocyanidinen verstärkt hingegen den roten Farbton.

Über einige weitere Eigenschaften der Anthocyanidine gibt die folgende Tabelle 24 Aufschluß.

2. Über die Variabilität der Anthocyankonzentrationen im Zellsaft wurden oben bereits einige Zahlen mitgeteilt (s. S. 179).

3. Der Acidität des Zellsaftes wird im allgemeinen eine zu hohe Bedeutung für die Farbausbildung beigemessen. Da die Anthocyane amphotere Verbindungen sind, bestimmt die Wasserstoffionen-

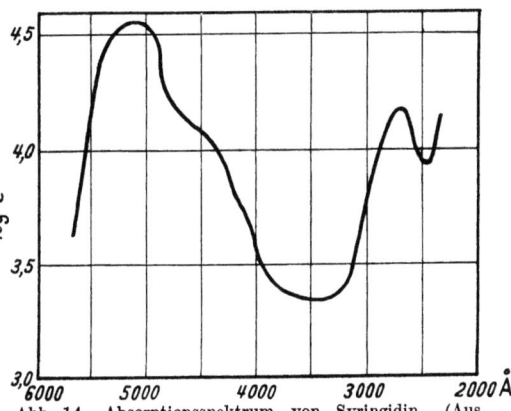

Abb. 14. Absorptionsspektrum von Syringidin. (Aus KARRER 1932.) Ordinate: Dekadische Logarithmen des Extinktionskoeffizienten. (Hohe Werte von log ε bedeuten starke Absorption der betreffenden Wellenlänge.)

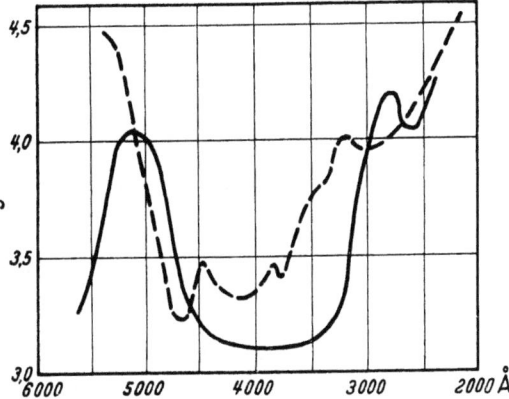

Abb. 15. Absorptionsspektrum von Malvinchlorid (———) und Malvin in alkalischer Lösung (-----). (Aus KARRER 1932.) Ordinate: Dekadische Logarithmen des Extinktionskoeffizienten. (Hohe Werte von log ε bedeuten starke Absorption der betreffenden Wellenlänge.)

Tabelle 24. *Einige Eigenschaften von Anthocyanidinen.* (Nach KARRER 1932.)

	Pelargonidin	Cyanidin	Delphinidin	Paeonidin	Syringidin
Farbe der Lösung	rot	rötl.-violett	blaustichig-rot	violettrot	violettrot
Löslichkeit des Chlorids in Wasser	ziemlich leicht lösl.	sehr schwer (verd. HCl)	leicht löslich	ziemlich leicht lösl.	ziemlich löslich
Verhalten in wäßriger Lösung	allmähliche Entfärbung	Entfärb. beim Erwärmen Isomerisierung	Entfärbung	beim Kochen Entfärbung	verd. Lösung entfärbt
Farbumschlag mit Soda nach	blau	violett dann blau	violett dann blau	violett dann blau	violett dann grünblau

konzentration, ob Säuresalze (meist rot) oder Basensalze (meist blau) entstehen. Obwohl die blauen Rassen der gleichen Art meist ein höheres p_H aufweisen als die roten, sind die Unterschiede der Acidität im allgemeinen doch zu gering, um die Farbwandlungen in vitro hervorzubringen, die wir in den Zellen beobachten. Ein p_H des Zellsaftes, das jenseits des Neutralpunktes im Alkalischen liegt, ist sehr selten, und es ist durchaus nicht so, daß nach dem Alkalischen zu stets blaue und nach dem Sauren stets rote Farben auftauchen müssen. Das Blau der *Salvia pratensis* ist im p_H-Bereich von 4—8 beständig, und auch im Zellsaft der blauen Kornblume herrscht eine Acidität von ungefähr p_H 5. Ausschlaggebend sind also noch andere Faktoren.

4. Der Einfluß von Metallionen auf die Farbnuance der Anthocyanpigmente ist sicher vorhanden, jedoch ist deren Wirkung im einzelnen noch nicht geklärt. Der Gesamtaschengehalt blauer Blüten scheint allgemein höher zu sein als derjenige von roten nahe verwandter Arten oder Rassen, und wenn kein deutlicher Unterschied im Aschengehalt selbst zu verzeichnen ist, so liegt doch die Alkalinität der Asche blau gefärbter Organe höher als diejenige roter (vgl. BLANK). Bei *Hydrangea* scheint speziell Aluminium von Wichtigkeit für die Ausbildung (oder Stabilisierung) der blauen Farbe zu sein.

5. Anknüpfend an die Beobachtung, daß das Hinzufügen von Tannin zu einer sauren Lösung des Weintraubenpigmentes deren Farbintensität vertieft und den roten Ton mehr nach bläulich verschiebt, wurde immer wieder festgestellt, daß die gleichzeitige Anwesenheit von Verbindungen, die selbst nicht oder wenig gefärbt sind, den Farbton der Anthocyane wesentlich variieren kann. Die wichtigsten dieser ,,Copigmente" in der Natur sind Tannine und Flavonglykoside, aber auch Alkaloide vermögen gelegentlich solche schattierende Wirkung auszuüben. Die physikalische Grundlage dieser Farbmodulation sind wahrscheinlich Komplexbildungen zwischen Anthocyanen und Copigmenten. Die Heraushebung bestimmter Partien der Korolle, z. B. des oft abweichend gefärbten Schlundringes, wird entweder durch das Zurücktreten der Anthocyane an dieser Stelle zugunsten von gefärbten Flavonen oder durch die Lokalisation von Copigmenten gerade an dieser Stelle verursacht. Bei *Fuchsia* enthält der violett gefärbte innere Teil der Korolle im Gegensatz zu den roten äußeren Blütenblättern reichlich Tannine.

6. Die tiefblaue Farbe der Kornblume bei einem p_H 4,9 des Zellsaftes läßt sich weder durch Copigmente noch durch die übrigen der bisher erwähnten Faktoren verstehen. Im Zellsaft der Kornblume sind aber Xylane und andere Polysaccharide in kolloidalem Zustand nachgewiesen worden, und die Adsorption des Cyanins an solche Partikel scheint das tiefblaue Farbstoffanion auch bei der sauren Reaktion des Zellsaftes zu stabilisieren (ROBINSON und ROBINSON 1939). Die Komplexbildung zwischen Anthocyanen und Kolloiden ist nicht so überraschend, sie ist dem Verhalten der Gerbstoffe analog, mit denen die Anthocyane ja die große Zahl phenolischer Hydroxyle gemeinsam haben. Im Versuch kann man sich von der entscheidenden Rolle des physikalischen Zustandes des Farbstoffes überzeugen, indem man gewisse Anthocyane, z. B. aus *Hydrangea*, auf Fließpapier ausgießt und dabei, noch schöner nach Hinzufügen von Tannin, eine ganze Skala von verschiedenartigen Farbtönen erhält. Wahrscheinlich spielen gerade für die tiefhimmelblaue Färbung von Blüten, z. B. bei *Gentiana* und der Kornblume, Adsorption und Copigmente eine wesentlichere Rolle als das p_H des Zellsaftes.

Schließlich muß noch erwähnt werden, daß natürlich die gleichzeitige Anwesenheit von Plastidenfarbstoffen neben den im Zellsaft gelösten eine weitere Variation der Farbgebung und Musterung bedingen kann, und daß auch reine Oberflächenphänomene, die sich aus der anatomischen Beschaffenheit der Epidermis ergeben, viele Farbeffekte hervorrufen oder verstärken.

6. Synthese und Umsatz der Flavanderivate in Pflanzen.

Wir wollen hier nicht daran denken, ob die sekundären Stoffe Funktionen in der Pflanze zu erfüllen haben und welches diese sein könnten, sondern wir wollen fragen, wo und wie die Flavanabkömmlinge, speziell die in dieser Hinsicht am besten untersuchten Anthocyane, die sich durch ihr eigenartiges Molekülgerüst auszeichnen, entstehen, in welchen Beziehungen ihre Entstehung zu sonstigen Stoffumwandlungen steht. Die nahe Verwandtschaft der Anthocyane mit den oft nur schwach gefärbten Flavonen und den im Sichtbaren nicht selektiv absorbierenden Katechinen legt die Annahme nahe, daß es sich primär bei der Anthocyanbildung der Zellen um eine Funktion handelt, bei der die Lichtabsorption des Endproduktes nicht von Belang ist. Die Farbigkeit oder Farblosigkeit chemischer Verbindungen ist im Stoffwechsel mit Ausnahme der bekannten lichtabhängigen Reaktionen (Photosynthese) nur eine nebensächliche Eigenschaft, die aber aus begreiflichen Gründen unsere Aufmerksamkeit immer besonders stark erregt. Bakterien und andere Mikroorganismen, die ihr Leben in völliger Dunkelheit fristen können, bilden oft prächtige Farbstoffe. Ein sehr instruktives Beispiel für die Bedeutungslosigkeit selektiver Lichtabsorption bietet das Hämoglobin der höheren und das Hämocyanin verschiedener niederer Tiere, wo die Farbe keinerlei Einfluß auf die Funktion des Stoffes hat (vgl. NATHANSOHN). Anthocyane, die in Brakteen und Blütenblättern sowie in Früchten den Pflanzen die wichtigsten Dienste für die Fortpflanzung leisten und die in den Epidermen junger Blätter sicher einen wirksamen Strahlenschutz bieten, werden auch an vielen Stellen angehäuft, z. B. in roten Rüben, im Rotkohl, in den Blutvarietäten, bei der herbstlichen Blattfärbung, wo wir keinerlei Nutzen für die Pflanze einsehen. Auch das Anthocyan wird wohl zunächst in irgendeinem Zusammenhang des Stoffumsatzes gebildet, ohne daß seine Färbung dabei eine Rolle spielt, und erst sekundär bemächtigen sich die Faktoren, die die Zweckmäßigkeit der organischen Funktionen und Einrichtungen bedingen, der Fähigkeit zur Bildung dieser Pigmente, um sie an solchen Stellen entstehen zu lassen, an denen sie für das Leben der Pflanze einen Nutzen bringen.

Zunächst sollen noch einige Angaben rein statistisch das Vorkommen und die Verteilung der Anthocyane beleuchten. Die Lokalisation dieser Farbstoffe beschränkt sich sowohl bei Blütenblättern als auch bei Früchten und Laubblättern oft auf die Epidermis, auf die Hypodermis oder einige subepidermale Zellschichten, z. B. beim Rotkohl. Manchmal folgen anthocyanhaltige Zellen ähnlich wie die Idioblasten mit anderen sekundären Stoffen den Leitbündeln. Nur selten sind ganze Gewebe mit Anthocyanen angefärbt. Die herbstliche Verfärbung erstreckt sich oft auch nur auf die Epidermis.

Außer den schon mehrfach genannten Organen und Pflanzenteilen kommen Anthocyane gelegentlich auch in Antheren und sogar in Pollen vor (FERGUSON und HUNT). Unter ungewöhnlichen Bedingungen (starker

Frost) trat im Holz von „Blutbuchen", und zwar im Holzparenchym und in den Markstrahlen der jüngsten Jahresringe, Anthocyan auf (SCHMUCKER).

Die Speicherung von Anthocyanen in Zellwänden ist recht selten. Bei Moosen (*Sphagnum* und *Marchantia*) sowie im Blattstiel und den Wurzeln von *Eichhornia* ist Membranfärbung durch Anthocyane beobachtet worden.

Ein eigenartiges Phänomen stellen die „Anthocyanophore" dar, deren Grundsubstanz aus Tanninen, Schleimen oder Pektinen bestehen soll. Sie kommen in Früchten, Laub- und Blütenblättern vor. Über ihre Bedeutung und Entstehung ist noch nichts Sicheres zu sagen (vgl. KÜSTER; LIPPMAA).

Entwicklungsgeschichtlich müssen Anthocyane und Flavone zu den ältesten sekundären Stoffen gehören, obwohl sie erst bei den Blütenpflanzen zu ihrer Herrschaft gelangen. Bei *Chlamydomonas* fungiert Isorhamnetin, ein Methyläther des Quercetins, als weiblicher geschlechtsbestimmender Stoff (Gynotermon; KUHN und LÖW). Die männlich bestimmten Zellen enthalten größere Mengen eines Anthocyans. Damit ist also ein chemischer Unterschied bei diesen isogamen, d. h. morphologisch nicht differenzierbaren Gameten erfaßt.

Im Hinblick auf den prozentualen Anteil der einzelnen Anthocyanidine an dem bisher bekannten Gesamtvorkommen unter den Blütenpflanzen steht Pelargonidin den anderen Typen eindeutig nach, sowohl was die Frequenz unter den Pflanzenarten als auch was die Anzahl der Familien betrifft, in denen es auftritt. Cyanidin und Delphinidin mit ihren Abkömmlingen sind deutlich weiter verbreitet als das einfacher substituierte Anthocyan (BEALE und Mitarbeiter), was die oben geäußerte Vermutung stützen würde, daß wenigstens die Hydroxyle in der 3'- und 4'-Stellung primären Ursprungs sind. Auch die geographische Verbreitung der einzelnen Anthocyantypen gibt einen ganz interessanten Aufschluß (Tabelle 25).

Tabelle 25. *Die geographische Verbreitung der Anthocyanidintypen in Blüten.* (Nach BEALE und Mitarb.) *Anzahl der Pflanzenarten (Wildpflanzen), in denen das betreffende Anthocyanidin gefunden wurde.*

Heimat der Pflanzen	tropisch	subtropisch	temperiert, einschl. der alpinen
Pelargonidin ..	28	23	21
Cyanidin	28	33	112
Delphinidin ..	16	18	194

Während Pelargonidin-Anthocyane sich ungefähr gleichmäßig auf alle Klimazonen verteilen, herrschen die anderen beiden Typen deutlich in den gemäßigten Zonen und bei den alpinen Pflanzen vor.

Unzählig und unübersehbar sind die Untersuchungen, in denen der Einfluß von Außenfaktoren auf die Bildung und Ansammlung von Flavanderivaten, speziell von Anthocyanen, studiert wurde (vgl. OVERTON; KATIC; NOACK; KUILMAN; KARSTENS; FREY-WYSSLING und BLANK; sowie die Zusammenfassung von BLANK 1947). Folgende Regeln lassen sich aus diesen einander oft widersprechenden Befunden herausschälen.

Hohe Zuckerkonzentration fördert die Anthocyanbildung besonders deutlich in den Zellen, die normalerweise Stärke führen. Das ist durch Verabreichung von Zucker an Wasser- und Landpflanzen häufig dargetan worden. Rohrzucker wirkt dabei am günstigsten, aber auch Glycerin und andere niedrigmolekulare Kohlenstoffverbindungen, die als Zwischenprodukte des Zuckerabbaues bekannt sind, haben den gleichen Erfolg. Der herbstlichen Blattfärbung und der Ausfärbung reifender Früchte liegt wahrscheinlich ein ähnlicher Zusammenhang der Anthocyanproduktion mit einem erhöhten Umsatz von Kohlenhydrate zugrunde. „Im Herbst enthalten die bereits abgefallenen Blätter nicht selten noch merkliche Mengen von Zucker, obgleich jede Spur von Stärke aus allen Elementen mit Ausnahme der Spaltöffnungszellen verschwunden ist. Ein solches Verhalten findet sich sowohl bei Pflanzenarten, deren Blätter sich im Herbst rot, als auch bei solchen, deren Blätter sich gelb färben" (OVERTON). Im Herbst enthalten die meisten der sich stark färbenden Blätter tatsächlich mehr Zucker als die gleichen Blätter im Hochsommer. Auch die winterliche Rötung lebender Blätter, z. B. von *Saxifraga cordifolia* u. a., geht mit einer Erhöhung der Zuckerkonzentration in den Blattzellen einher. Da aber andere Blätter, z. B. Coniferennadeln, trotz Reichtums an löslichen Kohlenhydraten sich im Winter nicht verfärben, ist die gute Zuckerversorgung nur als wesentliche Voraussetzung, aber nicht als ausreichende Ursache für die Anthocyanbildung anzusehen. Ein strenger Zusammenhang zwischen der analysierbaren Menge von Zucker in der Zelle und der Intensität der Färbung ist schon deshalb nicht zu erwarten, da sicher nicht das ganze Zuckermolekül in den Anthocyanaufbau eintritt, sondern Spaltprodukte, deren Natur uns bisher allerdings noch unbekannt ist. Es müßte also, um einen direkten Zusammenhang zwischen Zuckermenge und Anthocyanentstehung zu formulieren, die umgesetzte Zuckermenge berücksichtigt werden. Die Flavanderivate, hier speziell die Anthocyane, wären somit Zeugen eines besonders intensivierten Stoff*wechsels* und *nicht* einfach einer erhöhten Stoff*ansammlung*. Ein deutlicher Zusammenhang zwischen verstärktem Kohlenhydratumsatz und Anthocyanbildung besteht in reifenden Früchten, für die ein mehr oder weniger steiler Anstieg der CO_2-Abgabe charakteristisch ist. Auch für andere Organe liegen Hinweise vor. In einer Population von *Tulipa gesneriana* geben die Individuen, die frühzeitig Anthocyan bilden, mehr CO_2 ab als diejenigen, die lange grün bleiben. Bei gescheckten Blättern atmen die gefärbten Teile stärker als die grünen, und die anthocyangefärbten Rassen der gleichen Pflanzenart in verschiedenen Familien zeichnen sich durch eine höhere Atmungsintensität vor den weißen Rassen aus (ZANONI). In scheinbarem Gegensatz dazu verbrauchten die grün gebliebenen Blätter von *Amarantus* mehr Sauerstoff als die rot gefärbten. Hier kann erst die Bestimmung des Atmungsquotienten Aufschluß geben, ob nicht etwa beide Erscheinungen, verminderte Sauerstoffaufnahme und erhöhte CO_2-Abgabe, die Anthocyanbildung begleiten.

NOACK (1918, 1922) glaubte zwar, mit Bestimmtheit annehmen zu dürfen, daß der Zuckereinfluß auf die Anthocyanbildung nur mittelbar ist und teils so zustande kommt, daß Zuckerüberschuß die Assimilation hemmt. Auch andere Faktoren, die in grünen Organen Anthocyanbildung hervorrufen, sollten sich über eine Assimilationssistierung bzw. Chloroplastenschädigung geltend machen (s. unten). Neuere Untersuchungen lassen jedoch diese Vorstellung nicht mehr als haltbar erscheinen (KUILMAN; KARSTENS). Bei manchen Pflanzen, z. B. *Amarantus caudatus*, wirkt Licht offenbar nur indirekt durch Bereitstellung von Assimilationsprodukten anregend auf die Anthocyanbildung, deren Intensität in weitem Bereich der Lichtintensität proportional ist. Durch geringe Belichtung wird die Farbstoffsynthese völlig hintangehalten, die Blätter bleiben grün, nach Zuckergabe entsteht jedoch sofort Anthocyan.

Die herbstliche Anthocyanspeicherung tritt im allgemeinen nur in den Arten auf, die auch schon in jugendlichen Blättern solche Pigmente enthalten. Andere Blätter bleiben gelb und enthalten oft reichlich Leukoanthocyane. Man hat also auch hier den Eindruck, daß gewissen Pflanzen bzw. Blättern irgendein Faktor fehlt, der gerade Anthocyane und nicht die schwächer gefärbten oder ungefärbten Verwandten entstehen läßt. Es wurde schon darauf hingewiesen, daß unter den im Herbst in Laubblättern auftauchenden Anthocyanen wiederum das Cyanidin, und zwar als Cyanidin-Monosid, bei weitem dominiert. Die Extrakte aus solchen bunten Blättern sind nie sehr rein, sie enthalten häufig Tannine, Flavone und vom gleichen Anthocyanidin mehrere Glykoside (LAWRENCE und Mitarbeiter). Mit einer gewissen Wahrscheinlichkeit ließ sich bei einer Reihe von Pflanzenarten feststellen, daß der herbstlichen Verfärbung teils Flavone, teils Leukoanthocyane voraufgehen (RUTZLER). Von 86 Arten, die zu 50 Gattungen gehörten, war nur in einem Sechstel ausschließlich der eine der beiden genannten Vorläufer vorhanden, sonst immer beide nebeneinander. Bei den Blättern des Sumach sind offenbar Flavone die Muttersubstanz, beim Zuckerahorn und bei *Parthenocissus* werden Leukoanthocyane umgewandelt, und bei *Ampelopsis* sind beide Substanzen an der Entwicklung der Anthocyane beteiligt. Die Leukoanthocyane im Zuckerahorn werden erst im Laufe des Sommers angesammelt, im Mai fehlen sie noch, im Juli sind sie bereits in den Blättern nachweisbar. Die Umwandlung der Flavone zu Anthocyanen bedeutet einen reduktiven Vorgang. Die Leukoanthocyane stehen im gleichen Oxydationszustand wie die Anthocyane. Bemerkenswert ist ferner, daß in Blättern, die sich im Herbst hochrot verfärben, vorher Phloroglucin nachweisbar ist, während in grün bleibenden Arten nichts davon oder nur verschwindend wenig enthalten ist (LINDT).

Eine ökologische Bedeutung der herbstlichen Laubfärbung hat sich noch nicht nachweisen lassen.

Die vorübergehende Anthocyanpigmentierung junger Blätter ist wahrscheinlich eine noch häufigere Erscheinung als die herbstliche Verfärbung. Auch in jungen Blättern herrschen Cyanidinglykoside vor (PRICE und STURGESS). Die Rotfärbung junger Blätter ist an tropischen Bäumen und Farnen besonders auffallend (STAHL 1896). Dieser jugendlichen Blattfärbung kommt höchstwahrscheinlich die Funktion eines Strahlenschutzes zu (s. unten).

Soweit man neben der günstigen Wirkung reicher Kohlenhydratversorgung oder besser gesteigerten Kohlenhydratumsatzes auch noch einen Einfluß der Mineralstoffernährung auf die Intensität der Anthocyanbildung beobachtet hat (KATIC; GASSNER und STRAIB), lassen sich die meisten Fälle so verstehen, daß der Erfolg indirekt über die Beeinflussung des Kohlenhydratumsatzes erreicht wird. Bei Stickstoffmangel laufen nicht nur die oberirdischen Organe, sondern auch die Wurzeln von Gramineenkeimlingen rot an, wovon man sich an Wasserkulturen von Mais jederzeit überzeugen kann.

Von der förderlichen Wirkung des Lichtes auf die Rotfärbung ist jeder Laie überzeugt, der die roten Backen bei Äpfeln und Pfirsichen auf der der Sonne zugewendeten Seite der Früchte entstehen sieht. Diese lokalisierte Anthocyanbildung kann auch durch künstliche Belichtung hervorgerufen werden. Daß dieser Lichteinfluß sich immer nur über die Assimilation geltend macht, ist gerade bei Früchten unwahrscheinlich, weil die Rötung erst einsetzt, wenn die Assimilationsfähigkeit der Früchte selbst ganz zurücktritt. Die Analogie der Fruchtreifung zur herbstlichen Blattvergilbung ist unverkennbar, wie die Früchte sich ja auch in anderer Beziehung ähnlich wie alte Blätter verhalten (vgl. SEYBOLD).

Drosera rotundifolia ist bei starker Besonnung gewachsen rot überlaufen, im Schatten jedoch rein grün. In verschiedenen Blüten, z. B. *Hydrangea, Cineraria, Delphinium consolida*, unterbleibt nach Verdunkeln die Anthocyanbildung vollständig (LÜKE). Die Rotfärbung der weiß aufblühenden Blüten von *Dianthus barbatus* wird unmittelbar durch Licht ausgelöst (FLOREN).

Auf die Anthocyanbildung im ganzen gesehen ist der Lichteffekt einerseits nicht unerläßlich und andererseits nicht ausreichend. Es gibt eine Reihe von Apfelsorten, die ähnlich wie die im Herbst gelb abfallenden Blätter niemals Anthocyan ausbilden, obwohl sie reichlich Leukoanthocyane enthalten können. Solche gelben Apfelsorten weisen trotzdem stoffliche Gradienten zwischen Sonnen- und Schattenseite auf, z. B. ist der Ascorbinsäuregehalt auf der Lichtseite stets deutlich höher. Ob auch die Menge der Leukoanthocyane auf dieser Seite erhöht ist, wurde unseres Wissens noch nicht untersucht. Daß die Belichtung nicht unerläßlich für die Anthocyanbildung ist, wird unter anderem durch die Anwesenheit von Anthocyanen in den Wurzelspitzen vieler Arten (MOLISCH 1928) und durch die rote Rübe bezeugt. Bei Moosen tritt Anthocyan häufig auch gerade in den Rhizoiden auf, und im Experiment lassen sich viele Pflanzen im Dunkeln zur Pigmentbildung anregen.

Obwohl in vielen Fällen eine unmittelbare Lichtwirkung bei der Anthocyansynthese ohne Zweifel besteht, ist doch der dabei eingeschaltete Mechanismus noch völlig ungeklärt. Die Keimlinge von *Fagopyrum esculentum* bieten ein Objekt, das diesen Lichteffekt ganz besonders deutlich zeigt (vgl. KARSTENS). Seit den Beobachtungen von BATALIN weiß man, daß Buchweizenkeimlinge sich im Licht rot färben, im Dunkeln aber farblos bleiben. Zur Rotfärbung ist relativ schwaches Licht nötig, aber doch intensiveres als zur Chlorophyllbildung. Wenn die etiolierten Keimlinge kurze Zeit, z. B. 4 Std, belichtet und dann noch ganz ungefärbt wieder ins Dunkel gestellt werden, so färben sie sich nachträglich intensiv rot. In diesem Objekt scheint eine bestimmte Menge eines unbekannten Stoffes vorhanden zu sein, nach dessen Überführung in Anthocyan trotz weiterer Belichtung kein Farbstoff mehr gebildet werden kann. Bei Buchweizenkeimlingen sind außer dem unerläßlichen photochemischen Prozeß wenigstens noch zwei oxydative enzymatische Vorgänge beteiligt, von denen der eine während und der andere nach der Belichtung abläuft (KARSTENS).

Ein sehr auffälliger Effekt taucht auf, wenn anthocyanfreie Organe (Blätter, Früchte) z. B. durch Insektenstiche oder Fraß mechanisch verletzt oder von parasitischen Pilzen und Virus befallen werden. Entweder in einer schmalen Zone um die Wundstelle oder diffus über die erkrankten Pflanzenteile verbreitet, erscheint eine meist kräftig rote Pigmentierung. Ob es sich dabei tatsächlich immer um Anthocyane oder vielleicht auch um ähnliche Farbstoffe wie die Phlobaphene handelt, muß noch dahingestellt bleiben. Man führt die Farbstoffbildung auf die in diesen Organen schon vorher nachweisbaren Leukoanthocyane zurück.

Der Einfluß der Temperatur auf die Anthocyanbildung ist nicht ganz eindeutig. Im allgemeinen fallen Beispiele dafür auf, daß tiefe Temperatur die Färbung fördert. Kulturpflanzen, die in der kälteren Jahreszeit angezogen werden, z. B. Salat, oder Pflanzen wie *Saxifraga cordifolia*, manche Efeurassen u. a., sind im Winter rot überlaufen, während sie im Sommer rein grün wachsen. Daß alpine Pflanzen im allgemeinen mehr Anthocyane enthalten als nahe verwandte Tieflandpflanzen, wird auf den tieferen Nachttemperaturen (und wahrscheinlich der intensiveren Bestrahlung) beruhen. Manche Blüten, die normalerweise rot oder blau gefärbt sind, erblühen bei höheren Temperaturen weiß, z. B. wird frühgetriebener Flieder bei $+30^0$ weiß und nicht lila, Blüten von *Primula sinensis* zeigen das gleiche Verhalten. Diese Regel kennt aber zahlreiche Ausnahmen. Eine genauere Untersuchung zeigt, daß wohl stets ein Optimum für die Anthocyanbildung besteht (MOLISCH und ROUSCHAL; FREY-WYSSLING und BLANK). Für Rotkohlkeimlinge liegt dieses Optimum zwischen 20 und 30^0 (s. Abb. 16). Für andere Keimlinge liegt es tiefer. Wieder andere Arten, z. B. rote Rübe, *Amarantus caudatus var. rubra*, färben sich oberhalb von $+30^0$ genau so intensiv wie bei normalen Temperaturen. Die auffallend

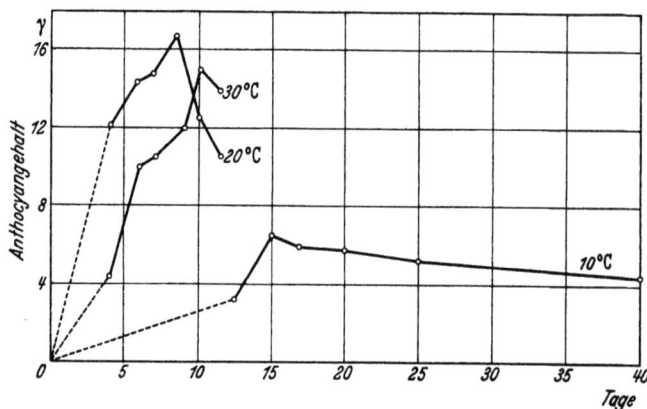

Abb. 16. Anthocyangehalt in Rotkohlkeimlingen bei verschiedenen Temperaturen. (Nach FREY-WYSSLING und BLANK.) Ordinate: Anthocyangehalt eines Keimlings. — Die Meßpunkte entsprechen der Reihe nach einer Keimlingsgröße von 20, 30, 40, 55, 65 und 80 mm.

fördernde Wirkung tiefer herbstlicher und winterlicher Temperatur dürfte kaum ein unmittelbarer Effekt sein, sondern der Zusammenhang ist wohl so zu suchen, daß bei tiefer Temperatur statt der Stärke mehr Zucker gespeichert wird und daß dadurch überhaupt erst die stoffliche Voraussetzung für die Anthocyanbildung geschaffen ist.

Die ganz kurzfristige, kräftige Anthocyanfärbung der Blüten von *Hibiscus mutabilis* ist ebenfalls stark temperaturabhängig. Die Blüten öffnen sich in der tropischen Heimat des Strauches um 4 Uhr morgens rein weiß. Im Laufe des Vormittags beginnen sie sich zu röten, am späten Nachmittag sind sie rot, sie fangen an, sich zu schließen, und am nächsten Morgen sind sie dunkelrot und verblüht. Erniedrigung der Temperatur auf 14—15° C hemmt den Farbumschlag sowohl bei Licht als auch in Dunkelheit. Die Blüten sind dann am nächsten Morgen noch weiß oder höchstens schwach rosa und offen. Bemerkenswert ist, daß auch hier als Vorläufer des Anthocyans ein Flavon schon vor dem Aufblühen in den Blütenblättern nachweisbar ist (KUIJPER). Die optimale Temperatur für die Farbstoffbildung liegt bei 32—35° C. Ähnlich liegen die Verhältnisse bei der Anthocyanbildung während der Anthese bei *Victoria regia* u. a. (FLOREN).

Recht interessante, wenn auch noch ganz undurchsichtige Zusammenhänge bestehen zwischen der Musterbildung und der Temperatur bzw. anderen Außenfaktoren (vgl. STÖRMER und v. WITSCH; HARDER; FLOREN; LÜKE). Bei gewissen Pflanzen, z. B. *Tagetes*, spielen Licht- und Temperatureinflüsse nur eine untergeordnete Rolle, sie wirken in erster Linie über eine Veränderung des Gesamtstoffwechsels, wobei Mangel an Assimilaten eine hellere Scheckung, Bodentrockenheit und Kurztag hingegen dunklere Muster hervorrufen. Bei bestimmten Blüten kann die Musterbildung überhaupt nicht durch Außenbedingungen beeinflußt werden, z. B. *Gloxinia*. Besonders variationsfähig ist die Musterung bei *Viola tricolor* und *Petunia*. Bei dieser ist in niederen Temperaturen (15⁰ C) die Musterung sehr hell, bei 35⁰ hingegen entstehen fast rein violette Blüten. Das Licht wirkt unerwarteterweise so, daß die Blüten ein um so helleres Muster zeigen, je intensiver sie beleuchtet wurden. Beim Wechsel der Umwelt bleibt die einmal ausgebildete Scheckung erhalten. Das Muster wird auf einer sehr frühen Entwicklungsstufe lange vor dem Aufblühen determiniert. Die Reize in späteren Entwicklungsstadien sind wirkungslos. Die sensible Periode liegt bei einer Knospenlänge von 1—2,5 mm. In diesem Zustand wird zwar die Determinierung vollzogen, aber Anthocyan wird erst viel später ausgebildet. Die Intensität der Färbung, im Gegensatz zum Grad der Musterung, d. h. der Größe der Farbflecken, wird durch die Umweltfaktoren beim Aufblühen bestimmt, und zwar wirken hier die Einflüsse nahezu umgekehrt wie bei der Musterbildung: niedere Temperaturen und hohe Lichtintensität bringen eine intensive Färbung hervor.

Allen diesen Angaben und Beobachtungen sind zwar schon manche Hinweise auf den Gang der Synthese von Flavanderivaten, speziell von Anthocyanen, in der Pflanze zu entnehmen, aber ein tieferer Einblick in die vielgliedrige Kette, die zwischen Kohlenhydraten als primärem Rohstoff und den fertigen ausdifferenzierten Glykosiden ausgespannt sein muß, ist damit noch nicht gewonnen. Vor allem zwei bisher noch ungelöste Fragen sind für die Aufhellung der Genese dieser Stoffe von großer Wichtigkeit. 1. Wie baut die Pflanze dieses eigenartige Grundgerüst auf? 2. Welche Faktoren entscheiden, ob am Ende Flavone, Anthocyane, Leukoanthocyane oder Katechine entstehen und liegenbleiben? Daß und wieweit das Zusammenspielen aller beteiligten Vorgänge von Erbfaktoren, also von Genen beherrscht wird, soll später noch erörtert werden. Hier handelt es sich zunächst darum, die verschiedenen enzymatisch oder spontan durchlaufenen Zwischenstufen bzw. intermediären Verbindungen zu erkennen. Es ist im höchsten Grade wahrscheinlich, daß das komplexe Molekülgerüst, das allen diesen Körpern eigen ist, nicht für jede Gruppe auf getrenntem Wege oder aus verschiedenem Rohmaterial erzeugt wird, sondern es liegt näher anzunehmen, daß die Pflanzen mit gleichen oder ähnlichen Bausteinen durch einen allgemeinen Reaktionsmechanismus zu dem charakteristischen Skelet kommen und daß erst relativ spät, vielleicht abschließend, die feinere Ausgestaltung einerseits zu einer der verschiedenen Gruppen, andererseits mit den spezifischen Substituenten erfolgt. Freilich bleibt auch die Möglichkeit zu bedenken, daß gewisse Feinheiten der fertigen Produkte schon durch die Variabilität des Rohmaterials mit eingebracht werden.

Sowohl die genaue Analyse des Lichteffektes auf die Anthocyanbildung (KUILMAN; KARSTENS) als auch das Studium der erblichen Gebundenheit, von der unten noch etwas eingehender berichtet werden soll, haben ergeben, daß die Synthese der Anthocyane und Flavone aus zwei wesentlich verschiedenen Anteilen erfolgt, von denen der eine nur in begrenzter Menge vorhanden ist, aber in alle vorkommenden Pigmente als Strukturelement eingeht, während der andere Teil nach Art und Menge durch spezielle Umstände bestimmt wird. Die erste Komponente dürfte dem Kern A im Flavangerüst (s. S. 176) entsprechen und könnte vielleicht Phloroglucin oder ein ähnliches, leicht umwandlungsfähiges Intermediärprodukt sein, während die zweite Komponente zu dem C_6-C_3-Körper Beziehung haben müßte (ROBINSON 1939, vgl. S. 197). Daß die Kondensation von zwei gleichwertigen Benzolkernen und einer C_3-Kette ausgeht (ROBINSON 1936), liegt wohl weniger nahe. Für die Beteiligung eines C_6-C_3-Bruchstückes kann ins Feld geführt werden, daß die Substituenten am Ring B der Flavanderivate bevorzugt in der gleichen Orientierung vorkommen wie im Coniferylalkohol, in der Kaffeesäure und anderen häufigen Phenyl-Propylabkömmlingen in den Pflanzen. Eine prinzipiell andere Möglichkeit der Synthese des Flavangerüstes, nämlich aus den Resten der desaminierten und decarboxylierten Aminosäuren, faßt FREY-WYSSLING (1938) ins Auge. Für diese Hypothese sind jedoch weder triftige Argumente aus der Naturbeobachtung noch viel weniger experimentelle Stützen beigebracht worden. Ein direkter Nachweis der an der Flavansynthese beteiligten spezifischen Bausteine ist überhaupt noch nicht erbracht worden. Phloroglucin soll als einziges unter den Polyphenolen die Anthocyanbildung bei *Tradescantia* über die Zuckerwirkung hinaus steigern (vgl. CZAPEK, Bd. I). Nach Applikation von Tanninen wurde in Tomatenblättern Anthocyanbildung beobachtet (RESÜHR). In anderen Pflanzen beschleunigt Tanningabe die Rötung bei Zuckergabe (KATIC).

Bei der zweiten Frage, nämlich nach den Umständen, die bestimmen, welcher Typ der Flavanabkömmlinge am Ende in einem Organ liegen bleibt, könnte man in erster Linie an die spezielle Ausstattung der betreffenden Organe oder Pflanzenarten mit Enzymen denken. Dafür spricht die zum Teil subtile Verankerung der Synthese dieser Verbindungen an Genen. Oder aber man kann vermuten, daß ein bestimmter Zustand des Reaktionsmilieus, etwa das Reduktionspotential, entscheidet, welchen Typ der Flavanderivate die Zelle speichert. Diese Vorstellung würde gestützt durch die oft beobachtete, leichte Umwandlung des einen Typs in einen anderen bei fortschreitender Entwicklung des gleichen Organs, z. B. beim herbstlichen Vergilben oder bei der Blütenentfaltung. Am wahrscheinlichsten ist, daß beide Faktoren, jeder an seinem Platz, eine ausschlaggebende Rolle spielen können.

Daß Anthocyane und Flavone und wahrscheinlich auch die übrigen Flavanderivate von einem gemeinsamen, zunächst ohne Rücksicht auf den speziellen Endzustand zusammengefügten Intermediärkörper abgezweigt werden, wird seit langem als der normale Weg der phytochemischen Synthese angenommen. Ein Streit wurde darum ausgetragen, ob der letzte Schritt vor der Ausbildung der Anthocyane eine Oxydation oder eine Reduktion sei, ob also Katechine bzw. andere reduzierte Stufen oder ob Flavone die unmittelbaren Vorläufer seien. Wenn zwei Vorstellungen von einem biologischen Vorgang mit ungefähr gleich tragfähigen Argumenten gestützt werden können, kommt man dem Sachverhalt meistens am nächsten, wenn man die Entscheidung nicht in einem Entweder-Oder sucht, sondern wenn man beide Möglichkeiten unter physiologischen Bedingungen als realisierbar ansieht. So scheint es auch hier zu sein. Es wurde oben erwähnt, daß die verschiedenen Typen des Grundskeletes in vitro wechselseitig ineinander übergeführt werden können und daß einzelne solche Umwandlungen auch in vivo wahrscheinlich sind (s. auch S. 178).

Die Auffassung, daß der Aufbau des Molekülgerüstes zunächst bis zu einem gewissen Punkt für alle Abkömmlinge gemeinsam verläuft und daß der Weg sich dann gabelt (ROBINSON 1939), würde allerdings bedeuten, daß der Zugang zu jedem definitiven Endprodukt stets von einer ganz bestimmten Redoxstufe aus erfolgen müßte. Die an den Pflanzen beobachteten Verhältnisse sprechen für ein anderes System. Wenn wir uns vor Augen halten, daß das für den Redoxzustand der Flavanderivate mit entscheidende C-Atom in der 4-Stellung ein Carbonyl wird, wenn die Kondensation von einer aromatischen Säure ausgeht, und eine Methylengruppe, wenn der C_9-Körper ein Alkohol ist, so kommen wir zu folgendem Schema, das den Sachverhalt in den Pflanzen besser zu treffen scheint als das Bild von einem gegabelten Weg.

Zuordnung der wichtigsten Typen der Flavanderivate zu den möglichen Aufbauwegen.

Wenn die Kondensation von einer Aldehydgruppe am Ende der C_3-Kette ausginge, was chemisch ja am ehesten vermutet werden sollte, so entstände aus dem Hydrat des Aldehyds eine Konfiguration, wie sie für die Leukoanthocyane wahrscheinlich gemacht wurde (ROBINSON und ROBINSON 1935). Der Oxydationsgrad wäre den Anthocyanidinen gleich, in die sie durch Wasserabspaltung übergingen. Somit könnte also schon durch die Bausteine bestimmt werden, welche Form entstehen muß, von der aus dann sekundäre Umwandlungen ihren Ausgang nehmen könnten. Auch diese Frage ließe sich leichter verfolgen, wenn die Elemente bekannt wären, aus denen die Pflanze das Grundgerüst zusammensetzt.

Daß in lebenden Pflanzen Flavone bzw. Flavonole tatsächlich in Anthocyane umgesetzt werden, wurde mehrfach nachgewiesen. In den Knospen von *Petunia* reichert sich zunächst ein Flavonol an, das später vor der Blütenentfaltung durch Umwandlung in den blauen Farbstoff wieder verschwindet (STÖRMER und v. WITSCH). In manchen Fällen der herbstlichen Blattrötung sind vorher Flavone nachweisbar. In den Laubblättern von *Paeonia* läßt sich durch Reduktion im anaeroben Autolysat eine farblose oder höchstens schwach gelblich gefärbte Substanz zur farbbildenden Base reduzieren. In der lebenden Pflanze wird jedoch die Anwesenheit von Sauerstoff als unerläßlich für die Anthocyanbildung bezeichnet. Ebensooft wie die Reduktion aus Flavonen wurde wahrscheinlich gemacht oder sichergestellt, daß der letzte Schritt vor Ausbildung der Anthocyane eine Oxydation sein muß. Ob hierbei die Leukoanthocyane eine Rolle spielen, ist heute noch nicht zu sagen. Histochemisch wurde des öfteren eine konforme Verteilung von Oxydasen und Anthocyan aufgezeigt, z. B. in Blütenblättern von *Dianthus barbatus*. In weißen Primelblättern fehlen die Peroxydasen (KEEBLE und ARMSTRONG; SCOTT-MONCRIEFF). In dominant weißen Formen ist die Oxydase gehemmt. Recht eindrucksvoll sind Kreuzungen zwischen zwei weißblütigen Rassen von *Pisum* bzw. Levkoje, wobei die Bastarde rote Blüten bilden. Die farblosen Blüten der Eltern sind verschieden bedingt. Bei dem einen fehlt die Vorstufe, die durch die vorhandenen Oxydasen zum Anthocyan umgesetzt werden könnte, und bei dem anderen Elter, der zwar über das Chromogen verfügt, fehlen dagegen die Oxydasen. In den Bastarden sind dann erst die beiden entscheidenden Voraussetzungen für die Ausfärbung vereint. Bei *Antirrhinum* ergab die Kreuzung von weißblütigen mit gelbblütigen Rassen rotblütige Bastarde. Auch hier sind zwei getrennte Bedingungen erst im Bastard vereint, wenn es sich hier auch um die Reduktion eines Flavons, also um den Zugang von der anderen Seite handeln dürfte (WHELDALE). Spektroskopisch wurde jüngst gezeigt, daß im Knospenzustand in den Blütenblättern der asiatischen Baumwolle eine Leukosubstanz vorhanden ist, die durch einen einzigen erblich kontrollierten Schritt entweder in das gelbe Quercetin oder in das rote Cyanidin übergeführt werden kann (STEPHENS). An diesem Objekt ließ sich gleichzeitig wahrscheinlich machen, daß im Gegensatz zu früheren Vorstellungen die Pigmente nicht als Glykoside im ganzen aufgebaut werden, sondern daß die Aglykone wenigstens vorübergehend frei existieren, und daß die verschiedenen Möglichkeiten der Zuckeranheftung unter unabhängiger erblicher Kontrolle stehen.

Das sehr häufige gemeinsame Vorkommen von Anthocyanen mit Flavonen sowie Katechinen (vgl. HAYASHI 1939; LAWRENCE und SCOTT-MONCRIEFF) läßt mannigfache Kombinationen der Systeme für die Rohstofflieferung und für die endgültige Ausformung der gespeicherten Produkte vermuten. An manchen Orten besteht jedoch auch eine Ausschließlichkeit. In den Rinden findet man zumeist keine Anthocyane, sondern Katechine und Flavone, von denen, entsprechend dem Cyanidin unter den Anthocyanidinen, das analog gebaute Quercetin, mit Rhamnose zum Quercitrin glykosidiert, bei weitem vorherrscht (s. S. 183).

Über den Abbau von Flavankörpern in Pflanzen wissen wir praktisch noch gar nichts. Die Anthocyane verschwinden zwar mit dem Älterwerden der jugendroten Blätter; im Frühjahr geht die Winterrötung wieder zurück und manche Blüten bleichen mit dem Alter aus, aber es ist noch nirgends nachgewiesen worden, daß das kombinierte Ringsystem des Molekülgerüstes von der höheren Pflanze wieder zerlegt werden kann. Eine Abspaltung des Zuckers aus den Glykosiden ist möglich. In den roten Blättern von *Polygonum compactum* findet sich ein Enzym, das Anthocyane glykosidatisch spaltet. Emulsin kann diese Hydrolyse nicht vollziehen, hingegen lassen sich eine ganze Reihe von Anthocyanen durch Tannase aus *Aspergillus* in Zucker und Aglykon zerlegen (NOACK 1918, 1922). Diese Glykosidspaltung scheint der Anfang zum Ab- oder Umbau zu sein. Beim Schwund von Anthocyan aus Rotkohlkeimlingen unter extremen Hungerbedingungen (s. Abb. 16) bleibt die Umwandlung auf einer farblosen Stufe stehen, die sogar noch ein Glykosid zu sein scheint.

7. Die Verankerung der Flavanderivate an Genen.

Der Nachweis der genabhängigen Bildung von Anthocyanen und anderen Flavanderivaten war der erste Vorstoß in das fruchtbare Gebiet der „chemischen Genetik", bei der Genetik und Biochemie zur Klärung komplizierter biochemischer Kettenprozesse zusammenarbeiten (SCOTT-MONCRIEFF). Die weitere Verfolgung der erblichen Bindung der Blütenfarben hat sich jedoch weniger auf die chemische Synthese in der Pflanze als vielmehr auf die sonstigen, für die Farbtönung wesentlichen Faktoren (s. S. 186) erstreckt, so daß die heute vorliegenden Untersuchungen noch keinen tieferen Einblick in die Wege gewähren, auf denen die Pflanze vom Rohmaterial zu den fertigen Formen der Pigmente und anderen Verbindungen dieser Art fortschreitet. Im allgemeinen ist mehr die letzte feinere Modellierung der chemischen Körper bei diesen erblich kontrollierten Synthesen herausgearbeitet worden.

Die besondere Nuancierung der Blütenfarbe ist stets polygen bedingt, aber es hat sich die wichtige Tatsache eindeutig ergeben, daß einzelne Genpaare ganz bestimmte biochemische Prozesse monofaktoriell beherrschen. Bisher sind bei verschiedenen Objekten Gene festgestellt worden, von denen eine Pigmentbildung ganz allgemein abhängt, dann solche, welche die Modifizierung des Anthocyantyps bestimmen, und schließlich solche, welche die Acidität des Zellsaftes festlegen. Die Anwesenheit bzw. Dominanz der ersten Art ist stets die Voraussetzung dafür, daß die zweite überhaupt sich auswirken kann. Im allgemeinen dominiert der Erbfaktor für die Bildung eines Pigmentes über den, der das Ausbleiben der Färbung verursachen würde, aber in einigen Fällen hat sich auch Albinismus als dominant erwiesen. Zwei gleichzeitig anwesende Gene, die je einen bestimmten Farbstofftyp erzeugen (z. B. ein Anthocyan und ein Flavon), beeinträchtigen einander in der Menge des produzierten Stoffes. Auch das legt den Schluß auf eine begrenzte Menge des zugänglichen Rohmaterials nahe, das bei Anwesenheit beider Gene zwischen ihnen verteilt werden muß, während es bei nur einem farbstoffbildenden Gen diesem allein zugute kommt. Die Gene, die die spezielle Ausformung in bezug auf Substituierung und Glykosidierung bedingen, sind stets dominant über die „allgemeinen Gene", die für den Aufbau eines Pigmentes überhaupt verantwortlich sind. Von den Genen, welche die Modifizierung der Anthocyane bestimmen, sind mit wenigen Ausnahmen diejenigen dominant, die eine stärkere Beladung des Ringes B mit Hydroxylen oder eine weitergehende Methoxylierung bewirken. Im Phänotypus macht sich das so bemerkbar, daß die kräftigen Farben und die mehr bläulichen Töne über die fahleren, rotstichigen dominieren. Ein einzelnes Gen ist manchmal nur für die Anwesenheit einer Hydroxylgruppe, manchmal für eine ganze Methoxylgruppe verantwortlich, manchmal hängen von einem Gen sogar zwei Hydroxyle ab, z. B. in der 3'- und 5'-Stellung. Über den Chemismus, der zwischen Gen und der speziellen Ausformung der Anthocyane liegt, ist noch nichts bekannt. Die Frage nach der erblichen Fixierung bestimmter Glykosidformen ist noch weniger geklärt als die Substituierung der Benzolkerne. Manchmal dominiert das 3,5-Dimonosid über das 3-Biosid sowie über das 5-Monosid (vgl. LAWRENCE und Mitarbeiter), so daß auch hierbei die häufig bestätigte Regel zu gelten scheint, daß die Erbanlage für den komplizierteren chemischen Prozeß über diejenige für den einfacheren dominiert. Obwohl die spezielle Form der Pigmente so eng an Gene gekettet sein kann, so setzen in vielen Fällen doch innere und äußere Umweltbedingungen (herbstliche Vergilbung, Temperatur, Belichtung) der erblichen Fixierung der Farbstoffausbildung Grenzen, und darin dürfte sich in erster Linie das Verhalten der Anthocyane in den Blütenblättern und Brakteen von dem in den vegetativen Organen unterscheiden, daß dort solche Außenfaktoren weniger Einfluß nehmen können als hier.

Im Hinblick auf die oben angeschnittene Frage nach dem letzten Schritt vor der Fertigstellung der verschiedenen Flavanderivate sind noch folgende Beobachtungen wichtig: Bei *Petunia* ist ein einziges Genpaar dafür verantwortlich, daß Flavonole in Anthocyane umgewandelt werden. Die gleiche genetische Voraussetzung scheint bei den oben genannten rotblütigen Hybriden von *Antirrhinum* aus gelben und weißen Eltern vorzuliegen. Bei *Primula acaulis* hingegen sind zwei voneinander unabhängige Genpaare für die Anthocyan- bzw. Flavonsynthese vorhanden. Hier findet keine Überführung des einen Typs in den anderen statt, die Farbstoffe entstehen unabhängig voneinander. In Baumwollblüten bestimmt ein einziges Genpaar, ob der gemeinsame ungefärbte Vorläufer in Quercetin oder Cyanidin umgesetzt wird. Auch in gewissen Maisrassen gibt es ein dominantes Gen, das die Anthocyanstruktur hervorbringt, während dessen recessives Allel homozygot das Flavonolhomologe erzeugt. Auf dem Hintergrund aller dieser Umsetzungen verliert die Kontroverse, ob die beiden Arten von Pigmenten (gelbe und blaue bzw. rote) stets nacheinander oder nebeneinander gebildet werden, ihre Bedeutung: sowohl das eine als auch das andere kommt unter natürlichen Bedingungen vor!

Unter Einsatz der Genetik ist auch ein erster Anlauf versucht worden, frühere Zwischenprodukte des Anthocyanaufbaues als die unmittelbaren Vorstufen der letzten feinen Ausdifferenzierungen zu erfassen. Abgeschnittene Wurzeln gewisser Maisrassen bilden auf Mineralsalzlösungen mit Glucose reichlich Anthocyan, zu dessen Synthese bestimmte Gene vorhanden sein müssen (STADLER). Auch hier wird bei einer gewissen Genkombination an Stelle des Anthocyans ein Flavon hervorgebracht. Die nämlichen Gene sind auch in der intakten Pflanze für die Pigmentbildung in vegetativen Teilen verantwortlich. Abgeschnittene Blätter auf Glucoselösung färben sich ebenfalls durch Anthocyan rot. Bei einem näher umschreibbaren Genbestand ist die Pigmentmenge direkt proportional der gebotenen Zuckerkonzentration, wobei die Blätter sich noch für 0,001 m Glucose als empfindlich erwiesen haben. Auch dies ist eine bedeutsame Stütze dafür, daß tatsächlich Glucose das Rohmaterial für den Aufbau der Flavanderivate abgibt. Andere umsatzfähige Kohlenhydrate können in diesen Experimenten die Glucose ersetzen, z. B. Fructose, Sorbit und Glycerinsäure, manchmal allerdings mit einer geringeren Ausbeute. Interessanterweise gibt es eine Genkombination, die zwar in normal gewachsenen vegetativen Organen zur Anthocyanbildung ausreicht, aber in abgeschnittenen Blättern trotz Zuckergabe versagt. Eine Aufklärung dieser Erscheinung steht noch aus. Die Mithilfe der Genetik bietet, unter den modernen Gesichtspunkten eingesetzt (s. S. 244), die besten Aussichten, sich dem alten, oft bearbeiteten, aber seiner Lösung noch kaum näher gebrachten Problem der phytochemischen Synthese von Anthocyanen und anderen Flavanabkömmlingen erfolgreich zu nähern.

8. Die Bedeutung der Anthocyane und Flavone für die Pflanze.

Die mögliche Funktion der Katechine ist oben im Zusammenhang mit den übrigen Gerbstoffen erörtert worden (s. S. 156). Soweit es sich um die Bedeutung von Anthocyanen und gefärbten Flavonen in den Schauorganen der Blüten handelt, genügt ein allgemeiner Hinweis auf die Blütenbiologie mit ihren wundervollen Beziehungen, auf die hier natürlich nicht eingegangen werden kann. In den Blüten und in den lebhaft gefärbten Früchten wetteifern die Flavanderivate mit Carotinoidpigmenten im Dienste an der Fortpflanzung und Verbreitung der entomo- und ornithophilen Samenpflanzen.

Man hat gelegentlich einen wesentlichen Unterschied zwischen der Anthocyanbildung in Blüten und in vegetativen Organen herausstellen wollen. Dafür lassen sich aber kaum stichhaltige Argumente beibringen. In den Blüten haben sich natürlich solche Kombinationen von Bedingungen durch Selektion erhalten, die mit Sicherheit eine Färbung und weiterhin eine intensive, besonders leuchtende oder sonstwie zwecksprechende Nuance hervorbringen, während in den vegetativen Teilen im allgemeinen dem Spiel der Umweltfaktoren mehr Raum gelassen ist.

Auffallend häufig sind Gerbstoffe, Flavone und Anthocyane in der Epidermis der Laubblätter lokalisiert. Man hat daran schon sehr früh die Theorie eines Strahlenschutzes für den Chloroplastenapparat geknüpft. Alle, auch die nicht gefärbten Flavanderivate absorbieren vornehmlich das schädliche Gebiet des Ultravioletts (2500—2800 Å), was sich bei jungen Organen besonders bemerkbar machen muß, bei denen die sonst ebenfalls kräftig absorbierenden Cellulosewände und die Cuticula noch nicht so stark ausgebildet sind. Den Wachsen auf der Oberfläche der Blätter kommt eine geringere Bedeutung für die Strahlenabsorption zu, wenn sie nicht so dick wie in einigen seltenen Fällen, z. B. bei *Copernicia*, aufgetragen sind (WUHRMANN-MEYER). Da die Ausbildung eines solchen Lichtschirmes in Form der Anthocyane in jungen Blättern dann am kräftigsten ist, wenn die Chloroplasten noch kaum ergrünt und deshalb noch nicht voll funktionstüchtig sind, während er dann, wenn der Chlorophyllgehalt steigt, schon wieder verschwindet, glaubte man, diese Lichtschutztheorie völlig beiseite stellen zu dürfen (STAHL 1896; NOACK). Allerdings könnte ja der Assimilationsapparat gerade während seiner Entfaltung eines besonderen Schutzes bedürfen, so daß die so häufige besonders in der Lichtfülle der Tropen und der Alpen vorherrschende Jugendrötung der Blätter doch von Vorteil sein kann.

Die Ansammlung von Anthocyan in den Epidermiszellen wirft natürlich die Frage nach dem Einfluß eines solchen Lichtschirmes auf die Assimilationsintensität auf. Für die Rötung junger Blätter ist sie bedeutungslos, weil mit zunehmender Funktionstüchtigkeit der Chloroplasten das Anthocyan aus der Epidermis verschwindet. Der Einfluß auf die Assimilationsleistung der Blutvarietäten wird widerstreitend beurteilt. Im allgemeinen enthalten die roten Rassen weniger Chlorophyll je Blatteinheit als die rein grünen. Ausnahmen davon bestehen (KUILMAN). Auf den Chlorophyllgehalt bezogen assimilieren die roten Blätter nicht weniger als die rein grünen. Manchmal ist sogar eine scheinbare Überlegenheit der anthocyanhaltigen beobachtet worden. Jedoch ist bei der Bewertung solcher Aussagen die größte Zurückhaltung geboten, denn die im Versuch angewendete Lichtintensität kann den Erfolg entscheidend beeinflussen. Im vollen

Sonnenlicht dürfte kein Unterschied in der Assimilationsleistung grüner und roter Blätter bestehen, falls die inneren Faktoren gleichwertig sind. Bei suboptimaler Belichtung liegt die Assimilationsintensität roter Blätter jedoch beträchtlich unter derjenigen von grünen Haselnußblättern. Bei spektral zerlegtem Licht macht sich die Assimilationsherabsetzung besonders im grüngelben Bereich bemerkbar (GABRIELSEN).

Den Flavonen und Anthocyanen hat man gelegentlich auch eine Rolle bei der Sauerstoff- bzw. Wasserstoffübertragung in der lebenden Zelle zugeschrieben. Neben den oben genannten Polyphenolasepflanzen (s. S. 162) stehen nämlich solche, die an Stelle dieses Enzyms ein anderes Oxydationssystem, die Peroxydasen, besitzen. In Fruchtsäften oder Gewebebreien mit Peroxydase können Flavone als Vermittler bei der Übertragung des Sauerstoffes aus den Peroxyden auf den Wasserstoff der reduzierten Ascorbinsäure dienen. Sowohl die glykosidierten Flavone als auch die freien Aglykone sind dafür geeignet, wenn sie zwei benachbarte Hydroxylgruppen am Benzolring tragen. Das entsprechende Phenol, also ohne das Flavangerüst, hat demgegenüber nur minimale Wirksamkeit (HUSZAK). Das Hin- und Herpendeln zwischen zwei Zuständen mit verschiedenem Redoxpotential spielt sich aber nicht am Heterocyclus ab, sondern entspricht dem reversiblen Übergang des Phenols in ein Chinon. Ob die Flavone auch im intakten Gewebe bei der normalen Sauerstoffübertragung beteiligt sind, ist noch nicht erwiesen.

Die Tatsache, daß vom gleichen Grundgerüst verschiedene Abwandlungen in der Pflanze häufig nebeneinander vorliegen, die sich im wesentlichen durch die Oxydationsstufe des Heterocyclus unterscheiden, hat immer wieder die Vermutung aufkommen lassen, daß sich die Körper paarweise wie reversible Redoxsysteme verhalten und als solche im Stoffumsatz der Zellen einen wesentlichen Platz einnehmen. Daß solche reversiblen oxydativen Veränderungen der Flavanderivate durch Zellinhaltsstoffe gar nicht am Heterocyclus, sondern an den phenolischen Hydroxylen angreifen, wurde soeben erwähnt. Aber die Hydrierung von Flavonen zu Anthocyanen scheint in gewissen Zellen und Organen nach den oben angeführten Beobachtungen doch auch relativ leicht möglich zu sein. Ob sie unter den Bedingungen der lebenden Zelle reversibel ist, bleibt allerdings noch zu entscheiden. Vor allem wäre es wichtig, die Redoxpotentiale dieser Systeme zu kennen, um sie mit den in der lebenden Zelle herrschenden in Beziehung zu setzen. Vor längerer Zeit hat NOACK dem System Flavonol $\rightleftharpoons$ Anthocyan bei der Photosynthese eine ähnliche Rolle der Wasserstoffübertragung zugedacht, wie den Polyphenolen und ihren oxydierten Stufen bei der Übertragung des Atmungssauerstoffes zukommt (s. S. 163). Bei normaler Assimilation würde das Gleichgewicht ganz nach der Seite der farblosen Flavonole und bei gehemmter Photosynthese würde es nach den Anthocyanen verschoben sein. Das Auftreten von Pigmenten wäre also „der Ausdruck physiologischer Störungen". Für Blütenblätter solle dieser Modus der Entstehung von Anthocyan allerdings nicht zutreffen. Der Nachweis, daß Flavanderivate verschiedener Oxydationsstufen unter normalen Bedingungen in den Pflanzen wirklich eine derartige Funktion ausüben, ist jedoch noch nicht erbracht. Manches spricht stark gegen eine solche Möglichkeit.

Bei verschiedenen der genannten und anderen gar nicht erörterten Vorstellungen über die physiologische Bedeutung der Anthocyane und ihrer Verwandten kann man sich des Eindrucks nicht erwehren, daß sie nicht so sehr durch experimentell gesicherte Einsicht getragen, sondern vielmehr aus dem Wunsche geboren sind, diesen auffallenden Stoffwechselprodukten gewissermaßen eine Existenzberechtigung zuzuschreiben, wozu dann eine oder einige ihrer chemischen und physikalischen Eigenschaften willkommene Ansatzpunkte bieten.

VII. Die stickstoffhaltigen sekundären Pflanzenstoffe.
(Die Verwandten der Aminosäuren.)

A. Allgemeiner Überblick.

Es ist durchaus möglich, daß einzelne Vertreter dieser durch die Anwesenheit von Stickstoff im Molekül herausgehobenen Klasse von Verbindungen mit anderen stickstofflosen, in andere Klassen eingereihten Stoffen näher verwandt sind als mit denjenigen, denen sie hier zugeordnet werden. Das muß aber unentschieden bleiben, solange ihre Herkunft noch im Dunkeln liegt. Wir kennen erst wenige chemisch definierte Übergänge von N-freien zu N-haltigen Pflanzenstoffen, z. B. von Brenztraubensäure zu Alanin oder von α-Ketoglutarsäure aus dem Tricarbonsäurekreislauf zu Glutaminsäure. Die Kohlenstoffgerüste aller anderen Aminosäuren und ihrer näheren und ferneren Verwandten, die hier zu besprechen sind, müssen jedoch auch aus dem Kohlenhydratumsatz entnommen werden, denn wir haben keinen Grund, mit einer unmittelbaren Vereinigung von CO_2 und anorganischen Salzen zu organischen N-Verbindungen zu rechnen.

Sicher handelt es sich um keine prinzipiell anders gearteten Vorgänge als um die an der Genese der übrigen sekundären Stoffe beteiligten, die auch zur Bildung und Ansammlung der N-haltigen führen. Wo, wie und warum das besondere, nämlich der Einbau des Stickstoffs hinzutritt, können wir zunächst nicht erklären. Grundsätzlich sind solche Verbindungen bei zwei wesentlich verschiedenen Gelegenheiten zu erwarten: entweder bei der *Synthese* der Aminosäuren als Seitenwege bzw. Nebenprodukte oder beim *Ab- und Umbau* von Eiweißen als Abfall- bzw. Endprodukte, die für die betreffende Pflanze im allgemeinen nicht weiter verwertbar sind. Beide Möglichkeiten sind immer wieder diskutiert und auch experimentell angegangen worden, aber keine konnte bisher als die einzig zutreffende nachgewiesen werden. Erst in allerjüngster Zeit sind Unterlagen dafür geliefert worden, daß Alkaloide von beiden entgegengesetzten Seiten her erzeugt werden können (s. S. 236).

Im Gegensatz zu den meisten anderen sekundären Stoffen tritt bei den N-haltigen die bevorzugte Bildung im Zusammenhang mit Wachstumsvorgängen nicht so hervor. Das mag allerdings manchmal dadurch verschleiert sein, daß diese Verbindungen nicht dort, wo sie entstehen, auch abgelagert werden (s. S. 213).

In erster Linie stehen natürlich die Alkaloide als Vertreter dieser Klasse der Pflanzenstoffe vor Augen, die die größte praktische Bedeutung gewonnen haben und gleichzeitig oder vielleicht gerade deshalb auch pflanzenphysiologisch näher erforscht sind. Da sie sich meist sehr offensichtlich an bestimmte Aminosäuren anschließen, tappt man bei der Suche nach Anschluß an primäre Verbindungen nicht ganz im Unsicheren, wenn eine genauere Vorstellung auch immer noch dadurch beengt ist, daß wir über die phytochemische Synthese der Aminosäuren selbst — mit Ausnahme der einfachsten — nur unzureichend unterrichtet sind. Neben die Alkaloide, unter denen wir chemisch diejenigen basischen pflanzlichen Stoffe verstehen, die den Stickstoff in einem Heterocyclus eingeschlossen enthalten, treten als größere Gruppe die „biogenen Amine", bei denen der Anschluß an bestimmte Aminosäuren ebenfalls auf der Hand liegt. Beide Reihen sind sowohl chemisch als auch biologisch eng verbunden. Weniger reichhaltige, aber über das ganze Pflanzenreich verteilte Gruppen eigenartiger chemischer Verbindungen sind die Senföle, die damit verbundenen Lauchöle und die Blausäureglykoside. Schließlich sind noch einige einzelstehende Substanzen verschiedener Konstitution und Erscheinungsform anzugliedern. Am Beispiel der Tryptophanverwandten soll gezeigt werden, daß Körper der verschiedensten physiologischen Funktion und technischen Verwertbarkeit genetisch gleichen Ursprungs sein können und deshalb in einem natürlichen System der Pflanzenstoffe nebeneinander gestellt werden müssen.

B. Die biogenen Amine und die Betaine.

1. Allgemeines.

Zahl und Art der pflanzlichen Amine sind bestimmt durch die natürlich vorkommenden Aminosäuren; denn nur solche Amine sind im Pflanzenreich gefunden worden, die strukturell mit den genuinen Aminosäuren unmittelbar verwandt sind, während die chemisch so einfach gebauten Körper wie Anilin oder Toluidin nicht biogen auftauchen.

Die bis jetzt in pflanzlichen Organismen, dabei vor allem in Bakterien und niederen und höheren Pilzen nachgewiesenen Amine mit den zugehörigen Aminosäuren sind folgende (WINTERSTEIN 1933).

Methylamin	Glykokoll	Phenyläthylamin	Phenylalanin
Dimethylamin	} aus Cholin?	Tyramin	Tyrosin
Trimethylamin		Tryptamin	Tryptophan
sek. Butylamin		Histamin	Histidin
Isobutylamin	Valin	Agmatin	Arginin
Isoamylamin	Leucin	Methylguanidin	Guanidin
Äthylendiamin		Putrescin	Ornithin
Colamin (in Kephalin)	Serin	Cadaverin	Lysin

Sehr auffallend ist das Fehlen von Äthylamin, das nach Decarboxylierung des universellen Alanins entstehen müßte.

Durchsichtig ist die Aminbildung bei der Tätigkeit der „Fäulnisbakterien". Sie bauen Aminosäuren auf zwei prinzipiell verschiedenen Wegen ab, und zwar einmal so, daß ein N-haltiges Endprodukt, und das andere Mal so, daß nach Abspaltung der Aminogruppe als Ammoniak ein N-freies Kohlenstoffgerüst übrigbleibt. Nach Decarboxylierung der α-Aminosäuren entsteht ein entsprechendes, um ein C-Atom ärmeres Amin nach folgendem allgemeinen Schema.

$$R-CH(NH_2)-COOH \rightarrow R-CH_2-NH_2 + CO_2.$$

Diese Umsetzung wird durch verschiedene, meist auf eine Aminosäure spezifisch eingestellte Aminosäure-Decarboxylasen katalysiert, die einerseits aus Bakterien und andererseits aus tierischen Geweben genauer bekannt geworden sind (LAINE und VIRTANEN; HOLTZ). Bei der bakteriellen Zersetzung von eiweißreichen Samen, z. B. von Soja, treten immer mehrere

Amine auf. Auch Pilze müssen über entsprechende Enzyme verfügen, denn das Mutterkorn ist eine Fundgrube für Amine, z. B. Tyramin, Putrescin, Agmatin, Cadaverin sind nachgewiesen.

Die Abspaltung der Carboxylgruppe aus Aminosäuren findet manchmal auch bei gleichzeitiger Reduktion unter Bildung von Ameisensäure an Stelle von Kohlendioxyd statt. Ameisensäure ist bei vielen Fäulnisprozessen tatsächlich nachweisbar, und die Entstehung dieser einfachsten Fettsäure, über deren Herkunft oben nichts gesagt werden konnte, dürfte vielleicht auch in den höheren Pflanzen mit der Umwandlung von Aminosäuren zusammenhängen.

Der zweite Weg der bakteriellen Aminosäurezerlegung führt über eine reduktive Desaminierung zu Ammoniak und einer gesättigten Fettsäure. Wenn beide Mechanismen im gleichen Organismus miteinander vereinigt sind, was z. B. in vielen „Schlammbakterien" der Fall ist, so entstehen aus Aminosäuren Kohlenwasserstoffe, z. B. Methan aus Glykokoll, nach folgender Gleichung:

$$CH_2(NH_2)-COOH + H_2 \rightarrow CH_4 + NH_3 + CO_2.$$

In Hefe, in vielen anderen Pilzen und in höheren Pflanzen läuft der übliche Abbau der Aminosäuren über eine *oxydative* Desaminierung, den gegenläufigen Prozeß zur reduzierenden Aminierung von α-Ketosäuren, und ergibt dementsprechend Ammoniak und Ketosäuren, die meist sofort zu Aldehyden decarboxyliert werden. Diese zu den entsprechenden Alkoholen reduzierten Aldehyde sind die Quelle für die Fuselöle bei der Vergärung eiweißhaltiger Pflanzensäfte. In frischer Hefe ist nur Putrescin aufgefunden worden.

Die synthetische Entstehung von Aminen, etwa von Aldehyden und Ammoniak ausgehend, die für höhere Pflanzen nicht ganz abwegig erscheint, ist jedoch noch nicht nachgewiesen worden, so daß wir auch bei diesen die Bildung der Amine zunächst dem Eiweißabbau zuschreiben müssen.

Amine sind, wie der Duft mancher Blüten deutlich anzeigt, auch bei höheren Pflanzen nicht selten (vgl. KLEIN und STEINER). In vielen Blüten, bei manchen Laubblättern und sogar im Pollen *(Ambrosia artemisifolia)* treten neben geringen Ammoniakaushauchungen chemisch nachweisbare Mengen von verschiedenen aliphatischen Aminen auf. Gerade bei Aminen ist häufig die Nase ein empfindlicherer Indicator als die bisher üblichen chemischen Reagenzien. Da Amine regelmäßig auch von frischen Laubblättern erzeugt und abgegeben werden, z. B. von *Chenopodium vulvaria* und *Mercurialis annua*, entspringt die Duftbildung der Blüten, soweit sie auf Aminen beruht, nur einer allgemeinen Stoffwechselfähigkeit der Blätter. Amine in Blüten treten nicht gebunden an bestimmte Familien, sondern über das ganze Pflanzenreich weit verbreitet, wenn auch in manchen Familien gehäuft auf, z. B. in Araceen und Rosaceen. In mancher Pflanzenart findet man ausschließlich eines, in anderen mehrere der oben aufgezählten Amine nebeneinander.

Die einfachsten Amine (Mono-, Di- und Trimethylamin) sind bei gewöhnlicher Temperatur gasförmig. Die übrigen aliphatischen Amine sind Flüssigkeiten, die auch schon bei geringem Dampfdruck einen charakteristischen intensiven Geruch ausströmen. Manche der biogenen Amine, die durch künstlich in Gang gehaltene Gärungen aus den entsprechenden Aminosäuren gewonnen werden, finden pharmakologische Verwendung, z. B. Histamin als blutdrucksenkendes und Tyramin als blutdrucksteigerndes Mittel. Histamin ist zudem im Exkret der Brennhaare von *Urtica urens* und in den Laubblättern selbst nachgewiesen. Die blütenbiologische Bedeutung der Amine besteht darin, daß bestimmte Insekten durch den Duft nach faulendem Fleisch oder Fisch angelockt werden und beim Besuch der Blüten die Bestäubung ausführen (ohne auf ihre Kosten zu kommen?).

Außer bei den ausgesprochenen Aasblumen unter den Araceen, Aristolochiaceen, Asclepiadaceen und Rafflesiaceen wirken aber auch bei anderen weniger streng riechenden Blüten die Amine ganz spezifisch anlockend, denn viele dieser Aminpflanzen werden vorwiegend von Kot- und Aaskäfern und Fliegen und kaum oder überhaupt nicht von honigsammelnden Insekten besucht.

Die Abgabe von Aminen während der Blütezeit oder laufend aus Laubblättern scheint im Widerspruch zu der üblichen Vorstellung zu stehen, daß die Pflanze äußerst sparsam mit dem assimilierten Stickstoff umgeht. Die durch flüchtige Amine entweichenden Mengen Stickstoff sind jedoch so minimal, daß sie im Stickstoffhaushalt nicht ins Gewicht fallen.

$$\begin{array}{c}CH_3\\CH_3\end{array}\!\!>\!C=CH-CH_2-NH-C\!<\!\begin{array}{c}NH_2\\NH\end{array}$$
Galegin

Zum Abschluß sei von den einfachsten Stickstoffbasen aus Pflanzen noch eine eigenartige Verbindung, das Galegin aus *Galega officinalis* (Papilionaceen) genannt, das sich dadurch auszeichnet, daß es den Prenylrest enthält und damit von diesen N-haltigen Verbindungen hinüber zu den Terpenen weist. Die zweite Komponente des Galegins ist der Guanidinrest, der auch im Arginin enthalten ist.

2. Betaine.

Eine bei den N-haltigen Pflanzenstoffen ganz allgemein verbreitete Eigentümlichkeit ist die teilweise oder vollkommene Methylierung am Stickstoff, deren Ursachen aufzuklären und die dabei benützten Methylquellen aufzusuchen eine sehr reizvolle Aufgabe der Stoffwechselchemie sein sollte. Nach dem vollständig methylierten Glykokoll, dem Betain, das ursprünglich aus Runkelrüben *(Beta vulgaris)* dargestellt wurde, hat eine ganze Gruppe chemischer Verbindungen ihren Namen bekommen. Betaine sind am Stickstoff dreifach methylierte Derivate der Aminosäuren mit Übergang des Stickstoffs vom drei- in den fünfwertigen Zustand. In der organischen Chemie hat der Begriff später eine noch weitere Gültigkeit erlangt, die hier aber keine Rolle spielt. Die früher gebräuchliche Formulierung von Betainen als innere Salze wird heute verworfen, dafür wird in der Formel zum Ausdruck gebracht, daß jedes Betain ein Zwitterion mit Dipolcharakter ist.

$$CH_2(NH_2)COOH \qquad \begin{array}{c}CH_3\\CH_3-N-CH_2-C=O\\CH_3|\\O\end{array} \qquad \begin{array}{c}CH_3\\CH_3-\overset{+}{N}-CH_2-COO^-\\CH_3\end{array}$$

Glykokoll   Betain
(alte Formulierung)   (neue Formel)

Betaine bilden sich aus allen Aminosäuren ohne Rücksicht auf die Entfernung der Amino- von der Carboxylgruppe. Ziemlich häufig in den verschiedensten Familien kommt das Trigonellin, das Betain der Nicotinsäure, vor, obwohl die Nicotinsäure gar keine Eiweißaminosäure ist. Das Stachydrin, das Betain des Prolins, ist ebenfalls weit verbreitet. Die beiden stereoisomeren Betonicin und Turicin sind die Betaine des Oxyprolins und wurden in *Betonica officinalis* und *Stachys*-Arten gefunden. Andere pflanzliche Betaine sind das Hercynin, Trimethylhistidin und das später noch zu erwähnende Hypaphorin, als Derivat des Tryptophans (s. S. 239). Als Methyldonator kommt Methionin in Betracht, wenn auch damit der eigentliche Ursprung der Methylgruppe noch nicht aufgeklärt ist (BARRENSCHEEN und VALYI).

Die Betaine sind in Blüten, Laubblättern und Wurzeln aufgefunden worden. Im Laufe der Entwicklung der Pflanzen ist z. B. der Trigonellingehalt im Reis, in der Baumwolle und in *Canavalia* (Papilionaceen) größeren Schwankungen unterworfen, so daß die Betaine keine Ausscheidungsprodukte, sondern umwandlungsfähige Körper zu sein scheinen. In Früchten nimmt Trigonellin während einer mittleren Reifeperiode ab, um später erst weiter anzusteigen (KLEIN und LINSER). Im Reis kommt neben Trigonellin freie Nicotinsäure vor. Im Tierkörper wird gefütterte Nicotinsäure nach Ummethylierung (s. S. 17) als Trigonellin ausgeschieden. Prolin und Ornithin halten den Trigonellinschwund auf, dienen also wohl der Trigonellinsynthese, was mit der später zu besprechenden Ringerweiterung des Pyrrolkerns zum Pyridin in Einklang steht (s. S. 236). Die gleichen Aminosäuren und dazu Glutaminsäure begünstigen auch die Stachydrinsynthese. Die Übergänge lassen sich formelmäßig leicht darstellen und sind im chemischen Modellversuch realisiert worden (vgl. WINTERSTEIN 1933).

Wichtig ist hier, noch auf die Beziehung der Betaine zu Cholin hinzuweisen. Das methylfreie Analogon des Cholins ist das Colamin, das zu jenem also im gleichen Verhältnis steht wie die Aminosäure Glykokoll zum Betain. Cholin und Colamin kommen in erster Linie als Basen in den für die Plasmastruktur unerläßlichen Phosphatiden vor, dieses im Kephalin und jenes im Lecithin, die sich gegenseitig vertreten können.

$$CH=CH-C-O-CH_2-CH_2-N(CH_3)_2(OH)(CH_3) \quad NH_2-CH_2-CH_2OH \quad CH_3-N(CH_3)(OH)-CH_2-CH_2OH$$

Sinapin (Cholin)   Colamin   Cholin

Cholin ist eine quarternäre Ammoniumbase und steht zum Betain im Verhältnis des Alkohols zur zugehörigen Säure. In vitro verläuft die Oxydation des Cholins zum Betain quantitativ. Im Tierkörper kommt die oxydative Umwandlung sehr wahrscheinlich vor, und die Cholinbildung durch Reduktion von Betain ist möglich, wenn auch nur auf dem Umweg über die Rückbildung des Glykokolls, das zum Äthylamin reduziert und dann durch Methylübertragung aus Methionin methyliert werden muß (STETTEN). Ob nun in der Pflanze das Cholin als reduzierter oder das Betain als oxydierter Körper primär auftritt, oder ob die Pflanze Zugang zu diesen wahrscheinlich wechselseitig umwandelbaren Verbindungen von beiden Seiten her hat, bleibt noch zu entscheiden. Die Genese weder des einen noch des anderen Körpers ist klargelegt. Cholin findet sich nicht nur in Phosphatiden, sondern auch in ausgesprochen sekundären Verbindungen, z. B. im Sinapin, dem Ester mit Sinapinsäure, aus schwarzem Senf. Sinapinsäure ist eine der typischen, oben besprochenen C_6-C_3-Säuren, die auch in komplexen Anthocyanglykosiden vorkommt (s. S. 179).

3. Einige aromatische Amine.

Unmittelbar an die bisher behandelten Amine schließen sich einige weitere an, die die Aminogruppe an der offenen Seitenkette eines Benzolkernes tragen und somit von der chemischen Seite der Definition her nicht eigentlich zu den Alkaloiden zu rechnen sind, die sich aber in ihren physiologisch-pharmakologischen und manchen anderen Eigenschaften, z.B. der optischen Aktivität, Gemeinschaft mit „Nebenbasen" u.ä., den Alkaloiden im engeren Sinne völlig einordnen.

In einigen *Ephedra*-Arten (*E. sinica, E. equisetina*, auch in der südeuropäischen *E. vulgaris var. helvetica*) kommen verschiedene N-Basen als unmittelbare Verwandte des Phenylalanins vor. Die Glieder dieser Gruppe unterscheiden sich, wie später bei den Alkaloiden dargestellt werden wird, durch Stereoisomerie und durch mehr oder weniger weitgehende Methylierung des Stickstoffs. Die Hauptbase, l-Ephedrin, wirkt stark mydriatisch, das ist pupillenerweiternd, wie Atropin, und kann zudem als Ersatz für Adrenalin verwendet werden, was sich in einer gewissen Ähnlichkeit der chemischen Struktur beider Verbindungen ausdrückt.

$$\underset{\text{l-Ephedrin}}{C_6H_5-\underset{OH}{CH}-\underset{NH\cdot CH_3}{CH}-CH_3} \qquad \underset{\text{Adrenalin}}{\underset{HO}{HO}-C_6H_3-\underset{OH}{CH}-\underset{NH\cdot CH_3}{CH_2}}$$

Recht interessant ist ein bestimmtes technisches Herstellungsverfahren für Ephedrin, das durch geschickten Einsatz von Enzymen zum reinen l-Ephedrin und nicht zum racemischen Gemisch führt. Zucker wird in Gegenwart von Benzaldehyd vergoren, wobei wahrscheinlich unter Verwendung des Gärungsacetaldehyds folgendes Lävoketon entsteht: $C_6H_5-CHOH-CO-CH_3$. Dieses biologisch aufgebaute Keton, das schon das Grundgerüst des Amins darstellt, wird unter reduzierenden Bedingungen mit Methylamin kondensiert und ergibt reines l-Ephedrin (HILDEBRANDT und KLAVEHN, US.Patent Nr. 1956950).

Systematisch ist das Vorkommen solcher Basen in *Ephedra* insofern bemerkenswert, als Alkaloide in Gymnospermen mit Ausnahme des Taxins in jungen Zweigen, Blättern und Samen von *Taxus baccata* praktisch völlig fehlen. Auch in biochemischer Hinsicht stellen sich also die Gnetales mit den Ephedraceen als Zwischenglied zwischen die Gymno- und Angiospermen. Ihre sonstigen Übergangsmerkmale, der Besitz von Tracheen und das Vorkommen von Insektenbestäubung, werden durch die alkaloidähnlichen Basen um ein weiteres vermehrt.

An das bereits erwähnte Tyramin und damit an die Aminosäure Tyrosin lehnt sich eine Base an, die bis jetzt in zwei systematisch weit entfernten Familien aufgetaucht ist. Sowohl in Gerstenkeimlingen als auch in der bekannten giftigen Kaktee *Anhalonium fissuratum* findet sich das N-Dimethyl-Tyramin Hordenin bzw. Anhalin. Die enge Verwandtschaft zum universellen Tyrosin macht seine unentdeckte Anwesenheit in anderen Familien wahrscheinlich.

Hordenin (Anhalin) — Mezcalin

In ruhenden Gerstenkörnern ist Hordenin nicht nachweisbar. Es steigt in den ersten Tagen der Keimung bis zu 0,1% der Trockensubstanz im

Sproß und bis zu 0,45% in der Wurzel an. Nach 3—4 Wochen ist es wieder völlig aus der Pflanze verschwunden. Aus Gerstenmalz kann es technisch gewonnen werden.

In *Anhalonium-* und *Echinocactus-*Arten kommen neben Anhalin noch einige andere Basen vor, die einen Blick in die Bahnen der pflanzlichen Alkaloidsynthese gestatten. Das Mezcalin ist noch ein einfaches Amin, dessen Beziehung zu den Phenyl-Propyl-Derivaten, z. B. zum Elemicin (s. S. 169) aus der Formel hervorgeht. In Blütenknospen sind mit ihm weitere Basen vergesellschaftet, die den Stickstoff nicht mehr in einer aliphatischen Aminogruppe führen, sondern in einen Heterocyclus eingebaut haben und somit zu den echten Alkaloiden zählen. Diese Verbindungen vom Typ des Tetrahydro-Isochinolins (s. S. 227) dürften durch Schluß der Seitenkette des Mezcalins unter Einbeziehung der einen Methylgruppe zu einem neuen N-haltigen Sechsring entstanden sein. Die *Anhalonium-*Arten gehören also zu den wenigen bisher bekannten Pflanzen, in denen neben dem Isochinolinring gleichzeitig dessen wahrscheinliche phytochemische Vorstufen aufgefunden werden (SPÄTH 1928). Hordenin, Mezcalin und auch die übrigen *Anhalonium-*Basen sind nicht sehr stark giftig. Sie werden von den mexikanischen Eingeborenen als Berauschungsmittel gebraucht und rufen beim Menschen in erster Linie schöne Farbvisionen hervor.

Ein Amin mit etwas komplizierterer, noch nicht bis in alle Einzelheiten aufgeklärter Struktur, die aber leicht als Erweiterung des Mezcalins gedacht werden kann, ist das Colchicin, das Alkaloid von *Colchicum autumnale.* Es findet sich, wenn auch sehr ungleich verteilt, in freiem Zustande in allen Teilen der Pflanze, in den Zwiebeln und in den Samen besonders angereichert. In anderen *Colchicum-*Arten, in *Gloriosa superba* und in *Merendera-*Arten ist es sichergestellt, in einer ganzen Reihe anderer Liliaceen-Gattungen mikrochemisch wahrscheinlich gemacht worden (vgl. KLEINs Handbuch der Pflanzenanalyse, Bd. IV). Die bekannte physiologische Wirksamkeit des Colchicins als „Spindelgift" bei der Mitose, das zur Entstehung von Polyploiden führt, gehört so eindeutig in die Wachstums- und Entwicklungsphysiologie, daß hier auf eine nähere Besprechung verzichtet werden soll.

Wahrscheinliche Formel des Colchicins

C. Die heterocyclischen N-haltigen Verbindungen.

1. Allgemeines.

Der Begriff der Alkaloide ist kein systematisch-logischer, sondern ein den praktischen Bedürfnissen angepaßter. Ursprünglich verstand man darunter alle Pflanzenstoffe basischen (alkaloiden!) Charakters mit mehr oder weniger heftiger Wirkung auf das zentrale Nervensystem der höheren Tiere. Nach Aufklärung der chemischen Konstitution einer großen Zahl von Alkaloiden zählt man heute zu ihnen in erster Linie die stickstoffhaltigen basischen Verbindungen, die den Stickstoff in ringförmiger Bindung enthalten (SEKA 1933), um sie gegen die einfachen Amine abzugrenzen. Auf der anderen Seite sind damit gegen andere ähnliche Stoffe, z. B. die

N-Basen der Nucleinsäuren, keine scharfen Grenzen zu ziehen, von denen sie jedoch die physiologisch-pharmakologische Aktivität unterscheidet.

Im reinen Zustand sind die meisten Alkaloide gut kristallisierte Körper. Mehrere sind bei gewöhnlicher Temperatur Flüssigkeiten, z. B. Nicotin, Coniin, Spartein. Die Basen sind meist optisch aktiv (Papaverin ist inaktiv), im allgemeinen linksdrehend (rechtsdrehend z. B. Cinchonin). In der folgenden Behandlung wird die optische Aktivität im allgemeinen nicht besonders erwähnt werden. Mit organischen Säuren, aber auch mit Halogenwasserstoff- und Mineralsäuren bilden die Alkaloidbasen gut kristallisierbare Salze, die leicht wasserlöslich sind, so daß die Alkaloide sich in dieser Form in größeren Konzentrationen im Zellsaft ansammeln können, während die freien Basen im allgemeinen schwer oder gar nicht wasserlöslich sind. Die basischen Eigenschaften variieren von ganz schwacher Alkalität bis zu den starken quarternären Ammoniumbasen. Jede einzelne Substanz kann in einer oder in mehreren Beziehungen eine Ausnahme von dem allgemeinen Verhalten der Alkaloide bilden.

Die Nomenklatur der Alkaloide ist ebenfalls nicht systematisch-rationell, sondern in der Hauptsache historisch entstanden und stützt sich meist auf Trivialnamen. Es ist üblich, ein Alkaloid nach dem Gattungs- oder Artnamen der Pflanze zu benennen, in der es zum ersten Male aufgefunden wurde, z. B. Berberin, Nicotin, Sempervirin, oder nach seiner pharmakologischen Wirkung, z. B. Morphin, Narkotin. Auch andere Gesichtspunkte machen sich geltend. Eines hat seinen Namen nach einem berühmten französischen Alkaloidchemiker aus dem Beginn des 19. Jahrhunderts erhalten, das Pelletierin.

Eine bei den Alkaloiden besonders gewürdigte Erscheinung, die im Prinzip aber auch bei den niederen Terpenen zu beobachten ist, besteht darin, daß neben der in bedeutender Menge gefundenen Substanz, dem sog. Hauptalkaloid, in der gleichen Pflanze meist eine mehr oder weniger zahlreiche Schar von chemisch ähnlich gebauten Verbindungen, sog. Nebenalkaloiden, auftreten. Sie werden mit Prä- oder Suffixen nach den Hauptalkaloiden benannt, z. B. Nornikotin, Nikotyrin. Daß diese Variabilität bei anderen sekundären Pflanzenstoffen im allgemeinen nicht besonders beachtet wird, liegt wohl in erster Linie daran, daß die innere Verwandtschaft dieser Stoffe nicht so deutlich hervortritt wie bei den Stickstoffbasen. Hier ist es vor allem der Stickstoff selbst in seinen charakteristischen Bindungen, der einen bequemen Leitfaden durch die verwandtschaftlichen Beziehungen bietet, und der bei den Alkaloiden die Forschung nach einem natürlichen System der Pflanzenstoffe aussichtsreicher als in irgendeiner anderen Klasse erscheinen läßt. Vielleicht ist dies einer der Gründe dafür, daß im Gegensatz z. B. zu den Terpenen (s. S. 124) in der Alkaloidchemie die *phyto*chemische Forschung bemerkenswert gefördert wurde. Der durch einen dornenvollen Weg veranlaßte Ausspruch, „in der Alkaloidchemie hat die lebende Zelle das erste Beispiel von ihrer undurchsichtigen Freigebigkeit im Erzeugen von Spielarten ein und desselben chemischen Grundtypus in einer die chemische Forschung und biologische Deutung stark belastenden Weise erkennen lassen" (WALDEN), läßt sich mit noch mehr Recht auf manches andere Gebiet der sekundären Stoffe übertragen.

Die erste genau bekannte Pflanzenbase war das Morphin (SERTÜRNER 1805). Coniin wurde als erstes Alkaloid synthetisch hergestellt (LADENBURG 1886). Die Entdeckung neuer medizinisch wirksamer Alkaloide schreitet rascher vorwärts als die Aufklärung ihrer chemischen Struktur. Ganze Gruppen pharmakologisch schon lange verwendeter Alkaloide, z. B. die Akonit- und Veratrum-Alkaloide, sind erst unvollständig bekannt. In manchen Pflanzen dürften Alkaloide bekannter oder neuartiger Konstitution vorkommen, die noch der Entdeckung harren, wie die Auffindung von Nicotin in *Equisetum*- und *Lycopodium*-Arten anzeigt (s. unten). In der hier geplanten Darlegung ist es bei weitem nicht möglich, alle bisher bekannt gewordenen Pflanzenbasen auch nur tabellarisch zusammenzustellen. Es sollen immer solche Beispiele ausgewählt werden, die ein Verständnis für ihre Entstehung und Bedeutung im pflanzlichen Stoffumsatz eröffnen. Die Frage nach der Gesetzmäßigkeit der pharmakologischen Wirkung, also nach Zusammenhängen zwischen der chemischen Struktur und der Wirkungsweise im tierischen Organismus wird hier völlig beiseite gelassen.

Die Alkaloidbildung ist eine typisch pflanzliche Fähigkeit. Im Tierkörper sind einige Amine und Betaine recht häufig, aber die Zahl der bis jetzt festgestellten Alkaloide tierischen Ursprungs ist im Vergleich zu der großen Fülle und Mannigfaltigkeit der Pflanzenbasen verschwindend gering. Basische Verbindungen mit komplizierterem Aufbau des Moleküls sind im Tierreich überhaupt noch nicht aufgefunden worden (M. SCHENK). Hier machen sich wiederum die der Pflanze eigentümlichen synthetischen Fähigkeiten zur Schaffung neuer Kohlenstoff-Kohlenstoff-Bindungen geltend.

2. Die Entstehung und Verbreitung der Alkaloide.

a) Die Verbreitung im Pflanzenreich. In Kryptogamen treten ganz sporadisch Alkaloide und alkaloidähnliche Verbindungen auf, die nur als Ausnahmen von der Regel gelten können, daß die niederen Pflanzen im allgemeinen frei von Alkaloiden sind. Im Champignonextrakt kommt das Betain Hercynin und im Mutterkorn Tyramin als einfache Amine vor. Die übrigen Mutterkorn-„Alkaloide" und Pilzgifte sind keine Alkaloide im eigentlichen Sinne, sondern Peptide (s. S. 232). Bei pathogenen Bakterien wurden alkaloidähnliche Verbindungen als Ursache ihrer Giftigkeit noch nie nachgewiesen. In Pteridophyten und Gymnospermen tauchen Alkaloide nur ganz vereinzelt auf. Daß die *Gnetales* auch in dieser Hinsicht eine Brücke zu den Angiospermen schlagen, wurde oben bereits erwähnt. Die Monokotylen treten in der Alkaloidbildung stark zurück, und nur bei den Dikotylen finden wir Alkaloidbasen in weitester, wenn auch ungleichmäßiger Verteilung, ohne daß ein Zusammenhang mit der phylogenetisch-systematischen Stellung der betreffenden Arten und Familien zu erkennen wäre. Sie sind bei den Ranunculaceen ebenso zu Hause wie bei den Compositen. Gewisse Reihen und Familien zeichnen sich allerdings durch einen besonderen Reichtum an Alkaloiden aus, z. B. die *Ranales* mit den Ranunculaceen, Berberidaceen und Menispermaceen. Vor allem aber ragen sympetale Familien mit ihrem Alkaloidgehalt hervor, z. B. die Reihe der *Contortae* mit den Asclepiadaceen, Apocynaceen, Loganiaceen und Gentianaceen, auch Rubiaceen und Solanaceen sind fast durchgängig alkaloidführend. Dann aber tauchen Alkaloide vereinzelt nur bei wenigen Gattungen oder Arten auf, z. B. in *Anabasis aphylla* und *Salsola Richteri* unter den Chenopodiaceen. Als Regel kann gelten, daß reiches Vorkommen von Terpenen, besonders ätherischen Ölen, und von Alkaloiden einander ausschließen. Ein bestimmtes Alkaloid kann an den verschiedensten Stellen auftauchen, ohne daß eine phylogenetische Verwandtschaft zwischen diesen Familien zu vermuten wäre, z. B. Coffein (s. S. 219) oder Nicotin, das außer in *Nicotiana* und *Duboisia* unter den Solanaceen auch in *Asclepias*-Arten sowie bei *Equisetum* und *Lycopodium* gefunden worden ist [vgl. Annual Rev. Biochem. (Am.) **13** (1944)]. Auch das relativ einfach gebaute Hordenin (s. S. 208) und das recht komplizierte Berberin (s. S. 228) treten weit verstreut auf.

In der Einzelpflanze kommen die Alkaloide meist frei oder als Salze, sehr selten als Glykoside (z. B. Solanin) vor. Sie können in jedem Organ und Gewebe entstehen bzw. abgelagert werden, in den Wurzeln, im Stengel, in der Rinde, im Holz, im Mark, in den Laubblättern, in Blüten, Früchten und Samen. Für Pollen werden sie bei *Cinchona* und *Pilocarpus* angegeben. In manchen Pflanzen sind sie jedoch mehr oder weniger streng auf ein Organ oder Gewebe lokalisiert, z. B. das Chinin in der Rinde von *Cinchona*. Beim Tabak sind die reifen Samen nicotinfrei. Im allgemeinen sind die Basen im Zellsaft als leicht wasserlösliche Salze vorzufinden. In embryonalen Geweben können sie wohl auch im Plasma verteilt sein, wobei die bedeutende Fettlöslichkeit der freien Basen vielleicht von Bedeutung ist. Seltener werden Alkaloide an tote Zellwände adsorbiert. Das Berberin färbt auf diese Weise das Holz des Wurzelstockes gelb. Auch in Milchröhren, z. B. bei *Papaver* und *Chelidonium*, werden Alkaloide ausgeschieden. In anderen Exkreträumen (die Vacuolen ausgenommen), sind sie jedoch noch nicht beobachtet worden.

b) Die Bildung von Alkaloiden in den Wurzeln. Nach langem vergeblichen Mühen um die Aufhellung der Nicotinbildung in der Tabakpflanze wurde ein unerwartetes Phänomen aufgedeckt, das in gleicher oder ähnlicher Form auch Bedeutung für den Alkaloidumsatz einer Reihe anderer Pflanzen hat, und dessen Darstellung deshalb hier vorweggenommen werden soll. Die chemische Seite der Nicotinsynthese wird uns weiter unten beschäftigen (s. S. 233). Durch Versuche mit abgeschnittenen Blättern und Schößlingen von Tabakpflanzen hat man sich seit langer Zeit bemüht, den Bedingungen der Nicotinsynthese auf die Spur zu kommen. Der Erfolg war stets sehr gering. Niemals gelang es, die Blätter, in denen man fast selbstverständlich die Stätten aller pflanzlichen Synthese sah, zu einer bemerkenswerten Nicotinbildung zu zwingen, wie mannigfaltig man auch die Umweltbedingungen variierte und kombinierte. Wenn manchmal eine geringe Zunahme des Nicotingehaltes konstatiert wurde, dann war ihre reale Bedeutung fraglich, und sie blieb in jedem Falle weit hinter der gleichzeitigen Zunahme des Alkaloids in der intakten Pflanze zurück. Die weitere Abwandlung solcher Experimente festigte nur die Überzeugung, daß Tabaksprosse kein Nicotin bilden. Und doch sah man unter normalen Bedingungen den Nicotingehalt im Tabakblatt fortlaufend ansteigen. Ein Abbau oder Verbrauch des Alkaloids konnte in den Blättern jedoch auch nicht erzwungen werden, und die Translokation von den älteren in die jüngeren Blätter war gering. Der einzige bemerkenswerte Umsatz war die Abnahme des Nicotins in älteren Blättern während der Blütenbildung und des Fruchtansatzes. Die Nicotinanreicherung in den Tabakblättern, die man durch Auslese und Züchtung weitgehend in der Hand hatte, blieb von der stoffwechselphysiologischen Seite her ein Rätsel.

Erst der systematische Einsatz von heteroplastischen Pfropfungen, zu denen sich ja Solanaceen besonders gut eignen, brachte eine überraschende Lösung dieses Rätsels. Solche Pfropflinge hatte man zwar schon vor vielen Jahren zum Studium der Alkaloidwanderung in den Pflanzen, allerdings mit einer engen Fragestellung zu verwenden versucht (MEYER und SCHMIDT 1910). Die Idee zu einer neuen, nun erfolgreichen Befragung solcher Pfropfungen nach der Herkunft des Nicotins und anderer Alkaloide scheint unabhängig voneinander ungefähr gleichzeitig in Japan, Rußland, Amerika und Deutschland und, wie es scheint, auch noch anderwärts aufgetaucht zu sein (HASEGAWA; SCHMUCK und Mitarbeiter; DAWSON 1942; HIEKE 1943). Und die Lösung war überraschend: Nicotin wird in den Wurzeln der Tabakpflanze synthetisiert und von dort mit dem Transpirationsstrom passiv in die Blätter verfrachtet, wo es sich gewissermaßen als Rückstand nach dem Verdunsten des Wassers ansammelt! Die Wurzeln stellen das Alkaloid ohne unmittelbares Zutun des Sprosses her, der nur Kohlenhydrate liefert. Tomatenreiser auf Tabakunterlagen gepfropft sammeln deshalb in ähnlicher Menge Nicotin an wie normale Tabaktriebe. Reziproke Pfropfungen, also Tabakreiser auf Tomatenwurzeln, sind nicotinfrei. Auch für andere Kombinationen von Solanaceen gilt diese Gesetzmäßigkeit, so daß bei den sehr leicht durch Pfropfungen zu verbindenden Nachtschattengewächsen im Sproß gewöhnlich das Alkaloid erscheint, das der wurzelnden Unterlage entspricht, z. B. führen Tomaten auf *Datura* oder *Atropa* gepfropft die Alkaloide des Stechapfels bzw. der Tollkirsche. Tabak auf *Datura*-Wurzeln gesetzt sammelt *Datura*-Alkaloide (Hyoscyamin + Atropin) an, aber kein Nicotin. Recht interessante Verhältnisse ergeben sich bei doppelten Pfropfungen von alkaloidfreien und alkaloidführenden Partnern; wenn z. B. ein Tabakreis auf Tomate und diese wieder auf Tabakunterlage steht, so enthalten beide Sprosse Nicotin. Wenn aber der Wurzelstock einer alkoloidfreien Art angehört, dann können die Partner der genannten Arten in beliebiger Reihenfolge übereinander gesetzt werden: sie bleiben alle frei von Alkaloiden. Die wahre Tragik der älteren Versuche (MEYER und SCHMIDT) lag darin, daß sie die Nicotinbildung ausschließlich in den oberirdischen Teilen der Pflanzen suchten und nur nach einer Ableitung in die Wurzeln und Rhizome fahndeten, ohne den umgekehrten Weg in Erwägung zu ziehen.

Die Abwesenheit des Nicotins ruft beim Tabak keine Anomalien in Wachstum und Entwicklung der Pflanzen hervor. Die Base ist für die oberirdischen Organe also unnötig und indifferent. Die Entbehrlichkeit der Alkaloide für die Entwicklung der normalerweise alkaloidführenden Pflanzen war schon nach der erfolgreichen Züchtung nicotinarmer bzw. -freier Tabaksorten und bitterstofffreier Lupinen keine Frage mehr. Auch eine bedeutende Steigerung des arteigenen Alkaloides kann nicht schädlich sein, wie die Züchtung chininreicher *Cinchona*- und nicotinreicher Tabaksorten bewies. Über das Verhalten fremder Alkaloide in Pflanzen hatte man bis dahin noch keine Erfahrungen gesammelt. Die Einführung von Alkaloiden in genetisch alkaloidfreie Pflanzen, z. B. von Nicotin in Tomate, soll die normale Entwicklung nicht hemmen, die Pflanzen blühen und fruchten (MOTHES und HIEKE). Andererseits wird aber berichtet, daß in älteren Tomatenblättern, in denen die Nicotinanreicherung am stärksten ist, ausgedehnte Schäden auftreten. Tomatenreiser auf *Nicotiana glauca* gepfropft nehmen eine ziemlich anomale Entwicklung und weisen Zeichen von Stickstoffmangel trotz reichlicher Düngung auf (DAWSON 1946). Ob und wieweit eine Schädigung durch das eingeführte fremde Alkaloid eintritt, dürfte entscheidend von der speziellen Konstitution der betreffenden Art und Rasse und erst in zweiter Linie von der Struktur der Alkaloidbase abhängen. Jedenfalls üben sie nicht regelmäßig einen so kräftigen toxischen Effekt wie im tierischen Körper aus.

Auch in manchen Leguminosen ist die Alkaloidbildung auf die Wurzeln lokalisiert. Erbsen auf bittere Lupinen gepfropft führen in Stengeln, Blättern und Früchten Lupanin und Spartein, die Lupinenalkaloide.

Aber die Alkaloidsynthese einzig und allein durch die Wurzeln darf durchaus nicht als ein allgemeines Phänomen betrachtet werden. Schon in gewissen *Nicotiana*-Arten trifft das nicht zu. *Nicotiana glauca* führt Anabasin als Hauptalkaloid (s. S. 237), und diese Base wird sowohl in den Wurzeln als auch unabhängig davon in den oberirdischen Teilen aufgebaut. Bei *Nicotiana tabacum* findet in den Blättern teilweise noch eine Umwandlung des Nicotins durch Methylabspaltung statt (s. S. 235). Unter den Solanaceen ist nach den bisherigen Kenntnissen die Bildung von Alkaloidbasen auf die Wurzeln allein lokalisiert bei folgenden Arten: *Nicotiana tabacum* (Nicotin), *N. rustica*, *Atropa belladonna*, *Datura stramonium*, sowie verschiedene *Duboisia*-Arten, wo die Basen in den Wurzeln entstehen und in den Blättern eine Weiterverarbeitung vorgenommen wird (s. S. 225).

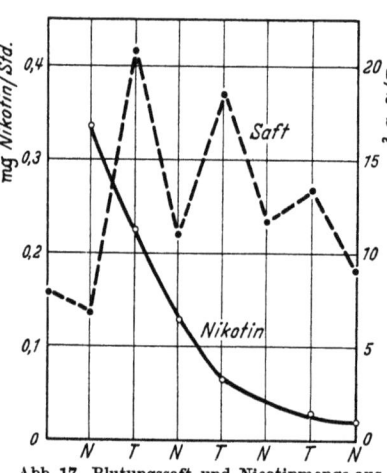

Abb. 17. Blutungssaft und Nicotinmenge aus Wurzeln von Tabakpflanzen. (Nach SCHMID 1948.) Abszisse: T Saft von 8—18 Uhr; N Saft von 18—8 Uhr.

Daß beim Tabak die Wurzeln die fertige Nicotinbase und nicht etwa nur eine Vorstufe liefern, die in den Blättern die letzte Umwandlung erfährt, wurde von zwei ganz verschiedenen Seiten her sichergestellt. Der Blutungssaft aus den Wurzelköpfen von Tabakpflanzen führt ziemlich hohe Konzentrationen von Nicotin mit sich (MOTHES und HIEKE). Der Wassertransport, der bei Tabakpflanzen durch den Wurzeldruck aufrecht erhalten werden kann, hat ursächlich mit der Nicotinbildung nichts zu tun, wie ein Vergleich der Menge des Blutungssaftes, welche starken Tag-Nacht-Schwankungen unterworfen ist, mit der gleichzeitig geförderten Nicotinmenge lehrt. Unabhängig vom Rhythmus der Wasserförderung nimmt die Nicotinmenge aus solchen abgetrennten Wurzelsystemen beständig ab, höchstwahrscheinlich weil die Kohlenhydratvorräte in ihnen allmählich versiegen (vgl. Abb. 17). Auf der anderen Seite wurde durch Kultur abgeschnittener Tabakwurzeln gezeigt, daß diese Nicotin vollständig aufbauen und auch an das umgebende Medium abgeben (DAWSON 1942). Lupinenwurzeln synthetisieren allein aus Rohrzucker und anorganischen Stickstoffsalzen Lupanin (MOTHES und KRETSCHMER).

Andere Beobachtungen bekräftigen die alleinige Nicotinbildung durch die Wurzeln. Abgeschnittene Tabakblätter sind durch keine experimentelle Maßnahme zur Nicotinsynthese zu zwingen; sobald sie aber in feuchten Sand gesteckt Wurzeln treiben, setzt auch die Zunahme des Nicotingehaltes in der Blattspreite ein. Tabaksamen enthalten bekanntlich kein Nicotin. Sobald der Keimling Wurzeln bildet, setzt fluorescenz-optisch nachweisbar die Nicotinentwicklung ein (s. unten). Der genaue Ort der Synthese ist noch nicht ermittelt, wahrscheinlich handelt es sich um die Wurzelrinde. Daß die Überführung des Nicotins in die oberirdischen Organe im Xylem vor sich geht, kann schon nach der Anwesenheit von Nicotin im Blutungssaft geschlossen werden. Durch Fluorescenzbeobachtungen (SCHMID 1948) und durch sektoriale Pfropfungen (DAWSON 1942) wird dies bestätigt.

Die Ansammlung von Nicotin in den Blätten ist also im weiteren Sinne eine Funktion des Transpirationsstromes, und damit lassen sich eine Reihe von Beobachtungen über das Verhalten des Nicotins in den Tabakpflanzen erklären, die so lange unerklärlich blieben, als man die Nicotinsynthese mit dem Stickstoffumsatz des Blattes verquicken wollte. Bei der normalen Entwicklung der Blätter tritt die Nicotinspeicherung als ein stetiger Prozeß im Gegensatz zum Fluktuieren der übrigen N-Verbindungen hervor (vgl. Abb. 18). Tag und Nacht, künstliche Dunkelheit, Blühen und Fruchten und andere Faktoren, die den Eiweißumsatz beeinflussen, machen sich bei der fortlaufenden Anhäufung des Nicotins in den Blättern nicht bemerkbar. Solange die älteren Blätter noch nicht vergilben, nimmt der Nicotingehalt von den jüngsten Blättern nach den älteren hin stetig zu. Solange sie noch gesund sind, enthalten die ältesten Blätter die höchste Nicotinkonzentration. Alle Beobachtungen führen zu dem Schluß, daß das Alkaloid in den verschiedenen Teilen des Sprosses sich entsprechend der zeitlichen Dauer und der relativen Intensität der Transpiration ansammelt. In den Blättern selbst ist das Nicotin nicht gleichmäßig verteilt. Die höchsten Konzentrationen finden sich entsprechend den stärksten Transpirationsverlusten in der Spitze und an den Rändern.

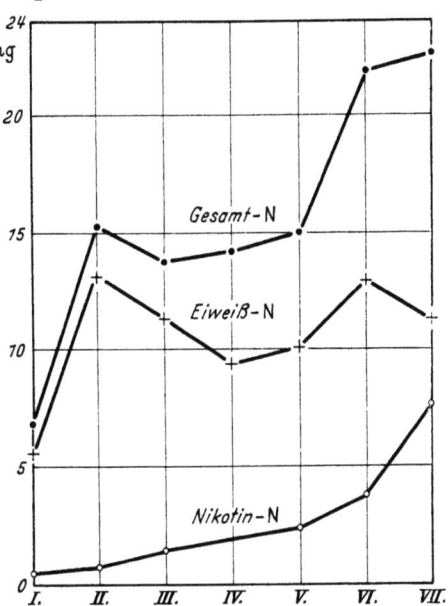

Abb. 18. Veränderungen der Stickstoff-Fraktionen im Tabakblatt während der Entwicklung. Ordinate: Milligramm Stickstoff auf 1 dm² Blattfläche. Abszisse: Entwicklungsstadien: I.Setzlinge, II.Pflanzen mit 5—6 Blattpaaren, III. Anlage von Blütenknospen, IV. Blüten, V. Kapselbildung, VI. Technisch reife Blätter, VII. Beginn des Vergilbens der Blätter. (Nach SMIRNOW 1928.)

Einige Erfahrungen aus dem Tabakanbau werden durch die Abhängigkeit der Nicotinzufuhr vom Transpirationsstrom leicht verständlich: der niedrige Nicotingehalt der raschwüchsigen Wurzel- und Wasserschößlinge und die Tatsache, daß in trockenen Jahren und in trockenen Gegenden der Nicotingehalt des Tabaks höher ist als in feuchten (FRANKENBURG). Wenn auch die Nicotinbildung nicht ursächlich mit der Intensität des Transpirationsstromes verknüpft ist, so dient eine reichlichere Wasserdurchströmung doch gleichzeitig auch einer reichlicheren Zufuhr von Stickstoffsalzen und damit wohl einer gesteigerten Alkaloidbildung in den Wurzeln.

Durch die Erkenntnis, daß Nicotin und andere Alkaloide in den Wurzeln allein aus Kohlenhydraten und anorganischen Salzen gebildet, anschließend durch das Transpirationswasser in die oberirdischen Teile geschwemmt und dort abgelagert werden, eröffnen sich einige sehr wichtige allgemeine physiologische Ausblicke. Neben die grünen Blätter, die mit Rücksicht auf ihre photosynthetische Tätigkeit als die entscheidenden Orte für den Aufbau organischer Verbindungen angesehen wurden, treten die Wurzeln als „eine chemische Werkstätte besonderer Art". Allerdings darf auch diese Bewertung nicht übertrieben werden, denn die Erfahrungen bei der Kultur isolierter Wurzeln lehren doch in vielen Fällen, daß die Heterotrophie dieser Organe sich weiter erstreckt als auf die Zulieferung von Kohlenhydraten. Viele von ihnen bedürfen der Zufuhr von Aneurin oder anderer Wuchs- und Wirkstoffe.

Da Nicotin beständig mit dem Transpirationswasser befördert wird, muß damit gerechnet werden, daß selbst in einjährigen Pflanzen nicht nur das Phloem die Leitbahnen für organische Stoffe abgibt, sondern daß auch im Holzteil bemerkenswerte Mengen organischer Verbindungen geleitet werden, was man bisher nur bei der Mobilisierung von Reservestoffen unbelaubter Bäume im Frühjahr für möglich hielt. Speziell für die Alkaloide muß man im Auge behalten, daß sie in der Pflanze transportabel sind, daß der Ort der Synthese also entfernt vom Speicherplatz liegen kann (vgl. auch S. 10).

Da Stoffwechselprodukte der Wurzel, jedenfalls soweit sie wasserlöslich sind, durch den Transpirationsstrom so leicht in die oberirdischen Organe verschleppt werden, besteht auch in Annuellen die Möglichkeit einer Einwirkung des Wurzelstoffwechsels auf denjenigen des Sprosses. Bei den Alkaloiden scheint es sich um Stoffe zu handeln, die für die betreffende Pflanze indifferent sind. Es könnten aber auch physiologisch aktive Substanzen diesen Weg aus der Wurzel in den Sproß nehmen und hier entweder das Material zu weiteren Umwandlungen abgeben oder aber als spezifische Stoffe in den Umsatz eingreifen.

Wenn die Reichweite dieser neuen Erkenntnisse auch begrenzt sein wird, denn sonst wäre man sicher schon von anderer Seite her auf diese Tatsache gestoßen, und wenn wir unser Bild vom pflanzlichen Stoffwechsel dadurch nicht grundlegend umgestalten müssen, so erweitert es sich durch diesen Einblick in den Alkaloidtransport doch um einen bedeutsamen Zug.

3. Die Hauptgruppen von Alkaloiden.

a) Übersicht. Wenden wir uns nun den einzelnen Individuen der Alkaloide zu, so sehen wir uns einer so großen Zahl auf den ersten Blick verwirrender Strukturen gegenüber, daß es aussichtslos erscheinen möchte, sie befriedigend nach einem System zu ordnen; und tatsächlich ist das heute noch nicht möglich. Es lassen sich zwar eine Reihe ganz bestimmter N-haltiger Ringe und Ringkombinationen als Molekülgerüste der Alkaloide herausschälen, aber dabei besteht nicht eine so deutliche Anlehnung an die genuinen Aminosäuren wie bei den Aminen. Daß sich trotzdem auch für die cyclischen Strukturen, die sich nicht in den Aminosäuren der Eiweiße vorfinden, Verbindungen zu solchen herstellen lassen, wurde oben beim Mezcalin schon angedeutet (s. bei Isochinolin, S. 227). Ein vollendetes natürliches System würde die sekundären Stoffe nach ihrer stufen- oder strahlenförmigen Ableitung aus den gemeinsamen Muttersubstanzen anordnen. Wir werden hier noch Zugeständnisse an die bisherige Gruppierung der Basen machen müssen, weil z. B. der Nachweis fehlt, daß der Pyridinring sich wirklich aus dem Pyrrolkern und das Isochinolinsystem sich aus Tyrosinabkömmlingen entwickelt. Nur am Beispiel des Tryptophans und seiner Verwandten werden wir versuchen, eine solche natürliche Sippe zusammenzustellen.

Die einfachen heterocyclischen Baupläne, die bei den Alkaloiden immer wiederkehren, sind folgende:

Die Hauptgruppen von Alkaloiden. 217

Pyrrolidin Pyridin Piperidin Indol Chinolin Isochinolin

$$H_2C-CH-CH_2$$
$$NCH_3CH_2$$
$$H_2C-CH-CH_2$$
Tropan

$$\underset{3}{N}=\underset{4}{CH}\underset{}{}\underset{1}{N}=\underset{6}{CH}$$
Purin

Solche Ringe und Ringsysteme können miteinander, mit einem oder mehreren Benzolringen und mit sauerstoffhaltigen Heterocyclen zu fast allen erdenklichen Systemen kombiniert und kondensiert in den Pflanzenbasen vorkommen. Da aber die komplex aufgebauten Alkaloide ihre Existenz kaum irgendwelchen prinzipiell neuen Reaktionen und Mechanismen verdanken, sollen hier in erster Linie die einfacheren, durchsichtig gebauten aufgeführt werden, die die Anfangsglieder von Ketten mit zunehmender Komplikation darstellen. Polymere Pflanzenbasen sind noch nicht aufgefunden worden, ebenso noch keine Alkaloide, die Schwefel im Molekül enthalten. Die Verwandten der wenigen schwefelhaltigen Aminosäuren scheinen sich vollzählig bei den Senf- und Lauchölen (s. S. 252) zu versammeln.

b) Die Purinderivate. Die Purinabkömmlinge unter den Alkaloiden werden gelegentlich etwas von den übrigen abgesondert, weil sie eindeutige Beziehungen nicht zu den Aminosäuren, sondern zu den N-Basen der Nucleinsäuren aufweisen und mit diesen eine geschlossene Einheit darstellen. Nucleoproteide sind bekanntlich die charakteristischen Bausteine der Kerne bzw. der Chromosomen und ihrer Analoga bei den kernlosen Pflanzen. Jede Eiweißsynthese scheint an die Anwesenheit von Nucleoproteiden gebunden zu sein (CASPERSSON), die deshalb auch in den bisher genauer analysierten Virusproteinen nicht fehlen. Purinbasen finden sich bevorzugt an den Stellen in den Pflanzen, wo reger Eiweißumsatz herrscht: im Nährgewebe der Samen, in jungen Blättern, in Sproßspitzen. Die Bauelemente der Nucleinsäuren sind bestimmte Zucker, Phosphorsäure und Pyrimidin- und Purinbasen. Im tierischen Körper werden die Abbauprodukte der Basen häufig als Harnsäure, einem Oxyderivat des Purins, abgeschieden. Harnsäure, die bei Säugetieren nur in Spuren, bei Reptilien und Vögeln aber als regelmäßiges Exkret auftritt, kommt auch in *Soja*-Samen und in anderen Leguminosen vor. Durch die weitverbreitete Uricase, eine Dehydrase, wird Harnsäure in Allantoin übergeführt; sie ist deshalb in Pflanzen schwer zu fassen. Harnsäure selbst entsteht durch Xanthinoxydasen aus Xanthin und anderen Basen der Nucleinsäuren. Der Umsatz der Purinkörper stellt also einen Ausschnitt aus dem Stoffwechsel des Zellkernes dar.

Xanthin → Harnsäure → Allantoin → Allantoinsäure

Allantoin, das in Pflanzen nicht selten ist, z. B. in der Rinde der Roßkastanie, in Weizenkeimlingen, im Rhizom von *Symphytum*, und Allantoinsäure, z. B. in *Soja*-Samen, sind Produkte des Purinabbaues (PURUCKER), die deshalb vorzugsweise an Orten erhöhten Eiweißumsatzes, in Keimlingen und Sproßspitzen auftreten. Beim Abbau der Allantoinsäure zu Ammoniak kann übrigens Glyoxylsäure entstehen, die oben nicht in irgendeinen Zusammenhang mit den übrigen Fettsäuren gebracht werden konnte und die vielleicht regelmäßig aus dem auch in Pflanzen lebhaften Purinumsatz anfällt. In gewissen Pflanzen, z. B. *Raphanus sativus*, wird zugegebenes Allantoin sowohl im Licht als auch im Dunkeln restlos verbraucht, aber der Umsatz muß über andere als die eben skizzierten Bahnen verlaufen, denn weder läßt sich Allantoinsäure abfangen noch sind die erforderlichen Enzyme nachweisbar (BRUNEL und ECHEVIN).

Wahrscheinlich hat man auch in der Pflanze zwei Gruppen von Purinderivaten anzunehmen, denen verschiedene Bedeutung zukommt: die Aminopurine als Bausteine der Nucleoproteine, und die Oxypurine als deren Zersetzungs- und Abbauprodukte, die am Stickstoff methyliert als Alkaloide auftreten. Der Gehalt der Pflanze an Aminopurinen nimmt mit dem Alter ab, während gleichzeitig der Oxypuringehalt ansteigt (vgl. WINTERSTEIN und SOMLO). Nucleinsäuren übernehmen auch sonst mannigfache Funktionen im Zellstoffwechsel, z. B. die Adenosinphosphorsäuren beim Energieumsatz.

Die Basen der Nucleinsäuren sind Oxy- und Aminoderivate des Purins, das selbst nicht im Organismus angetroffen wird. Adenin (6-Aminopurin), Guanin (2-Amino-6-oxypurin), Hypoxanthin (6-Oxypurin) und Xanthin (2,6-Dioxypurin) werden fast regelmäßig gefunden. Die den Alkaloiden zuzuzählenden Purine sind Methylderivate des Xanthins. Als Übergangsglied zu den höher methylierten Basen kommt z. B. im Zuckerrübensaft das Heteroxanthin (7-Methylxanthin) vor, das auch im Harn reichlich abgeschieden wird und mit dessen weiterer Verbreitung im Pflanzenreich zu rechnen ist. Die meisten Coffeinpflanzen enthalten als einfach methylierten Vertreter das 3-Methylxanthin. Das Theophyllin (1,3-Dimethylxanthin) ist bisher nur im chinesischen Tee nachgewiesen worden, aber seine Anwesenheit in anderen Pflanzen ist wahrscheinlich. Das Theobromin (3,7-Dimethylxanthin) ist außer in den meisten Arten der Gattung *Theobroma* auch als „Nebenalkaloid" verschiedener Coffeinpflanzen, z. B. in *Cola acuminata* und *Paullinia*, zu finden. Es kommt nicht nur in Kakaosamen vor, wo es bis zu 2% der Trockensubstanz ausmachen kann, sondern auch in allen anderen Organen der Pflanze. Junge Blätter haben einen höheren Gehalt als ältere, aus denen es ganz verschwinden kann. In den Kakaosamen scheint Theobromin wenigstens zum Teil als Glykosid vorzuliegen.

Das für die menschlichen Bedürfnisse wertvollste Xanthinderivat ist das 1,3,7-Trimethylxanthin, das Coffein, das in recht verschiedenen Familien der Dikotyledonen auftaucht, wie die folgende Zusammenstellung der wichtigsten Coffeinpflanzen zeigt, unter denen sich leider keine einzige befindet, die in den gemäßigten Klimaten beheimatet ist. Coffein kann in fast allen Organen und Geweben, in Blättern, Knospen, Zweigen, Rinde, Holz, Blüten, Frucht und Samen vorkommen. Bemerkenswert ist, daß nicht alle *Coffea*-Arten Coffein im Samen führen. *Coffea Humblotiana* und anderen *Coffea*-Arten von Madagaskar fehlt es. Dies läßt den Schluß zu,

Die wichtigsten Coffeinpflanzen und ihre Heimat.

Art	Familie	Heimat
Coffea-Arten	Rubiaceen	Afrika
Thea sinensis	Ternstroemiaceen	Südasien
Paullinia sorbilis	Sapindaceen	Südamerika
Ilex paraguariensis (Mate)	Aquifoliaceen	Südamerika
Cola acuminata	Sterculiaceen	Afrika
Theobroma cacao	Sterculiaceen	Mittelamerika
Anona cherimolia	Anonaceen	trop. Amerika und Afrika

daß das Coffein ein zufälliges, indifferentes Stoffwechselprodukt ist, das so oder in anderer Form, etwa weniger methyliert oder weiter oxydiert, anfallen könnte. Von den *Thea*-Arten ist *Thea japonica* coffeinfrei. Bei *Coffea arabica* enthalten Stammrinde, Holz und Wurzeln kein Coffein. In vollreifen Früchten und in alten Blättern sinkt der Coffeingehalt (auf Trockengewicht bezogen) wieder etwas ab gegenüber den jungen Organen, in denen es sich bevorzugt bildet. In den Samen nimmt die Coffeinmenge jedoch mit der Reife zu. Bei *Ilex paraguariensis* ließ sich zeigen, daß das verschwindende Coffein in den Eiweißaufbau eingeführt wird. Verdunklung von Keimlingen erhöht, Belichtung vermindert den Coffeingehalt (vgl. WINTERSTEIN und SOMLO; CZAPEK Bd. III). Vielleicht liegt auch das Coffein manchmal als leicht spaltbares Glykosid vor. Die Wasserlöslichkeit der Xanthine nimmt mit steigender Zahl von Methylgruppen zu. Theobromin ist weniger löslich als Coffein. Die Quelle, aus der die Pflanzen Methylgruppen für die Synthese dieser Purinderivate schöpft, ist, wie auch für andere Methylierungen, noch unbekannt.

Der phytochemische Aufbau des Purinkerns ist ebenfalls noch unerforscht. Rein formal entsteht das Purin durch Kondensation von zwei Harnstoffresten mit einer dreigliedrigen ungesättigten Kohlenstoffkette (Diureid). Die Vorstellung der Biogenese nach diesem Schema erscheint deshalb nicht so abwegig, weil wir auch an anderen Stellen des Stoffwechsels immer wieder das Vorherrschen von C_3-Körpern treffen, die in der organischen Chemie jedoch keinerlei Bevorzugung erkennen lassen, so daß ihre weite Verwendung als Bausteine für die Zelltätigkeit wohl nur ihrem regelmäßigen Anfall beim Hexosenabbau zu verdanken ist. Im Tierkörper wird aus Ammoniumcitrat, dessen N-Atome als N^{15} markiert sind, Stickstoff in die Purine des Körpers und in Harnsäure und Allantoin der Exkremente eingeführt. Auch Acetat kann in Harnsäure eingebaut werden (SONNE und Mitarbeiter). Im tierischen Organismus scheinen die einzelnen C-Atome des Purinkernes ganz verschiedenen Ursprung zu haben (BUCHANAN und Mitarbeiter). Ob diese Verhältnisse auch für die autotrophe Pflanze zutreffen, ist nicht ganz sicher, obwohl bei einem so grundlegenden Vorgang im allgemeinen keine wesentlichen Abweichungen des tierischen vom pflanzlichen Stoffwechsel bestehen.

Purin (Diureid)   Pyrimidin (Ureid)   Cocarboxylase

Für die Vorstellungen über die Entstehung des Purinkernes ist es vielleicht recht aufschlußreich, daß gerade in den Nucleinsäuren, den Fundorten der Purine, noch andere Basen enthalten sind, die den ganz ähnlich gebauten, einfacheren Pyrimidinkern als Grundgerüst aufweisen. Pyrimidin kann aus der gleichen C_3-Kette mit *einem* Harnstoffrest entstanden sein. Die natürlich vorkommenden Basen sind Oxy-, Amino- und Methylderivate des Pyrimidins, z. B. Cytosin, Thymin, Uracil u. a., die aber hier nicht näher betrachtet werden sollen, da sie, wie es scheint, nicht mit sekundären Körpern in innerem Zusammenhang stehen.

Der Pyrimidinkern spielt in einigen Verbindungen von hoher physiologischer Bedeutung eine Rolle. Das Vitamin B_1 (Aneurin) baut sich aus einem Thiazol- und einem Pyrimidinbaustein auf. Der Pyrophosphorsäureester des Aneurins ist die Cocarboxylase, das Coenzym des für die CO_2-Abspaltung aus Brenztraubensäure verantwortlichen Enzyms.

c) **Pyrrolidin-Abkömmlinge.** Pyrrol- und Pyrrolidinbasen sind relativ selten gefunden worden, obwohl ja Pyrrolkerne im Chlorophyll in allen grünen Pflanzen in reicher Menge gebildet werden. Sie lehnen sich offensichtlich an die Aminosäure Prolin an, die in manchen pflanzlichen Eiweißen zu einem recht hohen Prozentsatz vertreten ist. Zein enthält etwa 9% Prolin. Freies Pyrrolidin ist aus Pflanzen, die keine eigentlichen Alkaloide führen, z. B. aus Petersilien- und Möhrenblättern, destilliert worden. N-methyliertes Pyrrolin und methyliertes Pyrrolidin findet man als Nebenalkaloide in *Belladonna*-Blättern. Die nahe Beziehung dieser Methylderivate zum Stachydrin, dem Betain des Prolins, ist offensichtlich. Das methylierte Pyrrolidin, durch eine angefügte C_3-Kette zum Hygrin erweitert, erscheint als Nebenbase des Cocains in *Erythroxylon coca* zusammen mit Cuskhygrin, das einen zweiten Pyrrolidinkern am anderen Ende der C_3-Kette trägt. Verbindungen, in denen der Pyrrolidinring mit anderen Kernen kombiniert oder kondensiert ist, finden sich unter den Pflanzenbasen viel häufiger als die hier genannten, die den fünfgliedrigen Ring allein enthalten.

Stachydrin — Prolin — Pyrrolin

N-Methyl-Pyrrolidin — Hygrin

d) **Piperidin- und Pyridinabkömmlinge.** Pyridin stellt einen dem Benzolkern entsprechenden ungesättigten sechsgliedrigen Ring mit einem N-Atom dar, und Piperidin ist die zugehörige völlig gesättigte Verbindung. Außer diesen beiden Extremen finden sich in Alkaloiden auch Ringe von intermediärem Hydrierungsgrad. Eine natürliche Aminosäure, die den Pyridinkern enthielte, ist nicht bekannt. Für die Genese dieses Ringes sollen später bei den Tabakalkaloiden einige Möglichkeiten aufgezeigt werden (s. S. 233).

Piperin, das ist Piperidin mit Piperinsäure zu einem Säureamid vereinigt, bildet einen der wirksamen Bestandteile des schwarzen Pfeffers, in dem es zu 5—8% enthalten ist. Dieses „Piperid" läßt sich durch Hydrolyse leicht in seine beiden Komponenten zerlegen. Die Piperinsäure, eine N-freie aromatische Säure, trägt an einem aus dem Cubebin und anderen schon behandelten Verbindungen bekannten substituierten Benzolkern eine fünfgliedrige Seitenkette. Piperinsäure kommt zwar auch in einigen anderen Piperarten außer *Piper nigrum* vor, aber nicht in *Piper cubeba*, dem Fundort des Cubebins. Es scheint, daß die beiden Körper vikariierend miteinander auftreten.

Piperin ist eine optisch inaktive, sehr schwache Base, die physiologisch auf das zentrale Nervensystem kaum wirksam ist. Ob der Pfeffergeschmack auf dem Piperin oder auf dem isomeren Chavicin oder auf beiden beruht, ist noch umstritten (OTT und LÜDEMANN; STAUDINGER und SCHNEIDER). Wesentlich für den Pfeffergeschmack scheint die säureamidartige Bindung des Piperins mit einer aliphatisch-aromatischen Säure zu sein. Das kristallisierte Piperin schmeckt weniger scharf, als wenn es in Pfefferöl gelöst oder emulgiert ist. Alkoholische Lösungen schmecken nur brennend scharf und haben nicht den angenehmen Geschmack des Pfeffers.

(Piperidin)   (Piperinsäure)

Piperin

Den Piperidinring, mit einer C_3-Seitenkette zum α-Propylpiperidin verbunden, ergibt das d-Coniin, das Alkaloid des gefleckten Schierlings *Conium maculatum*. In kleinen Mengen trifft man dieses Alkaloid auch in anderen Pflanzen an, in *Aethusa cynapium* unter den Umbelliferen und in *Sambucus nigra*. Wenn die Pflanze gerade in Blüte steht und Früchte ansetzt, enthält der Schierling die größte Menge Alkaloid; in den Früchten ist am meisten vorhanden, wenn sie beginnen, sich gelb zu färben. Auch bei dieser Base findet also ein Verbrauch im Alter der Pflanze bzw. beim Reifen der Früchte statt. Das Coniin ist mit einigen Nebenalkaloiden vergesellschaftet, die zum Teil am Stickstoff methyliert, zum anderen Teil aber partiell dehydriert sind und damit Übergänge zum Pyridinkern darstellen, wie z. B. das γ-Conicein. Coniin, das Gift des „Schierlingsbechers", bewirkt Paralyse der motorischen Nervenendigungen (s. nächste Seite).

Reicher substituierte Piperidinbasen kommen in *Lobelia inflata* vor. Dabei stellt die Reihe der Haupt- und Nebenalkaloide ein ebenso schönes Beispiel für eine Serie einander nahestehender und durch Reduktion und Methylierung ineinander überführbarer Pflanzenbasen dar, wie wir es eingehender bei den Tabakalkaloiden kennenlernen werden (s. S. 233). Im Anabasin und verschiedenen anderen Nebenalkaloiden des Tabaks findet sich ebenfalls der Piperidinkern.

Verschiedene partiell dehydrierte Derivate des Piperidins stellen die Basen in den Samen der Betelpalme, *Areca catechu*, dar. Arecaidin ist eine der Nicotinsäure analoge, stärker hydrierte Säure. Ihr Methylester ist das Hauptalkaloid Arecolin. Die übrigen Nebenalkaloide sind die entsprechenden Norbasen, denen also das Methyl am Stickstoff fehlt. Die Betelpalme ist auf den Sundainseln beheimatet. Bei den Eingeborenen Indiens, der Philippinen und der Inseln des Indischen und Pazifischen Ozeans

222   Die stickstoffhaltigen sekundären Pflanzenstoffe.

ist das Kauen der Betelnüsse eine der verbreitetsten Angewohnheiten. Es wirkt als mildes Stimulanz und Narkotikum, regt den Speichelfluß an und ruft das Gefühl von Wohlbefinden, guter Laune und Zufriedenheit hervor.

Coniin   Arecaidin   Ricinin   Nicotinsäure

Eine noch stärkere Annäherung an die Pyridinbasen ist im Ricinin durch weitere Dehydrierung vollzogen. Ricinin ist schon im Samen von *Ricinus communis* nachweisbar, es nimmt während der Keimung rasch zu und reichert sich während der Entwicklung der Pflanze immer mehr an. Es ist eines der wenigen Alkaloide, die ganz ohne Nebenbasen vorkommen. Seine Alkalität ist so schwach, daß es keine Salze bildet. Ricinin ist nur schwach giftig. Die toxische Wirkung der *Ricinus*-Samen wird durch ein hochmolekulares Toxin noch unbekannter Natur hervorgerufen.

Eine noch weitergehende Dehydrierung des Kernes führt schließlich zum Pyridinring, der die eine Komponente aller Tabakalkaloide bildet. Sie sollen in einem besonderen Abschnitt behandelt werden (s. S. 233). Hier mögen nur einige Pyridinderivate erwähnt werden, die besonders einfach gebaut sind oder eine besondere physiologische Funktion ausüben. Freies Pyridin wurde in *Haplopappus Hartwegi*, einer amerikanischen Composite, gefunden. Als eine der einfachsten Alkaloidbasen wurde in jüngster Zeit 3-Methylpyridin aus Leguminosen und *Equisetum* isoliert [vgl. Ann. Rev. of Biochem. 13, 533 (1944)]. Als einfache Pyridinbase ist hier nochmals auf das Trigonellin hinzuweisen, das Betain der Nicotinsäure. Es soll das verbreitetste Pyridinderivat im Pflanzenreich sein und ist in den verschiedensten Familien nachgewiesen worden. Besonders große Mengen kommen in Kaffeesamen vor. Erhöhter Coffeingehalt entspricht einem geringeren Trigonellinspiegel, woraus man den Eindruck gewinnt, als fände eine Konkurrenz um den Methylvorrat statt, da beide sekundären Stoffe durch besonders hohen Methylgehalt charakterisiert sind.

Das Nicotinsäureamid stellt die Wirkgruppe in den beiden Codehydrasen dar, in denen es an ein Nucleotid mit 2 bzw. 3 Phosphorsäureresten gebunden ist. Das Nicotinsäureamid oder Niacin ist als Wuchsstoff bzw. Vitamin für die Kultur vieler Mikroorganismen nötig, die die Fähigkeit zu seiner Synthese aus einfachen Bausteinen eingebüßt haben. Die Wasserstoffübertragung wird dadurch vermittelt, daß durch Beladung mit zwei Wasserstoffatomen eine o-Dihydroverbindung des Nicotinsäureamids entsteht, die gleich dem Ricinin nur noch zwei Doppelbindungen im Kern aufweist. Nach Übernahme dieses Wasserstoffes durch die Wirkgruppe des „gelben Fermentes" wird der Pyridinring zurückgebildet. Der Wechsel zwischen zwei Zuständen verschiedener Wasserstoffsättigung des Nicotinsäureamids gibt eine Vorstellung davon, wie die im vorhergehenden aufgezählten Basen, die sich prinzipiell nur durch den Hydrierungsgrad des Kernes unterscheiden, zustande gekommen sein können.

Pyridoxin (Vitamin B_6)

Ein weiteres einfach gebautes, aber physiologisch sehr wichtiges Pyridinderivat ist das Vitamin B_6, Adermin oder Pyridoxin. Der zugehörige Aldehyd, Pyridoxal, bildet nach Veresterung des phenolischen Hydroxyls mit Phosphorsäure das Coenzym für die Decarboxylasen der Aminosäuren (s. S. 204).

e) Einige Alkaloide mit dem Tropangerüst. Durch Kondensation eines Piperidin- mit einem Pyrrolidinring, die 2 C-Atome und den Stickstoff gemeinsam haben, kann man sich rein formelmäßig den Tropankern entstanden denken, von dem sich eine Reihe von Alkaloiden recht verschiedener Herkunft ableiten. Ob die formale Beziehung zu den beiden genannten Ringen auf einen genetischen Vorgang hinweist, ist sehr fraglich. Eher wäre ins Auge zu fassen, ob nicht das Hygrin (s. oben), das ja als Nebenalkaloid solcher Tropanbasen in *Erythroxylon coca* auftaucht, oder eine ähnliche Verbindung als Zwischenstufe zwischen die Ausgangsstoffe, die den einfachen Aminosäuren nahestehen werden, und das eigenartige Skelet des Tropansystems einzuschieben wären, das dann letzten Endes auch auf das Prolin zurückginge. Ganz andere Vorstellungen liegen den Versuchen zugrunde, welche die Synthese des Tropangerüstes in vitro unter physiologisch möglichen Bedingungen anstreben (s. S. 245).

Die bisher bekannten Vertreter dieser Sippe von Alkaloiden unterscheiden sich auch wieder nur durch den Oxydations-Reduktions-Zustand des Grundgerüstes, durch Variation einfacher Substituenten und, als eine Besonderheit gerade der Tropanbasen, durch den Säurepartner, mit dem das Tropin, ein Alkohol, verestert ist.

Wichtige und wertvolle Alkaloide der Solanaceen gehören zu dieser Gruppe. Die pharmakologisch unersetzbaren Basen aus *Atropa belladonna*, *Hyoscyamus niger*, *Datura stramonium*, *Scopolia*- und *Duboisia*-Arten kommen meist in mehreren dieser Pflanzenarten gemeinsam vor. Als Typ dieser Alkaloide sei das Atropin betrachtet, das als racemische Form des optisch aktiven Hyoscyamins in der Pflanze höchstens in kleinen Mengen vorliegt und sich erst bei der Aufarbeitung aus der optisch aktiven Base bildet. Das Atropin des Handels wird ausschließlich durch Racemisieren des natürlichen Hyoscyamins gewonnen. Hyoscyamin, dessen Struktur also dem Atropin gleich ist, kommt zusammen mit Hyoscin bzw. Scopolamin, einer Oxydationsstufe des ersten, in allen genannten Solanaceenarten vor. Es sind die Alkaloide der Halluzination und des Fanatismus. Atropinlösungen erweitern nach Einträufeln in die Augen die Pupillen, sie wirken mydriatisch und paralysieren zudem die Akkommodationsmuskeln der Augen, weshalb sie in der Ophthalmologie Verwendung finden. Atropin wird wegen weiterer Wirkungen auf den menschlichen Körper auch noch anderweitig medizinisch verwendet.

$$\begin{array}{cccc} \text{Tropan} & \text{Tropin} & \text{Scopin} & \text{Atropin} \end{array}$$

Atropin bzw. Hyoscyamin ist der Ester der Tropasäure mit dem Tropin, einem „Alkamin". Die Säure, die aus einem Benzolkern und einer dreigliedrigen Kette ganz ähnlich wie die oben behandelten Phenyl-Propan-abkömmlinge aufgebaut ist, hat zum Unterschied von diesen die Isopropylkonfiguration. Die Seitenkette entspricht im übrigen dem Rest der Glycerinsäure, also wieder einem C_3-Spaltstück, das aus dem normalen Abbau der Hexosen wohlbekannt ist. Hyoscyamin enthält die optisch aktive l-Tropasäure. Folgende Ester des Tropins bzw. Pseudotropins, eines Stereoisomeren des ersten, sind bisher in Pflanzen bekannt geworden:

Alkaloid	Basischer Alkohol	Säure
Hyoscyamin	Tropin	l-Tropasäure
Atropin	,,	dl-Tropasäure
Atropamin	,,	Atropasäure
Belladonnin	,,	polymere Atropasäure
Scopolamin (Hyoscin)	Scopin	Tropasäure
Convolamin	Tropin	Veratrumsäure
Tropacocain	Pseudotropin	Benzoesäure

Außer den beiden letzten, von denen das Tropacocain ein Nebenalkaloid des Cocains ist (s. unten), kommen die Basen in Solanaceen vor. Die Atropasäure ist um ein Molekül Wasser ärmer als die Tropasäure, sie enthält einen

$$C_6H_5-\underset{\underset{\text{Tropasäure}}{CH_2OH}}{\overset{COOH}{CH}} \qquad C_6H_5-\underset{\underset{\text{Atropasäure}}{CH_2}}{\overset{COOH}{\underset{\|}{C}}}$$

ungesättigten Isopropylrest und kann vielleicht als Zeugin dafür dienen, daß nicht nur Dehydrierungen, sondern auch Dehydratisierungen bei der Entstehung der sekundären Stoffe beteiligt sind. Außer den aufgezählten finden sich als Nebenalkaloide noch einfache Basen, wie Pyridin und Pyrrolidin und Norbasen der oben genannten. Eigentümlicherweise lassen sich alle diese Tropin- und ähnlichen Ester leicht durch Lipasen hydrolytisch spalten.

Stoffwechselphysiologisch bieten diese Tropaalkaloide der Solanaceen noch einige Merkwürdigkeiten. Daß ein Teil von ihnen speziell in der Wurzel entsteht, wurde oben schon erörtert (s. S. 212). In *Duboisia*-Arten finden sich Hyoscyamin und Scopolamin, von denen nur das letzte in der Wurzel ohne Mithilfe des Sprosses aufgebaut wird, wie Pfropfungen von Tomaten auf *Duboisia* erweisen. Die Hauptmenge der Basen kommt als freies Tropin aus den Wurzeln in den Sproß (TRAUTNER). Die Veresterung findet nur teilweise in den Wurzeln statt, die Base fällt in den Blättern also einer Weiterverarbeitung anheim. Die Art der Säuren, mit denen Tropin verestert wird, ist in den verschiedenen Pflanzen ziemlich spezifisch. In *Duboisia* und anderen Solanaceen dienen dazu Isovalerian-, Tiglin-, Tropa- und Atropasäure, in *Convolvulus pseudocantabricus* sind Tropin bzw. Nortropin mit Veratrumsäure verknüpft, und in Cocablättern werden Ester der Benzoesäure gebildet. Freie Basen sammeln sich in *Duboisia*-Blättern nicht an. In den aufgepfropften, genetisch alkaloidfreien Reisern, z. B. von Tomaten, aber auch von Tabak, wird die Base jedoch nicht verestert, obgleich auch dort genügend organische Säuren vorhanden sind. Der Veresterungsmechanismus in den Pflanzen mit Tropaalkaloiden ist streng spezifisch; es können keine anderen Säuren hereingenommen werden, was wohl für die Beteiligung eines Enzyms spricht.

Das Verhältnis der beiden Hauptalkaloide Scopolamin und Hyoscyamin ist in den einzelnen *Duboisia*-Arten wechselnd, aber so, daß jenes in den tropischen Gebieten Australiens und dieses in den gemäßigten Zonen überwiegt. Sie unterscheiden sich beide ja nur geringfügig durch den Oxydationszustand. Auch jahreszeitliche Verschiebungen sind beobachtet worden, z. B. enthalten die Sträucher im Frühjahr fast reines Hyoscyamin und im Herbst fast gleich viel reines Scopolamin. Wann und unter welchen Bedingungen solche Verschiebungen stattfinden, ist jedoch nicht geklärt worden. In den *Duboisia*-Arten, ebenso in *Datura stramonium* und *Hyoscyamus niger* wird mit großer Wahrscheinlichkeit primär Scopolamin gebildet, das z. B. auch in den Keimlingen als erstes auftaucht und das erst später in das reduzierte Hyoscyamin umgewandelt wird.

Bei der Entwicklung der ersten Blätter von *Atropa belladonna* nimmt der Hyoscyamingehalt der Wurzeln ab. Wenn die Blätter im Hunger Eiweiß abbauen, steigt der Hyoscyamingehalt an, auch in etiolierten Blättern nimmt die Menge der Basen zu. Alkaloidarme Blätter von *Belladonna*, die auf Tomatenwurzeln gepfropft angezogen worden waren, nehmen aus Atropinlösung das Alkaloid auf. Es scheint, als könnte das ganze veresterte Molekül sowohl aufwärts als auch abwärts in der Pflanze wandern. In *Duboisia* sind die Alkaloide ziemlich stabil; sie werden kaum wieder verbraucht. Im ganzen ergibt sich jedoch aus solchen Beobachtungen, daß die N-haltigen Pflanzenstoffe im Gegensatz zu vielen anderen sekundären Verbindungen oft in der Pflanze wandern und nicht immer Exkrete sind, sondern noch am Stoffumsatz teilnehmen.

Durch Anfügen einer Carboxylgruppe an das Tropin wird es zum Ecgonin erweitert, von dem sich die wichtigsten Basen der *Coca*-Blätter ableiten. Das pharmakologisch bedeutsamste, das Cocain, ist der Benzoyl-Methylester des Ecgonins. In den „Nebenbasen", die in Cocablättern bestimmter Provenienzen manchmal mengenmäßig den bedeutendsten Teil der Gesamtalkaloide stellen, sind entweder andere Säuren zur Veresterung herangezogen, z. B. Zimtsäure, Truxillsäure, oder aber die Carboxylgruppe bleibt frei.

```
    CH₂—CH——CH·COOH            CH₂—CH——CH·CO·OCH₃
     |    |                     |    |
     N CH₃ CHOH                  NCH₃ CHO·OC·C₆H₅
     |    |                     |    |
    CH₂—CH——CH₂                CH₂—CH——CH₂
        Ecgonin                    Cocain
```

Bemerkenswert ist, daß die Stellung der Carboxylgruppe am Pyridinring des Ecgonins derjenigen in der Nicotinsäure entspricht. Diese Übereinstimmung darf vielleicht als ein Fingerzeig für die Entstehung des Ecgonin- und Tropanskeletes gewertet werden, wenn wir auch noch nicht ahnen, aus welchem Grunde gerade die β-Stelle des Pyridinringes sich als besonders substitutionsfreudig erweist, wofür die Tabakalkaloide noch als sprechende Beispiele genannt werden müssen.

Die Blätter von *Erythroxylon coca* (*Erythroxylaceen*, *Geraniales*) werden seit alten Zeiten von den südamerikanischen Indianern als Stimulans gekaut. Heute kultiviert man in Peru, Bolivien, Java und Ceylon verschiedene Arten des Strauches. Die Gewinnung des Cocains geht so vor sich, daß die Blattmasse zunächst einer hydrolytischen Spaltung unterworfen wird, und daß in dem Extrakt dann aus N-Base, Benzoesäure und Methylalkohol in dem leicht umkehrbaren Prozeß das Alkaloid wieder zusammengesetzt wird. Man gewinnt auf diese Weise meist mehr fertiges Alkaloid, als ursprünglich in der Pflanze vorhanden war, weil nicht oder anders veresterte Basen so auf den rechten Weg geleitet werden. Im übrigen zeugt dieser technische Prozeß dafür, wie leicht und willkürlich hier in der Pflanze diese Veresterungen durchgeführt werden.

Wenn wir einmal neben das Tropinon, das Keton zu dem Tropin, eines der Nebenalkaloide aus den *Coca*-Blättern, nämlich das Hygrin, stellen und dabei die Schreibweise der einfacheren Base etwas anders als üblich wählen, so kann der mögliche genetische Zusammenhang eigentlich kaum mehr fraglich sein.

$$\begin{array}{ccc}
\text{H}_2\text{C}-\text{CH}_2 & & \\
\text{H}_2\text{C} \quad \text{CH}-\text{CH}_2-\text{CO}-\text{CH}_3 & \text{H}_2\text{C}-\text{CH}-\text{CH}_2 & \text{H}_2\text{C}-\text{CH}-\text{CH}_2 \\
\text{N} & \text{NCH}_3 \quad \text{CO} & \text{NCH}_3 \quad \text{CO} \\
\text{CH}_3 & \text{H}_2\text{C}-\text{CH}_2 \quad \text{CH}_3 & \text{H}_2\text{C}-\text{CH}-\text{CH}_2 \\
\text{Hygrin} & & \text{Tropinon}
\end{array}$$

Besonders reizvoll wirkt dieser vermutete Übergang von der halboffenen monocyclischen Struktur zur geschlossenen bicyclischen dadurch, daß wir ein völliges Analogon dazu in einer Reihe von Alkaloiden aus der Wurzel und Stammrinde von *Punica granatum* (Punicaceen, *Myrtiflorae*) finden, von denen hier das Isopelletierin neben das Pseudopelletierin gestellt werden soll.

$$\begin{array}{ccc}
\text{CH}_2 & & \\
\text{H}_2\text{C} \quad \text{CH}_2 & \text{H}_2\text{C}-\text{CH}-\text{CH}_2 & \text{H}_2\text{C}-\text{CH}-\text{CH}_2 \\
\text{H}_2\text{C} \quad \text{CH}-\text{CH}_2-\text{CO}-\text{CH}_3 & \text{H}_2\text{C} \quad \text{NH} \quad \text{CO} & \text{H}_2\text{C} \quad \text{NCH}_3 \quad \text{CO} \\
\text{N} & \text{H}_2\text{C}-\text{CH}_2 \quad \text{CH}_3 & \text{H}_2\text{C}-\text{CH}-\text{CH}_2 \\
\text{H} & \text{Isopelletierin} & \text{Pseudopelletierin}
\end{array}$$

Die Ausgangskörper Hygrin und Isopelletierin sind bis auf die Gliederzahl der Ringe, deren Abhängigkeit voneinander unten noch dargelegt werden soll, völlig gleichartig gebaut, außerdem weisen sie noch auf die engsten Beziehungen zu den Coniumbasen, speziell zum Conhydrin hin. Die in allen Fällen angeknüpfte C_3-Kette verdient besondere Erwähnung. Der einzige Schritt, der erforderlich ist, um von den relativ einfachen halboffenen Basen, deren Herkunft wir noch leicht entziffern können, zu den kondensierten, auf den ersten Blick schwer erklärlichen Gerüsten der Tropan- bzw. Pelletierinalkaloide hinüberzutreten, besteht in einer der lebenden Zelle so geläufigen Dehydrierung, zudem noch an einer Methylgruppe ansetzend, deren Wasserstoffatome durch die Nachbarschaft der Carbonylgruppe schon rein chemisch aufgelockert sind. Diese reduktive Überführung von Hygrin in Tropinon konnte in vitro bisher noch nicht verwirklicht werden. Vielleicht führt hier der Einsatz von Dehydrasen weiter. Wenn die einfachen N-haltigen Ringe mit den dreigliedrigen Seitenketten einmal als gegeben angenommen werden, und ihre Entstehung als unmittelbare Verwandte des Prolins ist ja sehr plausibel (über die mögliche Genese des Pyridinringes aus dem Pyrrolring s. unten), so ist es vielleicht nicht mehr so verwunderlich, daß Alkaloide mit einem scheinbar komplizierten Molekülgerüst an so weit verstreuten Stellen des pflanzlichen Systems auftauchen. Sie verdanken ihre Entstehung lediglich einem der Zelle so selbstverständlichen Dehydrierungsvorgang an einem dafür besonders geeigneten Komplex. Diese Möglichkeit der Genese der Basen mit kondensiertem Pyridin- und Pyrrolidinkern muß jedenfalls noch neben die andere gehalten werden, die den Versuchen zur Synthese von Alkaloiden in vitro unter zellähnlichen Bedingungen zugrunde liegt (s. S. 245). Die Frage nach der Phytosynthese der zu diesen Gruppen gehörigen Alkaloide reduziert sich also auf die Frage nach dem Ursprung der einfachen Basen, wie Hygrin, Coniin, bzw. auf die Entstehung der fünf- und sechsgliedrigen N-haltigen Ringe, deren engste Verwandtschaft zu den biogenen Aminosäuren ja nicht zweifelhaft sein kann.

f) Einige Alkaloide mit Chinolin- und Isochinolinringen. Der unter den Alkaloiden am weitesten verbreitete Bauplan ist das Isochinolinsystem, von dem einige ausgewählte Vertreter hier vorgestellt werden sollen. Wir sind, wie bereits erwähnt, hier in der glücklichen Lage, wenigstens in einer Pflanze neben den Basen mit dem bicyclischen Isochinolinkern solche anzutreffen, die viel einfacher gebaut sind, den Stickstoff noch in einer primären Aminogruppe tragen, aber in ihrer Konstitution doch die unmittelbare Verwandtschaft mit den komplizierter zusammengesetzten erkennen lassen. Der Vergleich der Formel für das aromatische Amin Mezcalin mit derjenigen für die Isochinolinbase Anhalamin, beide gemeinsam in verschiedenen *Anhalonium*-Arten, legt als den entscheidenden Schritt eine Kondensation unter Einbeziehung der einen verätherten Methylgruppe nahe. Eine Variante dieser Aufbaumöglichkeit wird später zu erwähnen sein (s. S. 246).

Mezcalin   Anhalamin

Alkaloide mit dem Isochinolinsystem gehören vor allem den Ranunculaceen, Menispermaceen, Papaveraceen, Cactaceen, auch den Rutaceen und anderen Familien an. Zu ihnen zählt eine ganze Reihe wichtigster Pflanzenbasen, die schon recht lange in ihrer chemischen Konstitution aufgeklärt sind, über deren Entstehung in den Pflanzen aber noch völliges Dunkel liegt.

Durch Verknüpfen oder Kondensation mit weiteren Benzolkernen sind sie zu Körpern größter Komplikation ausgestaltet worden. In der Hauptsache lassen sich drei Grundtypen herausschälen, deren Molekülskelete hier zunächst aufgeführt seien. Von jedem einzelnen Typ sind durch die üblichen Prozesse der Reduktion oder Oxydation, der Methylierung am Stickstoff und anderer einfacher Substitutionen meist in der gleichen Pflanze oder aber in verschiedenen Pflanzenarten eine unüberschaubare Zahl von Varianten entstanden. Allein aus dem Opium, dem getrockneten Milchsaft der unreifen Fruchtkapseln von *Papaver somniferum*, sind bisher etwa 25 verschiedene Alkaloide gewonnen worden.

Laudanosin-Typ   Berberin-Typ   Apomorphin-Typ

Als ein übersichtliches Beispiel für den Laudanosintyp mag das Hydrastin ausgewählt werden, das sich relativ einfach in Bruchstücke zerlegen läßt, die der Pflanze vielleicht auch beim Zusammensetzen zur

228 Die stickstoffhaltigen sekundären Pflanzenstoffe.

Verfügung gestanden haben. Durch schwache Oxydantien wird die Base, die sich in den Wurzeln und im Rhizom von *Hydrastis canadense* (Ranunculaceen) findet, in die N-haltige Komponente Hydrastinin und in die N-freie Opiansäure zerlegt. Diese aromatische Säure findet sicher in den oben besprochenen Polyphenolen, z. B. in der Veratrumsäure, ihre nächsten Verwandten (s. S. 161). Die Veratrumsäure selbst ist, wie erwähnt, am Aufbau

[Strukturformeln: Hydrastin (Isochinolin-Form) → Hydrastinin (Aldehydform); Opiansäure]

eines Tropinalkaloids in *Convolvulus pseudocantabricus* beteiligt. Das Hydrastinin hat die bemerkenswerte Eigenschaft, tautomer zu reagieren, entweder in der Aldehyd- oder in der Isochinolinform. Die Kondensation über die Aldehydgruppe der Opiansäure dürfte ein für die Zelle leicht möglicher Prozeß sein. In bezug auf die Substituenten entfernt sich die Isochinolinkomponente des Hydrastins z. B. nicht zu weit von den Anhaloniumbasen.

Eines der wichtigsten Opiumalkaloide, das Narcotin, ist ganz analog wie das Hydrastin zusammengesetzt, aus Opiansäure und der Isochinolinbase Cotarnin, die die gleiche Tautomerie aufweist wie Hydrastinin. Laudanosin, das der Gruppe den Namen gegeben hat, und verschiedene andere nur unwesentlich abgewandelte Derivate, wie Papaverin, kommen ebenfalls im Opium vor.

[Strukturformeln: Narkotin → Cotarnin; Meconin (Opiansäure)]

Wesentlich häufiger und weiter verbreitet sind die nach dem Berberintyp gebauten Isochinolinbasen. Der Schritt vom Hydrastin oder Narkotin zum Berberin ist wieder recht einfach. An Stelle des γ-Laktonrings an der Opiansäure ist ein vollständiger Sechsring vom Stickstoff ausgehend geschlossen worden. Daß diese Brücke leicht zu schlagen sein muß, geht daraus hervor, daß eine gleiche Tautomerie wie beim Cotarnin und Hydrastinin auch das Berberin entweder in einer Ammonium- oder in einer

Aldehydform reagieren läßt. Berberin ist recht weit verbreitet, in *Hydrastis*-Wurzeln übertrifft es mengenmäßig sogar das Hydrastin. In *Berberis* kommt eine ganze Schar ähnlicher Basen vor. Die *Corydalis*-Alkaloide sind vom gleichen Typ. In *Chelidonium* und in verschiedenen Rutaceen ist ebenfalls der Berberistyp vorherrschend.

Den dritten Typ der Isochinolinbasen, den Apomorphintyp, können wir uns unschwer auch vom Laudanosin bzw. Narkotin durch einen Ringschluß gewissermaßen nach der anderen Seite herleiten, so daß ein Phenanthrensystem entsteht, das wir sicher nicht als primär gegeben annehmen dürfen, weil es allen Beziehungen zu den gleichzeitig und am gleichen Ort entstehenden übrigen stickstoffhaltigen Körpern widersprechen würde, wenn an einen getrennt entstehenden Phenanthrenkern der Heterocyclus angehängt werden sollte. Nach diesem Typ sind verschiedene der *Corydalis*-

Berberin (Ammoniumform)   Aldehydform

Alkaloide gebaut, außerdem die wichtigen Opiumbasen Morphin und Codein, bei denen allerdings erst nach Wasserentzug aus dem Molekül das Apomorphingerüst entsteht (s. oben).

Wesentlich seltener als Alkaloide mit dem Isochinolinskelet sind Chinolinbasen. In verschiedenen *Echinops*-Arten (Compositen), in der Rinde von *Cusparia trifoliata* (*Galipea officinalis*, Rutaceen), der offizinellen Angosturarinde, in einigen anderen Rutaceen, unter anderem in *Dictamnus albus*, und schließlich in der Rinde verschiedener *Cinchona*-Arten (Rubiaceen), die die offizinelle Chinarinde liefern, sind bisher Chinolinalkaloide aufgefunden worden.

Rein formal entsteht der Chinolinkern durch Kondensation eines Benzolrings mit einem Pyridinring. Diese formale Betrachtung kann jedoch sicher nichts über die Biogenese aussagen, denn ein Zusammentreten der beiden fertigen Kerne unter Austritt von zwei C-Atomen läßt sich kaum denken. Ob der Chinolin- mit dem Isochinolinring genetisch überhaupt so eng zusammenhängt, wie es rein formelmäßig erscheinen möchte, ist nicht sicher. Neben den unten zu besprechenden Versuchen zum Aufbau des Chinolinsystems in vitro soll hier schon erwähnt werden, daß im Hund nach Verfüttern von Tryptophan ein Chinolinderivat, nämlich Kynurensäure (s. S. 239), gebildet wird. Ob und wie die Ringerweiterung des fünfgliedrigen Teiles im Indol auch durch den pflanzlichen Organismus möglich ist, müßte noch untersucht werden. Biologisch liegt noch ein anderer Weg nahe. Die o-Aminozimtsäure, die selbst in Pflanzen allerdings noch nicht gefunden worden ist, zeichnet sich gegenüber den α-Aminosäuren dadurch aus, daß sie durch intramolekularen Wasseraustritt leicht in eine bicyclische Verbindung übergeht, die mit dem Chinolingerüst isomer ist. Aus den Pflanzen mit Chinolinbasen sind leider unseres Wissens noch keine einfachen, etwa halboffenen Nebenalkaloide isoliert worden, die einen Fingerzeig für die Entstehung des Doppelringes und seinen Anschluß an allgemeine Produkte des Stoffwechsels geben.

Hier soll nur kurz auf die seit langem genau bekannten, technisch wertvollen „China"-Alkaloide eingegangen werden. In der Chinarinde, der Ast- und Stammrinde verschiedener Arten der Gattungen *Cinchona*, *Remija* und *Ladenbergia* aus der Familie der Rubiaceen, sind etwa 25 Basen bekannt geworden, von denen Cinchonin und Chinin die wichtigsten sind. Die Heimat dieser Gattungen ist Südamerika, heute werden *Cinchona*-Arten vor allem in den kühleren Berglagen von Indien und Java kultiviert. Die Alkaloide in der Chinarinde sind meist als Salze an Chinasäure und andere spezifische Säuren gebunden. Als Grundsubstanz für die verschiedenen Basen kann das Cinchonin angesehen werden.

Dessen Molekül läßt sich durch Oxydantien in die beiden Bruchstücke Cinchoninsäure und Merochinen zerlegen. Anhaltspunkte für die mögliche Genese finden wir damit allerdings kaum. Etwas durchsichtiger erscheint das Mosaik der Bausteine, aus denen das Cinchoninmolekül vielleicht zusammengesetzt worden sein könnte, nach der sog. Hydraminspaltung durch Erwärmung mit schwacher Säure. Dieser Aufspaltung unterliegen auch andere Alkaloide bestimmter Konstitution. Wir finden dann den Chinolinring, über dessen Entstehung wir uns jedoch noch keine Rechenschaft ablegen können, eine mit einem Sauerstoff behaftete C_3-Kette, wie sie uns schon bei zahlreichen sekundären Stoffen begegnet ist, und schließlich einen substituierten Piperidinkern, über dessen mögliche Herkunft im Zusammenhang mit den Tabakalkaloiden zu sprechen sein wird.

Cinchonin — Cinchoninsäure — Merochinen

Hydraminspaltung des Cinchonins

Chinin, das bis zu 18% der Trockensubstanz (als Chininsulfat berechnet) in der Rinde angesammelt werden kann, in der Handelsware allerdings 7% meist nicht übersteigt, ist ein Methoxylderivat des Cinchonins. Die zahlreichen Nebenalkaloide sind entweder Stereoisomere der beiden genannten, oder durch einfache Substitutionen an dem einen oder anderen Ring entstanden. Aus den Rinden aller Bäume, die Chinaalkaloide liefern, ist noch ein Rest von Basen nicht identifiziert, unter denen sich vielleicht auch einmal solche finden, die Aufschluß über die Entstehung des Chinolinsystems in den Pflanzen geben können. Die Mengen, in denen die einzelnen Alkaloide auftreten, und ihr Verhältnis zueinander hängen von den Wachstumbedingungen, besonders der Regenmenge, dem Alter und von manchen anderen inneren und äußeren Faktoren ab und können in weiten Grenzen variieren (vgl. SEKA). Die Basen sind zum größten Teil in den äußeren Schichten der Rinde lokalisiert. Die grünen Rindenparenchymzellen sollen manchmal fast festes, amorphes Alkaloidsalz enthalten;

die Siebröhren und Milchsaftbehälter seien dagegen frei von Basen. Die lokalisierte Ansammlung in der Rinde ist wahrscheinlich der Bildung von unlöslichen bzw. nicht diffusiblen Salzen mit bestimmten Säuren zuzuschreiben und somit eine Folge der Bildung der betreffenden Säuren gerade in diesen Geweben, an denen die Chinasäure besonders hohen Anteil hat. Die Konzentration der Alkaloide in der Stammrinde nimmt nach unten hin zu, die Wurzelrinde hat durchschnittlich einen höheren Gehalt als die Stammrinde. Im Holz der „Chinabäume" findet sich nur verschwindend wenig von den Alkaloiden. Die Laubblätter führen reichlich Basen, allerdings scheint die Art und das Mischungsverhältnis ein ganz anderes zu sein als in der Rinde. Die Zusammenhänge der Chininbildung mit dem Wachstum sind nicht einheitlich, bei einigen Arten fällt hoher Alkaloidgehalt mit lebhaftem Wachstum zusammen, bei anderen fehlen solche Zusammenhänge (WINTERS und Mitarbeiter). Die Samen enthalten bereits Alkaloide. Die Sproßspitzen und jüngsten Wurzeln, sowie die Cambien sollen frei von Basen sein. (Weitere Angaben s. CZAPEK, Bd. III.) Ein Bild von der Entstehung und dem Umsatz der Chinolinbasen läßt sich aus den bisherigen Beobachtungen noch nicht gewinnen.

g) **Die Steroidalkaloide.** Eine kleine, aber sehr eigentümliche Gruppe von Alkaloiden bilden die sog. Steroidalkaloide, deren Vertreter bisher aus *Solanum*-Arten bekannt und in *Veratrum*-Basen wahrscheinlich gemacht worden sind. Sie liegen in der Pflanze als Glykoside vor. Ihre Aglykone, die mit Tri- oder Tetrasacchariden verknüpft sind (z. B. Rhamnosido-Galaktosido-Glucose), enthalten als einen wesentlichen Teil ihres Molekülskelets das Sterangefüge und stehen somit zu einer weitläufigen Gruppe N-freier sekundärer Stoffe in engster Verwandtschaft (s. S. 114). Die Strukturaufklärung ist noch nicht ganz vollendet. Das Solanidin aus dem Glykosid von *Solanum tuberosum* hat wahrscheinlich folgende Formel:

Solanidin

Die übrigen bisher bekannt gewordenen Basen unterscheiden sich vom Solanidin nur geringfügig, z. B. durch die Hydrierung der Doppelbindung im Ring B. Die Vorstellung, daß in diesen *Solanum*-Glykosiden das Aglykon doppelt vorhanden und an beiden Enden des Zuckerpartners angefügt sei, hat sich als Irrtum herausgestellt. Jedes Molekül enthält tatsächlich nur ein Aglykon [vgl. Ann. Rev. of Biochem. **15**, 180 (1946)].

In den Blättern der Wildkartoffel *Solanum demissum* ist ein solches Alkaloidglykosid, das Demissin, aufgefunden worden, das dieser Art die Resistenz gegen den Kartoffelkäfer verleiht. Demissin in die Blätter von *Solanum tuberosum* infiltriert schützt auch diese vor dem Fraß durch die Larven (KUHN und GAUHE). Obwohl die Vorstellung, daß die Pflanzen durch Alkaloide vor Tierfraß geschützt sein könnten, schon sehr alt und auch durch manche Belege gestützt worden ist, kann man ihr doch keine allgemeine Gültigkeit zusprechen. Am Beispiel des Demissins ist nun aufs neue gezeigt worden, daß ein spezielles Alkaloid gegen einen bestimmten tierischen Schädling sehr wirksam schützt.

h) Die Alkaloide des Mutterkorns und einige Pilzgifte. Die wirksamen Stoffe des Mutterkorns und die Giftstoffe des Knollenblätterpilzes *Amanita phalloides* sind N-haltige, alkaloidähnlich gebaute Verbindungen, die sich aber dadurch von den übrigen Pflanzenbasen deutlich absetzen, daß sie aus mehreren Aminosäuren peptidartig zusammengefügt sind. Das **Phalloidin** ist ein cyclisches Hexapeptid, dessen Hydrolyse 1 Cystein + 2 Alanin + 2 Oxyprolin + 1 α-Oxytryptophan ergibt. Damit wurde zum erstenmal in Pflanzen Oxytryptophan gefunden. Ein weiterer im gleichen Pilz vorkommender Giftstoff, das **Amanitin**, ist ebenfalls ein Peptid, dessen Aminosäuren jedoch noch nicht untersucht sind (WIELAND und WITKOP; WIELAND und HALLERMAYER). Neben diesen alkaloidartigen Wirkstoffen von Peptidstruktur wurden neuerdings andere zum Teil antibiotisch wirksame Verbindungen bekannt, die ebenfalls Peptide sind, z. B. Strepogenin, Subtilin.

In weiterer Verbreitung findet sich in den höheren Pilzen die einfache Base **Muscarin**, deren Konstitution zwar noch nicht endgültig entschieden ist, für die aber eine der beiden folgenden Formeln wahrscheinlich ist (KÖGL und Mitarbeiter, 1931).

$$CH_3-CH_2-CH-CH-CHO \qquad CH_3-CH_2-CH-CH-CHO$$
$$\quad\quad\quad\;\; OH\;\;\; NOH \qquad\qquad\qquad\qquad NOH\;\; OH$$

Muscarin

Das Muscarin stellt sich also als Aldehyd heraus, der seiner Oxydationsstufe nach zwischen Betain und Cholin zu liegen kommt (s. S. 206). Möglicherweise kommt im Fliegenpilz das dem Muscarin zugehörige Betain vor.

Das Mutterkorn ist das zum Sklerotium des Pilzes *Claviceps purpurea* verwandelte Getreidekorn, besonders das Roggenkorn *(Secale cornutum)*. Kultiviert wird *Claviceps* auch auf *Phalaris arundinacea*. Neben einfachen Aminen wie Tyramin, Histamin, Agmatin und Betain enthält das Mutterkorn die pharmakologisch hochwirksamen Stoffe, deren Konstitution erst in jüngster Zeit aufgeklärt worden ist (SMITH und TIMMIS; JACOBS und CRAIG). Sie sind, wie erwähnt, peptidartig gebaut und weisen damit auf ihren Zusammenhang mit dem Eiweißumsatz eindeutig hin. Einer Gruppe von hochwirksamen, linksdrehenden Basen, zu denen **Ergotoxin**, **Ergotamin** u. a. gehören, steht eine Gruppe von weniger wirksamen rechtsdrehenden Verbindungen gegenüber, z. B. **Ergotinin**, **Ergotaminin**, die mit je einem Glied der ersten Gruppe paarweise zusammengehören. Der Grundkörper der ersten ist die **Lysergsäure**, in den Verbindungen der zweiten Gruppe steht an ihrer Stelle die nur durch die Lage einer Doppelbindung unterschiedene **Isolysergsäure**.

Ergotoxin

Im Ergotoxin finden wir einen Indolkern, einen partiell hydrierten Nicotinsäurerest, Isobutylaminosäure, Prolin, Phenylalanin, also alles Partner, die selbst natürliche Aminosäuren sind oder solchen sehr nahestehen. In anderen Basen des Mutterkorns kommen Brenztraubensäure und Leucin vor. Wesentlich einfacher sind die spärlicher und unregelmäßiger im Mutterkorn enthaltenen Alkaloide Ergobasin und Ergobasinin gebaut, die im Gegensatz zu den anderen Mutterkornbasen wegen ihres kleineren Moleküls wasserlöslich sind (STOLL und Mitarbeiter 1937). Der Alkaloidgehalt des Mutterkorns ist durch Umweltfaktoren nur wenig zu beeinflussen, aber erbliche Anlagen des Pilzes bedingen große Unterschiede im Gehalt der einzelnen Sklerotien (BEKESY). Die für die Erzielung des Höchstgehaltes veranlagten Pilze können den optimalen Ertrag allerdings nur unter günstigsten Umweltbedingungen erbringen.

4. Die Vergesellschaftung von Haupt- und Nebenalkaloiden am Beispiel der Tabakalkaloide.

Die für fast alle Alkaloidvorkommen charakteristische Erscheinung, daß sich jeweils neben einer Base, die in größeren Mengen angehäuft wird, noch einige oder zahlreiche ähnlich gebaute N-haltige Verbindungen vorfinden, soll nun bei den Tabakalkaloiden etwas näher betrachtet werden. Die Tabakbasen, die sich um das Nicotin als Hauptbase in *Nicotiana tabacum* scharen, sind eingehend untersucht worden (vgl. FRANKENBURG; DAWSON 1946). Sie besitzen eine ganz eminent praktische Bedeutung, die nicht nur darin besteht, daß sie in kurzer Zeit zu dem weitaus verbreitetsten Stimulans der Menschheit geworden sind, sondern sie sind wegen ihrer insecticiden Wirkung heute für die Schädlingsbekämpfung noch unersetzlich. Für beide Zwecke werden riesige Flächen mit Tabak bebaut, und man schätzt, daß jährlich etwa 60—70000 t reines Nicotin geerntet wird. Der Nicotingehalt vieler wilder *Nicotiana*-Arten ist sehr mäßig, er bewegt sich zwischen 0,5 und 1,8% vom Trockengewicht, während die gezüchteten Arten und Rassen Nicotin bis zu 8% der Trockensubstanz enthalten können.

Das natürlich vorkommende l-Nicotin, das in reiner Form flüssig ist, ist ein sehr giftiges Alkaloid; die letale Dosis für den Menschen beträgt ungefähr 40 mg. Das d-Nicotin ist nur etwa halb so giftig. Das Vorkommen von Nicotin ist nicht auf Tabak und nahe verwandte Solanaceen-Gattungen, z. B. *Duboisia*, beschränkt. Auch in *Asclepias*, *Equisetum* und *Lycopodium* wurde es in jüngster Zeit gefunden [vgl. Ann. Rev. of Biochem. 13 (1944)], wobei über die begleitenden Nebenalkaloide jedoch noch nichts bekannt ist. Es ist nicht unwahrscheinlich, daß Nicotin auch noch anderwärts im Pflanzenreich angetroffen wird. Recht merkwürdig ist die Verbreitung des Anabasins, eines wichtigen Nebenalkaloides im Tabak, das ursprünglich in einer bis dahin als alkaloidfrei gehaltenen Familie, nämlich in *Anabasis aphylla*, einer giftigen Chenopodiacee aus Asien, entdeckt wurde.

Wie aus der umstehenden Zusammenstellung hervorgeht, ist allen Tabakbasen der Pyridinring gemeinsam, der jeweils an der β- bzw. 3-Stellung einen weiteren 5- oder 6gliedrigen N-haltigen Ring trägt. Das Nicotin nimmt darunter keinerlei besonderen Platz ein. In ihm ist mit dem Pyridin- ein N-methylierter Pyrrolidinring verknüpft.

Die Alkaloide des Tabaks.

Die Alkaloide des Tabaks.

Zur Verdeutlichung des Molekülbaues ist die volle Formel des Nicotins nochmals an den Schluß gestellt worden. Im übrigen ist an Stelle des X stets der Pyridylrest mit der β-Verknüpfung gesetzt zu denken.

Bei einem Überblick über die Tabakbasen fällt auf, daß ausschließlich die β-Stellung des Pyridins zur Anknüpfung des zweiten Ringes befähigt ist, und daß keine Substitution in α- oder γ-Stellung stattfindet, während die angegliederten Ringe ihrerseits stets in der α-Stellung verbunden sind, an dem Punkt also, an dem im Prolin, mit dem die 5-Ringbasen ja unmittelbare Ähnlichkeit haben und mit dem möglicherweise auch die sechsgliedrigen Basen genetisch zusammenhängen, die Carboxylgruppe sitzt.

Die mit dem Pyridin gekoppelten zweiten Ringe sind die durch mehr oder weniger starke Hydrierung und N-Methylierung entstandenen Varianten der 5- und 6gliedrigen N-haltigen Ringe, die wir auch sonst als Grundstrukturen der Alkaloide kennen. Fast alle denkbaren Möglichkeiten sind vertreten. Interessant ist die Tatsache, daß auch zwei Pyridylreste zum Dipyridyl verknüpft vorkommen, von denen der eine in α- und der andere in β-Stellung verbunden ist. Meist findet man in einer bestimmten Art von *Nicotiana* oder Tabakrasse nur von einer oder zwei Basen größere Mengen, während die übrigen in verschwindenden Konzentrationen vorhanden sind. In *Nicotiana glutinosa* ist normalerweise Nornicotin das Hauptalkaloid. Bei *Nicotiana tabacum* häuft sich Nornicotin in solchen Sorten besonders an, die auf einen niederen Nicotingehalt gezüchtet worden sind. Die Nicotinarmut bedeutet also nur eine verstärkte Demethylierung in den Blättern, denn als Rohmaterial wird aus den Wurzeln Nicotin zugeleitet (s. S. 214). Diese Weiterverarbeitung in den Blättern stellt man sich als eine Ummethylierung nach folgendem Schema vor, aber weder der Methylacceptor noch ein entsprechendes Enzym sind bekannt.

$$\text{Nicotin} + \text{RH} \rightarrow \text{Nornicotin} + \text{R—CH}_3$$

Dieser Mechanismus ist dominant erblich, da in Bastarden von *Nicotiana tabacum* × *N. glutinosa* nicht ungefähr gleiche Mengen der beiden Basen auftreten, sondern das methylfreie Nornicotin vorherrscht.

Die Wurzel aller *Nicotiana*-Arten kann, wie es scheint, überhaupt kein Nornicotin bilden, sondern stellt nur Nicotin her. In Tomatenreisern auf Wurzelunterlage solcher Tabakarten, die in den Blättern Nornicotin speichern, findet sich stets nur Nicotin, das von den Wurzeln geliefert wird und erst in den Blättern umgesetzt werden müßte. Es ist noch kein Organ gefunden worden, das Nornicotin primär bildet. Nornicotin entsteht also, obgleich einfacher gebaut als Nicotin, erst durch einen zusätzlichen Prozeß in den Tabakblättern. Über die Entstehung der übrigen Norbasen verglichen mit ihren Methylderivaten ist noch nichts bekannt.

Der intermediäre Stoffwechsel, der mit der Nicotinentstehung in den Wurzeln endet, ist noch nicht aufgeklärt. Es ist noch nicht einmal sicher ausgemacht, in welchem Gewebe der Wurzel die Synthese stattfindet. Wahrscheinlich kommt die Rinde in Betracht. Die bisherigen Versuche gingen ja von der Annahme aus, daß das Alkaloid in den Blättern entsteht. Obgleich es durchaus nicht unmöglich ist, daß die Blätter bei Zufuhr geeigneter Bausteine von sich aus geringe Mengen Nicotin produzieren können, ist es sehr wohl möglich, daß der Chemismus in den Blättern ein anderer ist als der in den Wurzeln. Die Versuche mit Blattmaterial dürfen deshalb nicht ohne weiteres für die Synthese in den Wurzeln ausgewertet werden. Über die Bedeutung von Außen- und Innenfaktoren für die Nicotinsynthese in den Wurzeln ist bekannt, daß bei Nitraternährung der Pflanzen weitaus mehr Nicotin entsteht als bei Ammoniumsalzen (SCHMID). Die Blätter sind nur zur Lieferung von Kohlenhydrat erforderlich. Ein photosynthetischer Vorgang spielt bei der Nicotinsynthese also keine Rolle.

Nach den Erfahrungen, die man bisher mit Blättern gesammelt hat, lagen Anzeichen dafür vor, daß Prolin (Pyrrolidincarbonsäure) und Glutaminsäure den Aufbau von Nicotin fördern. Sie müßten also sowohl den 5- als auch den 6gliedrigen Ring liefern. Mit nicotinfreien Tabakblättern von Tomatenunterlage wurde jetzt jedoch gezeigt, daß sie Nicotin **nicht** aus Prolin und Nicotinsäure aufbauen können (DAWSON 1948). Mit Kulturen abgeschnittener Tabakwurzeln, denen diese Aminosäuren und andere mögliche Bausteine geboten werden, dürfte es in naher Zukunft zu entscheiden sein, welche Zwischenstufen die Nicotinsynthese durchläuft. Daß der Pyrrolidinring, der ja auch im Hygrin, im Stachydrin und mit anderen Ringen kondensiert in vielen Alkaloiden auftaucht und dessen Beziehungen zum Prolin offensichtlich sind, am Aufbau des Nicotins und seiner Nebenalkaloide beteiligt ist, kann kaum bezweifelt werden. Das regelmäßige Nebeneinander der 5- und 6gliedrigen Ringe in den Tabakalkaloiden hat die Vermutung nahegelegt, daß beide von derselben Muttersubstanz abstammen, und als solche käme eben ein dem Prolin verwandter Körper in Betracht. Auch ohne den noch fehlenden experimentellen Nachweis, daß in Wurzeln Prolin und ähnliche 5gliedrige Verbindungen die einzigen Bausteine sind, die von außen zugeführt die Nicotinsynthese speisen können, findet diese Vorstellung eine wichtige Stütze darin, daß der N-methylierte Pyrrolkern in vitro durch Erhitzen in den Pyridinring übergeführt wird. Durch eine solche Ringerweiterung würde im übrigen die erwähnte

$$\begin{array}{c} \text{HC}\!=\!\!=\!\text{CH} \\ \| \quad\quad \| \\ \text{HC} \quad\;\, \text{CH} \\ \diagdown \text{N} \diagup \\ | \\ \text{CH}_3 \\ \text{N-Methylpyrrol} \end{array} \rightarrow \begin{array}{c} \quad\;\,\text{CH} \\ \diagup \quad \diagdown \\ \text{HC} \quad\;\; \text{CH} \\ \| \quad\quad \| \\ \text{HC} \quad\;\; \text{CH} \\ \diagdown \text{N} \diagup \\ \text{Pyridin} \end{array} + 2\,\text{H}$$

auffällige Tatsache, daß einmal die α-Stelle und einmal die β-Stelle zur Substituierung verwendet wird, erklär ich: es ist in beiden Fällen ursprünglich die gleiche Gruppe des Ringes, die nur durch die Einschiebung des Methyls um eine Stelle verlagert wird. Ob der Pyridinkern in den Pflanzen tatsächlich einer solchen Ringerweiterung seine Entstehung verdankt, wird vielleicht einmal mit Hilfe der synthetischen Fähigkeiten der Tabakwurzeln entschieden werden können. Der Pyridinring ließe sich auch aus anderen pflanzeneigenen Stoffen relativ einfach entstanden denken, z. B. aus aliphatischen Diaminoverbindungen. Lysin schließt sich über Pentamethylendiamin unter Decarboxylierung zum Pyridin zusammen. Bei all diesen Überlegungen wird die Existenz des Pyrrol- bzw. Pyrrolidinkernes schon vorausgesetzt. Warum und auf welchen Wegen die Pflanze gerade diesen Körper aus Bruchstücken des Kohlenhydratabbaues und aus anorganischen Stickstoffsalzen, wie es scheint vorzugsweise aus Nitraten, herstellt, ist ein ungelöstes Problem für sich. Die simultane Entstehung von Prolin und den Basen, die dann keine Verwendung im Eiweißaufbau finden, ist die plausibelste Erklärung für die Verhältnisse bei der Nicotinsynthese in den Wurzeln. Daß Nicotin bei der Keimung auch als Endprodukt der Eiweißmobilisierung anfallen kann, ist jüngst gezeigt worden (Schmid und Serrano). Der Tabaksame ist völlig nicotinfrei. Sobald er anfängt zu keimen, noch ehe er durch die Wurzel anorganische Stickstoffverbindungen aufnimmt, entsteht ziemlich regelmäßig verteilt in den Kotyledonen in der Nähe der Aleuronkörner Nicotin, das natürlich auch das Produkt sekundärer Synthese nach Desaminierung der Aminosäuren sein könnte. Später nach Übergang zur autotrophen Ernährung wird das Alkaloid nur noch in der Wurzel erzeugt. Damit wäre die alte Frage, ob die Alkaloide im Zuge des Eiweißabbaues oder Eiweißaufbaues entstehen, mindestens für die Tabakkeimlinge durch ein Sowohl-als-auch beantwortet. Daß Mobilisierung von Blatteiweißen nicht zu einer bemerkenswerten Nicotinsynthese führt, ist durch zahlreiche Versuche erhärtet. Da in den Blättern aber offenbar das System für die Nicotinbildung überhaupt fehlt, ist das kein Beweis gegen die Alkaloidbildung nach Proteinspaltung. Ein Verbrauch von Nicotin in den Laubblättern, z. B. während des Blüten- und Samenansatzes, oder in den Samen mit fortschreitender Reife, ist nachgewiesen worden. Der junge Tabaksamen enthält Nicotin, im ausgereiften ist es vollständig verschwunden. Ob es in das Sameneiweiß eingebaut oder abgebaut wird, ist noch nicht geklärt. Hydrolytisch läßt es sich aus dem Sameneiweiß nicht gewinnen.

In manchen Organismen hat der Pyridinring einen ganz anderen Ursprung, als bisher diskutiert wurde, der allerdings die Existenz eines noch komplizierter gebauten Körpers voraussetzt. Das Nicotinsäureamid als

Bestandteil der Codehydrasen ist für alle Organismen unerläßlich. Denjenigen, die die Fähigkeit, es aus einfachem Rohmaterial aufzubauen, verloren haben, muß es als „Vitamin" oder „Wuchsstoff" mit der Nahrung zugeführt werden. Für Ratten kann nun Tryptophan das Nicotinsäureamid ersetzen, und zwar scheinen dabei wenigstens teilweise die Darmbakterien an der Umformung beteiligt zu sein (ELLINGER und KADER). Gewisse Stämme von *Neurospora crassa* bilden ebenfalls aus Tryptophan Nicotinsäure. Als Zwischenprodukt tritt Kynurenin auf. Rätselhaft ist noch die Einführung des Stickstoffs in den Pyridinring (s. S. 239). Mit Hilfe von Mutanten der *Neurospora* sind einige Anhaltspunkte auch für die Synthese des Nicotinsäureamids aus einfachsten Bausteinen gewonnen worden. Es ist unwahrscheinlich, daß die Synthese über die Carboxylierung des Pyridins oder die Dehydrierung eines Piperidinringes läuft. Als ein Zwischenprodukt ist Oxypyridincarbonsäure und ein Methylderivat davon festgestellt, aber noch nicht einwandfrei identifiziert worden (BONNER und BEADLE). Befriedigend wäre die Herkunft natürlich erst geklärt, wenn man sie zurückverfolgen könnte, etwa bis zu Spaltstücken des Kohlenhydratumsatzes.

In *Nicotiana glauca* wird Anabasin als Hauptalkaloid, wie oben erwähnt, nicht nur in den Wurzeln, und hier neben Nicotin, sondern auch in den Blättern synthetisiert. *Nicotiana glauca*-Reiser auf Tomatenwurzeln führen deshalb Anabasin, daneben allerdings kein Nicotin, wie normalerweise, weil Nicotin stets aus den Wurzeln geliefert wird. Diese Pfropfungen zeigen an, daß auch keine Vorstufen aus den Wurzeln erforderlich sind. Die Entdeckung der Nicotinsynthese in den Tabakwurzeln hat zwar einerseits das alte Problem der Nicotinbildung in wesentlichen Punkten geklärt, aber durch die strenge Lokalisation der Nicotinsynthese in den Wurzeln und andererseits die Fähigkeit sowohl der Blätter als auch der Wurzeln zum Aufbau gewisser anderer Alkaloide werden wieder ganz neue Probleme aufgeworfen.

Fast ebensowenig wie wir über die Nicotinsynthese unterrichtet sind, wissen wir auch über die Bahnen seines Abbaues in der Natur. Im Tabakblatt und Samen ist Nicotin zwar nicht ganz unbeweglich, aber eine Nutzbarmachung in größerem Umfange findet offenbar nicht statt. Nicotin stellt ein Endprodukt dar, das beim Vergilben nicht eingeschmolzen und bei der Autolyse nur unwesentlich angegriffen wird. Es ist nicht wahrscheinlich, daß die Schritte des Aufbaues sich in umgekehrter Reihenfolge beim Abbau wiederholen. Die Mikroorganismen, die in erster Linie für den Nicotinabbau in Frage kommen, wandeln sicher eigene Wege. Pyridin ist ein Körper von ganz besonderer chemischer Stabilität, wenn es auch nicht ganz mit dem Benzolring wetteifern kann. Auch beim Pyridin werden zunächst alle Seitenketten angegriffen und selbst bei drastischer Zersetzung hochmolekularer Naturstoffe, z. B. im Steinkohlen- und im Knochenteer, bleibt der Pyridinkern zurück. Da sich diese heterocyclischen Verbindungen im Boden am Ende ebensowenig ansammeln wie aromatische Körper, muß ein laufender Abbau stattfinden. Verschiedene Bakterien und Proactinomyceten vermögen Pyridin und seine Derivate bei Gegenwart von Glucose zum Aufbau ihrer Körpersubstanz zu verwerten (HORVATH; ENDERS und GLAWE). Auch *Aspergillus niger* soll bei N-Hunger Pyridin als N-Quelle verwerten können. Verschiedene aus dem Boden isolierte *Proactinomyces*-Stämme sind sogar befähigt, Pyridin, Nicotinsäure, sowie aromatische Amine und Nitroverbindungen als einzige Quelle für Kohlenstoff, Stickstoff und Energie bei ihrem Wachstum auszunützen (MOORE). Es scheint, als ob der Ersatz eines H-Atoms im Pyridin oder Benzol durch eine reaktionsfähige Gruppe wie —OH oder —COOH die Angreifbarkeit durch Mikroorganismen erhöht oder deren Angriff einleitet. Eine Reihe Bakterien und Schimmelpilze, vor allem aber Hefe, können Nicotin nicht abbauen. Sie können auch nicht an die Verwertung des Pyridins adaptiert werden (ENDERS und WINDISCH; RIPPEL und Mitarbeiter).

5. Die Verwandten des Tryptophans.

Es wurde schon beim Prolin erwähnt, daß Aminosäuren, die sich durch einen eigentümlichen Molekülbau auszeichnen, am ehesten dazu angetan sind, die Fäden aufzudecken, die eine zusammengehörige Gruppe von sekundären Stoffen untereinander verbinden. Das typische Grundskelet wird trotz mannigfacher Substitution und Erweiterung die verwandten Glieder immer wieder verraten. Hier soll nun einmal an dem gut charakterisierten Tryptophan im einzelnen verfolgt werden, wie vielgestaltig die Körper sein können, die der pflanzliche Organismus in Verbindung mit dieser einen Aminosäure hervorbringt. Wir können allerdings noch nicht entscheiden, ob das Tryptophan tatsächlich der Vorläufer für alle diese Stoffe ist, oder welches primäre und welches die durch weitere Reaktionen daraus abgeleiteten Verbindungen sind. Die große Ähnlichkeit im Bau braucht nur zu bedeuten, daß die Zelle diese Körper im gleichen Arbeitsgang herstellt. Verschiedene von ihnen werden simultan gebildet werden, aber in einzelnen Fällen läßt es sich nachweisen, daß Tryptophan tatsächlich die Muttersubstanz ist, aus welcher sekundäre Stoffe hervorgehen (s. unter Indolylessigsäure). Die Genese muß zwar für jeden Körper im einzelnen verfolgt werden, aber es unterliegt keinem Zweifel, daß die hier zusammengefaßten Verbindungen der verschiedensten Erscheinungsform eine natürliche Gruppe bilden, zu der vielleicht sogar noch andere Sippen, etwa die Pyridinderivate (s. oben), in naher Verwandtschaft stehen.

Tryptophan ist in fast allen Eiweißen, besonders in den Plasmaeiweißen enthalten. Es fehlt in Gelatine, Zein und Insulin. Durch Säurehydrolyse der Eiweiße ist Tryptophan nicht zu gewinnen, weil es dabei mit anderen Stoffen zu Huminen umgesetzt wird. Man ist also auf die enzymatische Proteolyse angewiesen. Wie bei allen genuinen Aminosäuren ist die l-Form die natürliche. Tryptophansynthese ist nicht auf autotrophe Organismen beschränkt, auch Bakterien vermögen es aus einfachsten Bausteinen zusammenzusetzen. Tryptophan ist chemisch ein Derivat des Indols (Benzopyrrols). Der Benzolkern ist darin der stabilere, denn der Pyrrolring kann eher einer Aufspaltung oder Erweiterung zugänglich gemacht werden. Nach Verfütterung von Tryptophan an Tiere wird von diesen Kynurensäure (eine Oxy-Chinolincarbonsäure) im Harn ausgeschieden, die über das Kynurenin, in dem der Pyrrolring geöffnet ist, entsteht. Diese Ringerweiterung stützt die oben erörterten Beziehungen zwischen Pyrrol- und Pyridin und zeigt gleichzeitig einen Zusammenhang zwischen Indol- und Chinolingerüst auf, der vielleicht für die Genese des Chinolinkernes in den Chinaalkaloiden auch Gültigkeit hat, denn für das Chinolin konnten wir bisher noch keine so plausible Herleitung wie für das Isochinolingerüst finden.

Recht eigenartig ist auch die bereits erwähnte Überführung von Tryptophan in Nicotinsäureamid durch *Neurospora crassa* ebenso wie im Tier

(s. S. 237). Als Zwischenkörper tritt dabei das offene Kynurenin auf. Rätselhaft ist noch der Chemismus, durch den der Stickstoff aus der primären Aminogruppe am Benzolring in den zu schaffenden Pyridinring eingeführt wird. Wenn diese Umwandlung vom Indol- zum Pyridinring weiter verbreitet wäre, dann müßten noch viele, wenn nicht alle Pyridinderivate aus Pflanzen auch zu den Tryptophanverwandten gezählt werden.

Tryptophan   Kynurenin   Kynurensäure

Indol   Nicotinsäureamid

Die Umwandlungen, die, vom Tryptophan aus gesehen, zu den verwandten Verbindungen führen, schreiten nicht in einer Richtung fort, sie sind vielmehr netz- oder strahlenförmig darzustellen. Die Reihenfolge der Betrachtung kann ziemlich willkürlich gewählt werden, solange wir noch nichts über die Entstehung dieses eigentümlichen Skelets wissen. In dem umstehenden Schema ist das Tryptophan selbst nur der Übersicht wegen ins Zentrum gerückt worden.

Das einfach methylierte Derivat der Aminosäure kommt als Abrin in *Abrus precatorius* (Leguminosen), der Paternostererbse, vor. Das vollständig methylierte Betain des Tryptophans, das Hypaphorin, ist ebenfalls in Leguminosen, nämlich in *Erythrina hypaphorus*, gefunden worden. Diese Derivate gehören zu den an Zahl immer mehr zunehmenden Alkaloiden mit dem Indolkern.

Das durch bloße Decarboxylierung aus der Aminosäure entstehende Tryptamin, das unter anderem im Extrakt aus Mutterkorn vorkommt, wurde oben bei den Aminen schon erwähnt. Eine Tryptophan-Decarboxylase ist aus tierischen Geweben bekannt, aber für Bakterien oder in anderen pflanzlichen Quellen noch nicht nachgewiesen. N-Methyl-Tryptamin oder Dipterin ist das Alkaloid aus *Girgensohnia diptera*. Interessant ist, daß hier tierische Stoffwechselprodukte anklingen, nämlich ein Oxyderivat des N-Dimethyl-Tryptamins, das Bufotenin der Krötengifte, einer der ganz seltenen Vertreter der tierischen Alkaloide.

Eine verkürzte Seitenkette mit methylierter Aminogruppe hat das Gramin, das erste aus Gramineen isolierte Alkaloid (EULER und ERDTMANN), das zusammen mit Hordenin (s. oben) in Gerstenkeimlingen auftritt und das identisch mit dem Donaxin aus japanischem Schilf ist.

Steigende Bedeutung gewinnt in jüngster Zeit ein unmittelbares Abbauprodukt des Tryptophans, die β-Indolylessigsäure, das ehemalige „Heteroauxin", das aber jetzt in der angelsächsischen Literatur einfach Auxin genannt wird. Die β-Indolylessigsäure war zunächst nur als Stoffwechselendprodukt aus Pilzen und Bakterien bekannt, bei höheren Pflanzen hielt man sie für einen Fremdstoff, der allerdings eine frappant gleiche Wirksamkeit wie die „genuinen Auxine" entfaltete. Nachdem schon SKOOG wahrscheinlich gemacht hatte, daß *Avena*-Koleoptilen aus Tryptophan

240   Die stickstoffhaltigen sekundären Pflanzenstoffe.

[Strukturformel-Übersicht: β-Indolyläthanol, β-Indolylessigsäure, Hypaphorin, Skatol, Indol, Tryptophan, Abrin, (Indican) Glucosid, Indoxyl, Gramin, Tryptamin, Dipterin, Indigo, Physostigmin, Tetrahydro-Harman, Harmala-Alkaloide „Türkisch-Rot", Sempervirin, Strychnin, Brucin, Curare, Yohimbin (Quebrachin)]

Die Alkaloide sind kursiv gedruckt. Pfeile sind nur soweit eingezeichnet, als die Übergänge nachgewiesen oder höchstwahrscheinlich sind.

Übersicht über die mit dem Tryptophan zusammenhängenden sekundären Pflanzenstoffe.

„Auxin" bilden können, ist nun jüngst zunächst im Spinatblatt ein Enzymsystem aufgefunden worden, das auf Tryptophan spezifisch eingestellt ist und daraus β-Indolylessigsäure herstellt (WILDMAN, FERRI und BONNER). Als Zwischenprodukt soll dabei β-Indolylpropionsäure auftreten. Der erste Schritt des Tryptophanabbaues wäre somit die Desaminierung, und zwar zugleich als Reduktion, eine Form, die sonst in höheren Pflanzen nicht üblich ist, wo gewöhnlich die oxydative Desaminierung herrscht. Dieser letzten Form des Angriffes auf das Tryptophan entspräche die Auffindung von Indolylacetaldehyd in Ananasblättern, der hier als Zwischenstufe zwischen Tryptophan und Auxin gedeutet wird; im übrigen wieder ein schönes Beispiel dafür, daß auch ein komplizierter gebauter Aldehyd in Pflanzen leicht zur entsprechenden Säure oxydiert bzw. dehydriert wird. Im Spinatblatt findet sich daneben gleichzeitig auch ein Enzym, das auf β-Indolylessigsäure als Substrat eingestellt ist und diese weiter „inaktivierend" umsetzt, wahrscheinlich abbaut. Indol entsteht dabei jedoch nicht.

Andere Umwandlungen an der Seitenkette des Tryptophans werden von Mikroorganismen ausgeführt. Bei manchen Hefen fällt nach Decarboxylierung und Desaminierung β-Indolyläthylalkohol (Tryptophol) an. *Oidium lactis* und *Bacterium proteus* setzen Tryptophan zu Indolylmilchsäure um (SASAKI und OTSUKA). Alkalisches Medium (p_H 7,7) ist für die bakterielle Oxysäurebildung aus Aminosäuren erforderlich. Die gleichen Bakterien zersetzen Aminosäuren im sauren Medium zu den entsprechenden Aminen. Gewisse Bakterien spalten die Seitenkette vollständig ab und lassen Indol übrig. Dabei scheinen aerobe Verhältnisse unerläßlich zu sein. Unter anaeroben Bedingungen bleibt Indolylpropionsäure liegen. Indol wird von diesen Bakterien nicht angegriffen. Aus *Escherichia coli* ist ein Enzymsystem bekannt geworden, die Tryptophanase, die bei der bakteriellen Indolbildung wirksam ist und die Aminosäure in Indol, Brenztraubensäure und Ammoniak zerlegt (WOOD und Mitarbeiter 1947). Durch Bakterientätigkeit entsteht im Darm Indol und das widerwärtig riechende β-Methylderivat Skatol. Indol selbst hat in reinem Zustand einen angenehmen Geruch und wird in der Parfümindustrie verwendet. Die Umsetzung von Tryptophan zu Pyridinkörpern durch Mithilfe von Darmbakterien wurde oben bereits erwähnt (s. S. 237).

Alle Tryptophanabkömmlinge, die hier nach der Indolylessigsäure genannt wurden, haben keine Alkaloidnatur, es sind Wuchs- oder Riechstoffe oder mehr oder weniger indifferente Begleiter des Aminosäureumsatzes.

Indol ist auch in Blütenölen nachgewiesen worden, z. B. in Destillaten aus *Robinia pseudacacia*-Blüten und in Orangenblütenextrakten. Es besteht die Vermutung, daß es in frischen Blüten gar nicht frei vorkommt, sondern sich erst in abgepflückten Blüten allmählich entwickelt.

Das Indoxyl, das β-Oxyderivat des Indols, tritt in ungemein weiter Verbreitung unter den Blütenpflanzen als Glucosid (Indican) auf. Es hat eine ganz außergewöhnliche technische Bedeutung erlangt, denn es ist der Grundstoff des Indigos. Indigo, einstmals der „König der Farbstoffe", ist heute einerseits in der Färbetechnik durch andere neugeschaffene Produkte zurückgedrängt und andererseits durch künstliche Synthese billiger als aus den natürlichen Quellen zugänglich geworden. In der Geschichte der Farbstoffchemie nimmt Indigo deshalb einen unvergeßlichen Platz ein, weil er der Ahne einer ganzen Gruppe von Farbstoffen ist, die im Laufe der Zeit um zahlreiche neue Glieder analogen Baues vermehrt wurde. Der Farbstoff ist in keiner der „Indigopflanzen" vorgebildet. Er entsteht erst nach Spaltung des Glucosids und anschließender Oxydation des Indoxyls an der Luft und Verknüpfung zu einem aus zwei Indolkernen bestehenden Molekül. Kultiviert wurden vor allem verschiedene *Indigofera*-Arten (Papilionaceen) in Indien und bei uns der Färberweid *Isatis tinctoria* (Cruciferen), bei dem allerdings weder das genannte Glucosid noch freies Indoxyl als Muttersubstanz des Farbstoffes hat nachgewiesen werden können. Die Verhältnisse liegen hier also ähnlich wie beim Cumarin oder den Azulenen, von denen wir auch noch nicht wissen, welches die natürliche Vorstufe des späteren, technisch genutzten Produktes ist. Indigopflanzen sind über das ganze Pflanzenreich verbreitet und finden sich außer den genannten bei Orchideen, Polygonaceen, Asclepiadaceen (Zusammenstellung bei WIESNER). In Kryptogamen ist bisher kein Indican gefunden worden. Bemerkenswert ist, daß ein Dibromderivat des Indigos wahrscheinlich der antike Purpur ist, der Farbstoff der „Purpurschnecke".

Die bisher betrachteten Derivate konnten zum Tryptophan durch ganz einfache Reaktionen (Decarboxylierung, Desaminierung, Methylierung) in Beziehung gesetzt werden, durch Prozesse, die der pflanzlichen Zelle ganz geläufig sind und die sie an den verschiedensten Grundkörpern regelmäßig im Stoffwechsel durchführt. Die genannte Ringerweiterung zum Chinolinsystem ist eine der wenigen Umwandlungen, die den Indolkern selbst verändern.

Nun gibt es noch eine ganze Sippe von Indolverwandten, vornehmlich unter den Alkaloiden, die durch weitergehende Abänderungen, in erster Linie durch Kondensationen mit mehr oder weniger umfangreichen Elementen, zu außerordentlich komplex gebauten Körpern führen. Viele hochkomplizierte Alkaloide, die in diese Verwandtschaft gehören, sind zwar lange bekannt und isoliert, aber in ihrer Struktur noch nicht vollständig geklärt, z. B. Brucin, Strychnin, Curare.

Vom Tryptamin ausgehend kann man sich durch Zusammenschluß über die ursprünglich primäre Aminogruppe zu einem Pyrrolidinring das Skelet des Physostigmins bzw. Eserins entstanden denken, das neben einigen anderen Alkaloiden in den Samen von *Physostigma venenosum* (Leguminosen), den Calabarbohnen des tropischen Westafrikas, auftritt. Die Eingeborenen verwenden diese giftigen Samen zur Durchführung der „Gottesgerichte". Ein in den Samenschalen enthaltenes Brechmittel rettet den Angeklagten oft vor der Vergiftung.

Durch Kondensation von Tryptamin mit Acetaldehyd in vitro entsteht ein Ringsystem, das einen Benzol-, einen Pyrrol- und einen Pyridinkern umfaßt, das Tetrahydroharman. Dieses Gerüst liegt den noch recht übersichtlich aufgebauten Harmalaalkaloiden aus *Peganum harmala*, der Steppenraute (Zygophyllaceen), dem Aribin aus *Arariba rubra* und *Sickingia*-Arten (Rubiaceen) und einigen ähnlich gebauten Alkaloiden aus Familien verschiedener systematischer Zugehörigkeit zugrunde. Die in *Peganum* aufgefundenen Basen unterscheiden sich in erster Linie durch eine mehr oder weniger weit getriebene Hydrierung des Pyridinringes bzw. durch den Ersatz einer phenolischen Hydroxyl- durch eine Methoxylgruppe, also durch Abwandlungen, die bei sekundären Stoffen üblich sind. Die Alkaloidbasen liegen bei *Peganum* meist als Phosphate vor. Der aus den *Peganum*-Samen zu gewinnende Farbstoff „Türkischrot" hat das gleiche Molekülskelet wie die Harmalaalkaloide.

Durch Kondensation des Tetrahydroharmans, dessen Synthese aus Tryptamin und Acetaldehyd in der Pflanze leicht vorstellbar ist, mit Bruchstücken, deren Art und Herkunft nicht ohne weiteres festzustellen sind, baut sich das Molekül des Yohimbins bzw. des identischen Quebrachins auf, jenes aus *Pausinystalia johimbe* (Rubiaceen) und dieses aus der „Quebrachorinde" von *Aspidosperma quebracho* (Apocynaceen). Ein ganz ähnlich gebautes Alkaloid Sempervirin aus *Gelsemium sempervirens* (Loganiaceen) ist wegen seines stark dehydrierten Molekülgerüstes bemerkenswert. Die gleiche Familie enthält in verschiedenen *Strychnos*-Arten die Alkaloide Strychnin, Brucin, Vomicin und das Pfeilgift Curare, das auch medizinisch verwendet wird, dessen genaue Struktur aber noch nicht ermittelt ist, wenn es auch feststeht, daß es den Indolkern enthält und somit in die Gruppe der weiteren Tryptophanverwandten zu zählen ist (WIELAND und Mitarbeiter 1947).

Eine ganze Reihe weiterer, hier nicht genannter Basen mit dem Indolgefüge sind aus Pflanzen verschiedener Herkunft sehr genau bekannt, und es besteht kein Zweifel, daß neue noch entdeckt werden. Die höhere Pflanze kann offenbar das Indolgerüst ebensoschwer wieder sprengen wie den Pyridin- und Benzolkern. Die einmal geschaffenen Indolkerne fallen allen möglichen, den Reaktionsbedingungen der einzelnen Pflanzen entsprechenden Umwandlungen anheim, und die entstehenden Produkte bleiben dann liegen. Ob die Indolkerne bei der Synthese des Tryptophans simultan entstehen, oder ob sie von den beim Eiweißabbau herausgespaltenen Tryptophan herrühren, dürfte für ihre weitere Umwandlung nicht ausschlaggebend sein. Wahrscheinlich entspringen sie beiden Quellen. Man darf wohl damit rechnen, daß in jeder Pflanze wenigstens ein Typ der Tryptophanabkömmlinge sich findet. Die allgemeinste Form ist die β-Indolylessigsäure. Die Frage, warum in der einen Art so wenig und in einer anderen so reichlich Indolderivate auftreten, bleibt natürlich noch offen. Dafür wird kaum der relative Anteil des Tryptophans am Plasmaeiweiß der betreffenden Pflanzen ausschlaggebend sein. Wir können uns aber, sinnbildlich gesprochen, vorstellen, daß die Weite der Nebenkanäle, die vom Tryptophanaufbau abführen, bestimmen, wieviel eines hypothetischen Rohmaterials dem Aminosäureaufbau und wieviel den sekundären Stoffen zufließt. Diese Nebenprodukte können für die Pflanze eine direkte und unerläßliche Funktion (β-Indolylessigsäure) oder eine mehr beiläufige Rolle (Alkaloide als Schutz gegen Tiere) übernommen haben, oder sie können indifferent und überflüssig, also Exkrete sein (Indican, Gramin?, Berberin im Wurzelholz). Die Bildung solcher Substanzen erfolgt also auf Seitenwegen der Synthese oder des Abbaues, die die Pflanze nicht durch eine *Steuerung* ihres Stoffwechsels einschlägt, sondern auf die sie gedrängt wird, weil sie einem System von chemischen Bedingungen ausgeliefert ist, in welchem durch irreversible, möglicherweise sogar nicht enzymatische Reaktionen ein Teil des für den eigentlichen Zweck des Eiweißaufbaues aufgenommenen Stickstoffs abgezweigt wird. Solange dadurch der lebensnotwendige Bedarf an Proteinen unbeeinträchtigt bleibt, kann sich die Pflanze diese „Seitensprünge" leisten. Mutanten, in denen solche Nebenreaktionen überhandnehmen, ohne daß auf dem einen oder anderen Wege Vorteile damit erkauft würden, sind Letalmutanten, die ja nicht nur durch anatomische oder morphologische Verbildungen, sondern auch durch biochemische Unzulänglichkeiten, und vielleicht sogar in erster Linie durch solche, verursacht werden, z. B. die Albinos und andere Ausfallserscheinungen, von denen nur einige durch „Vitamin"- oder „Wuchsstoff"-Zufuhr kompensiert werden können. Die biochemisch-genetische Erforschung der Mikroorganismen bietet genügend Beispiele für solche Stoffwechselverirrungen.

Wenn wir noch einmal auf die komplizierter gebauten Indolabkömmlinge zurückblicken, so könnte die Tatsache, daß die Harmalaalkaloide sowie Yohimbin bzw. Quebrachin und ähnliche Basen in Familien recht verschiedener systematischer Stellung auftauchen — etwas Ähnliches gilt ja auch für die oben besprochenen Berberisalkaloide — der eingangs aufgestellten „Häufigkeitsregel" zu widersprechen scheinen (s. S. 29). Wenn man aber bedenkt, daß die Synthese ihren Ausgang von einem universellen

Plasmabaustein, dem Tryptophan, nimmt und daß die in allen Pflanzenzellen anfallenden allgemeinen Zwischenprodukte des Stoffumsatzes (Acetaldehyd) und die allgemeinen Reaktionen (Dehydrierungen, einfache Kondensationen) zur Fortsetzung und Vollendung der Synthese auch der komplizierter gebauten Indolderivate genügen, so kann man sich leicht vorstellen, daß auch solche komplexen Verbindungen „polyphyletisch" entstanden sind. Eine gewisse Stütze findet diese Vorstellung darin, daß es gelungen ist, ohne Mitwirkung spezieller Enzymsysteme aus allgemeinen zellmöglichen Bausteinen unter physiologisch möglichen Bedingungen in vitro das Yohimbingerüst zusammenzusetzen (HAHN und LUDWIG).

Die Bahnen der Phytosynthese des Tryptophans bzw. des Indolkerns lagen bis in die jüngste Zeit im tiefsten Dunkel. Die präparative Chemie hat für die Synthese des Indigos verschiedene technisch recht einfache Verfahren ausgearbeitet und dadurch die einst blühenden Kulturen von verschiedenen Indigopflanzen ebenso zum Aussterben verdammt, wie die synthetische Herstellung des Alizarins den Krappkulturen das Todesurteil gesprochen hatte. Aus den technischen Methoden lassen sich jedoch keine Anhaltspunkte für die zellmöglichen Wege des Indolaufbaues entnehmen. Am ehesten könnte die Synthese des Indigos in vitro durch Zusammenbringen von Anthranilsäure mit Glycerin, Acrolein oder anderen mehrwertigen Alkoholen auch unter physiologischen Bedingungen realisierbar sein. Anthranilsäure bzw. deren Methylester ist in Orangenblüten- und Jasminöl neben Indol gefunden worden.

Von einer ganz anderen Seite her hat man sich durch Einsatz von Mutanten bestimmter Mikroorganismen der biologischen Tryptophansynthese nähern und ähnliche Vorstellungen stützen können. Bei dem Schimmelpilz *Neurospora crassa* und bei *Escherichia coli* schließt der Tryptophanaufbau eine Kondensation von Indol mit Serin ein. Der Indolsynthese ihrerseits ging Anthranilsäure als Zwischenprodukt voraus (TATUM und BONNER). Das Enzym, das Indol und Serin zusammenfügt, ist zellfrei gewonnen worden (UMBREIT und Mitarbeiter). Die Aktivierung der in vitro zu trägen primären Alkoholgruppe des Serins geschieht in der Zelle vielleicht als Phosphorsäureester.

$$\text{Indol} + \text{HOH}_2\text{C} \cdot \text{CH(NH}_2\text{)COOH} \rightarrow \text{Tryptophan}$$

Indol   Serin   Tryptophan

Dieser Nachweis, der zunächst natürlich nur für die genannten Mikroorganismen die Tryptophansynthese aufhellt, wenn auch einem ähnlichen Verlauf in höheren Pflanzen nichts entgegensteht, hat neben seinem speziellen Wert im Hinblick auf die Genese des Tryptophans auch noch allgemeine Bedeutung. Einerseits wird damit gezeigt, daß nicht alle natürlichen Aminosäuren durch hydrierende Aminierung bzw. durch Umaminierung aus den entsprechenden α-Ketosäuren entstehen müssen, sondern daß sie wie hier aus Komponenten zusammengesetzt werden können, die schon die Aminogruppe tragen. Auf eine ähnliche indirekte Weise werden nach unseren jetzigen Kenntnissen auch Tyrosin, Arginin und Cystein aufgebaut. Weiterhin bezeugt die Kondensation von Indol mit Serin, daß es der Pflanze möglich ist, Kondensationen von einer in vitro trägen primären Alkoholgruppe aus vorzunehmen, was wir oben bei den Terpenen ganz hypothetisch annehmen mußten.

6. Versuche zur Biogenese der Alkaloide.

Die Alkaloide waren die erste Gruppe der sekundären Pflanzenstoffe, bei denen man versucht hat, die Phytosynthese losgelöst von der lebenden Zelle nachzuahmen. Der richtungweisende Gedanke war, sowohl Ausgangsstoffe als auch Reaktionsbedingungen so zu wählen, daß sie als zellmöglich angesehen werden konnten. Unähnlich der lebenden Zelle wurde jedoch immer im homogenen Medium gearbeitet. Die ersten praktischen Schritte zur Annäherung an den pflanzlichen Alkaloidaufbau tat ROBINSON (1917), als er im Gegensatz zu den bis dahin üblichen Methoden der Laboratoriumssynthese von pflanzlichen Basen auf einem verblüffend einfachen Wege zum Tropinon, dem Keton des Tropins, gelangte. Succindialdehyd und Methylamin werden mit Acetondicarbonsäure, allerdings in stark alkalischem Medium und unter anschließendem Erwärmen in saurer Lösung, kondensiert. Da dieses zwar noch durchaus nichtphysiologische Verfahren gute Ausbeuten lieferte, war der Suche nach noch weiterer Angleichung an die Zellbedingungen ein starker Impuls gegeben. Solche Modellversuche wurden seither vor allem von SCHÖPF (zsammenfassend 1937) und HAHN (1935) mit großen Erfolgen angestellt. SCHÖPF ging von dem Gedanken aus, daß mindestens drei prinzipiell verschiedene Möglichkeiten gegeben seien, denen Naturstoffe ihre Entstehung verdanken können.

1. Die Zelle verfügt über ein enzymatisches System, das in höchst spezifischer Weise auf die Synthese eines bestimmten Naturstoffes eingestellt ist, z. B. bei der Bildung von Stärke im Laufe der Kohlendioxydassimilation.

2. An der Synthese sind bis zur letzten Ausformung zwar auch Enzyme beteiligt, aber solche, die keine spezifische Wirkung in Richtung auf eine bestimmte Verbindung ausüben, sondern die in allgemeiner Weise zur Hydrierung, Dehydrierung, Decarboxylierung usw. beitragen.

3. Es müssen auch Synthesen möglich sein, die ohne Enzyme durch das bloße Zusammentreffen reaktionsfähiger Zwischenprodukte aus dem Stoffwechsel verlaufen, die unter den Bedingungen der lebenden Zelle miteinander reagieren.

Vornehmlich nach solchen spontanen Reaktionen sollte gesucht werden, welche die intermediär auftauchenden Körper so verändern, daß sie dann als sekundäre Stoffe liegen bleiben. Der Faden sollte von den direkten Vorstufen, also den unmittelbaren Vorläufern der Naturstoffe, zurückverfolgt werden, bis ein Anschluß an bekannte Körper des Zellstoffwechsels gefunden war. Als Wegleitung sollte eine „vergleichende Anatomie" der Naturstoffe dienen, bei der häufig Nebenprodukte wichtigere Aufschlüsse über Material und Methoden der Zelle vermitteln als die weitergehend abgewandelten Hauptprodukte. WILLSTÄTTER (1900) hatte z. B. schon auf Grund des Vergleichs der Nebenalkaloide vermutet, daß bei der Phytosynthese von Cocain wie von Atropin intermediär Tropinon auftreten müsse. Die Reduktion der Ketogruppe zum Alkohol und die Veresterung der Tropins sind Reaktionen, die der Zelle wenig Schwierigkeiten bereiten dürften, so daß die Synthese der ganzen Belladonnagruppe der Alkaloide in der Hauptsache von der Bildung des Tropinons abhängt. Wenn nun die obengenannten Bausteine (Succindialdehyd, Methylamin, Acetondicarbonsäure) in 0,04 molarer Lösung zwischen p_H 3 und 11 bei 25° zusammengebracht werden, so erhält man in kurzer Zeit in bester Ausbeute Tropinon (SCHÖPF).

$$\begin{array}{c}CH_2-CHO \\ | \\ CH_2-CHO\end{array} + H_2N \cdot CH_3 + \begin{array}{c}CH_2 \cdot COOH \\ | \\ CO \\ | \\ CH_2 \cdot COOH\end{array} \rightarrow \begin{array}{c}CH_2-CH-CH_2 \\ | \quad\quad | \\ NCH_3 \; CO \\ | \quad\quad | \\ CH_2-CH-CH_2\end{array} + 2\,CO_2 + 2\,H_2O$$

Succindialdehyd · Methylamin · Acetondicarbonsäure · Tropinon

Unter ähnlichen zellmöglichen Bedingungen gelang es SCHÖPF und LEHMANN, bei Verwendung von Glutaraldehyd an Stelle des Succinaldehyds bei p_H 7 und 25° Pseudopelletierin in nahezu quantitativer Ausbeute zu gewinnen. Auch die zur Ecgoningruppe gehörigen Alkaloide kann man auf ähnliche Weise zusammensetzen, wenn man zuvor die eine Carboxylgruppe durch Veresterung mit Methylalkohol vor der Decarboxylierung schützt.

Solche Pseudobiosynthesen sind auch auf die Alkaloide mit dem Chinolinkern ausgedehnt worden, wobei man von o-Aminobenzaldehyd und einer β-Ketosäure, also Acetessigsäure, ausging. Sehr verdünnte Lösungen erbrachten bei p_H 6,8 und gewöhnlicher Temperatur nach 16 Tagen eine gute Ausbeute an Chinaldin, einem Alkaloid aus der „Angostura"-Rinde von *Cusparia trifoliata* (Rutaceen). Sehr bemerkenswert ist, daß sich weder in ausgesprochen saurem Medium (p_H 3) noch im alkalischen (p_H 13) Chinaldin bildete, sondern dann entstehen Derivate, die nicht in Pflanzen gefunden werden. Anthranilsäure läßt sich für diese Synthese nicht einsetzen, weil die Carboxylgruppe nicht reaktionsfähig ist (SCHÖPF und LEHMANN).

o-Aminobenzaldehyd + Acetessigsäure → Chinaldin + $CO_2 + H_2O$

Durch ebenso elegante Synthesen sind auch die Alkaloide mit dem Isochinolinring zugänglich (SCHÖPF und BAYERLE; HAHN und SCHALES). Rohstoffe sind β-Phenyläthylamin sowie seine Derivate und Aldehyde. Dioxyphenyläthylamin, das decarboxylierte Dioxyphenylalanin (Dopa), mit Acetaldehyd kondensiert, führt zu einem Tetrahydro-Isochinolinderivat, von dem sich Carnegin, ein Alkaloid aus *Cereus giganteus* und *Cereus pecten aboriginus*, nur durch die N-Methylierung und Methoxylgruppen an Stelle der phenolischen Hydroxyle unterscheidet. Das ähnliche Salsolin, das eine Hydroxyl- und eine Methoxylgruppe trägt, ist deshalb bemerkenswert, weil es neben Anabasin das zweite bisher bei Chenopodiaceen (in *Salsola Richteri*) entdeckte Alkaloid ist. Beide Basen sind den Anhaloniumbasen nahe verwandt (s. S. 208, 227). Da die beiden Alkaloide

Dioxyphenyläthylamin + Acetaldehyd → Tetrahydroisochinolin · Carnegin

Carnegin und Salsolin als racemische Gemische in den Pflanzen gefunden werden, ist die Wahrscheinlichkeit recht groß, daß sie durch eine solche nichtenzymatische Kondensation aufgebaut werden. Die Synthese von Isochinolinbasen unter physiologisch möglichen Bedingungen ist sogar noch bis zu Alkaloiden vom Typ des Laudanosins (s. S. 227) getrieben worden. Mit immer neuen Erfolgen sind bis in die jüngste Zeit heterocyclische N-haltige Verbindungen in vitro ohne Biokatalysatoren unter milden Reaktionsbedingungen zusammengesetzt worden (SCHÖPF 1949).

Auch Basen mit dem Indolkern sind durch ähnliche Synthesen angestrebt worden. Als reaktionsfähige Ausgangssubstanz wurde das Tryptamin gewählt, dessen Entstehung in höheren Pflanzen aus Tryptophan angenommen werden kann, da in ihnen auch andere Amine gelegentlich gebildet werden (s. S. 205). Wenn auch die Decarboxylierung nicht der übliche Weg des Aminosäurenabbaues in höheren Pflanzen ist, so dürften vielleicht gerade deshalb die dabei anfallenden Produkte den Ansatzpunkt für die Entwicklung von sekundären Stoffen bieten. Tryptamin reagiert bei p_H 5—7 und gewöhnlicher Temperatur mit Acetaldehyd innerhalb von 24 Std fast quantitativ unter Bildung von Tetrahydroharman (HAHN und LUDWIG). Auf diesem Wege fortschreitend ist es sogar gelungen, unter fast physiologischen Bedingungen das Gerüst des Yohimbins aufzubauen (HAHN und WERNER). Diese nichtenzymatische Kondensation wird übrigens durch Sonnenlicht beschleunigt. Yohimbin, das identische Quebrachin und andere ähnlich kompliziert gebaute Basen des gleichen Typs treten, wie oben erwähnt, an recht entfernt voneinander gelegenen Stellen des Pflanzensystems auf. Das wäre schwer verständlich, wenn deren Synthese auf eine Reihe spezifischer Enzyme angewiesen wäre. Wenn aber Pflanzenstoffe, die sehr weit von ihren Ausgangskörpern abgeleitet sind, sich durch spontane Reaktionen zusammensetzen lassen, ist ihre Entstehung in beliebigen, nicht verwandten Pflanzen eher wahrscheinlich. Die Art und Menge der zur gleichen Zeit am gleichen Ort anfallenden Intermediärprodukte und die im Reaktionsraum herrschenden Bedingungen in bezug auf Redoxpotential, Acidität usw. werden bestimmen, welche Stoffe sich bilden und anhäufen. Die spontane Entstehung würde überdies die Stabilität und Unangreifbarkeit vieler Alkaloide begreiflich machen.

So bestechend diese Versuche und ihre Ergebnisse auf den ersten Blick auch erscheinen mögen, so besagen sie doch zunächst nur, wie ein Pflanzenstoff gebildet werden *kann*. Ob die Pflanze tatsächlich diese Wege einschlägt, müßten Versuche am lebenden Organismus entscheiden, etwa so, daß man die Pflanze mit den vermuteten Zwischenprodukten reichlich versorgt und die erwarteten Endprodukte gewinnt. Solche Bestätigungen der hier wiedergegebenen Vorstellungen über die Biogenese verschiedener Alkaloide sind unseres Wissens bisher noch nicht beigebracht worden.

Die Experimente in vitro sind nicht einheitlich zu bewerten. Ihre geistigen Väter sind übrigens nicht der Meinung, daß man solche spontane Synthesen bei allen Alkaloiden erwarten dürfe. Soweit die in den nachahmenden Versuchen aufgebauten Basen auch in den Pflanzen als optisch inaktive Substanzen oder racemische Gemische vorkommen, was bei einigen der Fall ist, z. B. bei den Harmala-Alkaloiden, besteht gegen sie nicht der Einwand, der gegen die in vitro inaktiv, aber in der Pflanze optisch aktiv vorliegenden Basen zu machen ist. Das Auftreten optisch aktiver Verbindungen wird ja im allgemeinen als Folge einer enzymatischen Synthese gewertet, und da die meisten Alkaloide tatsächlich optisch aktiv vorliegen, sind Bedenken dagegen angebracht, daß nichtenzymatische Reaktionen dem wahren Sachverhalt in der Zelle entsprechen. Es besteht allerdings noch die Möglichkeit, daß schon die Ausgangsstoffe, die in die spontanen Reaktionen eingehen, asymmetrische Kohlenstoffatome als Folge ihrer enzymatischen Entstehung im primären Umsatz mitbringen und daß diese optische Aktivität bis zu den letzten Schritten des Aufbaues erhalten bleibt (s. oben bei Ephedrin, S. 208).

Weitere Bedenken ließen sich noch gegen das Rohmaterial einiger dieser Pseudophytosynthesen erheben. Tryptamin, Acetaldehyd, Acetessigsäure und verschiedene andere Bausteine sind sicher zelleigene Produkte. Aber ob es der Zelle möglich ist, Succindialdehyd bereitzustellen, kann noch nicht bejaht werden. Der Hinweis auf mögliche Zusammenhänge mit Ornithin ist nicht überzeugend. Natürlich kann es sich auch hier um so aktive Intermediärprodukte handeln, daß sie der Erfassung bisher entgangen sind. Trotz allem stellen diese Experimente einen außerordentlich wertvollen Beitrag zur Aufhellung der rätselhaften synthetischen Fähigkeiten der pflanzlichen Zelle dar, und es wäre nur zu wünschen, daß auch bei anderen Gruppen und Klassen der sekundären Stoffe solche Erkundungen vorgetrieben würden, obgleich bei manchen zu vermuten ist, daß sie keine so positiven Resultate wie bei den Alkaloiden zeitigen werden, z. B. bei den Anthocyanen, bei denen ja teilweise noch die letzten Ausformungen erblich gebunden sind und deshalb enzymatisch bewirkt zu sein scheinen.

7. Einige einzelstehende N-haltige sekundäre Stoffe.

Bakterien und Pilze, vor allem in den domestizierten, überfütterten Kulturen unserer Laboratorien, erzeugen eine derartige Fülle eigentümlicher Stoffe, daß sie in die vorliegenden Betrachtungen immer nur beiläufig mit einbezogen werden konnten (vgl. TATUM 1944; FOSTER). Hier sollen nur noch die Penicilline kurz erwähnt werden, die kometengleich zu enormer praktischer Bedeutung gelangt sind. Alle vier bisher bekannten Penicilline enthalten einen gemeinsamen Grundkörper, das Penin, an das amidartig die Reste verschiedener Säuren gebunden sind

$$\begin{array}{c} H_3C\diagdownS\diagup\\ CHC\!-\!\!-\!CH\!-\!NH\!-\!\!\!\bigcirc{R}\\ H_3C\diagup||\\ HOOC\!-\!C\!-\!\!-\!N\!-\!\!-\!CO\\ H \end{array}$$
Penin

An Stelle von ⓇR sitzen die folgenden Säurereste mit ihren Carboxylgruppen angeschlossen.

Penicillin I oder F. Hexensäure CH_3—CH_2—CH=CH—CH_2—COOH
„ II „ G: Phenylessigsäure C_6H_5—CH_2—COOH
„ III „ X: p-Oxyphenylessigsäure OH—C_6H_4—CH_2—COOH
„ IV „ K: n-Caprylsäure $CH_3(CH_2)_6$—COOH

Penicillin G hat die stärkste antibiotische Wirksamkeit. Penicilline wurden zunächst aus *Penicillium notatum* bekannt und technisch gewonnen. Viele *Penicillium*-Arten und Stämme produzieren in mehr oder weniger starkem Ausmaß diese Antibiotica, auch *Aspergillus*-Arten scheiden verschiedene Penicilline ab, z. B. *Aspergillus parasiticus* Penicillin G (ARSTEIN und COOK).

Das Penin stammt offenbar aus dem Aminosäureabbau, aber es lassen sich keine Beziehungen zu einer der bekannten genuinen Aminosäuren erkennen. Die Anwesenheit des Schwefels lenkt auf ein Dimethylcystein als den einen Baustein. In der anderen Komponente könnte man das Serinskelet vermuten. Anhaltspunkte für die tatsächlichen Ausgangsstoffe der Biosynthese von Penicillinen sind jedoch noch nicht gefunden worden (D. BONNER 1947).

Ein weiteres wertvolles therapeutisch genutztes Antibioticum ist das Streptomycin, produziert von *Streptomyces griseus*. Es ist folgendermaßen aufgebaut. Das glykosidisch angehängte Bioseamin besteht aus einem besonderen Zucker, der Streptose, und N-Methyl-l-Glucosamin. Als be-

$$\underset{\text{Streptomycin}}{\begin{array}{c} NHNH_2 \\ \diagdown\diagup \\ C \\ | \\ NH \\ | \\ CH \\ HOCHCH-O-Bioseamin \\ HN\diagdown|| \\ C-HN-CHCHOH \\ H_2N\diagup| \\ CH \\ | \\ OH \end{array}}$$

sonders charakteristisch fällt der Inositkern auf, an dem zweimal der N-reiche basische Guanidinrest bzw. ein Bruchstück des Arginins sitzt. Im Gegensatz zu den Penicillinen, die Säuren sind, ist das Streptomycin basischer Natur.

Das Biotin ist ebenso wie das Penin schwefelhaltig und weist damit auf eine Verwandtschaft zu der kleinen Gruppe des Cysteins und Methionins hin. Eine engere Anlehnung an eine dieser schwefelhaltigen Aminosäuren ist jedoch nicht zu erkennen. Es ist möglich, daß es zwei verschiedene Verbindungen, α- und β-Biotin, gibt, die bisher aus tierischem Material und aus Hefe isoliert wurden. Bekannt wurde das Biotin ursprünglich als Wuchsstoff für bestimmte Hefen. Inzwischen hat es sich als Wachstumsfaktor für viele andere Mikroorganismen und als Vitamin H für höhere Tiere herausgestellt, bei denen sein Fehlen Haarausfall und Veränderungen des Blutbildes hervorruft.

$$\underset{\beta\text{-Biotin}}{\begin{array}{c} CO \\ \diagup\diagdown \\ NHNH \\ | | \\ CH-CH \\ | | \\ CH_2CH(CH_2)_4COOH \\ \diagdown\diagup \\ S \end{array}}$$

Das Biotin hat eine ungewöhnlich hohe Affinität zu Eiweißen; sowohl in pflanzlichen als auch in tierischen Quellen ist es deshalb zum größten Teil an Zellbestandteile gebunden, von denen es meist nur durch hydrolytischen Abbau der Eiweiße freigesetzt werden kann. In vielen Pflanzenprodukten findet man unerwartet hohe Biotinkonzentrationen, z. B. in Agar-Agar sowie in der Mais- und Kartoffelstärke. Besonders reiche Fundorte sind Pollenkörner und Samen. Bei der Keimung wird das im ruhenden Samen festgelegte Biotin mobilisiert. Biotin scheint für alle tätigen Zellen unerläßlich zu sein. Bei höheren Pflanzen fördert es nachweislich die Wurzelbildung und das Sproßwachstum bei Keimlingen. Gegen zerstörende Einflüsse ist es sehr widerstandsfähig. Die kolloiden Huminstoffe des Moorbodens besitzen einen bemerkenswerten Biotingehalt, weil das von den Blättern und sonstigen Pflanzenteilen in den Boden eingebrachte Biotin nicht so leicht dem Abbau anheimfällt.

Verschiedene andere stickstoffhaltige Pflanzenprodukte spielen eine so zentrale Rolle im Zellgeschehen, daß sie kaum mehr als „sekundäre" Stoffe gewertet werden können, sondern vielmehr wie die Aminosäuren zur Grundausstattung aller lebenden Organismen zu zählen sind. Dazu gehören unter anderem die Pantothensäure mit dem β-Alanin als Baustein, die p-Aminobenzoesäure, die Folinsäure, die ihrerseits wieder die p-Aminobenzoesäure als Baustein enthält. Eine andere Komponente mit zwei stickstoffreichen Ringen hat die Folinsäure gemeinsam mit dem Lactoflavin, der Wirkgruppe des „gelben Fermentes" und anderer wasserstoffübertragender Enzyme.

Der tiefere Grund dafür, daß viele dieser für den primären Stoffwechsel unerläßlichen Wirkstoffe stickstoffhaltig sind und so ihre genetische Nähe zu den Aminosäuren offenbaren, ist wohl darin zu suchen, daß gleichzeitig mit dem Substrat für das Leben, nämlich den Eiweißen, auch die Werkzeuge für den Grundstoffwechsel entstehen mußten, ohne die sich das Leben nicht hätte erhalten können.

D. Die Blausäureverbindungen.

Neben die unübersehbar mannigfaltigen N-haltigen Pflanzenstoffe, die als Derivate des Ammoniaks aufzufassen sind, stellen sich nur verschwindend wenige Verbindungen, die den Stickstoff im Cyanradikal enthalten, wenngleich auch diese Körper sich über das ganze Pflanzenreich verteilt finden. Ricinin (s. S. 222) gehört zu den seltenen Verbindungen, die Stickstoff sowohl in einer Amin- als auch in der Cyangruppe tragen. In der Regel liegen die Blausäurederivate als Glykoside vor. Freie Blausäure ist höchstens in winzigen Mengen, und dann wohl meist als Produkt der prämortalen Spaltung von Glykosiden durch Enzyme, nachgewiesen worden, z. B. in den Samen von *Pangium edule* (Flacourtiaceen, Parietales).

Das am besten und am längsten bekannte Blausäureglykosid ist das Amygdalin, das mit Ausnahme der Birnensamen und der süßen Mandeln, wo es nur in Spuren zu finden ist, in allen Samen der Pomoideen und Prunoideen, auch in deren Rinde und Blättern, vorkommt. Bisher ist Amygdalin außerhalb der Rosaceen überhaupt noch nicht entdeckt worden. Amygdalin besteht aus Benzaldehyd + Cyanwasserstoff glykosidiert mit Gentiobiose. Ganz analog gebaut, aber mit Glucose als Zuckerpaarling, ist das Prulaurasin, aus *Prunus laurocerasus, Cotoneaster* u. a. Isomer damit ist das Sambunigrin aus frischen Blättern von *Sambucus nigra* und *Ribes rubrum*, das im Gegensatz zum racemischen Prulaurasin in die optisch aktive d-Mandelsäure gespalten wird. Eine ganze Reihe anderer blausäurehaltiger Glykoside aus verschiedenen Familien sind beschrieben worden. Das Phaseolunatin aus *Phaseolus lunatus* ist insofern bemerkenswert, als es nur in den braunviolett gefärbten Samen vorkommt, während die weißen Samen der gleichen Art frei davon sind und als eßbare Bohnen in den Tropen kultiviert werden. Neben Blausäure und Glucose ist in dieses Glucosid noch Aceton eingebaut. Ein identisches Glucosid Linamarin wird in den Keimpflanzen von *Linum usitatissimum* gebildet

$$\underset{\text{Amygdalin}}{\underset{}{\text{C}_6\text{H}_5}\underset{\text{CN}}{\overset{\text{O--C}_{12}\text{H}_{21}\text{O}_{10}}{\overset{|}{\underset{|}{\text{C--H}}}}}}$$

und soll in den Samen von *Lotus corniculatus*, *Hevea brasiliensis* u. a. vorkommen.

Glykoside, die Blausäure und Benzaldehyd liefern, sind bis hinunter zu den Farnen beschrieben worden, z. B. bei *Pteris aquilina*. Unter den Gramineen führen einige *Panicum*-Arten Blausäureglykoside, und *Sorghum vulgare* enthält in den Früchten und jungen Pflänzchen das Dhurrin, ein Glucosid, das in Glucose, Blausäure und p-Oxybenzaldehyd gespalten werden kann.

Die Pflanzen, die blausäurehaltige Glykoside führen, verfügen auch über Enzyme, um sie zu spalten. Im normalen Zustand sind Enzym und Substrat jedoch räumlich getrennt, zum Teil auf verschiedene Zellen oder sogar Gewebe verteilt, zum Teil aber, wie es scheint, nur intracellulär oder intraplasmatisch geschieden. Durch Narkose, die allerdings zum Tode der Zellen führt, kann man die Spaltung der Nitrilglykoside in Gang bringen. Das klassische Enzym der Amygdalinspaltung ist das Emulsin, das sich als ein recht undurchsichtiges Enzymgemisch herausgestellt hat, in dem β-Glucosidasen und β-Galactosidasen, beide vielleicht identisch oder jedenfalls nur unwesentlich verschieden, vorherrschen (s. S. 20). Das Emulsin zerlegt Amygdalin und andere ähnliche Glykoside in die oben genannten Bruchstücke, während Hefeenzyme, die im allgemeinen frei von β-Glycosidasen sind, Amygdalin nur an der α-glucosidischen Bindung innerhalb des Disaccharides angreifen und nach Abtrennung einer Glucose ein Mandelnitrilmonosid übriglassen.

Im Gegensatz zu vielen anderen Glykosiden und im Gegensatz zu vielen N-haltigen Stoffen unterliegen die Blausäureglykoside einem deutlichen Umsatz, und Blausäure kann sowohl von höheren Pflanzen, z. B. von *Phaseolus lunatus*, als auch von *Aspergillus* als Stickstoffquelle ausgeschöpft werden. Bei *Aspergillus niger* ist als Zwischenstufe zum Eiweiß Ammoniak sichergestellt (IWANOFF und OSNIZKAJA).

Beim Keimen der Samen (*Phaseolus lunatus* und bittere Mandel) im Dunkeln findet eine recht kräftige Zunahme der absoluten Blausäuremenge je Keimling statt. Erst später, wenn die Kotyledonen geschrumpft sind, geht der Blausäuregehalt wieder zurück (STEKELENBURG). Ebenso nimmt beim Austreiben der Knospen sowohl im Dunkeln als auch im Licht die Menge der Blausäure kräftig zu. Eine wesentliche Translokation der Glykoside oder der freien Blausäure findet nicht statt (Kirschlorbeer). Aus jungen Blättern, in denen tagsüber Blausäure gebildet wird, findet ebenfalls keine Ableitung statt. Im Dunkeln verschwindet Blausäure aus abgeschnittenen Blättern, sobald alle Stärke verbraucht ist. In Blättern von *Pangium edule* kann auf diese Weise Blausäure völlig entfernt werden. Beim Vergilben der Blätter und beim Reifen der Früchte von *Sambucus* geht der Blausäuregehalt in manchen Objekten bis zum völligen Schwund zurück. Bei der Keimung rührt die neugebildete Cyangruppe aus dem Eiweißabbau her, denn anorganischer Stickstoff wurde während der

Versuchszeit nicht aufgenommen. In Blättern regt jedoch zugeführtes Nitrat und noch kräftiger Asparagin die Blausäurebildung an, sobald genügend Kohlenhydrate zur Verfügung stehen. Parallel dazu findet Eiweißbildung statt. Bei extremem Hunger wird der Zucker der Blausäureglykoside mobilisiert. Daß eine Mobilisierung der Glykoside erfolgt, um den Stickstoff nutzbar zu machen, also bei reichlicher Kohlenhydratversorgung, aber mangelndem Stickstoff, ist noch nicht nachgewiesen und unwahrscheinlich.

Ein langer und teilweise heftiger Streit ist um die physiologische Bedeutung der Blausäureverbindungen ausgefochten worden (vgl. TREUB; ROSENTHALER; STEKELENBURG). TREUB hatte mit großer Bestimmtheit die Vorstellung entwickelt und vertreten, daß die Blausäure das erste erkennbare Assimilationsprodukt der Nitratassimilation in den Blättern und damit die erste „organische" N-haltige Verbindung überhaupt sei. Diese verallgemeinernde Ansicht stützte sich jedoch einerseits auf unzureichende Beobachtungen und andererseits auf eine unzureichende, nur qualitative Untersuchungsmethode. Die oben genannten und viele andere neuere Befunde zeigen, daß Blausäure auch bei ganz anderen Gelegenheiten entsteht. Man deutet alle bekannt gewordenen Tatsachen am besten, wenn man den Umsatz der HCN-Verbindungen als einen Seitenweg sowohl des auf- als auch des abbauenden Eiweißstoffwechsels auffaßt. Damit wären also die blausäurehaltigen Glykoside an eine ähnliche Stelle gerückt wie die übrigen sekundären N-haltigen Stoffe. Sie sind vielen der Alkaloide nur darin unähnlich, daß sie beim Vergilben der Blätter stark abnehmen, aber das kann wohl, worauf bei den Versuchen noch nicht genügend geachtet worden ist, daran liegen, daß die aus der glykosidischen Bindung freigesetzte Blausäure im sauren Milieu des Zellsaftes leicht flüchtig ist und aus den Blättern verdunstet. „Man wird also bei denjenigen Pflanzen, die die Eigenschaft haben, Blausäure zu bilden, dies in besonders hohem Maße erwarten dürfen, wenn Eiweiß, oder vielleicht auch nur Eiweiß bestimmter Art neu gebildet wird. Dies ist unter anderem der Fall bei der Reife und dem Auskeimen der Samen, beim Austreiben der Knospen und bei starker Zuführung von Stickstoffverbindungen" (ROSENTHALER). Diese abgezweigten Stickstoffmengen können wieder nutzbar gemacht werden, sie stellen eine Zwischenreserve dar. Allerdings verhalten sich in diesem Punkte nicht alle blausäureführenden Pflanzen gleich.

E. Die Senföle.

Als eine letzte kleine, aber sehr charakteristische Gruppe N-haltiger sekundärer Stoffe bleiben uns noch die Senföle. Sie sind sowohl in der Erscheinungsform als auch im chemischen Bau mit sehr eigentümlichen Merkmalen ausgestattet. In den nahe verwandten Familien der Cruciferen, Resedaceen und Capparidaceen sowie in den entfernter stehenden Tropaeolaceen und Limnanthaceen tauchen die Senföle meist in glykosidischer Bindung auf. Wegen des typischen scharfen Geruches ist es unwahrscheinlich, daß noch wesentliche neue Fundorte für diese Stoffe entdeckt werden.

Chemisch sind die Senföle als Ester der Isorhodanwasserstoffsäure von der allgemeinen Form $R-N=C=S$ aufzufassen. Das im Sinigrin, dem Glykosid aus schwarzem Senf, Meerrettich u. a., enthaltene Allylsenföl hat folgenden Bau: $CH_2=CH-CH_2-N=C=S$. Neben verschiedenen aliphatischen Senfölen, z. B. dem Krotylsenföl in *Cardamine amara*, dem

Cheirolin in *Cheiranthus*, treten aromatische Senföle, z. B. das aus dem Glykosid des weißen Senfes abspaltbare p-Oxybenzylsenföl und das Phenyläthylsenföl aus *Tropaeolum majus* und einigen Cruciferen, auf. Die Senföle sind durch ihren Schwefelgehalt neben dem Stickstoff charakterisiert. Soweit damit drei- oder viergliedrige C-Ketten verknüpft sind, würde man an einen engen Zusammenhang mit den schwefelhaltigen Aminosäuren denken, das trifft aber zum mindesten nicht für die aromatischen Vertreter zu. Hingegen ist deren Analogie zu Aminen, z. B. Phenyläthylsenföl und Phenyläthylamin, offenkundig (s. S. 204). Wo und wie die Verbindung zum pflanzlichen Schwefelumsatz hergestellt wird, ist noch unbekannt. Das Anfangs- und Endglied des Schwefelstoffwechsels bilden im allgemeinen Sulfate (MOTHES 1938). Bemerkenswerterweise sind in den Senfölglykosiden oder in den Senfölen selbst häufig Schwefeloxyde bzw. Schwefelsäure mit eingebaut, z. B. im Cheirolin, im Erysolin aus *Erysimum Perowskianum* und im Sinigrin oder „myronsauren" Kalium, das folgendermaßen aufgebaut ist.

$$CH_2=CH-CH_2-N=C\begin{smallmatrix}S-C_6H_{11}O_5\\ OSO_2OK\end{smallmatrix}$$
Sinigrin

In den Aminosäuren und im Eiweiß ist der Schwefel stets in der reduzierten Form festgelegt. Die höhere Pflanze hat aber selbst im Dunkeln die Fähigkeit, reduzierte Schwefelverbindungen wieder zu oxydieren, also den Assimilationsvorgang umzukehren; denn der mineralische Schwefel wird von der höheren Pflanze ausschließlich als Sulfation aufgenommen. Schwefelwasserstoff ist außerordentlich giftig, deshalb haben auch nur Pflanzen mit den erwähnten oxydativen Fähigkeiten sich erhalten können. Häufig unterliegt der Schwefel einem regenerierenden Umsatz, wenn z. B. in verdunkelten Blättern parallel zum Eiweiß-N auch der Eiweiß-S abnimmt und die Sulfatfraktion entsprechend ansteigt. Im übrigen geht der Stickstoff- und Schwefelumsatz bei der Eiweißbildung und Hydrolyse nicht immer konform. Die schwefelreichen Eiweiße scheinen eher gebildet und später abgebaut zu werden.

Es mag hier kurz eingeschoben werden, daß wir keinerlei phosphorhaltige sekundäre Pflanzenstoffe kennen, sie jedenfalls noch nicht als solche erkannt haben, wenn es sie gibt. Der Phosphor, der ja auch in der oxydierten Form des PO_4-Ions aufgenommen wird, zeichnet sich dem Schwefel gegenüber dadurch aus, daß er auch im Stoffwechsel nie reduziert wird, sondern seine Funktionen als Phosphor- oder Pyrophosphorsäure erfüllt. Er wird im Gegensatz zum Stickstoff nur verestert oder in anderer leicht lösbarer Verbindung an organische Moleküle angehängt und nie eingebaut, so daß er leicht wieder abzulösen ist. Das sind genug Gründe, um das Fehlen phosphorhaltiger sekundärer Stoffe verständlich zu machen.

Die Senföle werden von speziellen Enzymen, der Myrosinase bzw. dem Myrosin gespalten. Emulsin wirkt nicht auf sie ein (s. S. 24). Die enzymhaltigen Zellen sind von den glykosidführenden stets getrennt. Ob die Pflanze jemals unter normalen Bedingungen die Senföle zerlegt, ist deshalb fraglich (s. S. 29).

Die sog. Lauchöle stehen den Senfölen chemisch sehr nahe und sind im Stoffwechsel sicher nicht anders als diese zu beurteilen. Sie sind allerdings stickstofffrei und stellen sich chemisch als Alkylsulfide bzw. Di- und Trisulfide, im allgemeinen wohl mit symmetrischem Aufbau, dar, wie am

Beispiel des Diallyldisulfids, des Hauptbestandteils des Öles aus *Allium Cepa*, ersichtlich ist: $CH_2=CH-CH_2-S-S-CH_2-CH=CH_2$. Die Lauchöle scheinen nicht in den Milchsaftschläuchen der *Allium*-Arten, sondern vielmehr in der Epidermis und in den Leitbündelscheiden, wo auch andere sekundäre Stoffe mit Vorliebe abgelagert werden, lokalisiert zu sein. Lauchartig riechende Stoffe, die chemisch noch ganz unerforscht sind, kommen bei verschiedenen Leguminosen vor.

VIII. Rückblick.

Es wäre recht unbefriedigend, diese langen Scharen von Pflanzenstoffen an sich vorüberziehen zu lassen, ohne danach zu fragen, ob es nicht doch einige wenige Punkte im Zellstoffwechsel gibt, in denen sich alle ihre Bahnen kreuzen; es ist verlockend, nach Angelpunkten zu suchen, um die sich das Werden dieser bunten Gruppen bewegt. Man vermutet irgendwo „embryonale" Zustände der späterhin hochdifferenzierten Verbindungen, einfache, ungestaltete Grundformen, aus denen die vielgestaltigen Körper sich entwickeln. Die ausgesprochene Eintönigkeit des primären Stoffwechsels, z. B. des Kohlenhydratabbaues, in dem sich kaum Tier und Pflanze, viel weniger die Klassen und Familien der Pflanzen voneinander wesentlich unterscheiden, fordert geradezu, daß der Anschluß der sekundären Verbindungen an einige wenige Glieder des „Grundumsatzes" gefunden werden muß. Ehe wir uns aber Spekulationen über solche Möglichkeiten hingeben, müssen wir das gestehen, was die fehlende Einsicht in den Intermediärstoffwechsel dieser Stoffe uns zu bekennen zwingt: wir *wissen* so gut wie nichts über ihn!

An Bemühungen hat es nicht gefehlt, wie nach einem Stein der Weisen nach dem Prinzip zu suchen, das die Verwandlung allgemeiner, einfacher Körper in die vielgestaltigen Inhaltsstoffe pflanzlicher Organismen leitet. Manchmal hatte man nur eine der größeren Klassen, z. B. Alkaloide, Terpene, Farbstoffe, Gerbstoffe oder ähnliches, vor Augen, manchmal griff man weiter und zielte auf ein einheitliches Prinzip für so gut wie alle sekundären Stoffe ab. Als Denkschemata auf dem Papier gingen auch diese weitergespannten Systeme leidlich auf, aber es fehlten ihnen die zuverlässigen physiologischen Stützen. Das biologisch wenig fruchtbare Dasein vieler solcher Spekulationen müßte davon abhalten, ihnen eine neue hinzuzufügen. Wir haben jedoch in den letzten Jahren so einzigartige Fortschritte in der Enträtselung des Zwischenstoffwechsels vom Kohlenhydrat- und Eiweißumsatz erlebt, daß wir von dem nun erreichten Standpunkt aus auch einen neuen, vielleicht aufschlußreicheren Blick in die Genese der sekundären Stoffe erwarten dürfen.

Die jüngste generalisierende Betrachtung über die Herkunft der wichtigsten sekundären Stoffe stammt von FREY-WYSSLING (1938), der gerade auch die stickstofffreien Verbindungen an den abbauenden Eiweiß- und Aminosäureumsatz anschließt und der damit einen alten Gedanken aufgreift: „War man früher geneigt, dieselben (stickstofffreien Körper) ausschließlich mit dem Zuckerumsatz in Beziehung zu bringen ..., so ist es heute berechtigt, sich zu fragen, ob solche Stoffe nicht häufig sekundär veränderte und desaminierte Produkte des Eiweißstoffwechsels darstellen" (CZAPEK Bd. III, S. 369). Eine ganze Reihe solcher C-Reste abgebauter

$$\underset{\text{Äthylen + Isopren + Äthylen}}{\underset{CH_2}{\overset{CH_2=CH}{H_2C}}\!\!\!\!\!\!\!>\!\!\!\!\!\!\!\underset{H_3C}{\overset{}{}}\!\!\!\!\!\!>C=CH_2 \quad CH_2=CH_2} \;\rightarrow\; \underset{\text{Coniferylalkohol}}{HO\!\!-\!\!\bigcirc\!\!\underset{OCH_3}{}\!\!-\!\!CH=CH-CH_2OH}$$

$$\underset{\text{Phenyläthylen}}{\bigcirc\!\!-\!\!CH\!\!=} \quad \underset{\text{Isopren}}{\underset{CH_2}{\overset{CH_3}{H_2C=C}}\!\!\!\!\!\!>\!\!\!\!\!\!\underset{CH=CH_2}{\overset{CH_2}{}}} \quad \underset{\text{Äthylen}}{CH_2} \;\rightarrow\; \underset{\text{Catechingerüst}}{\text{HO-}\bigcirc\!\!\overset{O}{\underset{CH_2}{\underset{OH}{CHOH}}}\!\!CH\!\!-\!\!\bigcirc\!\!\overset{OH}{\underset{OH}{}}}$$

Aminosäuren wird namhaft gemacht. Aus ihnen werden dann etwa nach vorstehenden Mustern Gerüste der sekundären Stoffe zusammengestellt, wobei Äthylen als Rest vom Alanin, Isopren vom Leucin, Phenyläthylen vom Phenylalanin usw. herstammen sollen. Experimentelle Unterlagen fehlten ganz, und nicht alle Annahmen waren zulässig, z. B. nimmt der Stickstoffgehalt der sich streckenden Zellen durchaus nicht ab. Selbst wenn in Zellen, die ätherisches Öl speichern oder die verholzen, der Protoplast nekrotisch abgebaut wird, ist es doch kaum verständlich, daß sich dabei z. B. nur Isoprenreste bilden, die zu den niederen Terpenen polymerisieren; dann hätte das Plasma lediglich aus Leucin aufgebaut sein müssen. Das vikariierende Auftreten von sekundären Stoffen würde nach dieser Vorstellung fordern, daß in dem einen Falle die einen und im anderen wenige andere Aminosäuren ausschließlich vorgelegen hätten.

Tatsächlich war experimentell immer wieder beobachtet worden, daß reichliche Versorgung mit Kohlenhydraten eine Ansammlung von allerlei sekundären Stoffen begünstigte, ja daß sogar Kohlenhydratreserven in solche meist nutzlose Exkrete umgewandelt wurden, z. B. bei der Kautschukzapfung und beim Harz- und Gummifluß. In einzelnen speziellen Fällen, in denen wir einen ersten Einblick in die Genese eines solchen abgeleiteten Stoffes gewonnen haben, z. B. bei der β-Indolylessigsäure, zeigt sich, daß der Weg nicht, wie es die skizzierte Hypothese will, über das Indolyläthylen, eine ganz zellfremde Verbindung, sondern über die Indolylpropionsäure und den Indolylacetaldehyd läuft. Ob das Äthylen, das ein echtes Stoffwechselprodukt ist, überhaupt aus dem Aminosäureumsatz stammt, ist ja noch zweifelhaft (s. S. 143). Noch nirgends ist nachgewiesen oder auch nur wahrscheinlich gemacht worden, daß Kohlenwasserstoffe Zwischenprodukte im Zellgeschehen sind. Die Zelle hantiert mit Aldehyden, Ketonen, Enolen, Säuren sowie mit alkoholischen und phenolischen Hydroxylen, allenfalls mit Estern. Der gesamte Energieumsatz einschließlich der Fettoxydation wird über Bruchstücke mit funktionellen Gruppen geleitet. Kohlenwasserstoffe, deren Energiegehalt wir in unseren Verbrennungsmotoren ausnutzen, sind für die lebende Zelle im allgemeinen unzugänglich. Zucker, Glycerin, Aldehyde, Ketosäuren und ähnliche, die als Betriebsstoff für technische Zwecke keinerlei Rolle spielen, sind bevorzugte Rohstoffe des Zellumsatzes. Gruppen, wie z. B. die Hydroxyle primärer gesättigter Alkohole, die für die Manipulationen des synthetisch schaffenden Chemikers zu träge sind, werden mit den Mitteln der Zelle leicht aktiviert (s. Tryptophansynthese aus Indol und dem trägen Serin!). Ein wesentliches Prinzip für solche Aktivierung scheint die Kopplung mit Phosphorsäure zu sein, und auch diese setzt nach unseren jetzigen Kenntnissen nur an Carbonylen und Hydroxylen und nicht an Kohlenwasserstoffen an. In zunehmendem Maße wird uns die synthesebegünstigende Funktion der Phosphorylierung im Stoffwechsel offenbar. Es scheint kaum eine Kondensation und Polymerisation in der Zelle vor sich zu gehen, ohne daß nicht wenigstens einer von zwei Partnern phosphoryliert wäre. Wir müssen uns immer wieder vor Augen halten, daß bei der glykolytischen Spaltung der Hexosen phosphorylierte Bruchstücke entstehen, die also aktiviert sind und sich wesentlich leichter miteinander koppeln lassen als freie Brenztraubensäure, Essigsäure oder freies Dioxyaceton usw.

Das lenkt nun — nicht zum ersten Male in der Geschichte der sekundären Pflanzenstoffe (vgl. v. EULER 1909) — den Blick auf die mögliche Bedeutung der Spaltprodukte des normalen Zuckerabbaues für die Entstehung neuer Zellinhaltsstoffe. Es wäre ein müßiges Unterfangen, wie mit den Steinen eines Baukastens aus den bekannten C_2- und C_3-Bruchstücken des Atmungsumsatzes nicht nur die C-Gerüste, sondern die vollständige Architektur der sekundären Stoffe mit allen anhängenden Hydroxyl-, Carbonyl- und Carboxylgruppen zusammenzusetzen (vgl. z. B. FOSTER). Das würde uns zwar „eine ähnliche Befriedigung verschaffen, wie wenn man ein interessantes Kreuzworträtsel gelöst hat" (EMDE 1929), aber die Wahrscheinlichkeit, daß die Vorgänge in der Pflanze tatsächlich so verlaufen, wäre auch dabei nicht höher als bei allen anderen bisher vermuteten Systemen. Viel wertvoller erscheint es, die Beobachtungen und experimentellen Befunde danach zu sichten, ob sie ungezwungen eine solche Vorstellung stützen oder ihr in wesentlichen Punkten widersprechen. Wir haben des öfteren im Stoffwechsel und in der Struktur der sekundären Verbindungen C_3-Glieder vorherrschen sehen. Die Gesetze der organischen Chemie allein begründen jedoch keine Bevorzugung gerade der C_3-Körper, deren weite Verwendung als Bausteine für die Zelltätigkeit wohl nur ihrem regelmäßigen Anfall beim Hexoseabbau zu verdanken ist. Daß Fette aus den C_2- und C_3-Intermediärprodukten des Kohlenhydratumsatzes aufgebaut werden, kann als völlig gesichert gelten. In jüngster Zeit ist wenigstens für den tierischen Organismus gezeigt worden, daß sich Steroide aus Essigsäure bzw. Acetylphosphat bilden (vgl. LIPMANN 1946). Essigsäure wird nachweislich in Purine eingebaut (s. S. 219). Ganz besonders wertvoll ist der Nachweis, daß *Lentinus lepideus*, ein holzzerstörender Pilz, auf Zuckern (Glucose, Xylose), aber auch auf Äthylalkohol eine aromatische Verbindung aufbaut (p-Methoxy-Zimtsäure-Methylester), die große Ähnlichkeit mit den Ligninbausteinen hat, und daß dabei Acetaldehyd als Zwischenprodukt abgefangen werden kann (NORD und VITUCCI 1947b). Für andere Stoffe haben wir einen solchen Nachweis noch nicht, aber wir müssen berücksichtigen, daß unsere Vorstellungen über den Zwischenstoffwechsel, vor allem über die Einschätzung der Rolle der Phosphorsäure, in einem tiefgreifenden Wandel begriffen sind. Recht erwünscht und schwerwiegend wäre es, auch für niedere Terpene und die Flavanabkömmlinge nachzuweisen, daß die Pflanze die durch Kohlenstoffisotope markierten kleinmolekülingen Bausteine zu den sekundären Stoffen zusammenfügt.

Bedeutsam erscheinen uns die wiederholten Beobachtungen, daß sekundäre Stoffe vornehmlich bei hoher Assimilationsintensität und bei gesteigertem Kohlenhydratumsatz, z. B. in jungen wachsenden Organen, anfallen.

Auch hier lernen wir gerade jetzt einsehen, daß bei beiden gegenläufigen Prozessen gleiche oder ähnliche Zwischenprodukte (Brenztraubensäure, Glycerinphosphorsäure) eine Rolle spielen (s. S. 44). Die Anhäufung der für das Wachstum nicht unerläßlichen Verbindungen aller Art, die meistens in den Vacuolen abgelagert werden, bedeutet, daß eine Disharmonie zwischen den durch die Zuckerspaltung bereitgestellten Bausteinen und dem Wachstum besteht, das wahrscheinlich durch andere Faktoren als die Baustoffe begrenzt sein kann. Dann fallen die sehr aktiven Zwischenprodukte anderen Umwandlungen anheim, deren Resultat die „lagerfähigen" sekundären Stoffe sind. In jungen Geweben übertrifft der spaltende Umsatz oft den oxydativen[1], so daß gerade hier Bruchstücke der Hexosen für Synthesen bereitstehen. Daß allerdings die Kohlenhydrate bei autotrophen Pflanzen nicht immer im Überschuß sind, geht aus der Tatsache hervor, daß einzelne grüne Pflanzen trotz optimaler Lichtversorgung durch Rohrzuckergabe im Wachstum gefördert werden können (vgl. WENT und CARTER). Warum das Auseinanderklaffen zwischen Angebot an Zuckerspaltstücken und Deckung des Bau- und Betriebsstoffbedarfes wachsender Gewebe zustande kommt bzw. besteht, können wir heute kaum näher begründen. Von einer zielgerichteten Steuerung kann man wohl dann nicht sprechen, wenn ein oft beträchtlicher Teil des den Wachstumsorte zugeführten Materials in nutzlose Stoffe verwandelt wird. Im tierischen Körper scheint immer die Resynthese von Kohlenhydraten aus den Spaltstücken begünstigt zu sein. In den Pflanzen sind die andersartigen an den Intermediärprodukten des Kohlenhydratumsatzes angreifenden Umwandlungen erblich meist streng fixiert. Interessant und aufschlußreich sind dabei nahe verwandte Arten oder gar Rassen der gleichen Art, von denen die eine sekundäre Stoffe einer Klasse und die zweite ganz anders gebaute einer anderen Klasse bildet, die aber doch aus dem gleichen Ausgangsmaterial hervorgehen, z. B. *Cinnamomum zeylanicum* mit Phenylpropanabkömmlingen (Zimtaldehyd) und *Cinnamomum camphora* mit Terpenen.

Die sekundären Stoffe sind nicht Begleiter hoher Kohlenhydratansammlungen, wie oft kurzsichtig bei der Suche nach ihrer Herkunft erwartet wird; denn sonst müßten sie viel regelmäßiger in Reservestoffbehältern auftauchen; aber sie sind Zeugen eines hohen Umsatzes, also eines Stoffwechsels, soweit er durch C_2- und C_3-Spaltstücke läuft. In erster Linie halten wir diese Vermutung für die meisten N-freien Stoffe für begründet. Die N-haltigen entstehen wohl nur zu einem Teil unmittelbar durch Zusammenfügen kleinerer Bausteine, zum anderen Teil fallen sie beim Eiweißabbau an, gewissermaßen als verwitterte Bruchstücke der Eiweiße.

Zum Abschied sei noch ein kurzer Blick auf die reizvolle Frage nach der Phylogenese der sekundären Pflanzenstoffe geworfen, mit dem wir allerdings auch nur einige hypothetische Möglichkeiten zu erhaschen vermögen. Die Pflanzen bzw. die Organismen allgemein starteten mit einer primitiven Grundausstattung von Enzymen und anderen chemischen Mitteln. Tatsächlich sind die Blau- und Grünalgen diejenigen Klassen des Pflanzenreichs, die am ärmsten an sekundären Stoffen sind. Durch Mutation verändern sich einerseits die genabhängigen Enzyme und mit ihnen die möglichen Umsetzungen, und andererseits indirekt die allgemeinen Reaktionsbedingungen der Zelle (Art und Menge der angehäuften Säuren, das Redoxpotential, die Feinstruktur des Plasmas usw.). Die Folge ist die Produktion von immer

---
[1] GODDARD, D. R.: Growth XII, Suppl. 17 (1948); vgl. auch FOSTER.

wieder anders gearteten Stoffwechselzwischen- und endprodukten. Diese neuen Produkte können unter bestimmten Bedingungen, z. B. gegenüber dem gegebenen Plasmazustand, toxisch sein: die Pflanze stirbt aus. Unter anderen Bedingungen, also in einer anders ausgestalteten Pflanze, wird die schädigende Wirkung der gleichen Produkte abgefangen oder kompensiert: ein neuer Pflanzentyp mit neuartigen Inhaltsstoffen ist entstanden. Die auf diesem Wege erworbenen Stoffwechselprodukte können an einer bestimmten Stelle des Pflanzenkörpers oder unter bestimmten Umweltbedingungen dieser Pflanze im Kampf ums Dasein Vorteile gewähren; dann wird sich dieser Typ als überlegen erhalten. Die fortschreitende Differenzierung und erhöhte Ergiebigkeit des photosynthetischen Apparates liefert zudem reichlicher Assimilate, als für das Zellwachstum unmittelbar verbraucht werden. So kommt es mit fortschreitender Evolution des Pflanzenreiches zu größerer Mannigfaltigkeit der sekundären Stoffe. Das ist die andere Seite des „Nisus formativus", der nicht nur eine morphologische Tendenz, sondern, dieser oft sogar vorauseilend, auch eine biochemische offenbart.

Literatur.

Aus folgenden Sammelwerken, die als Grundlage für ein eingehenderes Studium der sekundären Pflanzenstoffe empfohlen werden, sind Angaben übernommen worden, ohne daß im einzelnen jedesmal durch ein Zitat darauf verwiesen worden wäre.

CZAPEK, F.: Biochemie der Pflanzen, 2. Aufl. Jena 1920/21.
GILMAN, A.: Organic Chemistry, 2. Aufl. New York u. London 1943.
KARRER, P.: Lehrbuch der organischen Chemie, 10. Aufl. Stuttgart 1948. — KLEIN, G.: Handbuch der Pflanzenanalyse. Wien 1931/33.
TSCHIRCH, A.: Handbuch der Pharmakognosie. Leipzig 1908/1925.
WEHMER, C.: Die Pflanzenstoffe, 2. Aufl. Jena 1931. — WIESNER, J. v.: Die Rohstoffe des Pflanzenreichs, 4. Aufl. Leipzig 1927. — WINTERSTEIN, A., u. G. TRIER: Die Alkaloide, 2. Aufl. Berlin 1931. — Handwörterbuch der Naturwissenschaften, 2. Aufl. Jena 1933/35. — Annual Rev. Biochem. (Am.) 1932—1948. — Fschr. Bot. 1930—1949.

ABELIN, J.: Helvet. physiol. Acta **6**, 879 (1948). — ADLER, E., and H. v. EULER usw.: Bichem. J. (Brit.) **33**, 1028 (1939). — ALEXANDROW, W. G. usw.: Planta (Berl.) **4**, 467 (1927); **7**, 340 (1929). — ALLEN, M. B., H. GEST and M. D. KAMEN: Arch. Biochem. (Am.) **14**, 335 (1947). — ALLSOPP, A.: New Phytologist **36**, 327 (1937a). — Biochem. J. (Brit.) **31**, 1820 (1937b). — ANCHEL, M.: J. biol. Chem. (Am.) **177**, 169 (1949). — ANDERSON, R. J., and M. S. NEWMAN: J. biol. Chem. (Am.) **101**, 499 (1933). — ANNAU, E., u. Mitarb.: Hoppe-Seylers Z. **236**, 1 (1935); **244**, 105 (1936); **282**, 69 (1947). — APPEL, H., and R. ROBINSON: J. chem. Soc. **1935**, 426. — ARCHBOLD, H. K.: Ann. Bot. **47**, 407 (1932). — ARMSTRONG, E. F.: The Carbohydrates and the Glucosides. London 1924. — ARSTEIN, H. R. V., and H. A. COOK: Brit. J. exper. Path. **28**, 94 (1947).

BALLS, A. K., and H. LINEWEAVER: Food Res. **3**, 57 (1938). — BALLS, A. K., and J. W. TUCKER: Industr. Engng. Chem. **30**, 415 (1938). — BARRENSCHEEN, H. K., u. Mitarb.: Biochem. Z. **310**, 285, 335 (1942). — BARRENSCHEEN, H. K., u. J. PANY: Biochem. Z. **310**, 344 (1942). — BARRENSCHEEN, H. K., u. T. v. VALYI-NAGY: Hoppe-Seylers Z. **277**, 97 (1942); **283**, 91 (1948). — BARTER, H. H.: Biochem. J. (Brit.) **23**, 1158 (1929). — BARTON-WRIGHT, E. C., and J. G. BOSWELL: Biochem. J. (Brit.) **25**, 494 (1931). — DE BARY, A.: Bot. Ztg **29**, 129 (1871). — BATALIN, A.: Ref. Justs bot. Jber. **7 I**, 226 (1879). — BAUCH, R.: Naturw. **29**, 687 (1941). — BAUNINGER, A.: Ber. schweiz. bot. Ges. **49**, 239 (1939). — BEADLE, G. W.: J. biol. Chem. **156**, 683 (1944). — BEALE, G. H., u. Mitarb.: Proc. roy. Soc., Lond., B **130**, 113 (1942). — BECKER, G.: Naturw. **30**, 253 (1942). — BEKESY, N. v.: Biochem. Z. **303**, 368 (1940). — BENDRAT, M.: Planta (Berl.) **7**, 508 (1929). — BENNETT-CLARK, T. A.: New Phytologist **32**, 128 (1933). — Annual Rev. Biochem. (Am.) **6**, 679 (1937). — BEREND, N.: Biochem. Z. **260**, 490 (1933). — BERNHAUER, K.: Die oxydativen Gärungen. Berlin 1932. — Erg. Enzymforsch. **9**, 297 (1943). — BERNHAUER, K., u. B. GÖRLICH: Biochem. Z. **280**, 394 (1935). — BERNSTEIN, L., and J. F. THOMPSON: Bot. Gaz. **109**, 204 (1947). — BIALE, J. B.: Science (N. Y.) **1940 I**, 458. — BLANK, F.: Bot. Rev. **13**, 241 (1947). — BOAS, F.: Dynamische Botanik. München 1949. — BOAS, F., u. R. STEUDA: Angew. Bot. **18**, 16 (1936). — BODE, H. R.: Planta (Berl.) **30**, 567 (1940). —

BOGEN, H. J.: Planta (Berl.) **36**, 298 (1948). — BOHUS-JENSEN, A.: Protoplasma (D.) **36**, 195 (1941). — BONNER, D.: Arch. Biochem. (Am.) **13**, 1 (1947). — BONNER, D., and G. W. BEADLE: Arch. Biochem. **11**, 319 (1946). — BONNER, W., and J. BONNER: Amer. J. Bot. **35**, 113 (1948). — BONNER, J., and W. GALSTON: Bot. Rev. **13**, 543 (1947). — BONNER, J., and S. WILDMAN: Arch. Biochem. (Am.) **10**, 497 (1946). — BORRISS, H.: Jahrb. Bot. **91**, 83 (1943). — BORSOOK, H., and J. W. DUBNOFF: J. biol. Chem. (Am.) **132**, 539 (1940); **169**, 247 (1947). — BOSE, S. R.: Erg. Enzymforsch. **8**, 267 (1939). — BREUSCH, F. L.: Hoppe-Seylers Z. **250**, 263 (1937). — BRIGGS, L. H.: Nature (Brit.) **160**, 333 (1947). — BRUNEL, A., et R. ECHEVIN: C. R. Acad. Sci. Paris **208**, 826, 1043 (1939). — BRUNS-RUNGE, G.: Pharmazie **3**, 262 (1948). — BUCHANAN u. Mitarb.: J. biol. Chem. (Am.) **173**, 81 (1948). — BUTKEWITSCH, V. S.: Biochem. Z. **159**, 395 (1925). C. R. Acad. Sci. URSS. **18**, 663 (1938).

CALAM, C. T., u. Mitarb.: Biochem. J. (Brit.) **33**, 1488 (1939). — CALLAHAM, J. R.: Chem. Engng. **1949**, August-H. — CALLOW, R. K., and F. G. YOUNG: Proc. roy. Soc., Lond. B **157**, 194 (1936). — CALVIN, M., and A. A. BENSON: Science (N. Y.) **107**, 476 (1948). — CASPERSSON, T.: Naturw. **29**, 33 (1941). — CAVAZZA, L.: Z. wiss. Mikrosk. **26**, 59 (1909). — CHARABOT, E., u. Mitarb.: C. R. Acad. Sci. Paris **144**, 808 (1907). — CHIBNALL, A.: Ann. Bot. **45**, 489 (1931). — Biochem. J. (Brit.) **26**, 403 (1932). — CHIBNALL, A. C.: Protein Metabolism in the Plant. New Haven 1939. — CLARK, E. H.: Plant Physiology **11**, 5 (1936). — CLIFTON, C. E.: J. Microbiol. a. Serol. **12**, 186 (1947). — CORNMAN, J.: J. exper. Biol. **23**, 292 (1947). — COSTER, CH.: Ann. Jard. bot. Buitenzorg **35**, 71 (1926). — CUNZE, R.: Beih. Bot. Zbl. I, **42**, 160 (1925).

DAM, H.: Adv. Enzymol. **2**, 285 (1942). — DAM, H., J. GLAVIND u. N. NIELSEN: Hoppe-Seylers Z. **265**, 80 (1940). — DAM, H., J. GLAVIND u. E. K. GABRIELSEN: Acta physiol. scand. **13**, 9 (1947). — DANGSCHAT, G.: Naturw. **30**, 146 (1942). — DANGSCHAT, G., u. H. FISCHER: Naturw. **26**, 562 (1938). — DANNER, H.: Bot. Archiv **41**, 168 (1940). — DAWSON, R. F.: Science (N. Y.) **94**, 396 (1941). — Amer. J. Bot. **29**, 66, 813 (1942). — Plant Physiology **21**, 115 (1946). Adv. Enzymol. **8**, 203 (1948). — DEFFNER, M., u. W. FRANKE: Liebigs Ann. **541**, 85 (1939). — DEFFNER, M., u. A. ISSIDORIS: Nature (Brit.) **159**, 879 (1947). — DETTO, C.: Flora (Jena) **92**, 147 (1903). — DRETSCH, R.: Ätherische Öle und schizogene Exkretbehälter. Diss. ETH Zürich 1937. Ref. Bot. Zbl., N. F. **34**, 9 (1940). — DUGGAR, B. M.: Ref. Bot. Zbl. **131**, 14 (1916). — DOUDOROFF, M., u. Mitarb.: J. biol. Chem. (Am.) **168**, 725, 733 (1947). — DU VIGNEAUD, V., u. Mitarb.: J. biol. Chem. (Am.) **131**, 57 (1939); **134**, 787 (1940).

EHRLICH, F.: Ber. dtsch. chem. Ges. **45**, 883 (1912). — ELLINGER, P., u. M. M. KADER: Nature (Brit.) **160**, 675 (1947). — EMDE, H.: Naturw. **17**, 699 (1929). — Helvet. chim. Acta **14**, 881 (1931). — Dtsch. Apothekerztg **47**, 1418 (1932). — Biochem. Z. **275**, 373 (1935). — ENDERS, C., u. GLAWE: Biochem. Z. **312**, 277 (1942). — ENDERS, C., u. S. WINDISCH: Biochem. Z. **318**, 54 (1947). — ERDTMANN, H., u. J. GRIPENBERG: Acta chem. scand. **2**, 625 (1948). — EULER, H. v.: Grundlagen und Ergebnisse der Pflanzenchemie, Bd. 3. Braunschweig 1909. — Hoppe-Seylers Z. **143**, 79 (1925). — Ark. Kem., Mineral. Geol. A **22**, Nr. 14 (1946). Zit. Chem. Abstr. **41**, 1284 (1947). — EULER, H. v., u. ERDTMANN: Liebigs Ann. **520**, 1 (1935). — Ber. dtsch. chem. Ges. **69**, 743 (1936). — EULER, H. v., u. H. HELLSTRÖM: Hoppe-Seylers Z. **183**, 177 (1929). — EULER, H. v., P. KARRER usw.: Helvet. chim. Acta **14**, 154 (1931). — EULER, H. v., u. Mitarb.: Hoppe-Seylers Z. **254**, 61 (1938). — EVANS, W. C.: Biochem. J. (Brit.) **41**, 373 (1947).

FALCK, R.: Ber. dtsch. bot. Ges. **44**, 652 (1926). — FERGUSON M., and B. HUNT: Bot. Gaz. **96**, 342 (1934). — FISCHER A.: Jb. Bot. **22**, 73 (1890). — FISCHER, E.: Zit. b. KOSTYTSCHEW, S. 397. — FIORE, J. V.: Arch. Biochem. (Am.) **16**, 161 (1948). — FLIEG, O.: Jb. Bot. **61**, 24 (1922). — FLOREN, G.: Flora (Jena), N. F. **35**, 65 (1941). — FOSTER, J. W.: Bacteriol. Rev. **11**, 167 (1947). — FRANCK, A.: Bot. Archiv **3**, 173 (1923). — FRANKE, W., u. K. HASSE: Hoppe-Seylers Z. **249**, 231 (1937). — FRANKENBURG, W. G.: Adv. Enzymol., **6**, 309 (1946). — FRANZEN, H., u. FR. HELWERT: Biochem. Z. **136**, 291 (1923). — FREUDENBERG, K.: Tannin, Zellulose, Lignin. Berlin 1933. — Fschr. d. Chem. org. Naturst. **2** (1939). — Annual Rev. Biochem. (Am.) **8**, 88 (1939). — Naturw. **27**, 17 (1939). — Sitzgsber. Heidelbg. Akad. Wiss., Math.-naturw. Kl. **1949**, Abh. 5. — FREUDENBERG, K., u. Mitarb.: Liebigs Ann. **444**, 135 (1925). — FREUDENBERG, K., u. H. RICHTZENHAIN: Ber. dtsch. chem. Ges. **76**, 997 (1943). — FREUNDLICH, H.: Ber. dtsch. chem. Ges. **58**, 60 (1930). — FREY-WYSSLING, A.: Die Stoffausscheidung der höheren Pflanzen. Berlin 1935. — Naturw. **26**, 624 (1938); **30**, 500 (1942). — Ernährung und Stoffwechsel der Pflanzen. Zürich 1945. — FREY-WYSSLING, A., u. F. BLANK: Ber. schweiz. bot. Ges. A **53**, 550 (1943). — FRIEDRICH-FREKSA, H.: Z. Naturforsch. **3b**, 63 (1948).

GABRIELSEN, E. K.: Dansk Bot. Arkiv **10**, 1 (1940). — GANE, R.: J. Pomol. a. Hortic. Sci. (London) **13**, 351 (1935). — GASSNER, G., u. W. STRAIB: Angew. Bot. **19**, 225 (1937). — GEFFERS, H.: Arch. Mikrobiol. **8**, 66 (1937). — GERBER, C.: Ann. Sci. natur. Bot. s. VIII. t. 4,

1 (1898). — GERLOFF, U.: Planta (Berl.) **25**, 667 (1936). — GILDEMEISTER, E., u. FR. HOFFMANN: Die ätherischen Öle, 3. Aufl. Leipzig 1929. — GIROUD, A.: L'Acide ascorbique dans la cellule et les tissus. Protoplasma-Monographien. Berlin 1938. — GOLLUB, M. C., and B. VENNESLAND: J. biol. Chem. (Am.) **169**, 233 (1947). — GRAHAM, H. M., u. E. F. KURTH: Industr. Engng. chem. **41**, 409 (1949). — GRAHLE, A.: Süddtsch. Apothekerztg **1946**, 51. — GRALÉN, N.: J. Colloid. Sci. **1**, 453 (1946). — GRANDE, F.: Skand. Arch. Physiol. (D.) **69**, 189 (1934). — GRIFFIN, E. G., and J. M. NELSON: J. Amer. chem. Soc. **37**, 1552 (1915). — GRISOLA, S., and B. VENNESLAND: J. biol. Chem. (Am.) **170**, 461 (1947). — GUSTAFSON, F. G.: J. gen. Physiol. (Am.) **7**, 719 (1925).

HABERLANDT, G.: Physiologische Pflanzenanatomie, 6. Aufl. Leipzig 1924. — HADDERS, M., u. C. WEHMER: KLEINS Handbuch der Pflanzenanalyse, Bd. III, S. 928. 1932. — HAEHN, H., u. W. KINTTOF: Ber. dtsch. chem. Ges. **56**, 439 (1923). — HÄMÄLAINEN, J.: Biochem. Z. **50**, 209 (1913). — HAHN, G.: Ber. dtsch. chem. Ges. **68**, 24 (1935). — HAHN, G., u. H. LUDWIG: Ber. dtsch. chem. Ges. **67**, 2031 (1934). — HAHN, G., u. O. SCHALES: Ber. dtsch. chem. Ges. **68**, 24 (1935). — HAHN, G., u. H. WERNER: Liebigs Ann. **520**, 123 (1935). — HANDER, P., u. W. J. DAM: J. biol. chem. (Am.) **146**, 357 (1942). — HANDLER, PH., u. W. A. PERLZWEIG: Annual Rev. Biochem. (Am.) **14**, 617 (1945). — HANES, C. S.: Proc. roy. Soc., Lond. B **129**, 174 (1940). — HANNIG, E.: Z. Bot. **14**, 385 (1922); **23**, 1004 (1930). — HARDER, R.: Naturw. **26**, 713 (1938). — HASEGAWA, H.: Botanical Mag. **51**, 306 (1937). — HASSID, W. Z., u. Mitarb.: Arch. Biochem. (Am.) **14**, 29 (1947). — HATTORI, S.: Acta phytochim. **5**, 99 (1930). — HAYASHI, K.: Acta phytochim. **7**, 117 (1933); **9**, 1 (1936); **11**, 81, 91 (1939). — HAYNES, F.: Ann. Bot. **39**, 77 (1925). — HEIDE, S.: Arch. Mikrobiol. **10**, 135 (1939). — HELFERICH, B.: Erg. Enzymforsch. **9**, 70 (1943). — HEMPEL, J.: C. r. Trav. Labor. Carlsberg (Dän.) **13**, 1 (1917). — HESSE, G., u. Mitarb.: Liebigs Ann. **546**, 233 (1940). — HEUMANN, W.: Planta (Berl.) **34**, 1, (1943). — HEYNE, B.: Trans. Linnéan Soc. London **11**, 213 (1815). — HIEKE, K.: Bot. Archiv **41**, 113 (1940). — Planta (Berl.) **33**, 185 (1943). — HOLTZ, P.: Erg. Physiol. usw. **44**, 230 (1941). — HORVATH, J. v.: Arch. Mikrobiol. **13**, 373 (1943). — HORVATH, J., u. A. KRAML: Nature (Brit.) **160**, 639 (1947). — HUBER, H.: Jb. Bot. **70**, 278 (1929). — HUEBNER, C. F., u. W. A. JACOBS: J. biol. Chem. (Am.) **169**, 211 (1947). — HÜCKEL, W.: Naturw. **30**, 17 (1942). — HUSZAK, ST.: Hoppe-Seylers Z. **247**, 239 (1937).

IWANOV, S.: Ber. dtsch. bot. Ges. **29**, 595 (1911); **44**, 31 (1926). — IWANOFF, N. N., u. W. F. GRIGORJEWA: Biochem. Z. **202**, 284 (1928). — IWANOFF, N. N., u. L. K. OSNIZKAJA: Biochem. Z. **271**, 22 (1934).

JACOBS, W. A., and L. C. CRAIG: J. biol. Chem. (Am.) **122**, 419 (1938). — JAEGER, M.: Jb. Bot. **68**, 345 (1928). — JALANDER, Y. W.: Biochem. Z. **36**, 435 (1911). — JARETZKY, R.: Angew. Bot. **22**, 147 (1940). — JOHN, W., u. Mitarb.: Naturw. **26**, 366 (1938). — JORDAN, R. G., and A. C. CHIBNALL: Ann. of Bot. **47**, 163 (1933).

KALB, L.: KLEINS Handbuch der Pflanzenanalyse. Bd. III, S. 156 u. 1457. 1932. — KARRER, P.: Anthocyane. In KLEINS Handbuch der Pflanzenanalyse, Bd. III, S. 941. 1932. — Helvet. chim. Acta **21**, 520 (1938). — KARRER, P., u. Mitarb.: Helvet. chim. Acta **28**, 300, 1146 (1945); **30**, 537 (1947). — KARRER, P., u. R. WIDMER: Helvet. chim. Acta **10**, 67 (1927). — KARSTENS, W. K. H.: Rec. Trav. bot. néerl. **36**, 85 (1939). — KATIC, D.: Beitrag zur Kenntnis des roten Farbstoffes. Diss. Halle a. S. 1905. — KEEBLE, F., u. E. F. ARMSTRONG: J. Genet. **2**, 277 (1912/13). — KERN, W.: Makromolekulare Chem. **2**, 63 (1948). — KERSTAN, G.: Planta (Berl.) **21**, 677 (1934). — KIESEL, A.: Planta (Berl.) **6**, 519 (1928). — KINOSHITA, K.: Acta phytochim. **5**, 275 (1930); **9**, 159 (1936). — KISSER, J.: Planta (Berl.) **2**, 489 (1926). — KLEIN, G., u. H. LINSER: Planta (Berl.) **19**, 366 (1933). — KLEIN, G., u. M. STEINER: Jb. Bot. **68**, 602 (1928). — KLUYVER, A. J., u. Mitarb.: Enzymologia (Nd.) **7**, 257 (1939). — KLUYVER, A. J., u. L. H. C. PERQUIN: Biochem. Z. **266**, 82 (1933). — KÖGL, F., u. W. B. DEJS: Liebigs Ann. **515**, 10 (1935). — KÖGL, F., u. Mitarb.: Liebigs Ann. **489**, 156 (1931). — KOENIG, P., u. W. DÖRR: Biochem. Z. **263**, 295 (1933). — KOFLER, L.: Die Saponine. Wien 1927. — KOHLER, G. W., usw.: Bot. Gaz. **109**, 219 (1947). — KORSAKOW, M.: C. R. Acad. Sci. Paris **155**, 1162 (1912). — KOSTYTSCHEW, S.: Lehrbuch der Pflanzenphysiologie. Berlin 1926. — KRATZL, K.: Experientia **4**, 110 (1948). — KRAUS, G.: Abh. naturforsch. Ges. Halle **16**, 154 (1883). — KREBS, H. A.: Biochem. J. **36**, 9 (1942). — Adv. Enzymol. **3**, 191 (1943). — KREBS, H. A., and L. V. EGGLESTON: Biochem. J. (Brit.) **35**, 676 (1941); **38**, 426 (1944). — KROTKOW, G., and H. A. BARKER: Amer. J. Bot. **35**, 12 (1948). — KÜHNAU, J.: Klin. Wschr. **27**, 294 (1949). — KÜRSCHNER, K.: Z. angew. Chem. **40**, 224 (1927). — KÜSTER, E.: Die Pflanzenzelle. Jena 1935. — KUHN, R., u. A. GAUHE: Z. Naturforsch. **2b**, 407 (1947). — KUHN, R., u. D. JERCHEL: Ber. dtsch. chem. Ges. **76**, 413 (1943). — KUHN, R., J. Löw u. F. MOEWUS: Naturw. **30**, 407 (1942). — KUHN, R., u. J. Löw: Naturw. **34**, 374 (1948). — KUIJPER, J.: Rec. trav. bot. néerl. **28**, 1 (1931). — KUILMANN, L. W.: Rec. Trav. bot. néerl. **27**, 287 (1930). — KUNGAWA, H.: Biochem. Z. **131**, 157 (1922). — KURSSANOW, A. L.: Planta (Berl.) **15**, 752 (1932). — KURSSANOW, A. L.: Adv. Enzymol. **1**, 329 (1941).

Laine, T., u. A. Virtanen: Methoden der Fermentforschung, von E. Bamann u. K. Myrbäck, Bd. 3. Leipzig 1941. — Lang, W.: Pharmaz. Z.halle (Dtschld.) 80, 713 (1939). — Lawrence, W. J., u. Mitarb.: Biochem. J. (Brit.) 32, 1661 (1938). — Lawrence, W. J. C., u. Mitarb.: J. Genet. 38, 219 (1939). — Lawrence, W. J. C., u. R. Scott-Moncrieff: J. Genet. 30, 155 (1935). — Leemann, A.: Planta (Berl.) 6, 216 (1928). — Lehmann, C.: Planta (Berl.) 1, 343 (1926). — Lennartz, Th.: Ber. dtsch. chem. Ges. 76, 831 (1943). — Z. Naturforsch. 1, 684 (1946). — Lindner, W.: Pharmazie 1, 177 (1946). — Lindt, O.: Z. Mikrosk. 2, 495 (1885). — Link, K. P.: Anthocyane und Flavone. In A. Gilman Organic Chemistry, 2. Aufl. New York u. London 1943. — Linsbauer, K.: Die Epidermis. In Handbuch der Pflanzenanatomie, Bd. 4. 1930. — Lipmann, F.: Adv. Enzymol. 1, 99 (1941); 6, 231 (1946). — Lippmaa, F.: Beih. Bot. Zbl. I 43, 127 (1926). — Lipschütz, W. L., u. E. Bueding: J. biol. Chem. (Am.) 129, 333 (1939). — Lüke, E.: Flora (Jena) N.F. 38, 21 (1944). — Lynen, F., u. F. Lynen: Liebigs Ann. 560, 149 (1948). — Lynen, F., u. N. Neciullah: Liebigs Ann. 541, 203 (1939). —

Maguigan, W. H., and E. Walker: Biochem. J. (Brit.) 34, 804 (1940). — Maquenne, M.: Ann. chim. et phys., VI s. 12, 80 (1887). — Martius, C.: Hoppe-Seylers Z. 247, 104 (1937); 257, 29 (1938). — Martius, C., u. F. Knoop: Hoppe-Seylers Z. 246, 1 (1937). — Martius, C., u. H. Leonhardt: Hoppe Seylers Z. 278, 208 (1943). — Mashtakov, S. M.: C. R. [Doklady] Acad. Sci. URSS. 19, 307 (1938). — Mayer, A.: Landw. Versuchsstat. 34, 127 (1887). — Mehner, H.: Bot. Archiv 42, 577 (1941). — Meyer, A., u. E. Schmidt: Flora (Jena) 100, 317 (1910). — Meyerhof, O.: Experientia 4, 169 (1948). — Mikhlin, D. M., u. A. N. Bakh: Bull. Acad. Sci. URSS., Sér. biol. 1938, 991. — Miller, L. P.: Amer. J. Bot. 29, 145 (1942). — Contr. Boyce Thomps. Inst. 13, 185 (1943). — Miller, E. V., and O. J. Dowd: J. agric. Res. 53, 1 (1936). — Mittasch, A.: Handbuch der Katalyse, Bd. I, S. 20. 1941. — Möbius, M.: Ber. dtsch. bot. Ges. 15, 435 (1897). — Moewus, F.: Erg. Biol. 18, 287 (1941). — Natur u. Volk 77, 98 (1947). — Molisch, H.: Mikrochemie der Pflanzen. Jena 1913. — Ber. dtsch. bot. Ges. 46, 311 (1928). — Der Einfluß einer Pflanze auf die andere. Jena 1937. — Molisch, H., u. E. Rouschal: Sitzber. Akad. Wiss. Wien, math.-naturw. Kl., Abt. I 148, 255 (1939). — Moore, F. W.: J. gen. Microbiol. 3, 143 (1949). — Moritz, O.: Einführung in die allgemeine Pharmakognosie. Jena 1936. — Mothes, K.: Planta (Berl.) 29, 67 (1938). — Mothes, K., u. K. Hieke: Naturw. 31, 17 (1943). — Mothes, K., u. D. Kretschmer: Naturw. 33, 26 (1946). — Müller, A.: Helvet. chim. Acta 17, 1135 (1934). — Müller, D.: Erg. Enzymforsch. 5, 259 (1936). — Munthiu, O. B.: Protoplasma (D.) 18, 441 (1932).

Naghskir, J., W. L. Porter and J. F. Couch: J. amer. chem. Soc. 69, 572 (1947). — Nathansohn, A.: Stoffwechsel der Pflanzen. Leipzig 1910. — Naves, Y. R., Helvet. chim. Acta 30, 956 (1947). — Needham, J.: Biochem. J. (Brit.) 18, 891 (1924). — Nelson, D.: J. amer. chem. Soc. 47, 568 (1925); 57, 1725 (1935). — Neuberg, C., u. O. v. Schönebeck: Naturw. 21, 404 (1933). — Neumann, P.: Biochem. Z. 308, 141 (1941). — Niethammer, A.: Planta (Berl.) 12, 399 (1931). — Niklewski, B.: Beih. Bot. Zbl. I, 19, 68 (1905). — Noack, K.: Z. Bot. 10, 561 (1918); 14, 1 (1922). — Nord, F. F., and J. C. Vitucci: Arch. Biochem. (Am.) 14, 229 (1947a); 15, 465 (1947b). — Nord, F. F., u. Weidenhagen: Handbuch der Enzymologie. Leipzig 1940. — Nordal: Arch. Pharmaz. 278, 289 (1940).

Ochoa, S.: J. biol. Chem. (Am.) 159, 245 (1945); 167, 871 (1947). — Olsen, C.: C. r. Trav. Labor. Carlsberg (Dän.) Sér. chim. 23, 101 (1939). — Oparin, A.: Enzymologia (Nd.) 4, 13 (1937). — Overton, E.: Jb. Bot. 33, 171 (1899). — Ott, E., u. O. Lüdemann: Ber. dtsch. chem. Ges. 55, 2653 (1922); 57, 214 (1924).

Pacault, A., et S. Carpentier: C. r. Acad. Sci. Paris 228, 344 (1949). — Paech, K.: Z. Unters. Leb.mitt. 76, 234 (1938). — Forschungsdienst 8, 233 (1939). — Fschr. Bot. 9, 220 (1940). — Peyer, W.: Flora (Jena) 103, 441 (1911). — Pfeffer, W.: Pflanzenphysiologie, 2. Aufl. Leipzig 1897. — Pigman, W. W.: Adv. Enzymol. 4, 41 (1946). — Plouvier, V.: C. R. 224, 1842 (1947). — Pohl, F.: Planta (Berl.) 6, 526 (1928). — Ponting, J. D., and M. A. Joslyn: Arch. Biochem. (Am.) 19, 47 (1948). — Popovici, H.: C. R. Acad. Sci. Paris 181, 126 (1925). — Posternak, Th.: Helvet. chim. Acta 25, 746 (1942). — Price, J., and V. C. Sturgess: Biochem. J. (Brit.) 32, 1658 (1938). — Price, J. R., R. Robinson and R. Scott-Moncrieff: J. chem. Soc., Lond. 1939, 1465. — Prokofiev, A. A.: Bull. Acad. Sci. URSS., Sér. biol. 1939, 908. — Przylecki, St. J. v.: Erg. Enzymforsch. 4, 111 (1935). — Pucher, G. W., u. Mitarb.: J. biol. Chem. (Am.) 119, 523 (1937). — Plant Physiol. 13, 621 (1938); 14, 333 (1939); 22, 1, 205 (1947). — J. biol. Chem. 123, 61 (1938a). — Pucher, G. W., H. E. Clark and H. B. Vickery: J. biol. Chem. (Am.) 117, 599, 605 (1937). — Pucher, G. W., and H. B. Vickery: J. biol. Chem. (Am.) 145, 525 (1942). — Purucker, H.: Planta (Berl.) 16, 277 (1932).

Raaf, H.: Arch. Mikrobiol. 12, 131 (1942). — Ragaller, F.: Forschungsdienst 12, 186 (1941). — Raistrick, H.: Annual Rev. Biochem. (Am.) 9, 571 (1940). — Rautanen, N.:

J. biol. Chem. (Am.) **163**, 687 (1946). — REICHEL, L.: Angew. Chem. **53**, 577 (1940). — REICHEL, L., u. R. SCHICKLE: Liebigs Ann. **553**, 98 (1942). — REICHEL, L., u. O. SCHMID: Biochem. Z. **300**, 274 (1939). — REICHSTEIN, T.: Helvet. chim. Acta **20**, 978 (1937). — RENNER, O.: Flora (Jena) **97**, 24 (1907). — RESÜHR, B.: Z. Pflanzenkrkh. **52**, 63 (1942). — RICHTER, H.: Diss. Greifswald 1933. — Beitr. Biol. Pflanz. **20** (1932). — RIEGEL, B.: Erg. Physiol. **43**, 133 (1940). — VAN RIJN, J. L., u. H. DIETERLE: Die Glykoside, 2. Aufl. Berlin 1931. — RIPPEL-BALDES, A.: Grundriß der Mikrobiologie. Berlin u. Göttingen 1947. — RIPPEL-BALDES, A., u. Mitarb.: Arch. Mikrobiol. **13**, 363 (1943). — RITTENBERG, D., u. D. BLOCH: J. biol. Chem. (Am.) **154**, 311 (1944). — RITTER, D. M., u. Mitarb.: Science (N. Y..) **107**, 20 (1948). — ROBINSON, R.: J. chem. Soc. Lond. **111**, 762, 876 (1917); **1937**, 446. — Nature (Brit.) **137**, 172 (1936). — J. amer. chem. Soc. **61**, 1605 (1939). — ROBINSON, G. M., and R. ROBINSON: J. chem. Soc., Lond. **1935**, 744. — Nature **137**, 172 (1936). — ROSENTHALER, L.: Biochem. Z. **134**, 215 (1923); **190**, 168 (1927). — ROUSSILLE, A.: C. R. Acad. Sci. Paris **86**, 610 (1878). — RUBEN, S., W. Z. HASSID and M. D. KAMEN: J. amer. chem. Soc. **61**, 661 (1939). — RUHLAND, W.: Ber. dtsch. bot. Ges. **24**, 393 (1906). — RUHLAND, W., u. K. RAMSHORN: Planta (Berl.) **28**, 471 (1938). — RUSSELL, A.: Science (N. Y.) **106**, 372 (1947). — RUTZLER, J. E.: J. amer. chem. Soc. **61**, 1160 (1939). — RUZICKA, L.: Helvet. chim. Acta **5**, 345 (1922); **30**, 1807 (1947). — Angew. Chem. **51**, 5 (1938). — RUZICKA, L., u. Mitarb.: Helvet. chim. Acta **25**, 1665 (1942); **32**, 2057 (1949).

SACHS, J.: Bot. Ztg **17**, 177 (1859). — SAHAI, P. N., u. A. CHIBNALL: Biochem. J. (Brit.) **26**, 403 (1932). — SASAKI, T., u. J. OTSUKA: Biochem. Z. **121**, 167 (1921). — SCHENK, M.: Angew. Chem. **40**, 1081 (1927). — SCHINZ, H., u. J. P. B. BOURQUIN: Helvet. chim. Acta **25**, 1591 (1942). — SCHMALFUSS, K.: Bodenkunde u. Pflanzenernährung **5**, 37 (1937). — SCHMALFUSS, K., u. H. MICHEEL: Angew. Bot. **17**, 199 (1935). — SCHMID, H., u. M. SERRANO: Experientia, **4**, 311 (1948). — SCHMIDT, O. T., Naturw. **25**, 284 (1937). — SCHMUCK, A., u. Mitarb.: C. R. [Doklady] Acad. Sci. URSS., **25**, 477 (1939). — SCHMUCKER, TH.: Naturw. **34**, 91 (1947). — SCHNEIDER, A.: Planta (Berl.) **32**, 747 (1942). — SCHÖPF, C.: Liebigs Ann. **497**, 1 (1932). — Angew. Chemie **50**, 779, 797 (1937); **61**, 31 (1949). — SCHÖPF, C., u. H. BAYERLE: Liebigs Ann. **513**, 190 (1934). — SCHÖPF, C., u. G. LEHMANN: Liebigs Ann. **497**, 7 (1932); **518**, 1 (1935). — SCHREIBER, E.: Hoppe-Seylers Z. **276**, 56 (1942). — SCHWARZE, P.: Planta (Berl.) **18**, 168 (1932). — SCOTT-MONCRIEFF, R.: Erg. Enzymforsch. **8**, 277 (1939). — SEKA, R.: KLEINS Handbuch der Pflanzenanalyse, Bd. 4, S. 476. Wien 1933. — SEYBOLD, A.: Bot. Archiv **44**, 551 (1943). — SEYBOLD, A., u. H. MEHNER: Sitzgsber. Heidelbg. Akad. Wiss., Math.-naturw. Kl. 1948, 10. Abh. — SHAFER, J.: Plant Physiol. **13**, 141 (1938). — SIDERIS, C. P., and H. Y. YOUNG: Plant Physiology **22**, 97 (1947). — SIGMUND, W.: Biochem. Z. **146**, 389 (1924). — SINCLAIR, W. B., u. Mitarb.: Plant Physiol. **20**, 3 (1945). — SKARZYNSKI, B.: Biochem. Z. **301**, 150 (1939). — SKOOG, F.: J. gen. Physiol. **20**, 311 (1937). — SLADE, H. D., and C. H. WERKMAN: Arch. Biochem. (Am.) **2**, 97 (1943). — SMEDLEY-MACLEAN, J.: Erg. Enzymforsch. **5**, 285 (1936). — SMIRNOW, A. J.: Planta (Berl.) **6**, 687 (1928). — SMITH, S., and G. M. TIMMIS: J. chem. Soc., Lond. **1937**, 396. — SONNE, J. C., u. Mitarb.: J. biol. Chem. (Am.) **173**, 69 (1948). — SPÄTH, E.: Angew. Chem. **41**, 1234, 1257 (1928). — SPÄTH, E., u. Mitarb.: Ber. dtsch. chem. Ges. **70**, 2272, 2276 (1937). — SPÄTH, E., u. J. BRUCK: Ber. dtsch. chem. Ges. **71**, 2708 (1938). — SPERLICH, A.: Das trophische Parenchym B. Exkretionsgewebe. In Handbuch der Pflanzenanatomie, Bd. 4. Berlin 1939. — SPOEHR, H. A.: Biochem. Z. **57**, 95 (1913); — STADLER, L. J.: Amer. J. Bot. **29**, 17s (1942). — STAHL, E.: Jena. Z. Naturw. **22**, 105 (1888). — Ann. Jard. bot. Buitenzorg **13**, 186 (1896). Flora (Jena) **113**, 1 (1920). — STANIER, R. Y.: J. Bacter. (Am.) **54**, 339 (1947). — STAUDINGER, H., u. H. SCHNEIDER: Ber. dtsch. chem. Ges. **56**, 699 (1923). — STEINER, M.: MOLISCH Festschrift. Wien 1936, S. 405. — Ber. dtsch. bot. Ges. **56**, 73 (1938). — STEKELENBURG, N. J.: Rec. Trav. bot. néerl. **28**, 297 (1931). — STEPHENS, S. G.: Arch. Biochem. (Am.) **18**, 449 (1948). — STEPHENSON, M., and M. D. WHETHAM: Proc. roy. Soc., Lond. B **93**, 262 (1922); **95**, 200 (1924). — STEPP, W., J. KÜHNAU u. H. SCHROEDER: Die Vitamine und ihre klinische Anwendung, 6. Aufl. Stuttgart 1944. — STERN, K.: Pflanzenthermodynamik. Berlin 1933. — STERN, J. R., and S. OCHOA: J. biol. Chem. (Am.) **179**, 491 (1949). — STETTEN: J. biol. Chem. (Am.) **138**, 437 (1941); **140**, 140 (1941). — STETTEN, M. R., and D. STETTEN: J. biol. chem. (Am.) **164**, 85 (1946). — STEWART, W., and R. HUMMER: Plant Physiology **22**, 193 (1948). — STOCQ, J.: Arch. internat. Physiol. **49**, 2 (1939). — STÖRMER, J., u. H. v. WITSCH: Planta (Berl.) **27**, 1 (1937). — STOKLASA, J.: Hoppe-Seylers Z. **50**, 303 (1907). — STOLL, A., u. Mitarb.: Hoppe-Seylers Z. **250**, 1 (1937); **251**, 155 (1937). — STOTZ, E.: Adv. Enzymol. **5**, 129 (1945). — STREPKOV, S. M.: Bot. Archiv **39**, 206 (1939). — STROHECKER, R.: Z. Unters. Leb.mitt. **70**, 76 (1935). — STUART, W., u. Mitarb.: J. agric. Res. **76**, 105 (1948). — SUESSENGUTH, K.: Bot. Archiv **41**, 159 (1940). — SUMNER, J. B., and A. L. DOUNCE: Enzymologia **7**, 130 (1939).

TATUM, E. L.: Annual Rev. Biochem. (Am.) **13**, 667 (1944). — TATUM E. L., u. D. BONNER: Proc. nat. Acad. Sci. (Am.) **30**, 30 (1944). — TAUBÖCK, K.: Naturw. **30**, 439 (1942). — TAUSSON, W. O.: Planta (Berl.) **4**, 214 (1927); **7**, 735 (1929). — TAYLOR, T. W.: Proc. roy. Soc., Lond. B **129**, 230 (1940). — TETJUREW, W. A.: Planta (Berl.) **32**, 211 (1941). — THEILE, E.: Über die Zusammensetzung des Sonnenblumenöls. Diss. Leipzig 1940. — THIMANN: J. biol. Chem. (Am.) **109**, 279 (1935). — THODAY, D., and K. M. JONES: Ann. Bot., N. s. **3**, 677 (1939). — THUNBERG, T.: Skand. Arch. Physiol. (D.) **40**, 11 (1920); Biochem. Z. **206**, 109 (1929). — TOENNIESSEN, E., u. E. BRINKMANN: Hoppe-Seylers Z. **187**, 137 (1930). — TRAUTNER, E. M.: Austral. chem. Inst. J. Proc. **14**, 411 (1947). — TREUB, M.: Ann. Jard. bot. Buitenzorg **6**, 80 (1907); **8**, 85 (1909); — TSCHIRCH, A.: Handbuch der Pharmakognosie, Bd. 1. Leipzig 1932. — TSCHIRCH, A., u. STOCK: Die Harze. Bd. I. Berlin 1933.

UMBREIT, W. W., W. A. WOOD and J. C. GIMSALUS: J. biol. Chem. (Am.) **165**, 731 (1946).

VEIBEL, S.: Enzymologia (Nd.) **2**, 124 (1936). — VEIBEL, S., u. G. ÖSTRUP: Biochim. et biophys. Acta **1**, 126 (1947). — VENNESLAND, B., u. Mitarb.: J. biol. Chem. (Am.) **171**, 445 (1947). — VICKERY, H. B., and G. W. PUCHER: Annual Rev. Biochem. (Am.) **9**, 529 (1940). — VIRTANEN, A., u. T. LAINE: Biochem. Z. **308**, 213 (1941). — DE VRIES, H.: Jb. Bot. **16**, 465 (1885).

WAAGE, TH.: Ber. dtsch. bot. Ges. **8**, 250 (1890). — WAGNER-JAUREGG, TH.: Liebigs Ann. **496**, 52 (1932). — WAKKER, H.: Jb. Bot. **19**, 423 (1888). — WALDEN, P.: Geschichte der organischen Chemie, Bd. 2. Berlin 1941. — WALKER, T. K.: Adv. in Enzymol. **9**, 537 (1949). — WALLACH, O.: Liebigs Ann. **239**, 1 (1887). — Terpene und Campher. Leipzig 1909. — WARBURG, O.: Unters. bot. Inst. Tübingen **II**, 53 (1888). — WEBER, E.: Ber. schweiz. bot. Ges. **52**, 111 (1942). — WEEVERS, TH.: Rec. Trav. bot. néerl. **7**, 1 (1910). — WEIER, T. E.: Amer. J. Bot. **31**, 342 (1944). — WEINTRAUB, R. L.: Smithsonian Miscellanous collections **107**, No 20 (1948). — WEISSENBÖCK, K.: Öst. bot. Ztg. **94**, 301 (1948). — WENT, F. W., and M. CARTER: Amer. J. Bot. **35**, 95 (1948). — WENZL, H.: Jb. Bot. **81**, 807 (1935). — WERKMAN, C. H., u. H. G. WOOD: Adv. Enzymol. **2**, 135 (1942). — WETZEL, K.: Grundriß der allgemeinen Botanik. Berlin 1940. — WHELDALE, M.: Biochem. J. (Brit.) **7**, 87 (1913). — WHITE, A. G. C., and C. H. WERKMAN: Arch. Biochem. (Am.) **13**, 27 (1947); **17**, 475 (1948). — WIELAND, H., u. B. WITKOP: Liebigs Ann. **543**, 171 (1940). — WIELAND, H.: Naturw. **34**, 111 (1947). — WIELAND, H., u. R. HALLERMAYER: Liebigs Ann. **548**, 1 (1941). — WIELAND, H., u. Mitarb.: Liebigs Ann. **558**, 149 (1947). — WILDMAN, S. G., FERRI and J. BONNER: Arch. Biochem. (Am.) **13**, 131 (1947). — WILLSTÄTTER, R.: Ber. dtsch. chem. Ges. **33**, 1161 (1900). — Liebigs Ann. **401**, 189 (1913). — WILLSTÄTTER, R., R. KUHN u. H. SOBOTKA: Hoppe-Seylers Z. **134**, 224 (1924). — WILLSTÄTTER, R., u. E. WALDSCHMIDT-LEITZ: Hoppe-Seylers Z. **134**, 161 (1924). — WILSON, C. W.: J. amer. chem. Soc. **61**, 2303 (1939). — WINKLER, A. J., and W. O. WILLIAMS: Plant Physiology **13**, 381 (1938). — WINTERS, H. F., u. Mitarb.: Plant Physiology **22**, 42 (1947). — WINTERSTEIN, A., u. SOMLÓ: In KLEINS Handbuch der Pflanzenanalyse, Bd. 4, S. 15 u. 228. Wien 1933. — WIRTH, J. C., and F. F. NORD: J. amer. chem. Soc. **63**, 2855 (1941). — WOLF, J.: Planta (Berl.) **15**, 572 (1931); **26**, 516 (1937); **28**, 60, 716 (1938); **29**, 314, 450 (1939). — WOOD, H. G., u. C. H. WERKMAN: Biochem. J. (Brit.) **30**, 48 (1936); **32**, 1262 (1938); **34**, 7, 129 (1940). — J. biol. Chem. (Am.) **142**, 31 (1942). — WOOD, H. G., u. Mitarb.: J. biol. chem. (Am.) **142**, 31 (1942). — WOOD, W. A., u. Mitarb.: J. biol. Chem. (Am.) **170**, 313 (1947). — WOODS, D. D.: Biochem. J. (Brit.) **29**, 640 (1935). — WOOLLEY, D. W.: J. biol. Chem. **140**, 453 (1941). — WUHRMANN-MEYER, K.: Planta (Berl.) **32**, 43 (1941). — WULFF, H. D.: Z. Naturforsch. **1**, 600 (1946).

YUILL, J. L.: Nature (Brit.) **161**, 397 (1948).

ZANONI, G.: Archivo Bot. (Ital.) **15**, 234 (1939). — ZECHMEISTER, L.: Carotinoide höherer Pflanzen. In KLEINS Handbuch der Pflanzenanalyse, Bd. III, S. 1239. Wien 1932. — ZECHMEISTER, L., u. L. v. CHOLNOKY: Die chromatographische Adsorptionsmethode, 2. Aufl. Wien 1938. — ZECHMEISTER, L., u. J. H. PINCKARD: Experientia **4**, 474 (1948). — ZELLER, A.: Jb. Bot. **82**, 141 (1936). — ZELLER, A., u. F. MASCHEK: Biochem. Z. **312**, 354 (1942). — ZEMPLEN, G., u. K. TETTAMANTI: Ber. dtsch. chem. Ges. **71**, 2511 (1938). — ZETZSCHKE, F.: KLEINS Handbuch der Pflanzenanalyse, Bd. III, S. 205. 1932. — ZIMMERMANN, J.: Helvet. chim. Acta **27**, 332 (1944).

Sachverzeichnis.

Aasblumen 206.
Abietinsäure 110.
Abietit 153.
Abrin 239.
Absäuerung 35, 51.
Acetaldehyd 79, 83, 242, 256.
Acetessigsäure 79.
Acetylphosphat 53.
Acidität und Tonoplast 70.
Aconit-Alkaloide 175.
Aconitase 45.
Aconitsäure 31, 38, 44, 48, 54.
Adenin 24.
Adrenalin 208.
Äpfelsäure 12, 31, 33, 35, 36, 38, 42, 48, 51, 65.
Äscigenin 89, 115.
Äsculetin 166.
Äsculin 29, *166*.
Ätherische Öle 11, 90, 130 ff., 145.
—, optische Aktivität 128.
Äthylenchlorhydrin 24.
Äthylenwirkung 143.
Aglykone 18.
Agmatin 204.
Alanin 48.
Aldolkondensation 83.
Alizarin 174.
Alkaloide 2, 10, 16, 29, 203, 209 ff.
—, Bildung in Wurzeln 212.
—, Entstehung und Verbreitung 211.
—, Hauptgruppen 216.
— in vitro 245.
Allantoin 217.
Allantoinsäure 217.
Allylsenföl 24, 252.
Amanitin 232.
Ameisensäure 31, 32, 63.
Amine, aromatische 207.
—, biogene 204.
Aminosäure-Decarboxylasen 204.
Aminosäuresynthese 49.
Aminosäuren-Verwandte 203.
Amygdalin 164, 250.
Amyrin 89, 111.
Anabasin 233, 237.
Anatabin 234.
Angelikasäure 64.
Anhalamin 227.
Anhalin 208.
Anisaldehyd 173.
Ansäuerung 35.
Anthocyanbildung 191 ff., 200.

Anthocyane 2, 176.
—, Abbau 198.
—, Bedeutung 201.
—, Chemie 178.
—, Erbfaktoren 199.
Anthocyanidine 161.
—, geographische Verbreitung 190.
Anthoxanthine 182.
Anthrachinone 174.
Anthrachinonglykoside 29.
Anthranilsäure 244.
Anthranole 175.
Antibiotica 69.
Apigenidin 180.
Apigenin 184.
Apomorphin 227.
Arbutin 29, 162.
Arecaidin 221.
Arecolin 221.
Arnidiol 111.
Aromatische Verbindungen 148.
Asaron 168.
Ascorbinsäure 30, 31, *57*.
Asparaginsäure 48.
Astaxanthin 121.
Atropamin 224.
Atropasäure 224.
Atropin 223, 224.
Atmungsquotient 35.
Auroxanthin 122.
Ausscheidung 9.
Azulene *109*, 132.

Baicalin 183.
Balsame 13, 132.
Belladonin 224.
Benzaldehyd 90, 164.
Benzoeharz 164.
Benzoesäure 9, 32, 164, 224, 225.
Benzol 164.
Benzolderivate 148.
Benzylalkohol 164.
Berberin 227ff.
Bergamottin 167.
Bergaptol 167.
Bernsteinsäure 31, 33, 36, 41, 42, 48, 53, 59.
Betaine 16, 204, *206*.
Betanin 181.
Betonicin 206.
Betulin 89, 111.
Biotin 249.
Birkencampher 111.
Bisabolen 107.
Bixin 98.

Blauöle 109.
Blausäureverbindungen 250.
Boletol 163.
Borneol 27, *106*.
Bornesit 153.
Brassicasterin 116.
Brenzcatechin 149, 161.
Brenztraubensäure 7, 31, 41, 42, 48, 49, 51, 67, 79.
Brucin 242.
Butein 176.
Buttersäure 31, 32, 53, 72.
Butylamin 204.

Cadaverin 204.
Cadinen 89, 108.
Calciumoxalat 10, 12, 62.
Callistephin 180.
Campher 88, 89, 103, *106*, 108, 131.
Campherdämpfe 146.
Campherholz 146.
Camphoren 89, 110.
Capronsäure 53.
Capsanthin 121.
Carbonsäuren 31.
Carboxylase 46.
Carnaubasäure 72.
Carnegin 246.
Caron 105.
Carotinabbau 122.
Carotine 118.
Carotinoidbildung 123.
Carotinoide 89, *118*, 137.
Carotinoid-Epoxyde 121.
Carthamin 176.
Carvestren 105.
Carvon 103, 104.
Caryophyllen 109.
Catechine 178.
—, Chemie 185.
Catechingerbstoffe 176.
C_4-Dicarbonsäuren 41, 43.
Cellulose 169.
Cerylalkohol 85.
Chalkone 176.
Chavibetol 168.
Chavicin 221.
Chelidonsäure 56.
Chinaldin 246.
Chinasäure 32, 47, 149, *153*, 161, 166, 231.
Chinin 230.
Chinolin 217.
Chinolinbasen 229.
Chinone 163.
Chinovasäure 112.

Sachverzeichnis.

Chlorogensäure 157, 166.
Chlorophyll 95.
Cholesterin 116.
Cholin 207.
Chrysin 184.
Chrysophansäure 175.
Cinchonin 230.
Cineol 103, 103, 108.
Citral 102, 108, 117.
Citronellal 104, 108.
Citronellsäure 104.
Citronensäure 12, 31, 33 ff., *44*, 48, 49 ff., 65, 69.
Citronensäureabbau 44.
Citronensäurebildung 47.
Cocain 225.
Cocarboxylase 220.
Cocosnußöl 72.
Coffein 29, *218*.
Coffeinpflanzen 219.
Colamin 204, 207.
Colchicin 209.
Colophonium 105.
Conhydrin 226.
Conicein 221.
Coniferin 168.
Coniferylaldehyd 171.
Coniferylalkohol *168*, 255.
Coniin 210, 221.
Convolamin 224.
Copigmente 186, 188.
Cotarnin 228.
Crocetin 89, 98.
Crocin 98.
Cubebin 167.
Cumarin 165.
Cumarinsäure 165.
p-Cumarsäure 177.
Curare 242.
Cuskhygrin 220.
Cutin 87.
Cyanidin 179, 180, 187, 198.
Cyanin 179.
Cymol 102, 108.

Dambonit 153.
Daphnetin 166.
Degenerationsfett 82.
Dehydrasen 79.
Delphinidin 180, 187.
Demissin 231.
Depside 157.
Dicarbonsäuren 41.
Digilanid A 115.
Digitalisglykoside 114 ff., 147.
Digitogenin 115.
Digitoxose 115.
Dipenten 100, 108.
Dipterin 239.
Dipyridyl 234.
Dissoziationskonstante der Carbonsäuren 33.
Diterpene 89, 95.
—, cyclische 109.

Donaxin 239.
Durrhin 251.

Ecgonin 225.
Elemicin 168.
Ellagsäure 157.
Emodine 175.
Emulsion 20.
Energiegehalt 9.
Enfleurage 132.
Entgiftung 27, 71, 162.
Entholzung 172.
Enzym-Substratkomplex 22.
Ephedrin 208.
Ergobasin 233.
Ergosterin 116.
Ergotamin 232.
Ergotaminin 232.
Ergotinin 232.
Ergotoxin 232.
Eriodictin 177.
Erucasäure 72.
Eserin 242.
Essigsäure 32, 33, 48, *52*, 61, 79.
Eucalyptol 102.
Endesmol 109.
Eugenol 102, 168.
Evernsäure 160.
Exkrete 11, 12, 14, 88.
Exkretion 9.
Exkretionsvorgang 133.

Faradiol 111.
Farbstoffbildung bei Tomaten 8.
Farbtönungen 186.
Farnesol 89, *94*, 97.
Fermenttätigkeit 11.
Ferulasäure 166.
Fett 11, 53, 80 ff.
—, Mobilisierung 76.
Fettbildung in Samen 75.
Fettgehalt von Samen 74.
Fettsäuren 5, 72, 79.
Fettspeicherung 74.
Fettstoffwechsel 71.
Fettsynthese, Chemismus 83.
Fettumsatz und Keimung 77.
Fisetin 183, 184.
Flavan-Abkömmlinge 176, 189.
Flavanone 170, 176.
Flavone 176, 182, 184.
—, Abbau 198.
—, Bedeutung 201.
Flavonole 182.
Flavyliumsalz 178, 197.
Flechtenfarbstoff 175.
Flechtensäure 160.
Foeniculin 94.
Fragarin 180.
Fraxetin 166.
Fruchtreifung 64, 192.
Fucoxanthin 121.
Fumarsäure 31, 42, 48, 54.

Galaktoside 20.
Galakturonsäure 31.
Galangin 184.
Galegin 206.
Gallussäure 154, 181.
Gasstoffwechsel 35.
Genistein 185.
Gentianin 179.
Gentiobiose 25.
Gentisin 185.
Geraniol 89, *91*, 102, 108.
Geraniumsäure 104.
Geranyläther 167.
Gerbstoffe 156, 161, 188.
— und Viruskrankheiten 160.
Gerbstoffspeicherung 10.
Gitogenin 115.
Gluconsäure 31, 55 ff., 61.
Glucose-1-Phosphat 23.
Glucoside 18, 21.
Glucuronsäure 26, 31.
Glutaminsäure 48.
Glycerin 78, 83.
Glycyphyllin 176.
Glykolsäure 31, 32, 62.
Glykosidasen 19, 20.
Glykosidasewirkung 22.
Glykosidbildung 17.
Glykosidbindung 26.
Glykoside 10, 24.
—, herzwirksame 115.
Glykosidhaushalt 29.
Glyoxylsäure 31, 61.
Gramin 239.
Gruppenpotential 17, 26.
Gruppenübertragung 15, 17.
Guajacol 161.
Guanin 218.
Guttapercha 89, 99.
Gypsogenin 113.
Gyrophorsäure 160.

Hadromal 171.
Hämatoxylin 185.
Häufigkeitsregel 29.
Harmalaalkaloide 240, 242.
Harnsäuren 217, 219.
Harze 105, 130, 145.
Harzgänge 13.
Harzproduktion 147.
Harzsäuren 89, 110.
Hederagenin 113.
Heliotropin 173.
Hemicellulose 12, 169.
Hemiterpene 89, 91.
Hercynin 206.
Hesperidin 177.
Hesperetinsäure 166, 176.
Heteroside 20.
Heteroxanthin 218.
Hexensäure 60, 248.
Hirsutidin 180.
Histamin 204, 205.
Holoside 20.
Holzverzuckerung 173.

Sachverzeichnis.

Holzzerstörende Pilze 53.
Homocystein 15.
Hordenin 208.
Hydrastin 227.
Hydroaromatische Verbindungen 150.
Hydrochinon 9, 29, 162.
Hygrin 220, 223, 226.
Hyoscin 223.
Hyoscyamin 224.
Hypaphorin 206, 239.
Hypoxanthin 218.

Idain 180.
Ilicin 89.
Indican 29, 241.
Indigo 241.
Indol 217, 239, 241.
Indolyläthylalkohol 241.
Indolylessigsäure 239.
Indolylmilchsäure 241.
Indoxyl 241.
Inosit 30, 149, 150 ff.
Irigenin 185.
Iron 118.
Isoamylalkohol 93.
Isocapronsäure 127.
Isochinolin 217.
Isochinolinbasen 227.
Isocitronensäure 31, 35, 37, 38, 44, 48, 50.
Isoeugenol 168.
Isoflavone 184.
Isopelletierin 226.
Isopren 89.
Isoprenhypothese 124.
Isopulegol 104, 108.
Isorhamnetin 190.
Itaconsäure 32, *54*.

Japanlack 163.
Jodzahl 73.
Jonon 118.
Juglon 174.
Juniperinsäure 85.

Kämpferol 184.
Kaffeesäure 21, 32, 166.
Kakaobutter 72, 73.
Kautschuk 88, 89, 99, 127.
Kautschukbildung 137.
Keracyanin 180.
Ketoglutarsäure 44, 46, 48.
Ketohexonsäure 47, 58.
Ketosäuren 41.
Kettenprozesse 6.
Kohlenhydratumsatz 256.
Kohlenhydratvergärung 6.
Kojisäure 31, 56.
Kondensationsreaktionen 6.
Koprosterin 117.
Kork 87.
Korksäure 88.
Krappwurzel 174.
Kreatin 16.

Krötengifte 114, 116, 239.
Kynurenin 239.
Kynurensäure 238.

Laccase 163.
Lackmus 160.
Lapachol 174.
Latex 137.
Laubfärbung, herbstliche 192.
Lauchöle 253.
Laudanosin 227, 247.
Laurinsäure 72.
Lavandulol 95.
Lavendelöl 92.
Lecanorsäure 160.
Lecithin 88.
Leinöl 73.
Leucin 93.
Leukoanthocyane *181*, 192, 197.
Lignin 161, 169, s. a. Verholzung.
Ligninauflösung 172.
Limonen 9, 89, *101*, 102, 108, 131.
Linalool 91, 103, 108.
Linolensäure 74.
Lipasen 71.
Lupinenalkaloide 214.
Lutein 121.
Luteolin 182, 184.
Lycopin 89, 97, 118.
Lysergsäure 232.

Maltase 20.
Maltol 56.
Malvidin 180.
Malvin 187.
Mecocyanin 180.
Meconin 228.
Meconsäure 56.
Menthan 102.
Menthen 102.
Menthol 27, 88, 89, 103, 104, 108.
Menthon 104.
Merochinen 230.
Mesoinosit 30, 149, 152.
Methionin 15.
Methoxy-Zimtsäure-Methylester 256.
Methylalkohol 16.
Methylamin 204.
Methylarbutin 162.
Methyleugenol 168.
Methylgruppe 15.
Methylguanidin 204.
Methylheptenon 103.
Mezcalin 208, 227.
Milchsäure 31, 62, 79.
Milchsaft 137.
Mineralstoffversorgung 61.
Monardein 180.
Monoterpene 89, 91.
—, bicyclische 105.
—, cyclische 100.

Morphin 175, 210.
Muscarin 232.
Muskatbutter 73.
Muskatnußöl 168.
Musterbildung 194.
Mutanten, biochemische 8.
Mutterkorn-Alkaloide 232.
Myosmin 234.
Myrcen 89, 91, 108.
Myricetin 184.
Myristicin 168.
Myristinsäure 72.
Myrosin 10.

Naphthalin 150.
Naphthalinderivate 173.
Naphthochinon 109, 174.
Narcotin 228.
Naringin 177.
Nebenalkaloide 233.
Nerol 91.
Nicotin 16, 211, *212* ff., *233*, 235.
Nicotinsäure 222.
Nicotinsäureamid 17, 27, 238.
Nicotyrin 234.
Nitril-Glykoside 250.
Nornicotin 234.
Nucleinsäuren 23.
Nucleosidasen 24.

Öle 11, 73.
Ölgehalt im Fruchtfleisch 75.
— und Mineralsalzdüngung 74.
Ölzellen 131, 134.
Oleanolsäure 111, 113.
Olive 75.
Olivenöl 9, 72.
Opiansäure 228.
Opium 227.
Orcin 160.
Orseille 160.
Orsellinsäure 160.
Oxalbernsteinsäure 45, 48, 61.
Oxalessigsäure 31, 41, 42, 45, 48, 49, 60, 61, 79.
— -Decarboxylase 43.
Oxalsäure 12, 31, 33, 38, 53, *60*, 68.
p-Oxybenzoesäure 180.
Oxybuttersäure 79.
p-Oxyzimtsäure 180.

Paeonidin 180, 187.
Palmitinsäure 9, 72, 83.
Palmkernöl 72.
Papaverin 228.
Parasorbinsäure 31, 59.
Pelargonidin 180, 187.
Penicillin 248.
Penin 248.
Perilla-Aldehyd 104.
Perubalsam 110, 164.
Petunidin 180.

Pfeilgifte 115.
Pflanzenfette 73.
Phalloidin 232.
Phaseolunatin 250.
Phellandren 101, 105, 108.
Phenanthren 150.
Phenanthrenderivate 175.
Phenol 33, 164.
Phenole 27, 154.
—, zweiwertige 160.
Phenyläthylamin 204.
Phenyl-Propan 164.
Phlobaphene 156.
Phloretin 176.
Phloretinsäure 176.
Phloroglucin 9, *155*, 176, 196.
Phlorrhizin 176.
Phosphatid 88.
Phosphorolyse 23.
Phyllochinon 95, 109.
Phylogenese der sekundären Stoffe 2, 257.
Physostigmin 242.
Phytin 151.
Phytofluen 120.
Phytol 89, 95.
Phytosterine 116.
Pilzgifte 232.
Pinen 88, 89, 105 ff., 108.
Pinit 152.
Piperidin 217, 220.
Piperin 220, 221.
Piperinsäure 173, 221.
Piperonal 173.
Pollenin 100.
Polyenfarbstoffe 97, 118.
Polyphenolasen 162.
Polyterpene 89, 137.
Populin 161.
Prenol 89, 93, 94, 127, 174.
Primverose 174.
Prolin 220.
Propionsäure 31, 32, 41.
Protokatechualdehyd 21.
Protokatechusäure 161, 180.
Prulaurasin 250.
Pseudopelletierin 226.
Purin 217, 220.
Purpurin 174.
Putrescin 204.
Pyridin 217, 222.
— -Abkömmlinge 220.
Pyridoxin 222.
Pyrimidin 220.
Pyrrolidin 217.
Pyrrolin 220.

Quebrachin 242, 247.
Quebrachit 153.
Quercetin 29, 183 ff., 198.
Quercit 149, 153.
Quercitrin 183.
Quercituron 183.
Quotient, ökonomischer 78.

Rapsöl 72.
Redoxsystem 57.
Reduktionspotential 58.
Reifung fleischiger Früchte 123.
Reservestoffe 9, *11*, 12, 13, 74.
Resorcin 160.
Reten 110.
Rhein 175.
Rhodoxanthin 121.
Ricinin 222, 250.
Ricinolsäure 72.
Riechstoffe 132.
Rohfett 71.
Rohrzucker 23.
Rosenöl 92.
Rutin 29, 177.

Sabinen 105.
Sabininsäure 85.
Sabinol 105.
Säurebestimmung 33.
Säuregehalt 39, 52.
— von Äpfeln 65.
— und Atmungsquotient 65.
— und Mineralstoffe 67.
— und Stickstoffernährung 67.
Säurerhythmus, diurnaler 33, 51.
Säurespaltung 61.
Säurestoffwechsel 31.
Säureumsatz 34, 52.
— und Fruchtreifung 64.
— und Gasstoffwechsel 65.
Säurezahl 73.
Safranal 118.
Safrol 107, 168.
Salicin 19, 29, 161.
Salicylsäure 161.
Saligenin 21, 161.
Salsolin 246.
Sambunigrin 250.
Sapogenine 89.
—, neutrale 115.
Saponine 29, 112, 147.
Scopin 223, 224.
Scopolamin 223, 224.
Scopoletin 166.
Scutellarin 184.
Sedoheptose 38.
Selinen 89, 108.
Senföle 90, 252.
Senfölglykoside 10, 23, 29.
Sesquiterpene 89, 91.
—, cyclische 107.
Shikimisäure 154.
Sinapin 207.
Sinapinsäure 207.
Sinigrin 24, 252.
Sitosterin 116.
Skatol 241.
Solanidin 114, 231.
Solanum-Alkaloide 231.
Solasodin 114.

Sonnenblumenöl 73.
Sorbinsäure 60, 79, 83.
Spaltungsgeschwindigkeit (Glucoside) 21.
Speicherstoffe 69, 74.
Spinasterin 116.
Sporenin 100.
Sporopollenine 100.
Squalen 89, 97.
Stachydrin 206, 220.
Stearinsäure 9, 72.
Steran 113.
Sterine 114.
Steringehalt 130.
Sterinsynthese 117.
Steroidalkaloide 114, 231.
Steroide 113.
Stigmasterin 116.
Streptomycin 249.
Strophanthidin 115.
Strychnin 242.
Styron 165.
Suberin 87.
Succulente 34.
Sylvestren 101.
Syringidin 187.
System der sekundären Pflanzenstoffe 4.

Tabakalkaloide 233.
Tannase 198.
Tannin 157, 196.
Taxicatin 29.
Terpene 5.
—, Chemie 91.
—, cyclische 100.
Terpenalkohole 26, 32.
Terpenbildung 124, 126.
Terpenverbindungen 88.
—, Bedeutung 141.
Terpentinöl 9, 73, 105.
Terpinen 101.
Terpineol 101, 108.
Tetraterpene 89, *97*.
—, cyclische 117.
Thapsiasäure 85.
Theobromin 218.
Theophyllin 218.
Thujaplicin 104.
Thujon 105.
Thymol 104, 131.
Tiglinsäure 64.
Tiliadin 111.
Tokopherol 96.
Tolubalsam 164.
Tonoplast 70.
Transglucosidasen 23.
Transglykosidierung 24.
Transmethylierung s. Ummethylierung.
Trehalose 72.
Tricarbonsäure-Kreislauf 47, 53.
Tricarbonsäuren 44.
Trigonellin 16, *206*, 222.

Triterpene 89, 97.
—, cyclische 110.
— und Pigmente 112, 117.
Triterpendiole 112.
Triterpensäuren 112.
Trocknen der Öle 73.
Tropaalkaloide 224.
Tropacocain 224.
Tropasäure 224.
Tropan 217, 223.
Tropinon 246.
Tropin 223, 224
Tryptamin *204*, *239*, 247.
Tryptophan 30.
— und Nicotinsäure 237.
Tryptophanabbau 240.
Tryptophanabkömmlinge 238.
Tryptophol 241.
Turicin 206.
Tyramin 204, 205.
Tyrosin 166.
Tyrosinase 162.

Umaminierung 15.
Umbelliferon 166.
Ummethylierung 15.
Umphosphorylierung 15.
Unverseifbares 73.
Uronsäure 57.
Ursolsäure 111.
Urushiol 163.

Valeriansäure 32.
Vanillin 21, 164, 173.
Veratrumsäure 161, 224.
Verbrennungswärme 9.
Verharzen 90.
Verholzung 2, 171, s. a. Lignin.
Verseifungszahl 72.
Vetiv-Azulen 110.
Violaxanthin 121.
Vitamin A 119.
— B_6 222.
— E 96.
— K_1 95.

Vitamin P 177.
Vomicin 242.

Wachs 85.
Wachsausscheidung 137.
Weinsäure 31, 33, *62*, 65.
Weizenkeimlingsöl 96.
Wogonin 183.
WOOD-WERKMAN-Reaktion 42.

Xanthin 217, 218.
Xanthon 185.
Xanthophyll 89, 119 ff.
Xanthotoxin 167.

Yohimbin 240, 242, 247.

Zeaxanthin 121.
Zimtaldehyd 9, 90, 102, *165*.
Zimtalkohol 165.
Zimtöl 168.
Zimtsäure 32, 33, *165*.
Zymosterin 117.